Aachener Bausachverständigentage 2014

Qualitätsklassen im Hochbau:
Standard oder Spitzenqualität?

Register für die Jahrgänge
1975 bis 2014

Herausgegeben von Rainer Oswald
AIBau – Aachener Institut für Bauschadensforschung
und angewandte Bauphysik

Aachener Bausachverständigentage 2014

Qualitätsklassen im Hochbau: Standard oder Spitzenqualität?

Kay Beyen

Karsten Ebeling

Carl-Alexander Graubner

Thomas Hartmann

Christian Herold

Corinna Kodim

Anton Maas

Heinz-Jörn Moriske

Rainer Oswald

Rainer Pohlenz

Michael Rossa

Josef Rühle

Mark Seibel

Mario Sommer

Matthias Zöller

Rechtsfragen für Baupraktiker
Rolf Kniffka

Uwe Liebheit

Register für die Jahrgänge 1975 bis 2014

Herausgeber
Rainer Oswald
AIBau – Aachener Institut
für Bauschadensforschung,
Aachen, Deutschland

ISBN 978-3-658-06349-8   ISBN 978-3-658-06350-4 (eBook)
DOI 10.1007/978-3-658-06350-4

Die Deutsche Nationalbibliothek verzeichnet diese Publikation in der Deutschen National-
bibliografie; detaillierte bibliografische Daten sind im Internet über http://dnb.d-nb.de
abrufbar.

Springer Vieweg

Lektorat: Karina Danulat, Annette Prenzer

Gedruckt auf säurefreiem und chlorfrei gebleichtem Papier

Springer Vieweg ist eine Marke von Springer DE. Springer DE ist Teil der Fachverlags-
gruppe Springer Science+Business Media
www.springer-vieweg.de

Vorwort

In klassischen Detailverträgen werden Bauteile auf der Grundlage ihrer Eigenschaften und der jeweiligen Kosten ausgewählt. Im Zeitalter der Flatrates hingegen werden gerne pauschalierte Verträge ohne Beschreibung der Details geschlossen. Der Käufer hofft, für den „hohen Kaufpreis" einer Wohnung oder eines Hauses eine besonders hohe Qualität zu erhalten, während der Verkäufer aus Wirtschaftlichkeitsüberlegungen prinzipiell dazu neigt, Kosten einzusparen. Ungenaue Beschreibungen in Pauschalverträgen führen daher schnell zu einer er- oder gar überhöhten Erwartung der Besteller verbunden mit dem Generalverdacht, nur Minderwertiges zu erhalten. Andererseits hemmt eine sehr detaillierte Beschreibung eine notwendige Projektentwicklung oder macht sie gar unmöglich, solange es sich nicht um industriell vorgefertigte Massenprodukte handelt.

In diesem Spannungsfeld werden Planer, Ausführende und Sachverständige häufig mit der Frage konfrontiert, welche Merkmale eine Standardausführung von einer Spitzenqualität unterscheiden und was bezüglich einer konkreten Bauaufgabe als geschuldet gelten muss. Die zentralen Themen der 40. Aachener Bausachverständigentage 2014 sind deswegen technische und bauvertraglich-rechtliche Aspekte dieses Problemkreises und die ausführliche Auseinandersetzung mit den technischen Aspekten von Qualitätsklassen.

In Bezug zum Schallschutz sind Fragen zu neuen Regelwerken diskutiert worden vor dem Hintergrund, was Erwerber von Wohnungseigentum in Abhängigkeit von den vertraglichen Rahmenbedingungen auch ohne gesonderte Vereinbarung erwarten dürfen. Hier hat sich seit vielen Jahren die Auffassung durchgesetzt, dass die Mindestanforderungen an den Luft- und Trittschallschutz der DIN 4109 nicht dem üblichen Bausoll entsprechen. Auch ohne gesonderte vertragliche Vereinbarung kann ein erhöhter Schallschutz erwartet werden. Das erhöhte Schallschutzmaß hat sich somit als Standard etabliert, der nur bei einer ausdrücklichen Vereinbarung unangreifbar unterschritten werden kann. Ebenso bedarf ein darüber hinausgehender, überdurchschnittlicher Schallschutz einer gesonderten Vereinbarung.

Die bauvertraglichen Randbedingungen sind nicht nur bei diesem Themenkomplex meist von entscheidender Bedeutung. Wie kann z. B. durch Einzelvereinbarungen gerichtsfest Streit vermieden werden? Die ersten Tagungsbeiträge befassen sich mit der Abgrenzung der Sachverständigentätigkeit von juristischen Fragestellungen im gerichtlichen Verfahren. Welche Bewertungsvorgaben müssen seitens der Juristen gegeben werden und bis zu welchem Punkt dürfen Sachverständige Bewertungen vornehmen?

Des Weiteren wurde diskutiert, welche Bauarten (Massiv- oder Leichtbauweisen) unter Nachhaltigkeitsaspekten zu bevorzugen sind, sowie über die neueren Überlegungen zu den Grenzen von Wärmeschutzmaßnahmen. Zu den einzelnen Verfahren sowie der unterschiedlichen Zuverlässigkeit von Abdichtungssystemen bei Flachdächern, Parkdecks, Nassräumen und Weißen Wannen haben jeweils mit der Ausarbeitung der entsprechenden Regelwerke befasste Spezialisten referiert. Die Qualitätsklassen bei Wärmedämm-Verbundsystemen und bei Fenstern sind weitere Themen, zu denen die neueren Entwicklungen von Richtlinien und Katalogen vorgestellt wurden.

Im Tagungsteil Pro + Kontra werden häufige Streitpunkte über Anforderungen an die Trockenheit von Nebenräumen diskutiert. In den letzten 50 Jahren hat sich die Nutzung von untergeordneten und feuchten Kellerräumen hin zu Wohnungsabstellräumen auch für hochwertige Güter grundlegend geändert. Dabei sind in Untergeschossen zwar Maßnahmen möglich, die verhindern, dass Wasser von außen eindringt. Gegen klimatisch bedingte Feuchtigkeitsbildungen nützen diese aber nicht. Darüber hinaus bestehen in einigen Regionen Probleme mit radioaktiven Gasen aus dem Erdreich, gegen die ebenfalls geeignete Maßnahmen erforderlich sind. Diskutiert wurden auch die möglichen mikrobiellen Belastungen in Kellern und erforderliche Maßnahmen.

Der vorliegende Band informiert über den Stand der anerkannten Regeln der Technik der einzelnen Bauteile und Verfahren und gibt zu noch nicht etablierten Verfahren derzeitige Diskussionsstände wieder. In der Entwicklung der Bautechnik ist und bleibt es aber unvermeidbar, dass einige Fragen offen bleiben. Für den sorgfältig arbeitenden und überzeugend argumentierenden Sachverständigen ist nicht nur die detaillierte Kenntnis der wesentlichen Regelwerke, sondern auch des gesicherten Wissensstandes von großer Bedeutung. Oft ist es mindestens genauso wichtig, zu wissen, was man (noch) nicht weiß. Wir sind überzeugt, dass der Tagungsband einen Baustein zur in diesem Sinne seriösen Tätigkeit der am Bau Beteiligten leistet.

Wir danken den Referenten für die engagierte Mitarbeit, insbesondere aber allen Tagungsteilnehmern für das Vertrauen, das sie unserer unabhängigen Arbeit schenken, indem sie regelmäßig so zahlreich an unserer Tagung teilnehmen.

August 2014
Prof. Dr.-Ing. Rainer Oswald, Dipl.-Ing. Matthias Zöller

Inhaltsverzeichnis

Qualitäten am Bau –
Übersicht zur Rechtsprechung

Prof. Dr. Rolf Kniffka, Vorsitzender Richter am Bundesgerichtshof, Karlsruhe

1   Einführung

Unter „Qualität am Bau" wird in diesem Vortrag die Erfüllung der vertraglichen Anforderungen an die Bauleistung hinsichtlich qualitativer Merkmale verstanden. Ich verstehe meine Aufgabe dahin gehend, dass ich Ihnen eine Übersicht zur Rechtsprechung dazu geben soll, welche qualitativen Anforderungen der Auftragnehmer zu erfüllen hat, damit er eine mangelfreie Leistung abliefert. Die Antwort des Juristen darauf ist einfach: Die geschuldete Qualität einer Bauleistung ergibt sich aus dem jeweiligen Bauvertrag. Das ergibt sich ohne Weiteres aus § 633 Abs. 2 Satz 1 BGB. Danach ist ein Werk frei von Sachmängeln, wenn es die vereinbarte Beschaffenheit hat. Zur vereinbarten Beschaffenheit gehört die vereinbarte Qualität einer Bauleistung. Es ist also stets primär zu prüfen, welche Vereinbarungen die Parteien zur Qualität einer Bauleistung getroffen haben. Insoweit ist der gesamte Vertragsinhalt zu würdigen. Eine Qualität kann ausdrücklich vereinbart sein, weil sie im Vertrag genau beschrieben ist. Sie kann aber auch konkludent vereinbart sein. Das bedeutet, dass sich die geschuldete Qualität einer Bauleistung aus den gesamten Umständen des Vertrages ergeben kann. Ob das der Fall ist, ist nach allgemeinen Grundsätzen der Vertragsauslegung zu ermitteln. Verträge, so heißt es im Gesetz, § 157 BGB, sind so auszulegen, wie Treu und Glauben es mit Rücksicht auf die Verkehrssitte erfordern. Schon dieser Hinweis reicht aus, um das Problembewusstsein zu schärfen. Treu und Glauben sind unbestimmte Rechtsbegriffe. Sie stehen für das Gebot der Fairness im Rechtsverkehr und bei der Vertragsauslegung. Wer einen Vertrag nach Treu und Glauben auslegen muss, muss also bemüht sein, ein faires und interessengerechtes Verständnis des Vertrages zu entwickeln. Was nun unter Berücksichtigung des gesamten Vertragsinhalts fair und interessengerecht ist, muss in jedem Einzelfall, in jedem einzelnen auszulegenden Vertrag, und unter Umstän-

den auch zu jeder einzelnen Klausel eines Vertrages entwickelt werden. Das ist außerordentlich aufwändig und rechtlich gesehen anspruchsvoll. Denn es sind eine Vielzahl von den Vertragsinhalt bestimmende Kriterien zu berücksichtigen, die dann zusammenfassend mit einem Ergebnis zu werten sind. Das sage ich hier ganz bewusst vorweg, weil ich Ihnen von vornherein einen Eindruck davon vermitteln will, wie schwierig die Auslegung des Vertrages allgemein ist, aber auch die Auslegung des Vertrages hinsichtlich der geschuldeten Qualität.

Wenn ich hier über die Anforderungen an die Qualitäten beim Bau spreche, so muss ich immer wieder auf die Grundsätze zurückgreifen, die die Rechtsprechung zur Auslegung von Bauverträgen aufgestellt hat. Die beschränkte Zeit verbietet es mir, so weit auszuholen. Ich werde mich auf das Notwendigste beschränken. Dazu soll zunächst der Hinweis reichen, dass Verträge stets umfassend zu würdigen sind und das Zusammenspiel aller vertraglichen Regelungen zu einem einheitlichen Ganzen herauszufinden ist. Nicht näher möchte ich darauf eingehen, dass nach der Rechtsprechung des Bundesgerichtshofs ein Bauwerk stets geeignet sein muss, die vereinbarte oder nach dem Vertrag vorausgesetzte Funktion zu erfüllen. Ist das nicht der Fall, ist eine Bauleistung mangelhaft, auch wenn die im Vertrag beschriebenen Qualitätsmerkmale erfüllt sind (BGH, Urt. v. 8.11.2007 – VII ZR 183/05 – Blockheizkraftwerk). Dieser Gesichtspunkt soll hier vernachlässigt werden. Hinweisen möchte ich allerdings darauf, dass in der Praxis, insbesondere von Privatgutachtern, ein Mangel immer wieder mit dem Hinweis verneint wird, die Funktionstauglichkeit des Werks sei durch die Abweichung von der vereinbarten Beschaffenheit nicht beeinträchtigt. Das ist eine unzulässige Umkehrung der Rechtsprechung des Bundesgerichtshofs zum funktionalen Mangelbegriff. Nach diesem ist eine Leistung mangelhaft, wenn sie trotz Erfüllung aller den Vertragsgegenstand beschreibenden Umstände nicht die nach dem Vertrag vereinbarte oder vorausgesetzte Funktion erfüllt. Das bedeutet nicht, dass es ausreicht, die Funktionstauglichkeit zu gewährleisten. Beispielhaft sei auf die Umstände in einem Urteil des OLG Frankfurt (v. 17.9.2013 – 14 U 129/12) hingewiesen. Dort hatte der Privatgutachter geltend gemacht, ein 8 mm breiter Riss sei kein Mangel, weil er die Funktionstauglichkeit nicht beeinträchtige. Das ist fehlerhaft, wenn nach den anerkannten Regeln der Technik die zulässige Rissbreite um mehr als das Doppelte überschritten wird.

2 Auslegung des Vertrages zu Qualitäten

Vielmehr will ich mich allein der Frage widmen, welche Qualitäten das funktional taugliche Bauwerk haben muss.

1. Insoweit möchte ich mit dem einfachsten Fall beginnen. Das ist der Fall, in dem eine Qualität unmissverständlich genau im Vertrag beschrieben ist. Dabei ist es gleichgültig, an welcher Stelle des Vertrages dies geschehen ist, ob im Leistungsverzeichnis, in den Vorbemerkungen zum Leistungsverzeichnis, in den Allgemeinen Geschäftsbedingungen oder in Allgemeinen Technischen Vertragsbedingungen, also der VOB/C. Der gesamte Bauvertrag ist in der Regel eine sehr ergiebige Quelle hinsichtlich der geschuldeten Qualitäten.

a) Sind Qualitätsmerkmale im Vertrag beschrieben, so müssen diese eingehalten werden. Sind sie nicht eingehalten, so ist die Leistung jedenfalls dann mangelhaft, wenn es sich um geringere Qualitäten handelt (beispielhaft OLG Frankfurt Urt. v. 15.6.2012 – 2 U 205/11: Vereinbart war die Armierung von Dämmplatten mit 5 mm Dicke; zusätzliche Armierung von ebenfalls 5 mm Dicke vor Aufbringen des Filzputzes; ein Mangel liegt vor, wenn die erste Armierung diese Dicke deutlich verfehlt und die zweite Armierung fehlt, unabhängig davon, ob sie notwendig ist). Dabei kommt es nicht darauf an, ob die vereinbarte Qualität für den funktionalen Erfolg sinnvoll war oder nicht. Auch qualitativ überhöhte Anforderungen des Auftraggebers müssen erfüllt werden (BGH, Urt. v. 21.9.2004 – X ZR 244/01 – Revisionsöffnungen; vgl. auch BGH, Urt. v. 10.4.2008 – VII ZR 214/16 – beidseitig beplankte imprägnierte Gipskartonplatten). Eine andere Frage ist, ob der Auftraggeber Mängelbeseitigung beanspruchen kann, wenn nicht oder wenig sinnvolle Quali-

tätsvorgaben nicht eingehalten sind. Der Auftragnehmer darf nach der Abnahme die Mängelbeseitigung verweigern, wenn sie nur mit unverhältnismäßigen Kosten möglich ist, § 635 Abs. 3 BGB. Insoweit hat eine Abwägung nach den von der Rechtsprechung entwickelten Kriterien zu erfolgen (vgl. dazu Krause-Allenstein in Kniffka, Bauvertragsrecht, § 635 Rdn. 44 ff.; im Fall des OLG Frankfurt wurde zu Recht ein Leistungsverweigerungsrecht abgelehnt).

b) Eine genaue Beschreibung der Qualitäten findet sich häufig in Allgemeinen Geschäftsbedingungen. Das gilt insbesondere für die Allgemeinen Technischen Vertragsbedingungen, die im VOB-Vertrag Vertragsbestandteil werden und in ihren Abschnitten 2 und 3 eine Fülle von Informationen über die geschuldete Qualität der Stoffe und Bauteile sowie über die geschuldete Ausführung bereit halten. Die gewerkebezogenen DIN verweisen ihrerseits auf spezielle DIN (EN) für Stoffe und Bauteile oder die Bauausführung. Wir haben insoweit in der Bundesrepublik eine weltweit wohl einmalige Regelungsdichte über die geschuldeten Qualitäten. Ist die VOB/C vereinbart, sind die dort geregelten Qualitäten einzuhalten, wenn nicht etwas anderes vorrangig vereinbart worden ist. Dieser Hinweis scheint Ihnen möglicherweise hier überflüssig, weil er Selbstverständliches erwähnt. Gleichwohl scheint er mir aus der langjährigen Prozesspraxis angebracht. Es ist immer wieder zu erleben, dass auch sachverständig beratene Gerichte nicht die Palette der VOB/C ausschöpfen, also ganz oder teilweise unbeachtet lassen, welche Qualitätsanforderungen sich aus den gewerkebezogenen DIN und den dort in Bezug genommenen DIN ergeben. Mein Appell an dieser Stelle ist es, dass Sachverständige sich viel Mühe geben sollen, dem Gericht in einem forensischen Streitfall verständlich das Zusammenspiel dieser DIN zu erklären. Selbstverständlich müssen sich die Sachverständigen auch damit auseinandersetzen, wie die jeweiligen DIN im Streitfall zu verstehen sind. Es ist ja leider so, dass, wie Gesetze oder Verordnungen auch, die DIN nicht immer mit wünschenswerter Klarheit verfasst sind. Der Bundesgerichtshof hat den Sachverständigen insoweit ermahnt, nicht seine persönliche subjektive Meinung dem Gutachten zugrunde zu legen, sondern die erforderliche Distanz und Objektivität zu wahren (BGH Urt. v. 17.6.2004 – VII ZR 75/03). Das ist bisweilen schwer, muss aber von dem

Sachverständigen erwartet werden, der jederzeit auf der Höhe der wissenschaftlichen Diskussion sein muss. Das gilt nicht nur für die Diskussion zum Schallschutz oder zur Dickbeschichtung, sondern für alle anderen Gewerke auch. Hier ist bisweilen aber ein erhebliches Defizit festzustellen. Meine beschränkte Zeit verbietet es mir, auf diesen Punkt näher einzugehen. Ich möchte nur zur Klarstellung hier eines noch sagen: Der Bundesgerichtshof hat in dem von mir in Bezug genommenen Urteil zur Auslegung einer DIN auch erwähnt, dass Kommentierungen der VOB/C grundsätzlich keine geeignete Hilfe zu deren Auslegung sind. Damit hat er das zum Ausdruck gebracht, was auch ansonsten gilt. Eine DIN ist nach ihrem objektiven Verständnis auszulegen, wobei insbesondere auch eine Rolle spielt, wie sie nach der Verkehrssitte verstanden wird. Kommentarmeinungen sind hingegen häufig subjektiv geprägt von dem Verständnis des Verfassers. Dann sind sie keine Hilfe; das gilt insbesondere von Verfassern, die am Regelwerk mitgewirkt haben und zum Ausdruck bringen, was sie denn mit der Formulierung beabsichtigt haben. Ist das aber im Regelwerk nicht zum Ausdruck gekommen, ist das wenig hilfreich.

c) Ist die VOB/C nicht vereinbart, gilt im Grundsatz nichts anderes. Denn die in der VOB/C enthaltenen Regelungen tragen als DIN die Vermutung, dass sie allgemein anerkannte Regeln der Technik sind (BGH, Urt. v. 24.5.2013 – V ZR 182/12). Gleiches gilt natürlich auch für die in Bezug genommenen DIN (EN). Die allgemein anerkannten Regeln der Technik sind jedenfalls stets als Mindeststandard einzuhalten. Das gilt für jeden Bauvertrag, wenn nicht etwas anderes wirksam vereinbart worden ist. Im VOB-Vertrag ist das ausdrücklich geregelt, § 13 Abs. 1 Satz 2 VOB/B. Im BGB-Vertrag gilt nichts anderes. Ergeben sich aus den allgemein anerkannten Regeln der Technik Qualitätsanforderungen, so sind sie Vertragsinhalt, wenn keine andere Vereinbarung vorliegt (vgl. BGH, Urt. v. 10.11.2005 – VII ZR 137/04 – Straßenbelag; BGH, Urt. v. 7.3.2013 – VII ZR 134/12 – Wangenstärke von Holztreppen). Die Vermutung, das geschriebene Regelwerke die allgemein anerkannten Regeln der Technik wiedergeben, ist widerlegbar. Das muss ein Sachverständiger stets im Auge haben. Streiten Parteien darum, ob die in diesem Regelwerk wiedergegebenen Qualitätsanforderungen an die Ausführung der Bauleistung mittlerweile durch

eine in der Praxis bewährte und auch wissenschaftlich anerkannte andere Bauausführung überholt ist, so muss der Sachverständige fundiert dazu Stellung nehmen (BGH, Urt. v. 24.5.2013 – V ZR 182/12 – Weitergeltung der DIN 68800 i. V. m. dem WTA-Merkblatt Nr. 1-2-05/D für die Holzschwammsanierung).

d) Eröffnet eine DIN, die als allgemein anerkannte Regel der Technik zu bewerten ist, mehrere Qualitätsstufen, so muss zunächst herausgefunden werden, welche Qualitätsstufe im Vertrag vereinbart ist.

aa) Das ist an sich selbstverständlich und hat der Bundesgerichtshof nochmals deutlich mit den Schallschutzurteilen entwickelt. Denn eine allgemein anerkannte Regel der Technik kann nicht ohne Weiteres vorschreiben, welche Qualitätsstufe vereinbart ist. Vielmehr ist die Vereinbarung einer gewissen Qualitätsstufe Voraussetzung dafür, die nach den allgemein anerkannten Regeln der Technik erforderliche Bauweise beschreiben zu können. Der Bundesgerichtshof hat auf dieser Grundlage entschieden, dass die DIN 4109 eine Qualitätsstufe für Anforderungen an den Schallschutz beschreibt, die vor unzumutbaren Belästigungen schützen soll. Diese Qualitätsstufe ist nicht zwingend identisch mit den Qualitätsstufen im modernen Wohnungsbau. Vielmehr ist diese üblicherweise höher anzusetzen. Daraus folgt, dass die DIN 4109 keine anerkannte Regel der Technik für den üblichen Qualitäts- und Komfortstandard im Wohnungsbau ist. Der Bundesgerichtshof hat offen gelassen, welche der sonstigen Regelwerke unter Einbeziehung des Beiblatts 2 anerkannte Regel der Technik für den üblichen Qualitäts- und Komfortstandard sein kann (BGH, Urt. v. 14.6.2007 – VII ZR 45/06 – Schallschutz I). In einer Folgeentscheidung hat der Bundesgerichtshof klargestellt, dass die vereinbarte Qualitätsstufe selbst dann vorrangig ist, wenn die Parteien die Anwendung einer dafür nicht passenden, eine qualitativ geringere Bauausführung vorsehenden DIN vereinbaren, ohne dass der Auftraggeber über das damit verbundene Risiko aufgeklärt worden ist. Über diese Entscheidungen ist hier auf den Aachener Bausachverständigentagen umfassend diskutiert worden. Ich will das deshalb nicht weiter vertiefen.

bb) Folgenden ergänzenden Hinweis halte ich aber für erforderlich. Diese Entscheidung ist übertragbar auf ähnliche Sachverhalte. Lassen die anwendbaren DIN einen differenzierten Anwendungsbereich für verschiedene

Qualitätsstufen zu, so bestimmt die vereinbarte Qualitätsstufe den speziellen Anwendungsbereich. Dazu möchte ich Ihnen eine Entscheidung des OLG Brandenburg (Urt. v. 26.9.2013 – 12 U 115/12) vorstellen, in der es um eine Treppe ging, die ein nach Auffassung des Erwerbers einer Wohnung zu enges Schrittmaß hatte. Der Sachverständige hatte festgestellt, dass die DIN 18065 ein Schrittmaß im Bereich von 59 – 65 cm vorsieht und das zu wählende Schrittmaß einzelfallabhängig ist. Der Bauträger hatte ein Schrittmaß von 59 bis 60 cm gewählt. Das OLG Brandenburg hat festgestellt, dass damit kein Verstoß gegen die anerkannten Regeln der Technik vorliegt, jedoch die Treppe gleichwohl mangelhaft ist. Dazu hat es wie folgt ausgeführt:
„Nach dem von den Parteien geschlossenen Vertrag schuldete die Beklagte vielmehr eine über das durch die Einhaltung der Regeln der Technik abgesicherte Mindestmaß der Leistungen hinausgehende Qualität, hier die Einhaltung eines Schrittmaßes von 63 cm bei der im Kellergeschoss und Erdgeschoss des Hauses eingebauten Treppenanlage. Grundlage der Bestimmung des Vertragssolls ist der gesamte Inhalt des von den Parteien geschlossenen Bauträgervertrages sowie auch die weiteren Umstände bei Vertragsschluss, ebenso ist das von der Beklagten verwendete Werbematerial zu berücksichtigen. Vorliegend hat die Beklagte ausweislich des von ihr erstellten Bauprospekts hochwertige Doppelhäuser mit Mansardendach in großzügiger Raumaufteilung und einer Bauqualität für anspruchsvolles Wohnen verkauft. Die Häuser haben eine Wohnfläche von 172 qm und eine Nutzfläche von weiteren 67 qm und weisen eine – für Doppelhäuser – großzügige Wohn-Nutzfläche auf ... Weiter haben die Häuser von ihrer äußeren Erscheinung – Verklinkerung – ein hochwertiges Aussehen. Ebenso liegt die bereits standardmäßig vorgesehene Ausstattung oberhalb der im Jahr 2004 im Großraum Berlin angebotenen Gebäudeausstattung für Neubauten von Bauträgern (hochwertiger Fliesenbelag im Wohn- und Essbereich, Holzfenster, Rollläden in Erd-und Obergeschoss, Innentreppen aus Buchenholz, Eckbadewanne)... Weiterhin ist ein Kaufpreis von 408.631 € vereinbart worden, der ebenfalls für den maßgeblichen Zeitraum im Großraum Berlin im oberen Bereich für Doppelhaushälften liegt. Entgegen der Ansicht der Beklagten sind insoweit auch die erhöhten Grundstückskosten durch die bevorzugte Lage des Bauvorhabens und die Kosten – und Qualitätssteigerung durch die Sonderwünsche der Kläger nicht unberücksichtigt zu lassen. Die Parteien haben die Errichtung eines hochwertigen Gebäudes in einer bevorzugten Lage für einen für den Großraum Berlin vergleichsweise hohen Preis vereinbart, dies wirkt sich insgesamt auf den Qualitätsstandard aus, den die Beklagte bei der Erbringung ihrer Leistungen zu beachten hat, jedenfalls wenn wie vorliegend durch die – ebenfalls qualitätssteigernde – Erhöhung des Kellergeschosses und des Erdgeschosses ohnehin eine Anpassung der streitigen Bauteile und die Abänderung der standardmäßigen Vorgaben der Beklagten erforderlich ist. Diesem Qualitätsstandard genügt die Treppenanlage im Kellergeschoss sowie im Erdgeschoss des Hauses der Kläger nicht. Der Sachverständige hat insoweit nachvollziehbar ausgeführt, dass die Wendungen der Treppe der inneren Seite der Stufen an der Grenze der DIN sind, wodurch seiner Einschätzung nach die Treppe teilweise als schwer begehbar empfunden werde. Auch hat der Sachverständige angegeben, dass die Stufen umso bequemer zu begehen seien, je flacher sie ausgebildet sind und je mehr sie sich an einem Schrittmaß von über 63 cm orientieren. Nach allem umfasste die geschuldete Leistung der Beklagten es, die ohnehin anzupassende Treppenanlage im Kellergeschoss so wie im Erdgeschoss so zu gestalten, dass eine bequem begehbare Treppe mit einem Schrittmaß von 63 cm erreicht wird."
e) Nach dem Vertrag einzuhaltende Qualitätsanforderungen ergeben sich auch aus öffentlich-rechtlichen Vorschriften, soweit diese zu beachten sind. An dieser Stelle soll der Hinweis auf §§ 17 ff. der Musterbauverordnung mit den Regelungen zu Anforderungen an Bauprodukte genügen, wobei selbstverständlich die Umsetzung in den einzelnen Ländern maßgeblich ist.
f) Ob und inwieweit die Einhaltung von Herstellerrichtlinien zur vereinbarten Beschaffenheit gehört, hängt von den Umständen des Einzelfalles und auch vom Inhalt der Richtlinien ab (Rechtsprechungsüberblick bei Seibel, BauR 2012, 1025 ff.; vgl. grundlegend und kritisch Sass, BauR 2013, 1333). Ist die Einhaltung der Herstellerrichtlinie ausdrücklich vereinbart, gehört das zur vertraglich vereinbarten Beschaffenheit. Ansonsten ist zu prüfen, ob die Einhaltung der Herstellerrichtlinie konkludent vereinbart ist. Hat der Auf-

traggeber kein besonderes Interesse an der Einhaltung der Herstellerrichtlinie, weil er durch die Beschaffenheitsvereinbarung und den garantierten Schutz durch die anerkannten Regeln der Technik ausreichend abgesichert ist, wird man das nur unter besonderen Umständen annehmen können (OLG Köln, BauR 2013, 257 f.). Etwas anderes kann gelten, wenn der Auftraggeber die Verwendung des Produkts eines bestimmten Herstellers vorschreibt und die Herstellerrichtinie die Qualität des Produkts absichert (Faust, BauR 2013, 363, 367). Dient die Richtlinie dazu, bestimmte Risiken abzuwenden, so dürfte ein Mangel vorliegen, wenn das Risiko infolge Nichtbeachtung besteht und sich auf die Gebrauchsfähigkeit des Werks auswirken kann (Zu Sicherheitsrisiken vgl. BGH, Urt. v. 23.7.2009 – VII ZR 164/08 – Maschinenwartung; OLG Frankfurt Urt. v. 15.6.2012 – 2 U 205/11 – Herstellerempfehlung für doppelte Gewebespachtelung bei Putz über Wärmedämmverbundsystem; OLG Köln, Urt. v. 20.7.2005 – 11 U 96/04; OLG Köln, Urt. v. 22.9.2004 – 11 U 93/01 – Dickbeschichtung; OLG Brandenburg, Urt. v. 15.6.2011 – 4 U 144/10 – gleichzeitiger Verlust der Herstellergarantie; OLG Dresden, Urt. v. 26.1.2012 – 9 U 494/09 – Vermutung für einen Mangel, wegen der damit einhergehenden Risikoerhöhung, wenn Herstellerrichtlinie nicht beachtet wird). Die Herstellerrichtlinie kann allerdings nicht die Vereinbarungen zur Funktionstauglichkeit des Werks abbedingen (OLG Brandenburg, BauR 2008, 93, 94; OLG Frankfurt, BauR 2008, 847; Faust, BauR 2013, 363, 368.).

2. Die bisherigen Anforderungen an die Qualitäten beim Bau haben sich aus mehr oder weniger deutlichen Beschreibungen der Bauleistungen in den Regelwerken ergeben. Ich will mich nun den Fällen zuwenden, in denen es solche Beschreibungen nicht gibt, sondern sich die Frage stellt, welche Qualität einzelne Stoffe, Bauteile oder Bauausführungen haben müssen, wenn sie im Vertrag nicht beschrieben sind. Der erste Impuls mag sein, eine Leistung mittlerer Art und Güte als die geschuldete und ausreichende Bauleistung anzusehen.

a) Das entspricht jedoch nicht der Gesetzeslage. Auch dann, wenn Qualitäten nicht deutlich beschrieben sind, kann sich aus dem Gesamtzusammenhang des Vertrages eine Vereinbarung über die geschuldete Qualität ergeben. Nach der gefestigten Rechtsprechung des Bundesgerichtshofs kann der Auftraggeber redlicherweise erwarten, dass das Werk zum Zeitpunkt der Fertigstellung und Abnahme diejenigen Qualitäts- und Komfortstandards erfüllt, die auch vergleichbare andere zeitgleich abgenommene Bauwerke erfüllen. Der Auftragnehmer verspricht üblicherweise stillschweigend bei Vertragsschluss die Einhaltung dieses Standards (BGH, Urt. v. 14.5.1998 – VII ZR 184/97 – Luftschallschutz). Mit dieser Entscheidung hat der Bundesgerichtshof eine stillschweigende Vereinbarung des üblichen Qualitäts- und Komfortstandards für vergleichbare Bauwerke angenommen. Liegt eine entsprechende Vereinbarung vor, muss nicht auf die gesetzliche Regelung des § 633 Abs. 2 Satz 2 Nr. 2 BGB zurückgegriffen werden, wonach ein Werk mangels einer Vereinbarung über die Beschaffenheit und den Verwendungszweck frei von Sachmängeln ist, wenn es sich für die gewöhnliche Verwendung eignet und eine Beschaffenheit aufweist, die bei Werken gleicher Art üblich ist und die der Besteller nach der Art des Werkes erwarten kann. Eine gleichlautende Regelung findet sich im VOB-Vertrag. Aber auch dann, wenn man § 633 Abs. 2 Satz 2 Nr. 2 BGB anwendet, ergibt sich keine andere Lösung. Es ist die übliche Beschaffenheit geschuldet. Die übliche Beschaffenheit orientiert sich aber nicht zwingend an der der mittleren Art und Güte. Denn es kommt darauf an, welche Bauweise bei vergleichbaren Bauwerken üblich ist. Die Qualität des Bauwerks insgesamt bestimmt also die geschuldete Qualität der nicht näher beschriebenen Bauausführung.

b) Das führt zu einer mehrschichtigen durch Auslegung des Vertrages vorzunehmenden Bewertung, die im Einzelfall den Vertragsinhalt bestimmt. Zunächst ist die Qualitätsstufe des Bauwerks insgesamt zu ermitteln. Daraus ist dann die Qualitätsstufe der einzelnen Bauausführung abzuleiten. Die Auslegung, welche Qualität einer Leistung geschuldet ist, muss die gesamten Vertragsumstände berücksichtigen. Die Auslegung des Vertrages ist eine rechtliche Würdigung. Sie obliegt im Streitfall dem Richter und nicht dem Sachverständigen. Nahezu alle Fälle, die vom Bundesgerichtshof wegen fehlerhafter Auslegung des Vertrages aufgehoben worden sind, beruhen auf fehlerhaften Würdigungen des Vertrages durch Sachverständige, denen der Richter meist unbesehen gefolgt ist!

Das Ganze hat der Bundesgerichtshof in seiner Entscheidung zur geschuldeten Qualität des Schallschutzes herausgearbeitet (BGH, Urt. v. 4.6.2009 – VII ZR 54/07- Schallschutz II; Urt. v. 14.6.2007 – VII ZR 45/06 – Schallschutz I) und erst kürzlich auch auf einen anderen Fall angewandt (BGH, Urt. v. 21.11.2013 – VII ZR 275/12 – Gefälle). In diesem Fall stand die Behauptung zur Überprüfung, ein Hofeingang einer Wohnanlage, der mit Epoxydharz nachgebessert worden war, sei deshalb mangelhaft, weil er kein Gefälle habe, so dass das Wasser in den vorhandenen Ablauf nur langsam abfließe. Es komme so zu Schmutzbildungen durch Rückstände und es bestehe eine erhöhte Gefahr der Vereisung und Pfützenbildung. Die Baubeschreibung enthielt zum Gefälle nichts und aus diesem Grund hatte das entsprechend sachverständig beratene Berufungsgericht den Mangel einer Leistung verneint. Es hat darüber hinaus einen Verstoß gegen die anerkannten Regeln der Technik verneint, weil der Sachverständige keine geschriebene Regeln zu einer derart ausgeführten Hofeinfahrt festgestellt hatte. Das war zum einen fehlerhaft, weil weder der Sachverständige noch das Gericht sich die Frage gestellt hatten, ob es eine ungeschriebene anerkannte Regel der Technik gibt, wonach ein Gefälle vorliegen muss. Das lag immerhin nahe, weil der Sachverständige ein Gefälle als sinnvoll bezeichnet hatte. Anerkannte Regeln der Technik müssen nicht schriftlich niedergelegt sein (vgl. BGH, Urt. v. 21.11.2013 – VII ZR 275/12 – Gefälle).

Nur am Rande sei vermerkt, dass es immer wieder Gutachten gibt, in denen der Sachverständige bestimmte unterlassene Ausführungen als „sinnvoller", oder z. B. „fachmännischer" als die vorgefundene Ausführung bezeichnet (so eine Formulierung aus dem Urteil des LG Marburg v. 26.10.2011 – 2 O 245/10 zur Notwendigkeit einer Neigung eines Flachdachs), dann aber einen Verstoß gegen die anerkannten Regeln oder einen Mangel verneint (Der Sachverständige wird in dem erwähnten Urteil zitiert „dass bei der jetzigen Ausführung der Terrasse die Anforderungen an den Gesamtaufbau für Abdichtungen bei hoher Beanspruchung erfüllt sind, wenn es auch fachtechnisch besser und sicherer gewesen wäre, insgesamt eine Entwässerung über ein planerisch vorgegebenes Flächengefälle auszuführen …"). Es ist mir nicht deutlich, warum etwas „fachmännischer" sein kann. Sollte damit eine bessere Qualität gemeint sein, so muss die Frage gestellt werden, warum der Auftragnehmer diese bessere Qualität nicht schuldete. In diesem Zusammenhang ist darauf hinzuweisen, dass der Bundesgerichtshof im Schallschutzurteil darauf hingewiesen hat, dass der Unternehmer nach Treu und Glauben gehalten sein kann, bei gleichwertigen, anerkannten, jedoch im Vertrag nicht fest gelegten Ausführungsweisen diejenige zu wählen, die für den Auftraggeber vorteilhafter ist, wenn ihm durch diese Wahl kein nennenswerter Mehraufwand entsteht (BGH, Urt. v. 14.6.2007 – VII ZR 45/06 – Schallschutz I).

Vor allem aber hatte das Gericht im „Gefällefall" die Prüfung unterlassen, ob das Gefälle nicht deshalb geschuldet war, weil nur das Gefälle den nach dem Vertrag gegebenen Qualitäts- und Komfortansprüchen des Auftraggebers gerecht wurde. Sicher war es nicht richtig, wie es der Sachverständige in seinem Gutachten angedeutet hatte, die Qualitäts- und Komfortansprüche an die Ausführung einer Tiefgarage zugrunde zu legen.

c) Die Ermittlung der im Einzelfall geschuldeten Qualität anhand der Qualität des gesamten Bauwerks ist Standard in der Rechtsprechung und kann durch viele Beispiele belegt werden. Die Qualitäten können sich nicht nur aus dem Vertragstext (OLG Düsseldorf, BauR 2010, 1594 – „seniorengerechtes Wohnen"), sondern auch aus sonstigen vertragsbegleitenden Umständen (BGH Urt. v. 25.10.2007 – VII ZR 205/06 – Bauträgerprospekt), den konkreten Verhältnissen des Bauwerks (BGH, Urt. v. 21.11.2013 – VII ZR 275/12 – Gefälle) und seines Umfelds, dem qualitativen Zuschnitt des gesamten Bauvorhabens (OLG Düsseldorf BauR 2014, 113 – „ruhige Wohnlage"; OLG München BauR 2011, 1505 – Gartenzugang bei „großzügigen Privatgärten"), dem architektonischen Anspruch (OLG München, Urt. v. 22.5.2007 – 9 U 3081/06 – Abstand von Garagenbauteilen einer Tiefgarage und Fahrzeugen; auch OLG Frankfurt Hinweisbeschl. v. 8.1.2014 – 3 U 110/13: bei hochpreisiger, repräsentativer und hochwertiger Wohnung kann Erwerber erwarten, dass er sein Fahrzeug der gehobenen Mittelklasse mit üblichem Aufwand auf dem mit erworbenen Stellplatz abstellen kann und nicht mehrmaliges Rangieren notwendig ist) und der Zweckbestimmung des Gebäudes ergeben (BGH Urt. v. 11.11.1999 – VII ZR 403/98 – Produktionshallendach). In die Beurteilung kann auch der Preis einbezogen werden. Jedoch darf aus der Annahme eines preiswerten Angebots nicht der Schluss gezogen werden, der Auftraggeber sei mit einer wesentlichen Funktionseinschränkung einverstanden (BGH, Urt. v. 11.11.1999 – VII ZR 403/98 – Produktionshallendach). Die gleichen Grundsätze gelten für die Altbausanierung. Verspricht der Veräußerer eines Altbaus z. B. eine Sanierung bis auf die Grundmauern, darf der Erwerber dies grundsätzlich dahin verstehen, dass der Veräußerer zu diesem Zweck im Rahmen des technisch Möglichen die Maßnahmen angewandt hat, die erforderlich sind, um den Stand der anerkannten Regeln der Technik zu gewährleisten. Etwas anderes kann sich ergeben, wenn die berechtigte Erwartung des Erwerbers unter Berücksichtigung der gesamten Vertragsumstände, insbesondere des konkreten Vertragsgegenstands und der jeweiligen Gegebenheiten des Bauwerks darauf nicht gerichtet ist (BGH, Urt. v. 16.12.2004 – VII ZR 257/03 – Kellerabdichtung).

d) Kann die Vereinbarung von bestimmten Qualitätsmerkmalen anhand der gesamten Umstände des Vertrages nicht festgestellt werden, so schuldet der Auftragnehmer die übliche Beschaffenheit, also auch die üblichen Qualitätsmerkmale. Die übliche Beschaffenheit ist nach allgemeiner, gewerblicher Verkehrssitte unter Berücksichtigung von Treu und Glauben zu ermitteln, wobei es auf die örtlichen Gegebenheiten ankommen kann (vgl. BGH, Urt. v. 13.3.2008 – VII ZR 194/06 zum gewöhnlichen Gebrauch nach altem Recht). Es dürfte die Beschaffenheit maßgeblich sein, die nach Art, Güte und Umfang am Ort der Werkleistung bei vergleichbaren Anforderungen üblicher Weise erbracht wird (vgl. BGH, Urt. v. 26.10.2002 – VII ZR 239/98 – übliche Vergütung). Ob die vorhandene Ausführung diesen Anforderungen entspricht, ist im Streitfall durch den Richter zu beurteilen, der dazu der Hilfe des Sachverständigen bedarf. Ergeben sich mehrere Möglichkeiten, so dürfte dem Auftragnehmer ein Leistungsbestimmungsrecht zustehen, das er nach billigem Ermessen ausüben muss, § 315 Abs. 1 BGB.

3 Aufklärungspflichten über Qualitäten

Hat der Auftragnehmer eine vertragsgerechte Leistung erbracht, kommt eine Haftung wegen fehlerhafter Beratung in Betracht, wenn er den Auftraggeber nicht darüber aufgeklärt hat, dass die vertraglich geschuldete Qualität Nachteile hat, die der Auftraggeber erkennbar nicht tragen wollte. Die rechtlichen Voraussetzungen für einen Schadensersatzanspruch des Auftraggebers wegen einer unterlassenen Aufklärung sind allerdings weitgehend ungeklärt.

a) Eine Aufklärungspflicht wird nach zurzeit geltender Rechtslage nur dann angenommen werden können, wenn der Auftraggeber einen Aufklärungsbedarf zu erkennen gibt. Das kann z. B. der Fall sein, wenn er den Auftragnehmer um einen Rat fragt oder der Auftragnehmer erkennt, dass der Auftraggeber bei der Auswahl von Produkten erkennbar von fehlerhaften Vorstellungen ausgeht (vgl. z. B. BGH, Beschl. v. 25.1.2007 – VII ZR 41/06 – Wintersichere Rollladenfunktion; OLG Oldenburg Urt. v. 9.10.2013 – 3 U 5/13 – Heizkostenersparnis durch Wärmepumpe nur bei zusätzlichen Wärmedämmmaßnahmen). Ein Vertragspartner muss den anderen über alle solche Umstände aufklären, die den Vertragszweck des anderen vereiteln können und daher für dessen Entscheidung über den Vertragsschluss von wesentlicher Bedeutung sind, sofern eine Mitteilung nach der Verkehrsauffassung erwartet werden kann (BGH Urt. v. 11.11.2011 – V ZR 245/10). Nach der Rechtsprechung kommt ein Beratungsvertrag zustande, wenn der Verkäufer (oder Unternehmer) im Zuge eingehender Vertragsverhandlungen, insbesondere auf Befragen, einen ausdrücklichen Rat erteilt (BGH Urt. v. 12.7.2013 – V ZR 4/12). Ist der Auftraggeber durch einen Architekten beraten, der die Produktauswahl vorgenommen hat, kommt eine Verletzung einer Aufklärungspflicht regelmäßig nicht in Betracht (OLG Celle, Urt. v. 24.1.2008 – 5 U 160/05 – 16 mm Beplankung), wenn nicht ausdrücklich um eine (weitere) Beratung gebeten wird.

b) Durch das Gesetz zur Umsetzung der Verbraucherrechterichtlinie (Richtlinie 2011/83/EU des Europäischen Parlaments und des Rats vom 25.10.2011 über die Rechte der Verbraucher) und zur Änderung des Gesetzes zur Regelung der Wohnraumvermittlung vom 20.9.2013 (BGBl. 2013 I, 3642) werden mit Wirkung zum 13.6.2014 gesetzliche Aufklärungspflichten für den Auftragnehmer geschaffen, wenn er Verträge mit Verbrauchern schließt. Der insoweit maßgebliche Art. 246 EBGBG lautet:

(1) Der Unternehmer ist, sofern sich diese Informationen nicht aus den Umständen ergeben, nach § 312a Absatz 2 des Bürgerlichen Gesetzbuchs verpflichtet, dem Verbraucher

vor Abgabe von dessen Vertragserklärung folgende Informationen in klarer und verständlicher Weise zur Verfügung zu stellen:

1. die wesentlichen Eigenschaften der Waren oder Dienstleistungen in dem für den Datenträger und die Waren oder Dienstleistungen angemessenen Umfang,
2. seine Identität, beispielsweise seinen Handelsnamen und die Anschrift des Ortes, an dem er niedergelassen ist, sowie seine Telefonnummer,
3. den Gesamtpreis der Waren und Dienstleistungen einschließlich aller Steuern und Abgaben oder in den Fällen, in denen der Preis auf Grund der Beschaffenheit der Ware oder Dienstleistung vernünftigerweise nicht im Voraus berechnet werden kann, die Art der Preisberechnung sowie gegebenenfalls alle zusätzlichen Fracht-, Liefer- oder Versandkosten oder in den Fällen, in denen diese Kosten vernünftigerweise nicht im Voraus berechnet werden können, die Tatsache, dass solche zusätzlichen Kosten anfallen können,
4. gegebenenfalls die Zahlungs-, Liefer- und Leistungsbedingungen, den Termin, bis zu dem sich der Unternehmer verpflichtet hat, die Waren zu liefern oder die Dienstleistungen zu erbringen, sowie das Verfahren des Unternehmers zum Umgang mit Beschwerden,
5. das Bestehen eines gesetzlichen Mängelhaftungsrechts für die Waren und gegebenenfalls das Bestehen und die Bedingungen von Kundendienstleistungen und Garantien, 6. ...

(2) Absatz 1 ist nicht anzuwenden auf Verträge, die Geschäfte des täglichen Lebens zum Gegenstand haben und bei Vertragsschluss sofort erfüllt werden.

Dienstleistungen im Sinne dieses Gesetzes sind auch Leistungen aufgrund von Werkverträgen. Das Gesetz gilt deshalb für alle Bauverträge, jedoch mit Ausnahme der Verträge über den Bau eines neuen Gebäudes oder über erhebliche Umbaumaßnahmen, § 312 Abs. 2 Nr. 3 BGB n. F. und der notariell zu beurkundenden Verträge, § 312 Abs. 2 Nr. 1 b), oder der ohne entsprechenden Zwang beurkundeten Verträge, wenn der Notar auf den Entfall der Informationspflicht hingewiesen hat. Verträge über den Bau eines neuen Gebäudes oder über erhebliche Umbaumaßnahmen sind ausgenommen worden, weil insoweit Initiativen zur Beschreibungspflicht, wie sie im Abschlussbericht der Arbeitsgruppe Bauvertragsrecht beim Bundesministerium der Justiz vom 18.6.2013, S. 13 ff., 15, zum Ausdruck gekommen sind, nicht vorgegriffen werden soll (Glöckner, BauR 2014, 411, 416) und weil der Verbraucher insoweit nicht als schutzwürdig erachtet wird (BT-Drucksache 17/12637 S. 95), was völlig unverständlich ist. Es wird sich bei den ab dem 13.6.2014 geschlossenen Verträgen deshalb die Frage stellen, welche Informationspflichten der Unternehmer (Handwerker) hat, was also die wesentlichen Eigenschaften seines Werkes sind, über die zu informieren ist, inwieweit er Alternativen aufzeigen muss und welche Rechtsfolgen daraus abgeleitet werden können, dass die gesetzlich vorgeschriebene Information nicht stattgefunden hat (zu allem vgl. Glöckner, BauR 2014, 411 ff.).

c) Der Abschlussbericht der Arbeitsgruppe Bauvertragsrecht beim Bundesministerium der Justiz schlägt Folgendes vor:

– Für Verträge mit Verbrauchern über den Bau von neuen Gebäuden und Verträge über erhebliche Umbaumaßnahmen an bestehenden Gebäuden soll eine Pflicht des Unternehmers zur Erstellung einer Baubeschreibung gesetzlich vorgeschrieben werden. Die Regelung soll nur für solche Fälle gelten, in denen der Verbraucher die wesentlichen Planungsvorgaben weder selbst noch durch einen von ihm Beauftragten macht.
– Bei der Ausgestaltung sollen folgende Eckpunkte berücksichtigt werden:
– Die Baubeschreibung ist dem Besteller in Textform und rechtzeitig vor Vertragsschluss zur Verfügung zu stellen.
– In der Baubeschreibung sind die wesentlichen Eigenschaften des geschuldeten Werks in klarer und verständlicher Weise darzustellen. Hierzu gehören in der Regel:
  • eine allgemeine Beschreibung des herzustellenden Objekts (ggf. Haustyp und Bauweise),
  • Art und Umfang der angebotenen Leistungen (ggf. Planung und Bauleitung, Arbeiten am Grundstück und Baustelleneinrichtung, Ausbaustufe),
  • Gebäudedaten, Pläne (Raum- und Flächenangaben sowie Ansichten, Grundrisse und Schnitte),
  • Angaben zum Energie- und Schallschutzstandard sowie zur Bauphysik,
  • Angaben zur Beschreibung der Baukonstruktion aller wesentlichen Gewerke,
  • Beschreibung der haustechnischen Anlagen,

- Angaben zu Qualitätsmerkmalen,
- Beschreibung der Sanitärobjekte, der Armaturen, Elektroanlage, Installation, Informationstechnologie und der Außenanlagen.
- In die Regelung soll ausdrücklich eine Vermutung aufgenommen werden, dass die Angaben in einer vorvertraglich übergebenen Baubeschreibung zum Vertragsinhalt werden. Diese Vermutung kann insbesondere dadurch widerlegt werden, dass eine Einigung über Änderungen nachgewiesen wird.
- Eine den Anforderungen des zweiten Punktes genügende Baubeschreibung ist nach dem Vorbild der Auslegungskriterien des AGB-Rechts zu Gunsten des Verbrauchers (ergänzend) auszulegen. Maßstab soll dabei das Leistungsniveau der Baubeschreibung im Übrigen sein. Ein Rücktrittsrecht aus diesem Grund soll dem Verbraucher nicht gewährt werden.

Prof. Dr. Rolf Kniffka

Seit 1998 Mitglied des für Bau- und Architektenrecht zuständigen VII. Zivilsenats des Bundesgerichtshofs und seit 2008 dessen Vorsitzender; Honorarprofessor der Gottfried Wilhelm Leibniz Universität Hannover; Mitbegründer und langjähriger Präsident des Deutschen Baugerichtstages e. V.; Autor zahlreicher Fachbücher und Zeitschriftenbeiträge zum privaten Bau- und Architektenrecht und als Schiedsrichter in komplexen Schiedsverfahren über baurechtliche Auseinandersetzungen tätig.

Qualitäten am Bau: Vertragsauslegung durch den Richter – Beratung des Gerichts bei der Vertragsauslegung durch den Sachverständigen

Uwe Liebheit, Vorsitzender Richter am OLG i. R., Lehrbeauftragter der FH Münster/Steinfurt

I. Verwendung des Begriffs Mangel in einem Beweisbeschluss und Gutachten

Kniffka hat in seinem Referat bei den 40. Aachener Bausachverständigentagen, das sich auf die Rechtsprechung des BGH bezüglich der am Bau geschuldeten Qualitäten bezog, klargestellt:

*Die **Auslegung des Vertrages**, welche Qualität einer Leistung geschuldet ist, stellt eine rechtliche Würdigung dar, die im Streitfall dem **Richter** und nicht dem Sachverständigen obliegt. Insoweit kann er aber auf die **Beratung** eines **Sachverständigen** angewiesen sein. Die Bewertung von Verträgen gehört zum Alltag eines Sachverständigen.*

Die Abweichung der Ist-Beschaffenheit von der geschuldeten Soll-Beschaffenheit begründet einen **Mangel**. Dieser Begriff wird in der gesetzlichen Regelung des § 633 BGB und in § 13 VOB/B verwendet. Ausschließlich dieser Mangelbegriff ist für die Entscheidung des Gerichts relevant. Kniffka hat klargestellt, dass es der Rechtsklarheit und –sicherheit dient, wenn der Begriff „**Mangel**" ohne Zusätze, die nicht entscheidungsrelevant sind, wie „*Mangel in technischer Hinsicht*" oder „*Mangel aus sachverständiger Sicht*" in Beweisbeschlüssen und Sachverständigengutachten verwendet wird. Er hat betont, dass die vertragsrechtlichen und bautechnischen Komponenten des komplexen Mangelbegriffs nicht getrennt voneinander beurteilt werden können.

> **Diese Klarstellung bezüglich der Verwendung des Begriffs „Mangel" ist dazu geeignet einen seit Jahrzehnten schwelenden Meinungsstreit zu beenden**, der zu irreführenden Lösungswegen, nicht verwertbaren Gutachten und unnötigen Verfahrensverzögerungen sowie Mehrkosten geführt hat.

II.1 Grundlagen der hier dargestellten Zusammenarbeit des Gerichts mit dem Sachverständigen

Im Anschluss an den Vortrag Kniffkas hat der Verfasser zu der Funktion des Sachverständigen bei der **Vertragsauslegung durch das Gericht** Stellung genommen. Kniffka war dankenswerter Weise bereit, das Vortragskonzept des Verfassers eingehend mit diesem zu erörtern, so dass die folgenden Ausführungen möglicherweise nicht in jedem Detail aber doch im Wesentlichen mit der Auffassung des höchsten deutschen Richters in Bausachen übereinstimmen. Oswald hat zu einer bautechnischen Präzisierung der Zusammenfassung des Referats beigetragen und diese um einige Hinweise ergänzt, die er bei den Aachener Bausachverständigentagen vorgetragen hat.

Damit dürften sich die folgenden Ausführungen als Grundlage für die Gestaltung einer **konstruktiven Zusammenarbeit der Sachverständigen mit den Gerichten** eignen. Im konkreten Einzelfall muss das Gericht das Vorgehen, das ihm unter Berücksichtigung der Parteiherrschaft aufgrund seiner Erfahrungen als optimal erscheint, als Herr des Verfahrens eigenverantwortlich festlegen.

II.2 Sachverständige als problembezogene Berater und weisungsgebundene Helfer des Gerichts

Die Funktion des Sachverständigen bei der Klärung der Frage, ob ein Werk einen Mangel aufweist, wird vielfach als „**weisungsgebundener Helfer des Gerichts**" definiert. Weisungen setzen voraus, dass das Gericht über **Kenntnisse der Baupraxis** und ein **fachtechnisches Problembewusstsein** verfügt, die Grundlage zielführender Weisungen sind. Zu dem Zweck muss der Sachverständige in einem ersten Schritt dem Gericht als dessen „**problembezogener Berater**" die entsprechenden Kenntnisse vermitteln. Das methodengerechte Vorgehen bei der Klärung des

Vorliegens eines Mangels hat der BGH[1] in der berühmten Lager- und Produktionshallendach-Entscheidung klargestellt:

1. **Klärung** der **Soll-Beschaffenheit** des vom Bauherrn gerügten Werks,
2. **Feststellung** der **Ist-Beschaffenheit** des entsprechenden Werks,
3. **Bewertung** der **Abweichung** der **Ist-Beschaffenheit von der Soll-Beschaffenheit**.

Diese systematische Prüfung bezieht sich auf den **entscheidungsrelevanten Begriff eines Mangels**. Die Feststellungen des Sachverständigen gem. Nr. 2 und seine Bewertung gem. Nr. 3 müssen sich auf die Soll-Beschaffenheit gem. Nr. 1 beziehen, damit sein Gutachten für das Gericht verwertbar ist. Zur Vermeidung von Missverständnissen muss deshalb der entscheidungsrelevante Begriff „Mangel" nicht nur in den Schriftsätzen der Anwälte und den Entscheidungen des Gerichts verwendet werden, sondern auch gegenüber dem Sachverständigen und von ihm in seinem Gutachten[2]. Die Definition des entscheidungsrelevanten Begriffs Mangel ist allen Sachverständigen bekannt[3]:

die **Abweichung** der **Ist-Beschaffenheit** von der **vertraglich geschuldeten Soll-Beschaffenheit**.

Die Klärung der Voraussetzungen, die geprüft werden müssen, um einen Mangel zu bejahen oder zu verneinen, setzt eine **konstruktive Zusammenarbeit des Gerichts mit dem Sachverständigen** voraus. Die **Definition aller Voraussetzungen** der **vertraglich geschuldeten Soll-Beschaffenheit** ist eine unverzichtbare Grundlage für die Klärung des Sachverständigen, welche bautechnischen

Voraussetzungen das Werk aufweisen muss, um die vertraglich geschuldeten Voraussetzungen zu erfüllen und die weitere Prüfung des Sachverständigen, ob die Ist-Beschaffenheit von dieser abweicht.

Viele Fehlurteile beruhen darauf, dass die Prüfung des Vorhandenseins eines Mangels ohne eine zutreffende **Definition der Voraussetzungen der Soll-Beschaffenheit** erfolgt, obwohl deren Klärung die unverzichtbare Grundlage eines verwertbaren Sachverständigengutachtens ist.

II.3 Die Soll-Beschaffenheit

Die vertraglich geschuldete **Soll-Beschaffenheit** ergibt sich aus der **Beschaffenheitsvereinbarung**. Diese muss unter Berücksichtigung des tatsächlichen Willens der Parteien **ausgelegt** werden. Anschließend muss der Sachverständige die entsprechenden bautechnischen Voraussetzungen klären.

II.3.1 Die vertraglichen Voraussetzungen der Soll-Beschaffenheit

II.3.1.1 Die ausdrückliche Beschaffenheitsvereinbarung

Die vertragsrechtlichen Voraussetzungen der Soll-Beschaffenheit ergeben sich in erster Linie u. a. aus der Leistungsbeschreibung, dem Leistungsverzeichnis, den Plänen, ATV und der VOB/C, wenn deren Geltung vereinbart wurde. In dem Leistungsverzeichnis werden häufig technische Sachverhalte definiert. Es enthält eine Vielzahl von technischen Kurzbezeichnungen, die vorrangig technische Tatbestände beschreiben. Teilweise geschieht das unklar („… nebst Verlegen" deutet z. B. grundsätzlich auf eine übliche Ausführung hin; ein technischer Laie kann nicht beurteilen, ob im Einzelfall eine aufwändigere Variante erforderlich ist). Die Soll-Beschaffenheit kann sich zudem aus mehreren Positionen des Leistungsverzeichnisses ergeben, deren technische Zusammenhänge für einen bautechnischen Laien nicht ohne weiteres ersichtlich sind. Sie werden ergänzt durch Pläne und gelegentlich auch durch die Einbeziehung von ATV und der VOB/C in den Vertrag. Es ist keine Seltenheit, dass selbst ein Sachverständiger erst bei einem Ortstermin nach einer Erörterung mit den Parteien erkennt, dass weitere Unterlagen vorhanden sein müssen

---

1 BGH, Urt. v. 11.11.1999 – VII ZR 403/98, BauR 2000, 411: Die Funktionstauglichkeit des Dachs einer Lager- und Produktionshalle setzt voraus, dass es auch nach stärkerem Regen mit Windeinfall nicht zu Wassereinbrüchen kommt. Es muss einen sicheren Schutz für eine zweckentsprechende Nutzung der Halle bieten.
2 Ebenso Kniffka, s. o. I., a. A. Seibel, BauSV 5/2012, 62, ZfBR 2011, 731, 734; Leseranmerkung IBR 2012, 6
3 Vgl. Liebheit, Leseranmerkung zu Gross IBR 2012, 6; Aachener Bausachverständigentage 2009, S. 10, 16; Pflichten eines Bausachverständigen – Konstruktive Zusammenarbeit zwischen Bausachverständigen und Gericht Teil A 10

oder müssten, die für die Auslegung und damit Klärung der Beschaffenheitsvereinbarung wesentlich sind, und deshalb noch zu den Akten gereicht werden müssen.

> Die Definition der Voraussetzungen für die Soll-Beschaffenheit ist für das Gericht in problematischen Fällen allein nach der Aktenlage ohne die **Beratung eines Sachverständigen** sehr schwer möglich und unmöglich, wenn entscheidende Leistungen aufgrund eines Planungsfehlers im Leistungsverzeichnis fehlen oder unzutreffend beschrieben werden.

II.3.1.2 Die stillschweigende Beschaffenheitsvereinbarung

Bei der gem. §§ 133, 157 BGB gebotenen **Auslegung der Beschaffenheitsvereinbarung** ist nicht allein auf deren Wortlaut abzustellen, sondern der wirkliche Wille der Parteien zu erforschen. Insoweit ist auch die nicht ausdrücklich erklärte oder dokumentierte, aber erkennbare Erwartung des Bauherrn zu berücksichtigen. Der BGH hat in den letzten Jahren Auslegungskriterien formuliert, die das beschreiben, was ein Auftraggeber als bautechnischer Laie von seriösen, zuverlässigen und vertrauenswürdigen Auftragnehmern erwarten darf, weil sie der üblichen Baupraxis entsprechen. Danach muss ein Werk u. a.:

- zweckentsprechend und nachhaltig funktionstauglich[4] sein,
- die üblichen Qualitäts- und Komfortstandards[5] wie vergleichbare zeitgleich erstellte Bauwerke erfüllen,
- einen übermäßigen, nicht erforderlichen Aufwand vermeiden[6],

- sowie den anerkannten Regeln der Technik entsprechen[7].

Bei der Auslegung sind ferner zu berücksichtigen:

- die grundsätzlichen Verhältnisse des Bauwerks und seines Umfelds
- dessen genereller technischer und qualitativer Zuschnitt und
- sein architektonischer Anspruch.

> Diese Auslegungskriterien stellen keine rechtstheoretischen Forderungen dar, die nur Gerichte verstehen und bei der Vertragsauslegung anwenden können. Sie beschreiben vielmehr die Anforderungen, die jeder Baupraktiker kennen und beachten muss. Die Rechtsprechung verlangt von jedem Auftragnehmer (Planer, Bauüberwacher, Unternehmer), dass er unabhängig vom Wortlaut der Beschaffenheitsvereinbarung ein Werk herstellt, das den o. g. Auslegungskriterien entspricht. Schadensersatzklagen, die im Einzelfall existenzvernichtend sein können, werden nie mit der Begründung abgewiesen, dass es einen Auftragnehmer überfordere, diese Kriterien zu berücksichtigen.

Oswald:

Sowohl die ggf. vorliegenden Beschaffenheitsvereinbarungen wie die übrigen Kriterien für ein funktionstaugliches Werk müssen vom Auftragnehmer in voller Komplexität erkannt und berücksichtigt werden. Es ist daher abwegig, zu behaupten, dass diese nötige Vertragsauslegung durch den Nichtjuristen die Auftragnehmer oder den Sachverständigen überfordern. Der Berufsalltag der Bauleute wird ständig durch eigene Vertragsauslegungen ganz wesentlich bestimmt. Wenn jemand überfordert wird, dann sind dies die Juristen, die den Sachhintergrund der meisten Vertragsvereinbarungen im Baubereich nicht verstehen.

---

4 BGH, Urt. v. 08.11.2007 – VII ZR 183/05 – Blockheizkraftwerk, BGHZ 174, 110 = BauR 2008, 344 = NZBau 2008, 109; BGH, Urt. v. 29.09.2011 – VII ZR 87/11 – Dükervermessung; BGH Urt. v. 21.4.2011 – VII ZR 130/10, NZBau 2011, 415, IBR 2011, 399 m.w.Nachw.; Kniffka/Koeble, 6. Teil Rdnr. 25, 36

5 BGH, Urt. v. 4.06.2009 – VII ZR 54/07 – Schallschutz, BGHZ, 181, 225 = BauR 2009, 1288 = ZfBR 2009, 669 = NZBau 2009, 648 = IBR 2009, 447-449; BGH, Urt. v. 14.06.2007 – VII ZR 45/06, BGHZ 172, 346, BauR 2007, 1570, NJW 2007, 2983; NZBau 2007, 574

6 BGH, Urt. v. 9.7.2009 – VII ZR 130/07, NJW 2009, 2947

7 BGH, Urt. v. 07.03.2013 – VII ZR 134/12, IBR 2013, 269, NJW 2013, 1226; BGH, Urt. v. 21.4. 2011 – VII ZR 130/10, NZBau 2011, 415, IBR 2011, 399; Kniffka, ibr-online-Kommentar Bauvertragsrecht, § 633 BGB Rdnr. 48

Bei der Klärung der Kriterien der Beschaffenheitsvereinbarung, die sich auf die Baupraxis gründen, ist das Gericht auf die **Beratung durch einen Sachverständigen** angewiesen, der die geschuldeten Voraussetzungen im Einzelfall erst nach einem Ortstermin zutreffend beurteilen kann. Insoweit müssen bautechnische und baupraktische Gesichtspunkte berücksichtigt werden, die dem Gericht nicht geläufig sind bzw. deren Relevanz es allein nach der Aktenlage nicht beurteilen kann.

Für die Entscheidungsfindung des Gerichts sind Gutachten nicht verwertbar, die aufgrund einer verbreiteten Meinung, dass der Sachverständige zu den vertragsrechtlichen Voraussetzungen des Mangels keine Stellung nehmen dürfe, nur „die handwerkliche Soll-Beschaffenheit"[8] bzw. den „Mangel aus technischer Sicht"[9] bewerten dürfe und es dem Gericht überlassen müsse, die „vertragsrechtlichen Feinheiten zu ergänzen"[10]. Ein Gericht kann nicht beurteilen, ob die in solchen Gutachten dargestellten technischen Voraussetzungen den entscheidungsrelevanten vertraglichen Voraussetzungen entsprechen und es ist auch nicht in der Lage, ohne die Beratung durch einen Sachverständigen die vertraglich relevanten technischen Voraussetzungen „zu ergänzen".

Das gilt auch für die Frage, welche Qualitätserwartungen des Bauherrn ein Auftragnehmer im Zeitpunkt des Vertragsabschlusses und zu Beginn der Bauausführung aus den Unterlagen und baulichen Gegebenheiten erkennen konnte, so dass er sie hätte berücksichtigen müssen.

Eine zutreffende Beurteilung der Voraussetzungen der Soll-Beschaffenheit setzt schließlich eine umfassende Berücksichtigung des aus den Akten ersichtlichen Parteivortrags voraus. Bei der Auslegung der Beschaffenheitsvereinbarung sind nämlich auch folgende Kriterien zu berücksichtigen:

– alle **erläuternden und präzisierenden Erklärungen** der Vertragsparteien im Rahmen der Vertragsverhandlungen, auch wenn sie nicht in dem Vertrag dokumentiert sind,
– die **vorvertragliche Korrespondenz** der Parteien,
– die **zeichnerischen Darstellungen** und **Werbeaussagen** in Prospekten[11],
– Anpreisungen in **Zeitungsanzeigen** und im **Internet**.

Inwieweit diese Kriterien zu berücksichtigen sind, muss das Gericht entscheiden, wozu es im Einzelfall erst in der Lage ist, wenn der Sachverständige ihm die Relevanz verdeutlicht hat. All diese Auslegungskriterien können nur durch eine **konstruktive Zusammenarbeit des Gerichts mit dem Sachverständigen** sachgerecht und zielführend bewertet werden[12].

II.3.2 Die bautechnischen Voraussetzungen der Soll-Beschaffenheit

Der Sachverständige muss in einem zweiten Schritt klären, wie die vertragsrechtlichen Voraussetzungen bautechnisch umgesetzt werden mussten. Das richtet sich u. a. nach den anerkannten Regeln der Technik. Deren Anerkennung setzt nicht voraus, dass sie in förmlich veröffentlichten Regelwerken niedergelegt

---

8 Ulrich, DS 2008, 209, 214, 215, schlägt vor, auf den Begriff Mangel und die Darstellung des Soll-Zustands zu verzichten und im Anschluss an die Darstellung des festgestellten Ist-Zustands „ohne zusätzliche Darstellung des Soll-Zustands" zu erläutern „auf Grund welcher technischen Umstände es zu den konkreten Gegebenheiten gekommen ist". Wenn es technische Vorschriften gebe, müsse sich der Sachverständige dazu äußern, ob die Ausführung diesen entspreche. Vgl. auch Bogusch/Motzke: Der Bausachverständige 2009, S. 249 – 314; Haas/Frost: Der Sachverständige des Handwerks. 6. Aufl. 2009, S. 149, 17

9 Bolz: IBR 2012, 368; Ihle: Leseranmerkung zu Gross. IBR 2012, 6

10 Haas/Frost, a.a.O., S. 253; ähnlich OLG – Düsseldorf, Urt. v. 13.12.2013 – 22 U 67/13, IBR 2014, 183; 2014, 77, unter Hinweis auf Werner/Pastor: Der Bauprozess. 14. Aufl. Rn 31 m.w.N. in Fn 72-74

11 BGH, Urt. v. 25.10.2007 – VII ZR 205/06, BauR 2008, 351; MDR 2008, 138; NJW-RR 2008, 258; NZBau 2008, 113; NZM 2008, 136; WM 2008, 40; Kniffka, ibr-online Kommentar Bauvertragsrecht, § 633 BGB Rdnr. 6.6

12 Eingehend Liebheit, BauSV 6/2012, 66; Pflichten eines Bausachverständigen – Konstruktive Zusammenarbeit zwischen Bausachverständigen und Gericht Teil A 2 u. 3; Aachener Bausachverständigentage 2009, S.10 – 34

sind, sie können auch durch ungeschriebene Regeln konkretisiert werden[13].

Wenn die Auslegung der Beschaffenheitsvereinbarung ergibt, dass es für die Ausführung der vertraglich vereinbarten Beschaffenheit keine anerkannten Regeln der Technik gibt, weil diese keinen der geregelten Regelfälle betrifft, wie beim Bauen im Bestand, muss die Herstellung dem Stand der Technik entsprechen, der sich in der Praxis für die entsprechende Ausführung bewährt hat und deshalb in dieser anerkannt ist. Das muss der Sachverständige umfassend prüfen und dem Gericht erläutern. Der Auftragnehmer sollte mit dem Auftraggeber diese Umstände bei Vertragsschluss klären.

> Die bautechnischen Voraussetzungen der Soll-Beschaffenheit muss der Sachverständige in einer für die Parteien und das Gericht **nachvollziehbaren und überprüfbaren Weise** konkret, detailliert und fallbezogen darstellen und erläutern (Vgl. dazu näher unten II.4.2)

II.4 Beratung des Gerichts durch den Sachverständigen

II.4.1 Beratung des Gerichts vor der Abfassung des Beweisbeschlusses

II.4.1.1 „Besonderheit des Falles" i. S. d. § 404a Abs. 2 ZPO

Die Ausbildung der Richter vernachlässigt erfahrungsgemäß das Baurecht, so dass sie oft nur unzureichende Erfahrungen in Bausachen haben. Das ergibt sich gelegentlich auch aus obergerichtlichen Urteilen. Umso geringer die Erfahrungen des Gerichts mit Bausachen sind, umso wichtiger ist es, dass es schon vor der Formulierung der Beweisfrage die „Besonderheit des Falles" i. S. d. § 404a Abs. 2 ZPO bejaht und den Sachverständigen vor Abfassung der Beweisfrage anhört, um zielführende Beweisfragen formulieren und ihn in seine Aufgabe sachgerecht einweisen zu können. Das ist auch unter Berücksichtigung der unter II.5.3. noch zu erörternden Symptom-Rechtsprechung erforderlich.

Solche Besprechungen können nach allgemeiner Meinung auch telefonisch erfolgen[14]. Entscheidend ist, dass das Gericht nach einem Telefonat mit dem Sachverständigen die Parteien zur Wahrung ihres Anspruchs auf rechtliches Gehör über das Ergebnis der Beratung informiert.

Telefonate, in denen der Sachverständige sich als erfahrener Baupraktiker frei dazu äußert, „worauf es aus seiner Sicht ankommt", sind von unschätzbarem Wert für eine rasche und prozessökonomische Erledigung des Rechtsstreits ohne Ergänzungsgutachten, die das Verfahren verschleppen, zusätzliche Kosten verursachen, den Bestand des richterlichen Dezernats erhöhen und nach mehreren Monaten eine erneute Einarbeitung des Gerichts in den Sach- und Streitstand erfordern. Wird in solchen Fällen die Erforderlichkeit eines Ergänzungsgutachtens verkannt, führt das zu einer Fehlentscheidung, für die alle Beteiligten die Verantwortung tragen. Wird der Sachverständige dagegen vom Gericht zur Klärung der entscheidungsrelevanten Problematik ohne die Zwangsjacke unzureichender oder verfehlter Beweisfragen um eine **problembezogene Beratung** gebeten und sorgt der Richter bei dem Gespräch dafür, dass sich diese auf die vertraglich geschuldete Soll-Beschaffenheit des entscheidungsrelevanten Bauteils und berücksichtigungsfähige Anknüpfungstatsachen bezieht, kann ein zielführender Beweisbeschluss formuliert werden. Diese Praxis setzt sich nach Auskunft zahlreicher Sachverständiger immer mehr durch.

II.4.1.2 Einweisungstermin

In den problematischen Fällen kann das Gericht auch einen Einweisungstermin anberaumen, der am besten vor Ort mit einer Besichtigung des Bauwerks verbunden werden sollte. Erfahrungsgemäß haben die Anwälte nur ein geringes Interesse an solchen Terminen und die Gerichte unterschätzen den erheblichen Zeitgewinn, der durch die Vermeidung von Ergänzungsgutachten im Ergebnis mit ihnen verbunden ist. Er findet selten statt.

---

13 BGH, Urt. v. 21.11.2013 – VII ZR 275/12, IBR 2014, 74; IBR 2014,74; BGH, Urt. v. 19.01.1995 – VII ZR 131/93, BauR 1995, 230; NJW-RR 1995, 472; ZfBR 1995, 132

14 Liebheit: Pflichten des BauSV. A.2.2., 3.1.4.; Zöller/Greger: ZPO, 29. Aufl. § 404a Rdnr. 2; Musilak/Huber: 11. Aufl. § 404a ZPO Rn.3; Bayerlein: Praxishandbuch Sachverständigenrecht. § 14 Rdnr. 36, 42; Krell/Renz: Die Haftung des Bausachverständigen. Rdnr. 133, 134

II.4.1.3 Gutachten gem. § 144 ZPO

Ein Richter ist in problematischen Fällen nicht gehindert, gem. § 144 ZPO von Amts wegen einen Sachverständigen hinzuzuziehen, **um sich in die fallbezogenen Probleme einweisen zu lassen**, also dessen **sachverständige Beratung** in Anspruch zu nehmen, bevor er den Fall beurteilt. Das gilt z. B. dann, wenn es darum geht, die technischen, betrieblichen oder betriebswirtschaftlichen Zusammenhänge überhaupt erst zu verstehen[15] und ebenso, wenn es z. B. um die Klärung der Qualitäts- und Komfortstandards geht, die zeitgleich errichtete Bauwerke aufweisen oder die grundsätzlichen Verhältnisse des Bauwerks und seines Umfelds und seines architektonischen Anspruchs, die Fortgeltung anerkannter Regeln der Technik etc.

> Die **Definition der Voraussetzungen der Soll-Beschaffenheit** setzt in problematischen Fällen die **Beratung des Gerichts durch den Sachverständigen** im Rahmen einer **konstruktiven Zusammenarbeit** voraus.

II.4.2 Fehlende Weisungen gem. § 404a ZPO als Aufforderung zur Beratung des Gerichts

Wenn das Gericht dem Sachverständigen entsprechend einer gefestigten Praxis die gem. § 404a Abs. 2 ZPO erforderlichen **Weisungen nicht erteilt** und die Anwälte das nicht beanstanden, darf der Sachverständige das so verstehen, dass er **das Gericht** bezüglich der **Auslegung der vertragsrechtlichen Voraussetzungen** der **Soll-Beschaffenheit beraten** soll, was grundsätzlich zulässig ist, wie unter II.4.1. ff. ausgeführt wurde. Diese Klärung ist Voraussetzung dafür, dass sich die Untersuchung des Werks und die bautechnische Bewertung des Sachverständigen auf die entscheidungsrelevanten Voraussetzungen beziehen.

Da sich die von der Rechtsprechung herausgearbeiteten Auslegungskriterien auf die Baupraxis beziehen, die jeder erfahrene Baupraktiker kennt, hat der Sachverständige in der Regel zu Recht **keine Zweifel i. S. d. § 407a Abs. 3 ZPO**, welche Soll-Beschaffenheit der Auftragnehmer schuldet. Deshalb entspricht

es einer gefestigten Praxis, dass er diese Frage nicht vor der Erstattung des Gutachtens mit dem Gericht erörtert. Das weiß das Gericht und das ist auch den Anwälten bekannt. Wenn ein Anwalt der Auffassung ist, dass das Gericht zunächst gem. II.4.1. ff. die Voraussetzungen der Soll-Beschaffenheit klären sollte, steht es ihm frei, das zu beantragen. Darauf hat auch Kniffka bei den Aachener Bausachverständigentagen hingewiesen.

Sehen sowohl das Gericht als auch die Anwälte es als sachgerecht und verfahrensrechtlich zulässig an, dem Sachverständigen keine Weisungen gem. § 404a Abs. 2 ZPO zu erteilen und hat dieser keine Zweifel am Inhalt des Gutachtenauftrags, ist er nicht berechtigt „die Begutachtung zu verweigern"[16]. Ein Sachverständiger darf die Gutachtenerstattung gem. §§ 407, 408 ZPO nur unter den gleichen Voraussetzungen wie ein Zeuge verweigern und nicht, wenn er meint, dass eine verfahrensrechtliche Rechtsfrage vom Gericht rechtsfehlerhaft entschieden worden sei. Eine unberechtigte Verweigerung der Gutachtenerstattung kann gem. § 409 ZPO zur Festsetzung eines Ordnungsgelds führen.

Da sich ein Sachverständiger ebenso wie jedes Gericht im Einzelfall bei der Bewertung der vertragsrechtlichen Voraussetzungen der Soll-Beschaffenheit irren kann, ist es wichtig, dass das Gericht und die Parteien überprüfen können, ob seine Annahmen zutreffend sind. Deshalb muss er entsprechend seiner Funktion, die insoweit auf eine **Beratung des Gerichts** beschränkt ist, sein Verständnis des Vertragstextes, der Leistungsbeschreibung sowie der entscheidungsrelevanten technischen Regelungen etc. in seinem Gutachten wie folgt differenziert klarstellen[17]:

1. **Vertragsrechtliche Voraussetzungen**
b) Ausdrückliche Beschaffenheitsvereinbarung (s.o. II.3.1.1.): ...
c) Stillschweigende Beschaffenheitsvereinbarung (s.o. II.3.1.2.): ...
   Beispiel:
   „Zeitgleich erstellte Bauwerke erfüllen üblicherweise folgende Qualitäts- und Kom-

---

15 Kniffka: DS 2007, 125, 129; BGH, NJW 2005, 1650 = NZBau 2005, 355 = BauR 2005, 861

16 a. A. Seibel: BauSV 5/2012, 62; BauSV 2010, 49, 51, ZfBR 2011, 731, 734; ibr-online-Kommentar Selbständiges Beweisverfahren, § 487 ZPO Rdnr. 33; BauR 2013, 536, 544

17 Kniffka: DS 2007, 125, 129; Liebheit: Aachener BauSVTage 2009, 10, 15; ausführlich, Pflichten eines BauSV A 3; BauSV 6/12, 66 ff.

*fortstandards: … Sollte das Gericht anneh-
men, dass der XY nach dem Vertrag den
entsprechenden Qualitäts- und Komfortstandard erfüllen muss, müsste das Werk
folgende bautechnische Voraussetzungen
erfüllen: …"*

2. **Bautechnische Voraussetzungen**
   (s.o. II.3.2.) …
   *„Sollte die Überprüfung der vertragsrecht-
   lichen Voraussetzungen durch das Gericht
   ergeben, dass diese zu modifizieren sind,
   so bitte ich um eine entsprechende Weisung gem. § 404a ZPO."*

Dieser Schlusssatz verdeutlicht, dass die
Stellungnahme des Sachverständigen zu den
vertragsrechtlichen Voraussetzungen nur
zum Zweck der **Beratung des Gerichts** erfolgt ist und der Sachverständige sich insoweit pflichtgemäß noch nicht festgelegt hat.
Er fordert die Parteien heraus, seine Auslegung kritisch zu überprüfen, damit das Gericht anschließend in der gebotenen Weise
eigenverantwortlich entscheidet, welche Voraussetzungen die Soll-Beschaffenheit erfüllen muss. Jeder Richter muss ständig Rechts-
auffassungen Dritter kritisch prüfen (der Parteien, der Anwälte, der Vorinstanz und in einem Kollegialgericht die Auffassung der
übrigen Kollegen einschließlich der des Vor-
sitzenden).
Die Überprüfung des Gerichts muss sich
nicht nur auf die vertragsrechtlichen, sondern
auch auf die **bautechnischen Voraussetzungen** beziehen. Diese werden von einigen
Sachverständigen gelegentlich nur oberfläch-
lich und unzutreffend dargestellt, so dass sie
einer kritischen Überprüfung des Gerichts
nicht standhalten. Das kommt z. B. in Betracht, wenn sie ihre persönliche Meinung
ohne jeden Nachweis zu einer anerkannten
Regel der Technik aufwerten oder das Gericht
den von ihm stets herangezogenen allgemeinen Schadenssachverständigen beauftragt
hat, der unter Verstoß gegen § 407a Abs. 1
ZPO nicht darauf hingewiesen hat, dass eine
Beweisfrage nicht in sein Fachgebiet fällt und
seine Kompetenz überschreitet, was leider
kein Einzelfall ist.
Warnung: Wenn aus dem zutreffenden
Grundsatz, dass es **nicht die Aufgabe des
Sachverständigen ist Rechtsfragen zu entscheiden**, der unzutreffende Grundsatz her-
geleitet wird, dass er trotz fehlender Weisungen des Gerichts auch nicht zu den vertragsrechtlichen Vorfragen, die für seine Bewertung

der Ist-Beschaffenheit maßgebend sind, Stellung nehmen dürfe, besteht das Risiko, dass
ein Sachverständiger zur Vermeidung des sich
daraus häufig ergebenden Ärgers nicht offen-
bart, von welcher vertragsrechtlich geschuldeten Soll-Beschaffenheit er ausgegangen ist.
Beispiel: Eine zutreffende Vertragsauslegung ergäbe, dass die Qualitätsstufe Q_1
geschuldet ist. Der Sachverständige geht
mangels Weisungen gem. § 404a Abs. 2
ZPO entsprechend einer stark verbreiteten
Meinung irrig davon aus, dass er nur die Voraussetzungen der „technischen Soll-Beschaffenheit" prüfen dürfe, die sich auf den
technischen Mindeststandard bezieht, z. B.
Q_3. Ein entsprechendes Gutachten ist un-
brauchbar, weil es nicht zu der entscheidungsrelevanten vertraglich geschuldeten
Soll-Beschaffenheit der Qualitätsstufe Q_1
Stellung nimmt.
Das Gleiche gilt, wenn der Sachverständige die Beschaffenheitsvereinbarung stillschweigend dahingehend auslegt, dass
eine Qualität der Stufe Q_2 geschuldet sei
und er, ohne das zu offenbaren, nur deren
technische Voraussetzungen darstellt, untersucht und bewertet.

In beiden Fällen erschwert er es den Parteien
und dem Gericht zu überprüfen, ob er die
Qualitätsstufe zutreffend bewertet hat. Er ver-
schleiert, dass er aufgrund von Fehlvorstellungen nicht von den zutreffenden Voraussetzungen der Qualitätsstufe Q_1 ausgegangen
ist. Das führt häufig dazu, dass er eine Überprüfung der von ihm angenommenen vertragsrechtlichen Voraussetzungen vereitelt
mit der Folge, dass sein Gutachten die
Grundlage eines Fehlurteils ist.
Wenn das Gericht dem Sachverständigen zur
Vermeidung dieses Risikos aufgrund seiner
irrtümlichen Annahme ohne die erforderliche
Beratung durch den Sachverständigen die
Weisung erteilt, dass er von der Qualitätsstufe Q_2 ausgehen soll, besteht in den problematischen Fällen das Risiko, dass der Sachverständige sich als „weisungsgebundener Helfer des Gerichts" an die Weisung gebunden
fühlt[18]. Dieses Vorgehen, das nicht selten ist,

---

18 Dieses Risiko besteht bei dem von Seibel
   (BauSV 5/2012, 62; BauR 2013, 536) als aus-
   schließlich verfahrensgerecht angesehenen
   Prinzip der Aufgabentrennung zwischen dem
   Gericht und dem Sachverständigen. Vgl. dazu
   unten II.5.2

 Liebheit/Qualitäten am Bau: Vertragsauslegung durch den Richter kann zu Schwierigkeiten bei der Erstattung von Sachverständigengutachten[19] und zu Fehlurteilen führen.

1. Die Entscheidung der Rechtsfrage, welche Soll-Beschaffenheit der Auftragnehmer schuldet, obliegt dem Gericht, das diese Aufgabe nicht auf den Sachverständigen übertragen darf.

2. Das Gericht sollte sich in problematischen Fällen, deren Vorliegen es oft verkennt, vom Sachverständigen bei der Vertragsauslegung beraten lassen, um ihm zielführende Weisungen erteilen zu können.

3. Wenn es von den erforderlichen Weisungen absieht, sollte es den Sachverständigen auffordern, im Gutachten zunächst als Berater des Gerichts zu den vertragsrechtlichen Voraussetzungen der Soll-Beschaffenheit unter Berücksichtigung der unter II.3.1.2 genannten Auslegungskriterien getrennt von den bautechnischen Voraussetzungen gem. II.3.2 Stellung zu nehmen und eventuelle Zweifel gem. § 407a Abs. 3 ZPO vorab mit dem Gericht zu klären.

4. Die sachverständige Beratung des Gerichts bezüglich der vertragsrechtlichen Voraussetzungen der Soll-Beschaffenheit muss in der Weise erfolgen, dass der Sachverständige sie überprüfbar darstellt.

5. Die entsprechende Darstellung darf der Sachverständige in dem Gutachten vornehmen, wenn er **keine Zweifel** daran hat, welche Soll-Beschaffenheit vertraglich geschuldet ist. Zugleich sollte er um eine Weisung gem. § 404a ZPO bitten, wenn deren Überprüfung durch das Gericht ergibt, dass die Voraussetzungen zu modifizieren sind.

6. Hat er **Zweifel**, wie die Beschaffenheitsvereinbarung auszulegen ist, muss er diese gem. **§ 407a Abs. 3 ZPO** mit dem Gericht klären, damit er seine bautechnischen Untersuchungen anschließend auf die vertraglich geschuldete Soll-Beschaffenheit ausrichten kann.

7. Die entsprechende Klärung mit dem Gericht ist immer erforderlich, wenn dieses ihn zu einer entsprechenden Rücksprache aufgefordert hat.

8. Das Gericht muss abschließend prüfen und eigenverantwortlich entscheiden, welche vertragsrechtlichen und welche bautechnischen Voraussetzungen die Soll-Beschaffenheit aufweisen muss.

9. Sind die Anwälte mit diesem Verfahren nicht einverstanden, müssen sie das gegenüber dem Gericht klarstellen, damit dieses den Sachverständigen anweist, wie er verfahren soll.

II.5 Reaktion des Sachverständigen auf unzureichende Beweisbeschlüsse

II.5.1 Bindung an Beweisfragen, die sich nicht auf den entscheidenden Mangel beziehen

Sachverständige sind grundsätzlich an die Beweisfragen und Weisungen des Gerichts gebunden. Diese dürfen sie unter Berücksichtigung des Beibringungsgrundsatzes nur auf der Grundlage der Tatsachen beantworten, die von den Parteien vorgetragen worden sind. Sie dürfen nicht zu weiteren Mängeln Stellung nehmen, die von keiner Partei gerügt worden sind, so dass sich auch der Beweisbeschluss nicht auf diese bezieht. Insbesondere ist es unzulässig, dass sie anregen, weitere Mängel aufzuklären, die ihnen bei einem Ortstermin aufgefallen sind, auch wenn es sinnvoll wäre, diese zusammen mit den gerügten Mängeln zu beseitigen.

Problematisch sind dagegen die Fälle, in denen der Sachverständige erkennt, dass das Gericht aufgrund der ihm fehlenden bautechnischen Kenntnisse oder unzutreffender Vorstellungen von der Baupraxis eine Beweisfrage formuliert hat, die sich nicht auf die wesentlichen oder entscheidenden Ursachen einer von den Parteien vorgetragenen Mangelerscheinung bezieht. Aus dem Justizgewährungsanspruch der Parteien, der auf Art. 6 Abs. 1 MRK und dem Rechtsstaatsprinzip gem. Art. 2 Abs.1 GG i.V.m. Art. 20 GG beruht, ergibt sich ein Anspruch der Parteien gegen den Staat auf Gewährung eines wirkungsvollen Rechtsschutzes in bürgerlich-rechtlichen

---

Streitigkeiten[20]. Er verpflichtet die Gerichte zu einer effektiven Gestaltung des Verfahrens, welches die Herbeiführung einer mit dem Gesetz übereinstimmenden, also sachlich richtigen Entscheidung gewährleistet[21]. Soweit das Gericht zur Klärung entscheidungsrelevanter Fragen den Sachverstand des Sachverständigen benötigt, integriert es ihn in diesen rechtsstaatlichen Prozess seiner Entscheidung. Der Sachverständige wird mittelbar auch Teil der staatlichen Gewalt, die den Prozess entscheidet[22]. Dieser großen Verantwortung muss sich der Sachverständige bewusst sein, weil sein Gutachten in aller Regel entscheidend für den Prozessausgang ist[23]. Der Sachverständige muss dieser Verantwortung sowohl in seiner Funktion als Berater des Gerichts als auch als weisungsgebundener Helfer des Gerichts entsprechen.

Ein Beweisbeschluss muss verständig gewürdigt und ausgelegt werden. Er dokumentiert den **Plan des Gerichts**, wie es den **Prozess** unter Beachtung der Parteiherrschaft **schnell**, **zielführend** und **sachgerecht** mit **Hilfe des Sachverständigen** entscheiden will. Wenn dieser aufgrund seiner sachverständigen Fachkenntnisse, die der Grund für seine Beauftragung waren, Anlass zu der Annahme hat, dass sich eine Beweisfrage des Gerichts aufgrund von bautechnischen Fehlvorstellungen nicht auf das entscheidende Problem bezieht, ergeben sich für ihn „Bedenken an der Planung des Gerichts", den Rechtsstreit mit Hilfe der Beweisfrage prozessökonomisch und sachgerecht zu erledigen. Aber – ebenso wie ein Auftragnehmer eine ihm vorgegebene Bauplanung nicht eigenmächtig ändern darf, sondern gegen diese „Bedenken anmelden" muss – darf der Sachverständige die Beweisfragen nicht eigenmächtig modifizieren. Wenn der Sachverständige entsprechende Zweifel am Inhalt und Umfang des Gutachtenauftrags hat (§ 407a Abs. 3 ZPO), muss er diese mit dem Gericht klären.

II.5.2 Beschränkung der Beweisfrage auf die ausdrückliche Beschaffenheitsvereinbarung

Beispiel: Die geschuldete Leistung wird vom Bauträger im Leistungsverzeichnis wie folgt beschrieben[24]:

> „In den Wohngeschossen kommt ein schwimmender Estrich auf Wärme- bzw. Trittschalldämmung gemäß DIN 4109 zur Ausführung."

Das OLG Hamm hat aufgrund dieser ausdrücklichen Beschaffenheitsvereinbarung angenommen, dass der Unternehmer einen Schallschutz schulde, der den Mindestanforderungen der DIN 4109 genüge. Der BGH hat dagegen ausgeführt, dass bei der Auslegung der Beschaffenheitsvereinbarung zu berücksichtigen ist, dass die Schalldämm-Maße der DIN 4109 nicht einem üblichen Qualitäts- und Komfortstandard entsprechen und deshalb nicht geeignet sind, als anerkannte Regeln der Technik zu gelten.

Wenn die Beweisfrage in jenem Fall gelautet hätte, ob die Schalldämm-Maße der DIN 4109 erfüllt sind und ein Schallschutzsachverständiger ebenso wie der BGH wusste, dass diese nicht dem **üblichen Qualitäts- und Komfortstandard** genügen und deshalb nicht den anerkannten Regeln der Technik entsprechen, so dass er – als Planer oder Unternehmer – einen besseren Schallschutz geplant hätte, stellt sich für ihn die Frage, ob er sich dennoch auf die Beantwortung der Beweisfrage beschränken muss. Diese Frage hat eine grundsätzliche Bedeutung für alle Fälle, in denen es der Aufgabe des Sachverständigen entspricht, bei der Auslegung der Soll-Beschaffenheit als **Berater des Gerichts** und nicht als dessen weisungsgebundener Helfer bei der Untersuchung und Bewertung der Ist-Beschaffenheit tätig zu werden.

Es entspricht einer typischen Bauprozesskonstellation, dass der vom Architekten beratene Bauherr lediglich einen Ausführungsfehler des Bauunternehmers rügt und verkennt, dass die ausdrücklich vereinbarte Beschaffenheit, die auf der Planung des Architekten beruht, nicht zur Herstellung eines zwecksprechenden und funktionstauglichen Werks geeignet ist und gegen die anerkannten Re-

20 BVerfGE 107, 395, 604 = NJW 2003, 1924, 1926 m.w.Nachw.; BVerfG NJW 2002, 2227
21 BVerfGE 69, 126, 140; Münch-Komm Rauscher, ZPO 3. Aufl. Einl. Rdnr. 17
22 Kniffka: DS 2007, 125, 126
23 Kniffka: DS 2007, 125, 126

24 BGH, Urt. v. 04.06.2009 – VII ZR 54/07, BauR 2009, 1288 = NJW 2009, 2439 = MDR 2009, 978

geln der Technik verstößt etc. Es ist eine häufige Ursache von Fehlentscheidungen, wenn die Anhörung des Sachverständigen vor der Formulierung der Beweisfragen versäumt wurde, so dass sich diese nicht auf die wesentliche Ursache einer Mangelerscheinung bezieht, sondern lediglich darauf, ob das Werk der ausdrücklichen Beschaffenheitsvereinbarung entspricht. Das beruht regelmäßig darauf, dass dem Gericht bei der Auslegung der Beschaffenheitsvereinbarung nicht bewusst war, dass diese nicht den unter II.3.1.2 genannten Kriterien entspricht, d. h. dem **üblichen Qualitäts- und Komfortstandard**, den anerkannten Regeln der Technik und nicht zur Herstellung eines funktionstauglichen Werks geeignet ist, also auf einem für den Sachverständigen **erkennbaren Irrtum**. Der Sachverständige muss einen Beweisbeschluss verständig würdigen. Entscheidend ist der erkennbare **Wille des Gerichts**, mit Hilfe des Sachverständigen **aufzuklären**, ob das **Werk mangelhaft** ist. Wenn der Wortlaut des Beweisbeschlusses für den Sachverständigen erkennbar diesem Willen nicht entspricht, hat er Anlass zu Zweifeln i. S. d. § 407a Abs. 3 ZPO am Inhalt und Umfang seines Gutachtenauftrags, die er **mit dem Gericht klären muss**. Das gilt für alle Fälle, in denen sich dem Sachverständigen die Annahme aufdrängt, dass das Gericht möglicherweise einen entscheidungsrelevanten Gesichtspunkt übersehen hat.

II.5.3 Symptom-Rechtsprechung

Nach der **Symptom-Rechtsprechung des BGH**[25] genügt es, dass der Auftraggeber nur die von ihm wahrnehmbare Mangelerscheinung genau beschreibt, z. B.: „Der Keller … ist nass." Der Bauherr muss keine Ausführungen zu den technischen Fehlern machen, also nicht den Mangel selbst und dessen Ursache darstellen. Es ist vielmehr die Aufgabe des Sachverständigen alle Ursachen der Mangelerscheinung, also die **Ausführungsfehler** und die **Planungsfehler** aufzuklären, und zwar unabhängig davon, ob die Partei diese

zutreffend, **unzutreffend** oder **überhaupt nicht dargestellt hat**. Die Partei hat alle Mängel durch die Darstellung der Mangelerscheinung in den Prozess eingeführt. Aus der Vielzahl der obergerichtlichen Entscheidungen zur Symptom-Rechtsprechung ergibt sich, dass deren Bedeutung von den Anwälten und den Gerichten häufig verkannt wird.

Beispiel[26]: Ein Unternehmer hat auf dem Kundenparkplatz eines Einkaufszentrums Platten verlegt, die sich teilweise gelockert haben. Der von seinem Architekten beratene Auftraggeber rügt, dass der Unternehmer die Fugen der Platten nicht fachgerecht hergestellt habe. Der Auftragnehmer verteidigt sich damit, dass sich die Platten durch das Rangieren von 38 t schweren Lieferfahrzeugen auf engstem Raum gelöst hätten.
Die Beweisfrage des Gerichts entspricht dem Vortrag des Auftraggebers: „Haben sich die Platten gelockert, weil die Fugen nicht fachgerecht hergestellt worden sind?" Der Sachverständige will diesen Mangel bejahen. Als entscheidende Ursache der Mangelerscheinung sieht er aber eine fehlende frostsichere Tragschicht an. Solange der Unterbau nicht frostsicher hergestellt wird, bestehe bei jedem strengen Winter die Gefahr, dass er hochfriert und die Platten sich erneut lösen. Die Beschränkung auf die geforderte Neuverlegung und fachgerechte Herstellung der Fugen sieht er als wirtschaftlich sinnlos an.

Auch dieses Beispiel entspricht der bereits dargestellten typischen Prozesssituation. Der Architekt und der Unternehmer verschweigen dem Auftraggeber pflichtwidrig die wesentliche Ursache der Mangelerscheinung, das Fehlen der frostsicheren Gründung und die Verletzung der Prüf- und Bedenkenhinweispflicht des Auftragnehmers gegen die entsprechende Planung, weil der Architekt damit seinen Planungsfehler und der Unternehmer seine Bedenkenhinweispflichtverletzung offenbaren müsste. Der Prozess konzentriert sich auf eine Randerscheinung deren Nacherfüllung zu keinem dauerhaften Erfolg führt. Der Beweisantritt einer Partei erfordert gem. § 403 ZPO keine wissenschaftliche (sachver-

---

25 BGH, Urt. v. 17.01.2002 – VII ZR 488/00, BauR 2002 784; MDR 2002, 633; NJW-RR 2002, 743; NZBau 2002, 335; Urt. v. 14.01.1999 – VII ZR 185/97, BauR 1999, 899, ZfBR 1999, 55 BGH, Urt. v. 3.12.1998 – VII ZR 405/97, BauR 1999, 391; NJW 1999, 1330; OLG Hamm, NJW 2003, 3568, 3569: Kniffka/Koeble, 2. Teil, Rdnr. 87–91, Liebheit, Pflichten des BauSV A. 4.2.,B.II.1.4

26 Ähnlich BGH, Urt. v. 23.09.1976 – VII ZR 14/75, BauR 1976, 430 und ein 2005 vom OLG Hamm verglichener Fall

ständige) Substantiierung[27] eines Mangels. Das könnte der Auftraggeber nur mit Hilfe eines Privatgutachters, dessen Beauftragung nach der Symptom-Rechtsprechung nicht erforderlich ist, weil alle Ursachen der vorgetragenen Mangelerscheinung (Symptome) Gegenstand des prozessualen Vortrags sind. In dem Beispielsfall bezieht sich der Parteivortrag also auch auf die nicht frostsichere Tragschicht als entscheidende Ursache der Mangelerscheinung.

Das muss ein Anwalt wissen und berücksichtigen. Er hätte sich ungeachtet der Einflüsterungen des Planers auf den Vortrag beschränken müssen, dass sich die Platten gelockert haben, so dass das Werk des Unternehmers nicht funktionstauglich ist. Er darf darauf hinweisen, dass die nicht fachgerechte Herstellung der Fugen möglicherweise eine Ursache dieser Mangelerscheinung ist, damit der Sachverständige auch zu dieser Frage Stellung nimmt. Er darf seinen Vortrag aber nicht auf diese Ursache beschränken, sondern er muss klarstellen, dass der Auftraggeber als technischer Laie nicht beurteilen kann, welche (weiteren) Ursachen zu der Mangelerscheinung geführt haben.

Beschränkt das Gericht in solch einem Fall in Verkennung der Symptom-Rechtsprechung die Beweisfrage auf die Ursache der Mangelerscheinung, auf die sich die Partei ausdrücklich berufen hat, z. B. die nicht fachgerechte Herstellung der Fugen, muss der Anwalt die Einschränkung der Beweisfrage rügen und klarstellen, dass er darüber hinaus selbstverständlich alle tatsächlichen Ursachen der Mangelerscheinung rügen wollte.

Anträge sind, wie alle Prozesshandlungen auslegungsfähig (und -bedürftig)[28]. Das Gericht muss den Parteivortrag und Beweisantrag richtiger Weise unter Berücksichtigung der Auslegungsregeln des materiellen Rechts, insbesondere des § 133 BGB, auslegen. Maßgebend ist der erkennbare objektiv vernünftige Sinn des Vortrags. Eine verständige Würdigung einer unzutreffenden Mangelrüge ergibt, dass es der Partei um die Beseitigung der tatsächlichen Ursache der Mangelerscheinung geht. Die Aufklärungsbefugnis des Ge-

richts wird durch den Wortlaut des Beweisantrags, der sich auf einen vermeintlichen oder lediglich unwesentlichen Mangel bezieht, nicht eingeschränkt[29]. Bei der gebotenen Auslegung ist davon auszugehen, dass die Partei das anstrebt, was nach den Maßstäben der Rechtsordnung vernünftig ist und der recht verstandenen Interessenlage der Partei entspricht[30]. Ein Antrag ist gegebenenfalls auch abweichend von seinem Wortlaut als so gestellt zu behandeln, wie er eindeutig gewollt war[31].

Teilweise wird die Meinung vertreten, dass das Gericht aufgrund der Parteiherrschaft nur das Vorhandensein des konkret genannten Mangels aufklären dürfe. Das Gericht und damit auch der Sachverständige seien an den Beweisantrag des Anwalts gebunden. Das hält Kniffka grundsätzlich für zutreffend. Er hat aber bei der Vorbesprechung des Referats des Verfassers die **Verpflichtung des Gerichts** betont **gem. § 139 Abs. 1 ZPO darauf hinzuwirken, dass die Parteien sachdienliche Anträge stellen**. Da keine Partei sich selbst benachteiligen will, spricht eine Vermutung dafür, dass die Partei entscheidungserhebliche Gesichtspunkte, die sie nicht angesprochen hat, verkannt hat[32]. Auf entscheidungserhebliche Gesichtspunkte, die eine Partei erkennbar übersehen hat, muss das Gericht gem. § 139 Abs. 2 ZPO hinweisen.

Das Gericht muss deshalb unter Berücksichtigung der Symptom-Rechtsprechung klären, ob eine Partei bewusst nur die Kausalität des von ihr ausdrücklich genannten Mangels aufklären lassen will, wofür es einen sachlichen Grund geben könnte, wenn sie anwaltlich vertreten ist, oder alle wesentlichen Ursachen einer Mangelerscheinung rügen will, was regelmäßig der Fall sein dürfte.

Damit das **Gericht** in solchen Fällen auf **sachdienliche Anträge hinwirken** kann, bedarf es der **Beratung durch den Sachverständigen**, der ihm das fachtechnische Wissen vermitteln soll, das ihm für die Erfüllung seiner Aufgaben fehlt. Bezieht sich die Beweisfrage nicht auf die wesentliche Ursache

---

27 BGH, NJW 1995, 130, 131; Thomas/Reichold, § 403 ZPO Rdnr. 1, Saenger/Eichle, § 403 ZPO Rn 2

28 Zöller/Greger: ZPO, Vorb. § 128 ZPO Rdnr. 25 m.w.Nachw. der Rspr.; Liebheit: NJW 2000, 2235

29 Vgl. die Nachw. Fn 25

30 BGH, Beschl. v. 22.05.1995 – II ZB 2/95, NJW-RR 1995, 1183

31 BGH, Urt. v. 28.01.1981 – VIII ZR 1/80, NJW 1981, 990; Urt. v. 15.01.1982 – V ZR 50/81, NJW 1982, 1598

32 Zöller/Greger, § 139 ZPO, Rdnr. 6

einer Mangelerscheinung und **erkennt** der **Sachverständige diese,** ist es nach der Auffassung von Kniffka in Übereinstimmung mit derjenigen von Oswald und des Verfassers **sach-** und **prozessgerecht**, wenn der Sachverständige mit dem Gericht klärt, ob er auch zu der **von ihm erkannten wesentlichen Ursache einer Mangelerscheinung** Stellung nehmen soll[33].

Das gilt ebenso, wenn eine (weitere) wesentliche Ursache der Mangelerscheinung, die nicht in dem Beweisbeschluss erwähnt ist, nach den Erfahrungen des Sachverständigen mit hoher Wahrscheinlichkeit vorliegen dürfte, was allerdings noch weiterer Untersuchungen bedarf. Es entspricht der Aufgabe des Sachverständigen, dass er nicht **sehenden Auges** an einer Entscheidung mitwirkt, die sich nicht auf die von der Partei vorgetragene wesentliche Ursache einer Mangelerscheinung bezieht, so dass eine Fehlentscheidung und ein Folgeprozess die vorhersehbare Konsequenz seiner Gutachtenerstattung ist.

Eine entsprechende Pflicht des Sachverständigen auf eine verfehlte Beschränkung der Beweisfrage hinzuweisen, die durch eine sachgerechte Antragstellung der Anwälte hätte vermieden werden können, wird damit nicht bejaht. Entsprechende Hinweise des Sachverständigen gegenüber dem Gericht sind aber als **sach-** und **prozessgerecht** zu bewerten und wünschenswert, wenn er erkennt, dass eine Beweisfrage auf einem durch unzureichende bautechnische und baupraktische Kenntnisse begründeten Irrtum des Gerichts beruht. Sie sind geeignet, Ergänzungsgutachten, eine Prozessverschleppung oder gar Fehlentscheidungen zu vermeiden. Es entspricht der Aufgabe des Sachverständigen zu deren Vermeidung beizutragen.

II.5.4 Verkennen der Bedeutung von Toleranzen bei der Auslegung der Soll-Beschaffenheit

Nach einer verbreiteten Auffassung soll die Berücksichtigung von Toleranzen nicht zulässig seien, wenn diese nicht ausdrücklich ver-

einbart wurde, mit der Folge, dass in einem Beweisbeschluss nur danach gefragt wird, ob z. B. die verlegten Naturstein-Fliesen genau 50 x 50 cm groß sind.

In einem Leistungsverzeichnis ist regelmäßig eine Vielzahl von Maßangaben enthalten, z. B. bezüglich der Wandstärken, Türen und Fenster, der Klinker und Fliesen etc. Bei keiner einzigen findet sich erfahrungsgemäß der Zusatz „ca." und Hinweis und auf zulässige Toleranzen. Die Annahme, dass in solch einem Fall keine Toleranzen zulässig seien, berücksichtigt die Realität der Baupraxis nicht. Jeder Baupraktiker weiß, dass handwerkliche Arbeiten trotz größter Sorgfalt nicht die Gleichmäßigkeit eines maschinell hergestellten Industrieprodukts aufweisen können. Bau-/Mess- und Maßtoleranzen sind technisch unvermeidbar. Für gewisse Maßungenauigkeiten, Unebenheiten, Differenzen der Fugenbreiten etc. sind in den Regelwerken und speziellen Produktnormen Toleranzen aufgestellt, deren Beachtung die Parteien stillschweigend vereinbaren. Die Toleranzen gehören zu den anerkannten Regeln der Technik, wenn die VOB/C vereinbart ist, und im Übrigen zur Verkehrssitte, die bei der Auslegung der Soll-Beschaffenheit zu berücksichtigen ist. Selbst Qualitätsangaben wie „hochwertige", „exklusive" Ausführung können nur zu der bei vergleichbaren Bauwerken üblichen Reduzierung von Toleranzen führen und nicht zu deren Ausschluss.

Oswald:

Die Auffassung, dass Bautoleranzen wie Maß- und Ebenheitsabweichungen grundsätzlich vereinbart werden müssen, ist ein reines Problem von Juristen, die keine Baupraktiker sind. Jeder mit realen Dingen umgehende Mensch weiß, dass z. B. schon der Messvorgang – z. B. des Dickenmaßes eines Mauersteins – zwangsläufig und immer nur mit vielerlei Toleranzen möglich ist, da z. B. die Zollstockmaßeinteilung ungenau und das Ablesen des Zahlenwerts ebenfalls nicht toleranzfrei möglich sind. Durch die Gegenfrage, was sich ein Jurist, der keine Toleranzen für tolerabel hält, unter einer toleranzlosen Maßangabe vorstellt – z. B. beim Messen der Wanddicke eines Gebäudes –, ob diese auf Zehntelmillimeter oder Tausendstel Millimeter genau eingehalten werden muss, wird klar, dass eine zulässige Toleranz immer stillschweigend vorausgesetzt wird.

---

33 Liebheit: Aachener BauSVTage 2009, 10, 20–
   32; der BGH, Urt. v. 23.09.1976 – VII ZR 14/75,
   BauR 1976, 430 sieht die entsprechende Sach-
   aufklärung durch das Gericht im Folgeprozess
   aus den unter II.5.2 gen. Gesichtspunkten als
   selbstverständlich an; a. A. wohl Seibel, BauSV
   5/2012, 62, 64; BauR 2013, 536, 540

Einem Laien ist bewusst, dass jede exakte Präzisionsarbeit mit einer enormen Steigerung der Kosten, insbesondere der Lohnkosten, verbunden ist. Zur Übernahme solcher Kosten ist der Bauherr regelmäßig nicht bereit, wenn sie mit keinen erkennbaren Vorteilen für ihn verbunden sind. Ausdrückliche Vereinbarungen von Toleranzen, die unter den zulässigen Ebenheitsabweichungen der DIN 18202 oder den Fertigungstoleranzen der DIN Normen liegen, sind deshalb eine Ausnahme.

Beispiel[34]: Porto-Schiefer-Fliesen der Größe 50 x 50 x 1,2 cm[35] mit seinen Maßtoleranzen bezüglich der Länge und Breite von etwa ±1 mm kosten im Großhandel 45–50 €/m². Die Reduzierung der Maßtoleranz auf ±0,5 mm würde 48 €/m² kosten. Aufgrund der bruchrauen Oberfläche und dem manuellen Verlegen der Fliesen wäre der Unterschied kaum erkennbar (zur Verdeutlichung: eine Visitenkarte ist 0,3 mm „dick"). Gemäß DIN 18352 Nr. 3.4.1 sind „die Fugen gleichmäßig breit anzulegen. Toleranzen der Belagstoffe sind in den Fugen auszugleichen", die bei Porto-Schiefer 4–7 mm breit sein können.

Ein wirtschaftlich **vernünftig denkender** Bauherr verbindet mit einer Maßangabe in einem Leistungsverzeichnis nicht solch eine kostenaufwändige und dennoch kaum erkennbare Präzision. Für ihn ist bei einer interessengerechten Auslegung der Maßangaben entscheidend, dass eventuelle Abweichungen die technische Funktionstauglichkeit des Bauteils nicht beeinträchtigen, was regelmäßig der Fall ist, wenn sie die Toleranzgrenzen einhalten. Sie dürfen auch die optische Funktionstauglichkeit nicht beeinträchtigen, für deren Beurteilung die „Toleranzen im Bauwesen" (DIN 18202) allerdings ebenso wenig formuliert sind wie Fertigungstoleranzen.
Wenn der Auftraggeber will, dass Mindest- oder Höchstwerte präzise eingehalten werden, bedarf das nach dem Regel-Ausnahme-Prinzip einer ausdrücklichen Vereinbarung.

Verkennt ein Gericht bei seinen Beweisfragen, dass nicht das exakte Einhalten einer Maßangabe, sondern die Überschreitung der Grenzwerte der zulässigen Toleranzen entscheidungsrelevant ist, was der Sachverständige weiß, ist es sach- und prozessgerecht, wenn er dem Gericht erläutert, welche Grenzwerte nach der Verkehrssitte unter Berücksichtigung der Qualitätsanforderungen des Bauwerks üblicherweise toleriert werden und klärt, ob er diese unter Würdigung aller Umstände zur Grundlage seines Gutachtens machen soll. Diese Frage bezieht sich auf die Beratungsfunktion des Sachverständigen bei der Klärung der Soll-Beschaffenheit unter Berücksichtigung der anerkannten Regeln der Technik und der Verkehrssitte.

II.5.5.1 Hinzunehmende Unregelmäßigkeiten und Mängel

Die vorstehenden Ausführungen gelten entsprechend für unvermeidbare Unregelmäßigkeiten wie z. B. Haarrisse bei Putz- und Betonarbeiten, Schwindrisse und Setzungsrisse. Für unvermeidbare Unregelmäßigkeiten hat Oswald, den Begriff „hinzunehmende Unregelmäßigkeiten"[36] geprägt, soweit sie die vertraglich festgelegten Grenzwerte bzw. die als allgemein anerkannte Regel der Bautechnik einzustufenden **Grenzwerte nicht überschreiten**. Dass es geboten ist, die **Grenzwerte und Toleranzen von Unregelmäßigkeiten** zu **definieren**, die in der Baupraxis technisch nicht vermeidbar sind, statt deren Zulässigkeit zu leugnen, verkennen einige Juristen mit unzureichenden bautechnischen und baupraktischen Kenntnissen, so dass sie vom Auftragnehmer unter Verstoß gegen § 275 BGB eine Leistung fordern, die objektiv unmöglich ist. „Unregelmäßigkeiten", die unvermeidbar sind und **anerkannte Grenzwerte nicht überschreiten**, werden von der herrschenden Meinung zu Recht **nicht** als **Mangel** bewertet.

II.5.5.2 Grenzwertüberschreitende Unregelmäßigkeiten sind Mängel

Wenn die noch als „ausreichend" zu bezeichnende **Ausführungsqualität nicht erreicht** wird, bewerten Oswald/Abel das **Werk** in Übereinstimmung mit der allgemeinen Meinung zutreffend als **mangelhaft**. Sie bejahen

---

34 In Anlehnung an OLG Hamm, Urt. v. 8.5.2012 – 21 U 89/11 – Porto-Schiefer, IBR 2012, 510
35 Für Fliesen mit naturrauen/spaltrauen Oberflächen gelten gem. 4.1.2. der DIN EN 12057 die in deren Tabelle 1 aufgeführten Toleranzen für Maße, Ebenheit und Rechtwinkligkeit nicht, sie müssen vom Hersteller angegeben werden. Das machen Portugiesen für Porto-Schiefer-Fliesen und Platten in der Regel nicht.

36 Oswald/Abel: Hinzunehmende Unregelmäßigkeiten bei Gebäuden. 3. Auflage, 1.6.1

 Liebheit/Qualitäten am Bau: Vertragsauslegung durch den Richter

die **Erforderlichkeit** der **Mangelbeseitigung** selbst bei einer nur „mäßigen **Beeinträchtigung der Funktionstauglichkeit**". Auch das entspricht der Rechtsprechung des BGH[37], nach der eine Unverhältnismäßigkeit der Aufwendungen für eine Mangelbeseitigung in aller Regel nur dann angenommen werden kann, wenn einem objektiv geringen Interesse des Bestellers an einer ordnungsgemäßen Leistung ein ganz erheblicher und deshalb unangemessener Aufwand gegenübersteht. Hat der Besteller **objektiv ein berechtigtes Interesse an dieser Leistung**, so kann ihm regelmäßig nicht wegen hoher Kosten die Kompensation für die fehlende Vertragserfüllung verweigert werden. Ein solches Interesse ist nach der Rechtsprechung des BGH vor allem dann anzunehmen, wenn die **Funktionsfähigkeit des Werkes spürbar beeinträchtigt** ist. Zur Bewertung dieser Voraussetzungen haben Oswald/Abel praxisbezogene Kriterien entwickelt.

II.5.5.3 Hinnehmbare Unregelmäßigkeiten

Auch der weitere von Oswald/Abel geprägte Begriff der „hinnehmbaren, **geringfügigen Mängel bei einem unverhältnismäßigen Nacherfüllungsaufwand**", deren Belassung und Abgeltung durch einen Minderwert in Betracht kommt, entspricht § 635 Abs. 3 BGB und der Rechtsprechung des BGH[38]. Nach dieser sind Aufwendungen für die Beseitigung eines Werkmangels unverhältnismäßig, wenn der in Richtung auf die Beseitigung des Mangels erzielte Erfolg oder Teilerfolg bei Abwägung aller Umstände des Einzelfalls in keinem vernünftigen Verhältnis zur Höhe des dafür gemachten Geldaufwandes steht und es dem Unternehmer nicht zugemutet werden kann, die vom Besteller in nicht sinnvoller Weise gemachten Aufwendungen tragen zu müssen. In einem solchen Fall würde es Treu und Glauben widersprechen, wenn der Besteller diese Aufwendungen dem Unterneh-

mer anlasten könnte. In dem Urteil vom 29.06.2006[39] hat der BGH es zur Verneinung der Unverhältnismäßigkeit nicht ausreichen lassen, dass die Funktion einer Lagerhalle wegen Maßabweichungen nachhaltig beeinträchtigt ist, weil er nicht ausschließen konnte, dass unter Berücksichtigung der Abrisskosten die Aufwendungen für die Errichtung einer neuen Halle unverhältnismäßig sind. Zur weiteren Aufklärung der Unverhältnismäßigkeit hat er den Rechtsstreit an das Berufungsgericht zurückverwiesen. Darauf, dass die Kosten der Beseitigung der unbrauchbaren Leistung bei der Prüfung der Unverhältnismäßigkeit zu berücksichtigen sind, haben bereits Oswald/Abel[40] zutreffend hingewiesen.

Die Prüfung der Unverhältnismäßigkeit eines Nacherfüllungsaufwands erfordert eine umfassende Prüfung aller relevanten Umstände und setzt ein praxisbezogenes bautechnisches Verständnis voraus. Insoweit haben Oswald/Abel in differenzierter Weise Kriterien für die Bewertung dieser Umstände herausgearbeitet und eine Bewertungsmatrix entwickelt. Diese stellt eine sachgerechte Grundlage für die eigenverantwortliche Klärung der entsprechenden Voraussetzungen durch das Gericht dar, wobei es ihm frei steht, die Bedeutung der einzelnen Kriterien für seine Entscheidung unter Berücksichtigung der üblichen Qualitätsstandards anders zu bewerten oder im Rahmen einer konstruktiven Zusammenarbeit mit dem Sachverständigen Beurteilungskriterien aufzustellen, die ihm entscheidungsrelevanter erscheinen.

Es ist keine rechtswissenschaftliche Veröffentlichung oder Entscheidung ersichtlich, die mit den von Oswald/Abel entwickelten Kriterien und Definitionen unvereinbar ist. Fehlurteile beruhen vielfach darauf, dass die Gerichte im Gegensatz zu Oswald/Abel darauf verzichten, alle entscheidungsrelevanten Kriterien herauszuarbeiten, unter Berücksichtigung der üblichen Qualitätsstandards zu definieren und zu bewerten.

So ist das OLG Hamm[41] zwar zutreffend davon ausgegangen, dass eine Maßtoleranz von ±1 mm bei Porto-Schiefer mit einer spalt-

---

37 BGH, Urt. v. 29.06.2006 – VII ZR 86/05, BauR 2006, 1736, 1738 = NZBau 2006, 642; Urt. v. 4.07.1996 – VII ZR 24/95, BauR 1996, 858 = ZfBR 1996, 313, 314

38 BGH, Urt. v. 11.10.2012 – VII ZR 179/11; IBR 2012, 699, 700; BGH, Urt. v. 29.06.2006 – VII ZR 86/05, BauR 2006, 1736, 1738 = NZBau 2006, 642; Urt. v. 10.03.2005 – VII ZR 321/03, BauR 2005, 1014 = NZBau 2005, 390; Urt. v. Urteil vom 27.03.2003 – VII ZR 443/01, BGHZ 154, 301, 305; Urt. v. 26.10.1972 – VII ZR 181/71, BGHZ 59, 365, 366

39 BGH, Urt. v. 29.06.2006 – VII ZR 86/05, BauR 2006, 1736, 1738 = NZBau 2006, 642

40 Oswald/Abel, 5.5., a. A. Quack, Die Unverhältnismäßigkeit der Nachbesserung aus der Sicht des Bundesgerichtshofs, DS 2000

41 OLG Hamm, Urt. v. 8.5.2012 – 21 U 89/11 – Porto-Schiefer, IBR 2012, 510

rauen Oberfläche keinen Mangel begründet, es hat aber im Widerspruch zu dem Sachverständigen eine Beratungspflichtverletzung bejaht – das sei eine Rechtsfrage. Angesichts der Qualitätserwartungen des Eigentümers hätte der Auftragnehmer darauf hinweisen müssen, dass eine Maßtoleranz von ±0,5 mm zu einer höherwertigen Verlegequalität führe. Das OLG hat nicht definiert, wann ein Naturstein entsprechend seiner entscheidungsrelevanten Annahme als „hochwertig" zu bewerten ist und verkannt, dass Porto-Schiefer im unteren Preissegment der Natursteine einzuordnen ist, so dass sich mit seiner Verwendung keine hohe Qualitätserwartung begründen lässt. Es hat aufgrund missverständlicher und teilweise fehlerhafter Ausführungen des Sachverständigen verkannt, dass sich die DIN EN 12057 auf die Fertigungstoleranzen bezieht und nicht auf die Optik der Verlegequalität[42] und zudem auf Porto-Schiefer mit einer bruchrauen Oberfläche nicht anwendbar ist, so dass es nicht geprüft hat, ob sich die Fugenoptik durch die Reduzierung der Maßtoleranz von ±1 mm auf ±0,5 mm verbessern lässt, obwohl sie kaum erkennbar ist. Das wird von Baupraktikern verneint, so dass es allgemein als verfehlt angesehen wird die hohen Kosten für solch eine Maßnahme bei einem preiswerten Porto-Schiefer zu investieren.

Das OLG hat zudem nicht zwischen dem repräsentativen „Vorzeigebereich" einer Wohnung, der eine hohe Bedeutung für die Optik hat, dem „Normalbereich" und dem „nachgeordneten Bereich"[43] differenziert, zu dem der in jenem Fall relevante Hauswirtschaftsraum gehört. Nach einhelliger Auffassung der Baupraktiker wäre es ein Beratungsfehler, einem Auftraggeber für die Verbesserung der Verlegequalität von Porto-Schiefer in einem Hauswirtschaftsraum eine Maßgenauigkeit der Fliesen von ±0,5 mm zu empfehlen. Das würde einen übermäßigen, nicht erforderlichen Aufwand darstellen, was als Mangel zu bewerten wäre[44].

II.5.5.4 Hinweis auf die Unverhältnismäßigkeit ohne eine entsprechende Beweisfrage

Anwälte erkennen gelegentlich nicht, wann ein Mangelsachverhalt geringfügig und der **Nacherfüllungsaufwand i. S. v. § 635 Abs. 3 BGB unverhältnismäßig** hoch ist. In solchen Fällen erscheint die Erstattung eines umfassenden und kostenaufwändigen Gutachtens Sachverständigen häufig sinnlos, weil der gesamte Aufwand nach der Erhebung der Einrede der Unverhältnismäßigkeit nutzlos ist.

Aufgrund der zivilprozessualen Parteiherrschaft ist es aber allein Sache des Unternehmers, sich auf die Einrede der Unverhältnismäßigkeit einer Nacherfüllung gem. § 635 Abs. 3 BGB zu berufen. Macht er das nicht, darf weder das Gericht noch der Sachverständige die Erhebung der Einrede der Unverhältnismäßigkeit anregen. Gem. § 407a Abs. 3 ZPO muss der Sachverständige allerdings darauf hinweisen, dass durch eine umfassende Aufklärung und Begutachtung des Sachverhalts voraussichtlich hohe Kosten entstehen, insbesondere wenn sie einen angeforderten Kostenvorschuss erheblich übersteigen. In dem Zusammenhang darf er auch gegenüber dem Gericht die Höhe der voraussichtlich erforderlichen Kosten der Nacherfüllung schätzen und erläutern, welche Verbesserung mit ihr erreichbar ist, damit dieses mit den Parteien, entsprechend seiner Aufgabe gem. § 278 Abs.1 ZPO in jeder Lage des Verfahrens auf eine gütliche Beilegung des Rechtsstreits hinzuwirken, das weitere Vorgehen klären kann.

Macht der Auftraggeber dagegen einen Schadensersatzanspruch gem. §§ 633, 634 Nr. 4, 281 BGB geltend, ergibt sich dessen Höhe und die Berechnung der Entschädigung aus den Vorschriften zum allgemeinen Schadensrecht in §§ 249 ff. BGB. Ein Anspruch auf Naturalrestitution kommt dann regelmäßig nicht in Betracht, weil dadurch die Erfüllung der vertraglichen Leistung herbeigeführt würde, die der Besteller gemäß § 281 Abs. 4 BGB gerade nicht mehr verlangen kann. Stattdessen ist er in Geld zu entschädigen[45]. Insoweit wendet der BGH[46] unter Beachtung des **Grundsatzes von Treu und Glauben (§ 242 BGB)** § 251 Abs. 2 BGB entsprechend an,

---

42 Vgl. dazu Oswald/Abel unter 3.4. Natursteinbeläge

43 Vgl. dazu Oswald/Abel unter 5.3.4.1 Gebrauchswert und Geltungswert

44 BGH, Urt. v. 9.7.2009 – VII ZR 130/07, NJW 2009, 2947

45 BGH, Urt. v. 11.10.2012 – VII ZR 179/11; IBR 2012, 699, 700; Urt. v. 6.11.1986 – VII ZR 97/85, BGHZ 99, 81

46 BGH, BGH, Urt. v. 11.10.2012 – VII ZR 179/11; IBR 2012, 699, 700; Urt. v. 29.06.2006 – VII ZR 86/05, BauR 2006, 1736 = NZBau 2006, 642; Kniffka/Koeble, Kompendium des Baurechts, 3. Auf. 6. Teil, Rdnr. 42, 165; Jansen, BauR 2007, 800, 806. – VII ZR 86/05

der besagt, dass der Ersatzpflichtige den Gläubiger in Geld entschädigen kann, wenn die Herstellung nur mit unverhältnismäßigen Aufwendungen möglich ist. Eine Anspruchsbegrenzung, die nach Treu und Glauben geboten ist, muss von Amts wegen berücksichtigt werden. Das kann bei dem Sachverständigen Zweifel i. S. d. § 407a Abs. 3 ZPO begründen, ob und unter Berücksichtigung welcher Kriterien er zur Unverhältnismäßigkeit der Mangelbeseitigung Stellung nehmen soll, was er mit dem Gericht klären muss.

> Das Gericht will einen **Prozess** unter Beachtung der Parteiherrschaft **schnell, zielführend** und **sachgerecht** mit **Hilfe des Sachverständigen** entscheiden. Es muss gem. § 139 Abs. 1 ZPO darauf hinwirken, dass die **Parteien sachdienliche Anträge stellen**. Insoweit bedarf es der **Beratung durch den Sachverständigen,** der ihm das fachtechnische Wissen vermitteln soll, das ihm für die Erfüllung seiner Aufgaben fehlt.
>
> Hat der Sachverständige Anlass zu der Annahme, dass sich eine Beweisfrage wegen der fehlenden Fachkenntnisse des Gerichts nicht auf das entscheidende Problem bezieht, was bei der Auslegung der Beschaffenheitsvereinbarung in Betracht kommt, bei der das Gericht häufig auf die Beratung des Sachverständigen angewiesen ist, können sich für ihn Zweifel am Inhalt und Umfang seines Gutachtenauftrags i. S. v. § 407a Abs. 3 ZPO ergeben. Das gilt bei jedem für den Sachverständigen **erkennbaren Irrtum des Gerichts**, z. B. aufgrund einer unzureichenden Berücksichtigung der Symptom-Rechtsprechung.
>
> Es ist **sach- und prozessgerecht**, wenn der Sachverständige bei entsprechenden Zweifeln mit dem Gericht klärt, ob er auch zu der von **ihm erkannten wesentlichen Ursache einer Mangelerscheinung**, einem Planungsfehler oder sonstigen Abweichungen der ausdrücklichen Beschaffenheitsvereinbarung von den Auslegungskriterien gem. II.3.1.2. Stellung nehmen soll.

II.6 Weisungen des Gerichts im selbständigen Beweisverfahren

Im selbständigen Beweisverfahren erteilt das Gericht dem Sachverständigen regelmäßig keine Weisungen gem. § 404a Abs. 2 ZPO, weil der Antragsteller in diesem die Grundlage der Begutachtung darlegen muss. Dazu zählen die Vertragsbeziehung zu dem Antragsgegner und der Sachverhalt, aus dem sich nach seiner Bewertung Ansprüche gegen den Antragsgegner ergeben können[47]. Es ist insoweit nicht die Aufgabe des Gerichts zu prüfen, ob die entsprechende Vertragsauslegung zutreffend ist und die Durchsetzung der Ansprüche Aussicht auf Erfolg hat[48].

Gem. § 485 Abs. 2 S. 2 ZPO ist ein **rechtliches Interesse an der Durchführung des selbständigen Beweisverfahrens** anzunehmen, wenn die Feststellungen der Vermeidung eines Rechtsstreits dienen können. Diese Eignung weisen die **bautechnischen Feststellungen** des Sachverständigen nur auf, wenn sie sich ebenso wie sein Gutachten im Bauprozess auf die **entscheidungsrelevanten vertragsrechtlichen Voraussetzungen** beziehen. Diese Voraussetzung muss auch erfüllt sein, damit das Gutachten im Fall eines Hauptsacheverfahrens gem. § 493 ZPO wie ein von dem Prozessgericht eingeholtes Gutachten verwertbar ist.

Damit der Sachverständige ein entsprechendes Gutachten erstatten kann, muss der **Antragsteller** die **vertragsrechtlichen Grundlagen** und die sich daraus ergebenden Voraussetzungen darlegen. Wenn diese in dem Beweisbeschluss nicht ausreichend klargestellt sind, so dass der Sachverständige Zweifel am Inhalt des Gutachtenauftrags gem. § 407a Abs. 3 ZPO haben muss, muss der Antragsteller die entsprechenden Darlegungen nachholen. Der Sachverständige muss seine Zweifel gem. § 407a ZPO dem Gericht mitteilen. Dieses muss unter Berücksichtigung der Darlegungslast des Antragstellers diesen zur Ergänzung seines Vortrags auffordern, weil andernfalls das rechtliche Interesse an der Durchführung des selbständigen Beweisverfahrens fraglich ist, das vom Gericht von Amts wegen geprüft werden muss – im Gegensatz zu der Darlegung der vertragsrechtlichen Voraussetzungen, die es le-

---

47 Kniffka/Koeble: Kompendium des Baurechts. 3. Aufl. 2. Teil, Rdnr. 110
48 Kniffka/Koeble, 2. Teil, Rdnr. 73, 110, 170; Werner/Pastor, Rdnr. 34, jeweils m.w.Nachw.

diglich an den Sachverständigen weiterleiten muss.

Vertritt der **Antragsgegner** bezüglich der zu erfüllenden vertragsrechtlichen Voraussetzungen eine andere Auffassung als der Antragsteller, kann er einen **Gegenantrag** stellen. Das ermöglicht es dem Gericht, wenn es zu einem Prozess kommt, in diesem zu entscheiden, welches Gutachten von den zutreffenden vertragsrechtlichen Voraussetzungen ausgegangen und deshalb für seine Entscheidung verwertbar ist.

III. Zusammenfassung

Eine Vielzahl von Teilnehmern der 40. Aachener Bausachverständigentage hatte erwartet, dass Kniffka bezüglich der Qualitäten am Bau rechtstheoretische Forderungen vorträgt, die Baupraktikern fremd sind oder die sie kaum jemals erfüllen können. Sie waren angenehm überrascht, dass er ihnen verdeutlichen konnte, in welch einem hohen Maß sich die Anforderungen des BGH nach sachgerechten und nachvollziehbaren Kriterien richten, die sich auf übliche Standards der Baupraxis und deren fachgerechte Herstellung beziehen. Kniffka hat zum Ausdruck gebracht, dass die **Gerichte zu deren Bewertung auf die Beratung von qualifizierten Sachverständigen** angewiesen sind, vor denen er einen hohen Respekt hat.

Auf die abschließende Rückfrage von Oswald, der mangels Weisungen des Gerichts gem. § 404a Abs. 2 ZPO entsprechend der Darstellung unter II.4.2. vorgeht, ob er künftig ständig zu mehrfachen zeitaufwändigen Rückfragen bei Gericht verpflichtet sei, hat Kniffka klargestellt, dass es die Aufgabe der Anwälte sei, für die erforderlichen Weisungen zu sorgen und – zu Oswald gewandt – betont: „Sie haben alles richtig gemacht!"

Oswald ist nicht ganz sicher, ob sich diese Aussage auch auf seine Ausführungen zu den hinzunehmenden Unregelmäßigkeiten beziehen. Der Verfasser hat daran keinen Zweifel, da sie, wie ausgeführt wurde, der Rechtsprechung des BGH entsprechen. Oswald/Abel haben entscheidungsrelevante Bewertungskriterien und Grenzwerte herausgearbeitet, mit denen sich die Gerichte auseinandersetzen müssen. Oswald hat zu Recht mehrfach betont, dass das letzte Wort über die Hinnehmbarkeit auch von kleinen Mängeln angesichts sehr hoher Nacherfüllungskosten den Juristen überlassen bleiben muss[49].

Uwe Liebheit

Studium der Theologie, seit 1964 Jurastudium; Richter am Amtsgericht Dortmund, am Landgericht Dortmund und seit 1983 am Oberlandesgericht Hamm, dort zuletzt 16 Jahre stellvertretender Vorsitzender bzw. Vorsitzender Richter eines Bausenats; Zwischendurch Rechtsanwalt in einer schwerpunktmäßig mit Bausachen befassten Anwaltskanzlei; Leiter der Bauschlichtungsstelle der Handwerkskammer Südwestfalen; Referent zu Fragen des Baurechts vor Rechtsanwälten, Unternehmern und insbesondere vor Sachverständigen, Lehrbeauftragter an der FH Münster/Steinfurt.

---

49 Oswald/Abel, 4.5.; 1.6.3.

VDI 4100 Schallschutz im Hochbau
Die neuen Schallschutzstufen – praxisgerechte Qualitätsstufen im Schallschutz

Prof. Rainer Pohlenz, IFAS, Aachen

Die VDI 4100 blickt auf eine 25-jährige wechselvolle Geschichte zurück. Ende der 1980er Jahre begann der Normenausschuss „Akustik, Lärmminderung und Schwingungstechnik (NALS)" sich erneut mit dem Thema „Erhöhter Schallschutz" auseinander zu setzen, noch bevor die DIN 4109 [01] und das Beiblatt 2 zu DIN 4109 [02] als Weißdruck erschienen waren. Wesentlicher Anlass hierfür waren die ungeeigneten Vorschläge in Beiblatt 2 für einen erhöhten Schallschutz für die Luftschalldämmung von Wohnungstrennbauteilen, die sich nur um 1–2 dB von den Mindestanforderungen der Norm unterschieden. Man entwickelte ein Konzept mit drei Qualitätsstufen, die zunächst noch Schallschutzklassen (SSK), später dann Schallschutzstufen (SSt) genannt wurden und die sich in ihren Empfehlungen für den Schallschutz im Wohnungsbau jeweils um mindestens 3 dB voneinander unterschieden [12], wobei die SSt I dem Mindestschallschutz gemäß DIN 4109 entsprach. 1994 erfolgte die Erstveröffentlichung [13].

Wie alles Neue im Schallschutz wurde diese Richtlinie mit großem Argwohn und starker Verunsicherung aufgenommen. „Was gilt?" „Beiblatt 2 zu DIN 4109 oder VDI 4100?" Der aufkeimenden Diskussion wurde 1995 durch ministeriellen Erlass [16] ein vermeintliches Ende gesetzt. Dort hieß es: „Die Richtlinie VDI 4100 regelt gleiche Sachverhalte wie DIN 4109 ... mit Schallschutzstufen, die ... über die Schallschutzstufen der DIN 4109 als allgemein anerkannte Regel der Technik hinausgehen." Weiter hieß es: „Es kann nicht davon ausgegangen werden, dass es sich bei der Richtlinie VDI 4100 um eine allgemein anerkannte Regel der Technik handelt."

Kurz und gut: Die VDI 4100 wurde in Planerkreisen kaum zur Kenntnis genommen. Noch 10 Jahre nach ihrem Erscheinen war nach der Erfahrung des Verfassers und anderer [24] die VDI 4100 in Architektenkreisen eine weitgehend unbekannte Größe. Daran änderte auch der Umstand nichts, dass bei 98 % der akustischen Beraterbüros die Richtlinie bekannt war [24].

Als im Jahre 2000 der Entwurf des Teils 10 der DIN 4109 [03] erschien, um das Beiblatt 2 zu DIN 4109 abzulösen, schien es für eine kurze Zeit, dass die Idee der drei Schallschutzstufen der VDI 4100 „normiert" werden würde. Die kontroverse Diskussion des Entwurfs führte von zunächst drei aus VDI 4100 übernommenen Schallschutzstufen über eine Reduktion auf die Stufen I und II zu einem endgültigen „Aus" im Jahre 2005.

Eine entscheidende Wendung nahm die Entwicklung der Bedeutung der VDI 4100 aufgrund der BGH-Entscheidungen zum zivilrechtlich geschuldeten Schallschutz von Einfamilienreihenhäusern aus dem Jahre 2007 [17] und von Eigentumswohnungen aus dem Jahre 2009 [18]. Wenn auch deren Leitsätze bis heute von vielen Juristen und Planern in Bezug auf den „üblichen Schallschutz" immer wieder falsch ausgelegt werden, so wurde doch deutlich, dass die Empfehlungen der VDI 4100 für die Festlegung eines der jeweiligen Bauaufgabe adäquaten Schallschutzes von großem Nutzen sein können.

Diese durch den BGH maßgeblich geförderte Stellung als anerkannte Regel der (Planungs-) Technik wurde im Jahre 2012 durch die Neufassung der VDI 4100 [15] wieder in Frage gestellt. Wegen der Verwendung von für das Bauwesen ungewohnten Schallschutzkenngrößen und der Neuordnung der drei Schallschutzstufen wird in breiten Kreisen von Planern, Bauphysikern und von Unternehmern diese neue VDI 4100 als nicht mehr praxisgerecht empfunden.

Nachfolgend soll die VDI 4100:2012 in ihren wichtigsten Zielsetzungen vorgestellt und in Bezug auf ihre Stellung als praxistaugliches Regelwerk untersucht werden. Dies geschieht vor dem Hintergrund des „Dreistufigen Prüfungsschemas" [19], nach dem vorrangig der Schallschutz geschuldet ist,

– der sich aus der <u>Beschaffenheitsvereinbarung</u> ergibt   oder

– der bei Fehlen einer Beschaffenheitsvereinbarung für den benannten Verwendungszweck geeignet ist   oder
– der bei Fehlen einer konkreten Vereinbarung
oder bei Fehlen eines benannten Verwen-
dungszwecks die für die vorgesehene
Nutzung übliche Beschaffenheit erreicht.

1 Das Schallschutzkonzept der VDI 4100

Das Schallschutzkonzept der VDI 4100:2012
berücksichtigt den Umstand, dass der empfundene Schallschutz zwischen zwei Räumen
unter anderem von drei Einflussgrößen ab-
hängt, nämlich

– dem bewerteten Schalldämm-Maß R'_w bzw.
dem bewerteten Norm-Trittschallpegel $L'_{n,w}$:
Je höher das Schalldämm-Maß bzw. je
geringer der bewertete Norm-Trittschallpegel, desto geringer ist in der Regel die
Störwirkung des übertragenen Schalls.
Beide Größen sind trennflächenunabhängig.
– der schallübertragenden Trennfläche S_T: Je
kleiner die Trennfläche, desto weniger Schall-
energie wird bei gleichem Schalldämm-Maß
übertragen, desto geringer ist also aus diesem Grund der Pegel und damit die Störwirkung des übertragenen Schalls.
– dem Volumen V_E des Raumes, in das der
Schall übertragen wird (Empfangsraum): Je
größer das Empfangsraumvolumen, desto
geringer ist der Schalldruckpegel an jeder
Stelle des Raumes und desto geringer ist
abermals die Störwirkung des übertragenen
Schalls.

Statt wie bisher die Schalldämmqualität von
Bauteilen festzulegen, wird in der VDI 4100
nun die Schallschutzqualität des gestörten
Raumes vorgegeben. Diese wird beschrieben
durch in DIN EN ISO 140 [07][08] definierte
Größen, nämlich

– für den Luftschallschutz durch die bewertete
Standard-Schallpegeldifferenz $D_{nT,w}$.
Nach [07] besteht zwischen der Standard-
Schallpegeldifferenz $D_{nT,w}$ und dem Schalldämm-Maß R'_w folgende Beziehung:
(1) $D_{nT,w} = R'_w + 10 \cdot \lg (0{,}32 \cdot V_E / S_T)$ [dB]
– für den Trittschallschutz durch den bewer-
teten Standard-Trittschallpegel $L'_{nT,w}$.
Nach [08] besteht zwischen dem Standard-
Trittschallpegel $L'_{nT,w}$ und dem Norm-Trittschallpegel $L'_{n,w}$ folgende Beziehung:
(2) $L'_{nT,w} = L'_{n,w} - 10 \cdot \lg (0{,}032 \cdot V_E)$ [dB]

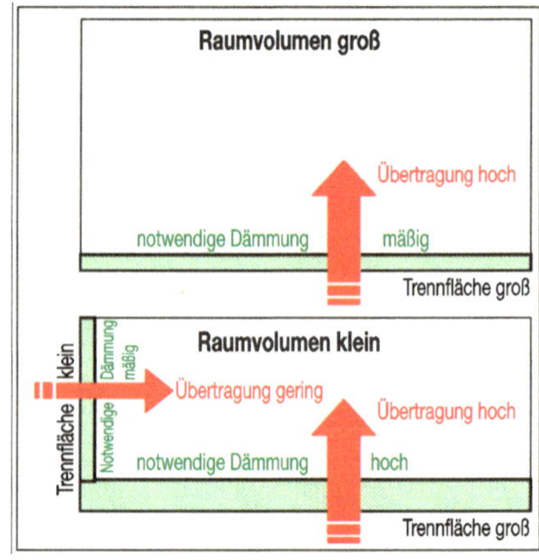

Bild 1: Einflussgrößen

– für die Geräusche haustechnischer Anlagen
durch den mittleren Standard-Maximalpegel
$\overline{L_{AFmax,nT}}$ [dB].
Dieser Kennwert weicht von dem gemäß
[05] und [11] anzuwendenden Kennwert
$L_{AFmax,n}$ ab und ist als problematische Kenngröße anzusehen (siehe Kapitel 3).

Alle drei Größen sind auf eine für Wohnräume
übliche Nachhallzeit von 0,5 Sekunden normiert und damit unabhängig von den Nach-
hallverhältnissen des jeweiligen Empfangs-
raumes.
Durch die trennflächen- und volumenabhängi-
gen Störpegel ergeben sich also für unterschiedliche Raumgeometrien bei gleichem
$D_{nT,w}$ unterschiedliche Anforderungen an das
bewertete Schalldämm-Maß R'_w. Da das Volumen eines Raumes sehr häufig durch das Produkt von Trennfläche und Raumtiefe gebildet
wird, ist $D_{nT,w}$ bei Trennwänden in der Regel
eine Funktion des Schalldämm-Maßes und der
Raumtiefe, bei Decken der Raumhöhe. Bei einer Raumtiefe/Raumhöhe von 3,125 m gilt:
$D_{nT,w} = R'_w$. Bei größeren Raumtiefen kann das
R'_w entsprechend geringer, bei kleineren muss
es entsprechend größer sein, um das vorgegebene $D_{nT,w}$ zu erfüllen (siehe Bild 2).
Bei für den Wohnungsbau üblichen Raumtiefen von etwa 3 m bis 6 m schwankt das erforderliche R'_w um etwa 0 bis -3 dB um das vorgegebene $D_{nT,w}$. Dies sollte beim Vergleich
der Vorgaben der älteren Fassungen der
VDI 4100 mit der Neufassung beachtet wer-

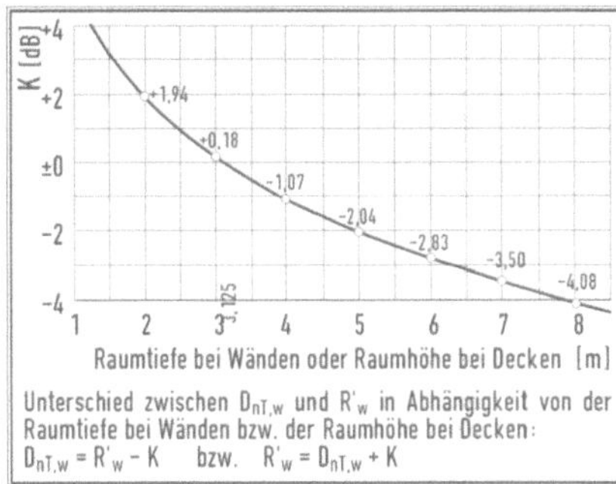

Bild 2: $D_{nT,w}$ und R'_w und Raumtiefe

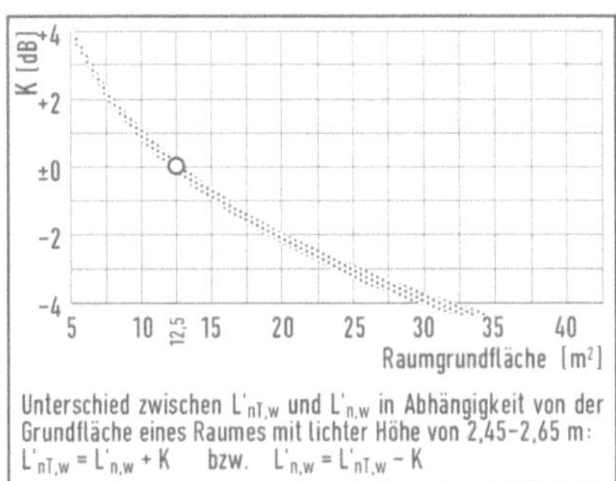

Bild 3: $L'_{nT,w}$ und L' und Raumgröße

den. Bei den im Wohnungsbau heute üblichen lichten Raumhöhen von 2,45 m bis 2,65 m, ist der Wert des R'_w bei Decken etwa 1 dB höher als der des $D_{nT,w}$ (siehe Bild 2).

Hinweis: Die bei großen Raumvolumina festzustellende Pegelabnahme wird nur in größerer Entfernung (> 2 m) von den (schallabstrahlenden) Wänden wahrgenommen. Bei Aufenthalt der gestörten Person(en) in unmittelbarer Nähe der Wände, etwa bei Platzierung der Sitzgruppe an der Wohnungstrennwand, ist für die auftretende Störwirkung allein deren bewertetes Schalldämm-Maß maßgeblich.

Beim Trittschallschutz schwankt das erforderliche $L'_{n,w}$ um etwa –4 bis +2 dB um das vorgegebene $L'_{nT,w}$ (siehe Bild 3).

Das grundsätzlich sinnvolle Schallschutzkonzept greift das Konzept des ersten Entwurfs zur Neufassung der DIN 4109-1 [04] auf, mit dem bereits im Jahre 2006 die raumgeometriebezogenen Kenngrößen eingeführt werden sollten. Von diesem Vorhaben ist jedoch im weiteren Verfahren auf Drängen der Bauwirtschaft und der Bauordnungsbehörden Abstand genommen worden, so dass die VDI 4100 nun (ungewollt) eine Sonderrolle einnimmt. Allerdings wird im Anhang A der jetzigen Entwurfsfassung von DIN 4109-1 [06] empfohlen, bei detaillierter Festlegung des Schallschutzes von den nachhallzeitbezogenen Kenngrößen Gebrauch zu machen. Auch findet sich hier der Hinweis auf VDI 4100 für die Festlegung von höheren Schallschutzzielen.

Um die Störwirkung von Wohngeräuschen in Bezug auf deren Schallspektren richtig einzuschätzen, reichen allerdings die bewerteten, raumgeometriebezogenen Kenngrößen allein nicht aus. Deshalb wird seit vielen Jahren in DIN EN ISO 717 [09][10] ein Verfahren zur Korrektur der bewerteten Schalldämm-Maße und bewerteten Norm-Trittschallpegel vorgeschlagen. Durch die Addition von sogenannten Spektrumanpassungswerten auf die bewerteten Einzahlangaben ergibt sich eine „schallquellenbezogene" Kenngröße, die die Schutzwirkung der jeweiligen Konstruktion besser beschreibt und zwar

– für den Luftschallschutz durch den Spektrumanpassungswert für Wohngeräusche C und den Spektrumanpassungswert für Verkehrsgeräusche C_{tr}:
  (3) $R_A = R'_w + C$ [dB] bzw. $R'_w + C_{tr}$ [dB]
– für den Trittschallschutz durch den Spektrumanpassungswert für Gehgeräusche C_I:
  (4) $L_A = L'_{n,w} + C_I$ [dB]

Die Spektrumanpassungswerte für die Luftschalldämmung betragen bei Massivwänden etwa $C = -1$ bis -2 dB bzw. $C_{tr} = -2$ bis -5 dB. Bei Leichtwänden und Holzbalkendecken betragen sie etwa $C = -2$ bis -5 dB bzw. $C_{tr} = -5$ bis -15 dB [20] [21]. Für die Trittschalldämmung betragen sie bei Massivdecken mit schwimmenden Estrichen etwa $C_I = 0$ bis 2 dB, bei leichten Treppen und Holzbalkendecken bis zu $C_I = 4$ dB und bis $C_I = 12$ dB, wenn der Frequenzbereich unter 100 Hz mit einbezogen wird [20].

Obwohl die Berücksichtigung der Spektrumanpassungswerte im Rahmen der schalltechnischen Planung durchaus sinnvoll sein kann und dies seitens der VDI 4100 empfohlen wird, hat man bei der Festlegung der Kennwerte auf deren Einbeziehung bewusst verzichtet, um Zeit für eine ausreichende Diskussion in der Praxis zu gewinnen.

Tabelle 1: DIN 4109 und VDI 4100: Schallschutzanforderungen und -empfehlungen neu und alt (Auszug)

Bauteile und Art der Räume	E 4109-1		4109:1989		SSt I neu		SSt I alt		SSt II neu		SSt II alt		SSt III neu		SSt III alt	
	R'_w	$L'_{n,w}$	R'_w	$L'_{n,w}$	$D_{nT,w}$	$L'_{nT,w}$	R'_w	$L'_{n,w}$	$D_{nT,w}$	$L'_{nT,w}$	R'_w	$L'_{n,w}$	$D_{nT,w}$	$L'_{nT,w}$	R'_w	$L'_{n,w}$
1 Geschosshäuser mit Wohnungen und Arbeitsräumen																
Wohnungstrennwände	53		53		56		53		59		56		64		59	
Wohnungstrenndecken	54	50	54	53	56	51	54	53	59	44	57	46	64	37	60	39
Wohnungsinterne Treppen		53		53		51		53		44		46		37	--	39
Decken unter Loggien, Terrassen		53		53		51		53		44		46		37	--	39
Decken unter Laubengängen		53		53		51		53		44		46		37	--	39
Treppenläufe/-podeste		53		58		51		58		44		53		37	--	46
Wasserinstallationen	$L_{AFmax,n}=32$		$L_{In}=30$		$\overline{L_{AFmax,nT}}=30$		$L_{In}=30$		$\overline{L_{AFmax,nT}}=27$		$L_{In}=30$		$\overline{L_{AFmax,nT}}=24$		$L_{In}=25$	
Wasserinstallationen Abwasser	$L_{AFmax,n}=32$		$L_{In}=30$		$\overline{L_{AFmax,nT}}=30$		$L_{In}=25$		$\overline{L_{AFmax,nT}}=27$		$L_{In}=25$		$\overline{L_{AFmax,nT}}=24$		$L_{In}=20$	
Sonstige Haustechnik	$L_{AFmax,n}=32$		$L_{AF,max}=30$		$L_{AFmax,nT}=30$		$L_{AF,max}30$		$L_{AFmax,nT}=27$		$L_{AF,max}30$		$L_{AFmax,nT}=24$		$L_{AF,max}=25$	
Betriebe, baulich verbunden t/n	$L_r=35/25$		$L_r=35/25$		--		$L_r=35/-\!-$		--		$L_r=35/-\!-$		--		$L_r=-\!-/-\!-$	
2 Einfamilien-Doppelhäuser und Einfamilienreihenhäuser																
Haustrennwände	59/62		57		65		57		69		63		73		68	
Decken		41		48		46		48		39		41		32		34
Bodenplatten		46		48		--		48		--		41		--		34
Treppenläufe/-podeste		53		53		46		53		39		46		32		39
Wasserinstallationen	$L_{AFmax,n}=32$		$L_{In}=30$		$\overline{L_{AFmax,nT}}=30$		$L_{In}=30$		$\overline{L_{AFmax,nT}}=25$		$L_{In}=25$		$\overline{L_{AFmax,nT}}=22$		$L_{In}=20$	
Wasserinstallationen Abwasser	$L_{AFmax,n}=32$		$L_{In}=30$		$\overline{L_{AFmax,nT}}=30$		$L_{In}=25$		$\overline{L_{AFmax,nT}}=25$		$L_{In}=20$		$\overline{L_{AFmax,nT}}=22$		$L_{In}=15$	
Sonstige Haustechnik	$L_{AFmax,n}=32$		$L_{AF,max}=30$		$L_{AFmax,nT}=30$		$L_{AF,max}30$		$L_{AFmax,nT}=25$		$L_{AF,max}25$		$L_{AFmax,nT}=22$		$L_{AF,max}=20$	
3 Eigener Wohnbereich	Beiblatt 2 zu DIN 4109															
Zimmertrennwände	40		40		48		40		52		48		--		48	
Decken	50	56	50	56	48	53	50	56	52	46	55	46	--	--	55	46
Wasserinstallationen	$L_{AFmax,n}=-\!-$		$L_{In}=-\!-$		$\overline{L_{AFmax,nT}}=35$		$L_{In}=-\!-$		$\overline{L_{AFmax,nT}}=30$		$L_{In}=30$		--	--	$L_{In}=30$	
Sonstige Haustechnik	$L_{AFmax,n}=-\!-$		$L_{In}=-\!-$		$L_{AFmax,nT}=35$		$L_{AF,max}-\!-$		$L_{AFmax,nT}=30$		$L_{AF,max}=30$		--	--	$L_{AF,max}=25$	

Anmerkungen:

Die zur Erfüllung der $D_{nT,w}$-Vorgaben erforderlichen R'_w-Werte liegen für üblich große Räume um etwa 0–2 dB unter den angegebenen $D_{nT,w}$-Werten. Bei Räumen mit geringer Raumtiefe ist der erforderliche R'_w-Wert um bis zu 2 dB höher. Beachte hierzu Bild 2. Die zur Erfüllung der $L'_{nT,w}$-Vorgaben zulässigen $L'_{n,w}$-Werte liegen für üblich große Räume um etwa 0–1 dB über den angegebenen $L'_{nT,w}$-Werten. Bei sehr kleinen Räumen muss der $L'_{n,w}$-Wert um bis zu 2 dB geringer sein. Beachte hierzu Bild 3.

Der Kennwert $L_{AFmax,n}$ liegt durch das Messverfahren bedingt bei gleichem Störgeräusch um bis zu 2 dB über den Kennwerten L_{In} oder $L_{AFmax,n}$. Die Anforderungen in E DIN 4109-1 entsprechen also in etwa den Anforderungen aus Din 4109, Änderung A 1 oder VDI 4100:2007, SSt I.

Der Kennwert $\overline{L_{AFmax,nT}}$ führt als Mittelwert mehrerer Pegelspitzen, die während eines Betriebsvorganges auftreten, in der Regel zu eher geringeren Werten als bei den Kennwerten L_{In} oder $L_{AFmax,n}$, bei denen nur die höchste Pegelspitze berücksichtigt wird.

Zwischenfazit

Das in VDI 4100 verfolgte Schallschutzkonzept mit Verwendung der Kenngrößen $D_{nT,w}$ und $L'_{nT,w}$ ist sinnvoll und führt grundsätzlich zu schalltechnisch begründeten Lösungen. Die für die Geräusche der haustechnischen Anlagen verwendete Kenngröße $\overline{L_{AFmax,nT}}$ ist nach Auffassung des Verfassers für die Kennzeichnung der Störwirkung der Anlagen nicht tauglich.

2 Die Schallschutzstufen der VDI 4100

Unterschieden werden in VDI 4100:2012 wie bisher drei Schallschutzstufen mit abgestufter Schutzwirkung für Schallübertragungen aus fremden Bereichen und zwei Schallschutzstufen für Schallübertragungen aus dem eigenen Wohnbereich. Es wurde versucht, wohnungsmedizinische Erfordernisse, statistische Grundlagen, die praktische Durchführbarkeit, die Baukosten sowie die Ergebnisse der Rechtsprechung zu berücksichtigen. Die Kennwerte der Schallschutzstufen unterscheiden sich jeweils um mindestens 3 dB voneinander. Dies ist der geringste Dämmwert- oder Pegelunterschied, der in der Praxis von Bewohnern von Häusern wahrgenommen werden kann. Zwar ist eine Pegelveränderung von 1 dB gerade wahrnehmbar, dies aber nur, wenn es sich um zwei Geräusche gleicher Frequenzzusammensetzung handelt und diese im Vergleich unmittelbar nacheinander gehört werden. Dies kommt in der Praxis nicht vor. In

Tabelle 2:   VDI 4100: Wahrnehmung üblicher Geräusche aus Nachbarwohnungen in Mehrfamilienhäusern

Art des Geräusches in der Nachbarwohnung	Wahrnehmung der Schalleinwirkung aus der Nachbarwohnung (bei Grundgeräuschpegel von L_{GA} = 20 dB in üblich großem Aufenthaltsraum)		
	SSt I	SSt II	SSt III
Laute Sprache	undeutlich verstehbar	kaum verstehbar	i.A. nicht verstehbar
Sprache in angehobener Sprechweise	i.A. kaum verstehbar	i.A. nicht verstehbar	nicht verstehbar
Sprache in normaler Sprechweise	i.A. nicht verstehbar	nicht verstehbar	nicht hörbar
Sehr laute Musik, Parties	sehr deutlich hörbar	deutlich hörbar	noch hörbar
Musik in hoher Lautstärke, laute Fernsehgeräte	deutlich hörbar	noch hörbar	kaum hörbar
Musik in normaler Lautstärke	noch hörbar	noch hörbar	kaum hörbar
Spielende Kinder	hörbar	noch hörbar	kaum hörbar
Gehgeräusche	i.A. kaum störend	i.A. nicht störend	nicht störend
Nutzergeräusche	hörbar	noch hörbar	i.A. nicht hörbar
Geräusche aus haustechnischen Anlagen	i.A. keine unzumutbaren Belästigungen	i.A. nicht störend	nicht oder nur selten störend
Haushaltsgeräte	noch hörbar	kaum hörbar	i.A. nicht hörbar
Nutzergeräusche	hörbar	noch hörbar	i.A. nicht hörbar

Fällen, in denen höhere Dämmwerte mit vertretbarem Aufwand konstruktiv herzustellen sind, werden stärkere Unterschiede zwischen den Schallschutzstufen vorgegeben. So betragen beispielsweise die Unterschiede der Kennwerte im Trittschallschutz von Wohnungstrenndecken jeweils 7 dB.

Die Empfehlungen für den Schallschutz zwischen fremden Bereichen sind gegenüber 2007 zum Teil unverändert geblieben, zum Teil sind sie geringfügig, zum Teil deutlich angehoben worden. Die Empfehlungen für die Luftschalldämmung von Wänden und Decken sowie für den Trittschallschutz von Decken und wohnungsinternen Treppen sind für normal große Räume unter Berücksichtigung der Geometriekorrektur (siehe Bilder 2 und 3) um 1-3 dB angehoben worden. Sie entsprechen nun in SSt I in etwa dem in Mehrfamilienhäusern üblichen Schallschutz. Die Empfehlungen für die Trittschalldämmung von Treppen in Treppenhäusern und die Empfehlungen für die Luftschalldämmung von Reihenhaustrennwänden sind um mehr als 5 dB, also deutlich angehoben worden und passen sich damit der auch in DIN 4109-1 aufgegriffenen Entwicklung an.

Die Empfehlungen für den Schallschutz im eigenen Bereich sind gegenüber 2007 teils angehoben (Luftschalldämmung von Zimmertrennwänden), teils abgesenkt worden (Luftschalldämmung von Decken).

Die neuen Empfehlungen sind in Tabelle 1 den Empfehlungen aus der Fassung 2007 und den Anforderungen aus DIN 4109 gegenübergestellt.

Für die juristische Bewertung von Verträgen ist es von Bedeutung, dass Vertragsgrundlagen für den Auftraggeber nachvollziehbar und in ihren Folgen überschaubar sind. Daher ist es wichtig, dass den in den Schallschutzstufen festgelegten Kennwerten eine für den Laien verständliche Schallschutzwirkung zugeordnet wird. Dies geschieht wie bisher durch qualitative Beschreibung der Wahrnehmbarkeit von Wohngeräuschen bei Vorhandensein einer jeweiligen Schallschutzstufe (siehe Tab. 2). Zum anderen wird im Abschnitt 4 der Richtlinie in teils klarer, teils aber leider auch missverständlicher Weise die Schallschutzqualität der Schallschutzstufen in Bezug auf den sonstigen Gebäudestandard beschrieben.

Gemäß VDI 4100 gewährleistet die Schallschutzstufe I „ein akustisch begründetes Niveau von Wohnungen mit geringem Grundgeräuschpegel, womit Belästigungen in benachbarten Wohnräumen auf ein erträgliches Maß abgesenkt werden. Sie sollte man bei einer (neu erstellten) Wohnung erwarten können, bei welcher die Ausführung und Ausstattung gegenüber einer einfachsten Ausführung und Ausstattung angehoben ist." Gemeint ist damit ein Schallschutz, der im Wohnungsbau bei üblicher Ausstattung zu erwarten ist. Die dort aufgeführten Werte spiegeln in etwa die für den üblichen Wohnungsbau allgemein anerkannten Regeln der Technik wieder [19][22][23]. Der in deutschen Städten dringend benötigte „bezahlbare Wohnraum" wird mit einem Schallschutz der SSt I ebenso angemessen ausgestattet sein wie das preiswerte Eigenheim in einer Einfamilien-Reihenhaus-Anlage. Es ist angesichts der damit zu befürchtenden Enttäuschungen auf Seiten der Erwerber preiswerten Wohneigentums dringend angeraten, auf die begrenzte Wirkung dieses Schallschutzes im Geschosswohnungsbau hinzuweisen. Gemäß Tab. 2 ist *„angehobene Sprache aus fremden Nachbarräumen i. A. kaum verstehbar"*, also hörbar. Auch Gehgeräusche sind zwar *„i. A. kaum störend"*, jedoch mehr oder weniger gut wahrnehmbar. In Wohnungen der SSt I sind Störungen also nicht ausgeschlossen. Die Kennwerte der Schallschutzstufe I sind bei Räumen größerer Raumtiefe ($\geq$ 4,00 m) mit heute üblichen 24 cm dicken, verputzten Wohnungstrennwänden mit flächenbezogenen Massen von knapp 480 kg/m^2 (Steinrohdichteklasse 2,0) zu erreichen. Bei Räumen geringer Raumtiefe (< 3,50 m) sind 24 cm dicke Wohnungstrennwände mit flächenbezogenen Massen von knapp 500 kg/m^2 (Steinrohdichteklasse 2,2) notwendig.

Als Decken kommen mindestens 18 cm dicke Betondecken mit schwimmenden Estrichen, also heute im Wohnungsbau durchaus übliche Decken, in Frage.

In Wohnungen der <u>Schallschutzstufe II</u> sind Schallstörungen weitgehend ausgeschlossen. In VDI 4100 heißt es: *„Angehobene Sprache aus fremden Nachbarräumen ist in der Regel wahrzunehmen, aber im Allgemeinen nicht verstehbar. Die Schallschutzstufe II ist beispielsweise bei einer Wohnung zu erwarten, die auch in ihrer sonstigen Ausführung und Ausstattung durchschnittlichen Komfortansprüchen genügt."* Diese missverständliche Formulierung kann von Planern, Erwerbern und Juristen leicht falsch gedeutet werden, nämlich als „Schallschutzstufe, die bei üblichem Standard anzuwenden ist, also den allgemein anerkannten Regeln der Technik für normale Wohngebäude entspricht". Gemeint ist aber ein Schallschutz, der „üblichen Komfortwohnungen" angemessen ist, nach meinem Verständnis also den Wohnungen „gehobenen Standards", den „anspruchsvollen Mietwohnungen" mit „gehobener Ausstattung", den „Residenzen" und „Stadtvillen" und „Wohnanlagen im Park". In diesen Wohnungen kann ein Schallschutz in der Größenordnung der SSt II auch ohne ausdrückliche Vereinbarung erwartet werden.

Die Kennwerte der Schallschutzstufe II sind mit heute üblichen Konstruktionen oft nicht mehr umzusetzen. Bei Räumen großer Raumtiefe ($\geq$ 5,00 m) reichen 24 cm dicke, verputzte Wohnungstrennwände mit flächenbezogenen Massen von knapp 500 kg/m^2 (Steinrohdichteklasse 2,2) aus. Bei Räumen geringer Raumtiefe ($\leq$ 3,50 m) müssen diese Wände mit biegeweichen Vorsatzschalen versehen werden oder 30 cm dick sein. Der schalltechnisch ungünstigen Wirkung von flankierenden Zimmertrennwänden und von leichten wärmedämmenden Außenwänden ist besondere Aufmerksamkeit zu schenken.

Als Decken müssen mindestens 22 cm dicke Betondecken mit schwimmenden Estrichen eingeplant werden.

Die <u>Schallschutzstufe III</u> stellt für die meisten Bauteilkategorien einen guten bis sehr guten Schallschutz dar. Dieser Schallschutz sollte in Fällen sehr hoher Ansprüche, also in „Villen mit hochwertigsten Eigentumswohnungen" und „Luxusimmobilien", erreicht oder übertroffen werden. Zitat: *„Die Schallschutzstufe III ist beispielsweise bei einer Wohnung zu erwarten, die auch in ihrer sonstigen Ausführung und Ausstattung sowie Lage <u>besonderen</u> Komfortansprüchen genügt."* Auch dies eine missverständliche Formulierung: Zum einen sollte es der Klarheit wegen besser „besonders hohen Komfortansprüchen" oder „außergewöhnlich hohen Komfortansprüchen" heißen, um die sehr hohe Schallschutzqualität der Schallschutzstufe III zum Ausdruck zu bringen. Zum anderen sollte die Lage des Gebäudes, die sich zwar häufig auf den Preis der Immobilie auswirkt, kein Kriterium für die Schallschutzerwartung innerhalb des Gebäudes sein. Auch zeigt ein Blick in die Tabelle 2 ernüchternd, dass auch in SSt III-Wohnungen Sprache in angehobener Sprechweise zwar nicht verstanden, aber dennoch gehört werden wird und Gehgeräusche, insbesondere im tieffrequenten Bereich, unter Umständen *„nicht stör*end" wahrgenommen werden können.

Die Umsetzung der Kennwerte der Schallschutzstufe III bedarf besonderer baulicher Maßnahmen. Wohnungstrennwände sind in der Regel zweischalig auszuführen.

Als Decken müssen mindestens 25 cm dicke Betondecken mit schwimmenden Estrichen eingeplant werden. Auch hier ist der schalltechnisch ungünstigen Wirkung von flankierenden Zimmertrennwänden und von leichten wärmedämmenden Außenwänden konstruktiv zu begegnen.

Zwischenfazit

Das in VDI 4100 verfolgte Konzept der drei Schallschutzstufen eignet sich gut für die Unterscheidung von Schallschutzqualitäten von Gebäuden unterschiedlichen Standards. Die drei Schallschutzstufen sind grundsätzlich geeignet, als Vertragsgrundlage im Bauvertrag verwendet zu werden. Ihre Anforderungen sind in ihrer Höhe angemessen und in ihrer Abstufung untereinander ausreichend deutlich differenziert. Missverständliche Formulierungen in der Zuordnung von Schallschutzstufe und Gebäudestandard sollten im Vertrag deutlich gemacht und richtig gestellt werden. Auf die mit einer Schallschutzstufe verbundene Schutzwirkung sollte unbedingt hingewiesen werden (siehe Tabelle 2).

SSt I ist demnach anzuwenden auf Wohngebäude mit normalem, üblichem Standard (z. B. Preiswertes Wohneigentum).

SSt II ist anzuwenden auf Wohngebäude mit gehobenem Standard (z. B. überdurchschnittliche Bauweise, hochwertige Ausstattung; anspruchsvolle Mietwohnungen; exclusive Eigentumswohnungen).

SSt III ist anzuwenden auf Wohngebäude mit sehr hohem (außergewöhnlichem) Standard (z. B. Luxuriöse Eigentumswohnungen; Stadtvillen mit hochwertigsten Eigentumswohnungen).

<u>Wichtig:</u> Gemäß VDI 4100, Abschnitt 7 ist es möglich, innerhalb eines Gebäudes unterschiedliche Schallschutzstufen zu vereinbaren. Von dieser Möglichkeit sollte Gebrauch gemacht werden.

3 Probleme in der Baupraxis

Aus Planerkreisen und aus der Bauwirtschaft wird eine Reihe von Bedenken gegen die VDI 4100 geltend gemacht, die ihre Praxistauglichkeit teils zu Recht, teils zu Unrecht in Frage stellen. Die dabei angesprochenen Probleme sollen abschließend nachfolgend behandelt werden:

3.1 Problem „erhöhter Planungsaufwand"

Von Planerseite wird vorgetragen, dass die Vereinbarung einer Schallschutzstufe aus VDI 4100 einen erhöhten Planungsaufwand zur Folge habe: Wegen der raumvolumen- und trennflächenbezogenen Anforderungen müsse der Schallschutznachweis nun Raum für Raum geführt werden. Dieser Einwand ist leicht zu entkräften: Schon heute muss der Nachweis zumindest der Luftschalldämmung von Wohnungstrennbauteilen raumweise geführt werden, weil neben dem Trennbauteil die einen Raum jeweils begrenzenden flankierenden Bauteile zu berücksichtigen sind. Dass dies zurzeit oft genug nicht geschieht, ändert nichts an der Notwendigkeit, dies zu tun. Die eigentliche Erhöhung des Planungsaufwandes wird mit der Einführung des „13-Wege-Nachweises" zu erwarten sein, der mit Inkrafttreten der Neufassung der DIN 4109 vorgeschrieben sein wird. Die Umrechnung der ohnehin (schon jetzt) raumweise zu ermittelnden R'_w- und $L'_{n,w}$-Werte in $D_{nT,w}$- und $L'_{nT,w}$-Werte dürfte dann nur noch ein kleiner zusätzlicher Schritt sein (siehe Gleichungen (1) und (2)). Dies gilt auch unter Berücksichtigung des Umstandes, dass in der jeweiligen Raumpaarung zuvor die jeweils ungünstigere Übertragungsrichtung ermittelt werden muss.

3.2 Problem „Kleine Räume = hohe Anforderungen"

Es wird eingewendet, bei kleinen Empfangsräumen sei wegen des Volumenbezugs der Kennwerte selbst zur Erfüllung der Kennwerte der SSt I ein hoher baulicher Aufwand notwendig, denn gemäß VDI 4100, Abschnitt 1 sind *„schutzbedürftige Räume im Sinne der Richtlinie ... in Wohnungen alle Räume mit einer Grundfläche von $\geq 8\ m^2$"*.

Der Einwand trifft nur für die Luftschalldämmung und nur bei sehr ungünstigen Raumzuschnitten zu. Wie in Abschnitt 1 beschrieben, ist für die Festlegung des bewerteten Schalldämm-Maßes die Raumtiefe senkrecht zur Trennfläche maßgeblich (siehe Bild 2). Danach ergeben sich für 8 m² große Räume mit den nachfolgend aufgeführten Raumabmessungen für Wohnungstrennwände der SSt I folgende erforderliche Schalldämm-Maße und die dafür notwendigen Wandausbildungen aus Mauerwerk (MW) (Angaben in cm):

2,00 x 4,00: R'_w = 55 dB 24 MW 2.0 + 2 x 1 Putz
2,50 x 3,23: R'_w = 56 dB 24 MW 2.2 + 2 x 1 Putz
2,84 x 2,84: R'_w = 56 dB 24 MW 2.2 + 2 x 1 Putz
3,23 x 2,50: R'_w = 57 dB 24 MW 2.2 + 2 x 2 Putz
4,00 x 2,00: R'_w = 58 dB 30 MW 2.0 + 2 x 1 Putz

Für den Trittschallschutz ergibt sich für 8 m²-Räume unabhängig vom Raumzuschnitt bei Raumhöhen zwischen 2,40 m bis 2,70 m folgender bewerteter Norm-Trittschallpegel:
2,40 – 2,70: $L'_{n,w}$ = 49 dB 14 Bn + schw. Estrich

3.3 Problem „Bäder = Aufenthaltsräume"

Es wird kritisiert, dass gemäß VDI 4100, Abschnitt 1 *„wegen der gewünschten Vertraulichkeit und Intimität ... auch Bäder (mit einer Grundfläche $\geq 8\ m^2$) als schutzbedürftige Räume behandelt"* werden. Die Empfehlung gilt also für den Schutz gegen Luftschallübertragung. Die Kennwerte dieser Richtlinie gelten *„hinsichtlich des Trittschalls und der Geräusche aus gebäudetechnischen Anlagen nicht für Küchen, Bäder, Toilettenräume, Flure und Nebenräume."*

Gegen diese Empfehlung ist ernsthaft kaum etwas einzuwenden. Bäder dieser Größenordnung weisen nicht selten eine hohe Aufenthaltsqualität auf. Sie erlauben es, dass sich (auch mehrere) Personen u. U. über einen längeren Zeitraum in ihnen aufhalten. Es ist nachvollziehbar, dass Gespräche nicht verstanden werden und die Übertragung anderer badezimmertypischer Geräusche unterbunden werden sollten.

Wie im Abschnitt zuvor belegt, sind die hierzu erforderlichen bewerteten Schalldämm-Maße oft mit normalem baulichem Aufwand erreichbar.

3.4 Problem „Veränderte Grundrisse"

In der Praxis kommt es immer wieder vor, dass nach Abschluss der schalltechnischen Planung und Fertigstellung des Schallschutznachweises während der Bauphase Grundrissänderungen vorgenommen werden, um Bauherrenwünschen zu entsprechen. Befürchtet wird deshalb, dass aufgrund der damit verbundenen Veränderung des zugesagten Schallschutzes Haftungsprobleme entstehen können.

Aus Gleichung (1) ergibt sich, dass bei einer Verringerung der Raumtiefe um bis zu 20 % die bewertete Standard-Schallpegeldifferenz lediglich um weniger als 1 dB sinkt; eine Veränderung, die im praktischen Gebrauch also nicht spürbar ist. Erst bei Halbierung der ursprünglich geplanten Raumtiefe sinkt die bewertete Standard-Schallpegeldifferenz um 3 dB, also merklich, ab. Bei Beibehaltung der Raumtiefe und Verringerung der Raumbreite verändert sich die ursprünglich nachgewiesene bewertete Standard-Schallpegeldifferenz gar nicht.

Die gleichen Veränderungen erfährt der bewertete Standard-Trittschallpegel gemäß Gleichung (2).

Bei nicht zu starken Verschiebungen von Zimmertrennwänden parallel zur Wohnungstrennwand (< 20 % der ursprünglichen Raumtiefe) ergeben sich also vernachlässigbare Veränderungen des Schallschutzes (< 1 dB). Dies sollte vertraglich berücksichtigt werden. Nur bei erheblichen nachträglichen Grundrissveränderungen mit starker Verringerung von Raumtiefen senkrecht zum Trennbauteil sind „Nachbesserungen" bei den Bauteilen, u. U. in Form von Vorsatzschalen, erforderlich.

Beim Trittschallschutz dürften in der Regel relativ große Reserven vorhanden sein, so dass Veränderungen des bewerteten Standard-Trittschallpegels zu keiner, allenfalls nur geringfügigen Überschreitung des vereinbarten Kennwertes der jeweiligen Schallschutzstufe führen.

3.5 Problem „Kenngröße $\overline{L_{AFmax,nT}}$"

Der „mittlere Standard-Maximalpegel $\overline{L_{AFmax,nT}}$" weicht von dem gemäß DIN 4109-11 [05] und DIN EN ISO 10052 [11] anzuwendenden „Norm-Schalldruckpegel $L_{AFmax,n}$" in zweifacher Hinsicht ab und ist deshalb als problematische Kenngröße anzusehen.

Zum einen ist auch hier – wie bei den Kenngrößen für den Luft- und Trittschallschutz – das Empfangsraumvolumen zu berücksichtigen. Dies ist konsequent und hat wie beim Trittschallschutz zur Folge, dass in großen Räumen ein etwas höherer, in kleinen Räumen ein etwas geringerer Störschallpegel auftreten darf (siehe Bild 3).

Das eigentliche Problem besteht jedoch darin, dass für den mittleren Standard-Maximalpegel mehrere während eines Betriebsvorgangs auftretende Pegelspitzen gemittelt werden, während für den Norm-Schalldruckpegel nur die während eines Betriebsvorgangs höchste Pegelspitze berücksichtigt wird. Abgesehen davon, dass damit die Vorgaben der VDI 4100 nicht mehr mit denen der DIN 4109 vergleichbar sind, ist mit der Verwendung des mittleren Standard-Maximalpegels ein methodisches Problem verknüpft, das Fehlbeurteilungen des ermittelten Störgeräusches zulässt: Ein Betriebsvorgang, der aus einer starken Pegelspitze und mehreren aufeinanderfolgenden geringeren Pegelspitzen besteht, führt zu einem geringeren mittleren Standard-Maximalpegel als ein Betriebsvorgang, der nur aus der einen starken Pegelspitze besteht, obwohl das Geräusch aus mehreren Pegelspitzen störender ist als das Geräusch mit nur einer Pegelspitze. Dies tritt beispielsweise beim Öffnen und Schließen von Wasserarmaturen oder beim Betrieb von

Aufzügen auf. Aus diesem Grunde ist der mittlere Standard-Maximalpegel zur Beurteilung von Wasserinstallations- und Anlagengeräuschen nicht brauchbar.

4 Fazit

Sind die VDI 4100 und ihre Schallschutzstufen praxisgerecht?

Als <u>Planungsgrundlage</u> ist die VDI 4100:2012 gut brauchbar. Die Schallschutzstufen für den Luft- und Trittschallschutz sind für die Festlegung eines für den jeweiligen Gebäudestandard angemessenen Schallschutzes sehr hilfreich. Die Qualität des mit den drei Schallschutzstufen verbundenen Schallschutzes dürfte – soweit dies überhaupt möglich ist – mit den Nutzererwartungen relativ gut übereinstimmen. Anders als beim „erhöhten Schallschutz" gemäß Beiblatt 2 zu DIN 4109 „ist auch drin, was draufsteht".

SSt I beschreibt einen Luft- und Trittschallschutz, der – von Grenzfällen bei kleinen Räumen abgesehen – dem vielfach berufenen Schallschutz gemäß den allgemein anerkannten Regeln der Technik in etwa entspricht. Die VDI 4100 übernimmt damit die Aufgabe, der die DIN 4109 auch in ihrer Neufassung nicht in vollem Umfang gerecht wird. Problematisch allerdings ist der für die haustechnische Anlagen festgesetzte Kennwert. Hier kann eine genaue Erfüllung des vorgegebenen mittleren Standard-Maximalpegels zu einer Überschreitung der bauordnungsrechtlichen Mindestanforderung führen. Hier sollte und muss der zulässige Norm-Schalldruckpegel gemäß DIN 4109 eingeplant werden.

SSt II ist geeignet für einen Schallschutz für Gebäude gehobenen Standards, der sich von einem „normalen" Schallschutz spürbar abhebt. Der bautechnische Aufwand kann in kleinen Räumen deutlich höher ausfallen als heute üblich. Bezüglich der haustechnischen Anlagen sollte ein um 3 dB unter dem gemäß DIN 4109 zulässigen Norm-Schalldruckpegel liegender Wert geplant werden.

Der Schallschutz der SSt III ist als außergewöhnlich hoch zu bezeichnen. Er ist Gebäuden mit besonders hohem Standard vorbehalten. Der damit verbundene bautechnische Aufwand ist zumindest im Geschosswohnungsbau ungewöhnlich hoch. Die Geräusche der haustechnischen Anlagen sollten um 5 dB unter dem gemäß DIN 4109 zulässigen Norm-Schalldruckpegel liegen.

Als <u>Vertragsgrundlage</u> sind die Schallschutzstufen der VDI 4100:2012 leider nur eingeschränkt brauchbar, denn sie bedürfen einer Reihe an zusätzlichen Kommentaren und vertraglichen Zusätzen. Diese betreffen die Interpretation bzw. Richtigstellung der Textpassagen in den Abschnitten 4.2 bis 4.3 der Richtlinie, in denen eine leider missverständliche Zuordnung der Schallschutzstufen zu unterschiedlichen Gebäudestandards erfolgt. Die Notwendigkeit vertraglicher Zusätze ergibt sich aus der Tatsache, dass bei nachträglichen Grundrissveränderungen sich eine ungünstige Veränderung des Schallschutzes ergeben kann. Schließlich sei an dieser Stelle noch einmal die Diskrepanz zwischen den Kennwerten $L_{AFmax,n}$ und $\overline{L_{AFmax,nT}}$ erwähnt. Die zuvor erwähnten Empfehlungen für den Schallschutz der haustechnischen Anlagen sollten abweichend von den Empfehlungen der VDI 4100 vertraglich vereinbart werden.

5 Literatur

[1] DIN 4109:1989-11, Schallschutz im Hochbau, Anforderungen und Nachweise; und DIN 4109/A1:2001-01

[2] Beiblatt 2 zu DIN 4109:1989-11, Schallschutz im Hochbau, Hinweise für Planung und Ausführung; Vorschläge für einen erhöhten Schallschutz; Empfehlungen für den Schallschutz im eigenen Wohn- oder Arbeitsbereich

[3] E DIN 4109-10:2000-06, Schallschutz im Hochbau; Teil 10: Vorschläge für einen erhöhten Schallschutz von Wohnungen

[4] E DIN 4109-1:2006-10, Schallschutz im Hochbau; Teil 1: Anforderungen

[5] DIN 4109-11:2010-05, Schallschutz im Hochbau; Teil 11: Nachweis des Schallschutzes, Güte- und Eignungsprüfung

[6] E DIN 4109:2013-06, Schallschutz im Hochbau; Teil 1: Anforderungen an die Schalldämmung

[7] DIN EN ISO 140-4:1998-12, Akustik – Messung der Schalldämmung in Gebäuden und von Bauteilen; Messung der Luftschalldämmung zwischen Räumen in Gebäuden

[8] DIN EN ISO 140-7:1998-12, Akustik – Messung der Schalldämmung in Gebäuden und von Bauteilen; Messung der Trittschalldämmung von Decken in Gebäuden

[9] DIN EN ISO 717-1:2006-11, Akustik – Bewertung der Schalldämmung in Gebäuden und von Bauteilen; Teil 1: Luftschalldämmung

[10] DIN EN ISO 717-2 Akustik – Bewertung der Schalldämmung in Gebäuden und von Bauteilen; Teil 2 Trittschalldämmung; 2006-11

[11] DIN EN ISO 10052:2010-10, Akustik – Messung der Luftschalldämmung und Trittschall-

dämmung und des Schalls von haustechnischen Anlagen in Gebäuden, Kurzverfahren

[12] E VDI 4100:1989-10, Schallschutz von Wohnungen – Kriterien für Planung und Beurteilung

[13] VDI 4100:1994-09, Schallschutz von Wohnungen – Kriterien für Planung und Beurteilung

[14] VDI 4100:2007-08, Schallschutz von Wohnungen – Kriterien für Planung und Beurteilung

[15] VDI 4100:2012-10, Schallschutz im Hochbau, Wohnungen – Beurteilung und Vorschläge für erhöhten Schallschutz

[16] RdErl. des Ministeriums für Bauen und Wohnen, NW, DIN 4109 Schallschutz im Hochbau; 15.12.1994 – II B 4 – 870.302; Ergänzung des Einführungserlasses zu DIN 4109 und Beiblatt 1 zu DIN 4109; MBl NRW Nr. 13 v. 08.02.1995, S. 232

[17] BGH-Entscheidung vom 14.06.2007 – VII ZR 45/06 www.bundesgerichtshof.de/entscheidungen

[18] BGH-Entscheidung vom 04.06.2009 – VII ZR 54-07 www.bundesgerichtshof.de/entscheidungen

[19] DEGA Deutsche Gesellschaft für Akustik e.V. – Fachausschuss Bau- und Raumakustik: Memorandum „Die allgemein anerkannten Regeln der Technik in der Bauakustik"; DEGA BR 0101, 03/2011; www.dega-akustik.de

[20] Lang: Schallschutz im Wohnungsbau; wksb – Wärme, Kälte, Schall, Brand 52 (2007), Heft 59, S. 5–19; (Herausgeber Saint-Gobain Isover G + H AG, Ludwigshafen)

[21] Lang: Luft- und Trittschallschutz von Holzdecken und die Verbesserung des Trittschallschutzes durch Fußböden auf Holzdecken; wksb – Wärme, Kälte, Schall, Brand 49 (2004); Heft 52, S. 7–14; (Herausgeber Saint-Gobain Isover G+H AG, Ludwigshafen)

[22] Pohlenz, R.: DIN-gerecht = mangelhaft – Zur werkvertraglichen Bedeutung nationaler und europäischer Regelwerke im Schallschutz. In: Tagungsband Aachener Bausachverständigentage 2009, Vieweg + Teubner, GWV Fachverlage GmbH, Wiesbaden 2010, S. 35–50

[23] Pohlenz, R.: Anerkannte Regeln der Technik und Gebäudeschallschutz. In: Baurecht 44 (2013) Heft 2a, Werner-Verlag, Köln 2013; S. 352–362

[24] Umweltbundesamt, Berlin: Umfrage bei Sachverständigen der Bauakustischen Prüfstellen zur Anwendung der Richtlinie VDI 4100 vom 04.10.2001 (nicht veröffentlicht)

Prof. Rainer Pohlenz, Aachen
1972 Architekturdiplom RWTH Aachen;
1972 Wiss. Mitarbeiter Baukonstruktion III – Prof. Schild, RWTH Aachen;
1982 Ingenieurbüro für Bauphysik, Aachen;
1994 Prof. (em.) für Bauphysik und Baukonstruktion – HS Bochum – FB A;
1994 ö.b.u.v. Sachverständiger für Schallschutz im Hochbau;
Leiter einer VMPA-anerkannten Schallmessstelle;
Ausschussmitglied im Prüfungsgremium der Kammern zur öffentlichen Bestellung von Sachverständigen im Bereich Bauphysik;
Fachbuchautor; zahlreiche Veröffentlichungen.

Einleitung des Beitrags Massivhaus vs. Holzleichtbau

Dipl.-Ing. Matthias Zöller, AIBAU, Aachen

1 Folgen von Leckstellen an Fensterbänken

1.1 Beispiel Holzhaus

In einem hochwertigen Einfamilienwohnhaus in sehr guter Wohnlage, das in Holztafelbauweise errichtet wurde, tropfte nach sieben Jahren Standzeit in einem Schlafzimmer Regenwasser von der Unterseite der Brettstapeldecke zum darüber liegenden Geschoss ab.

Die Untersuchungen an den Fensterbänken im darüber liegenden Geschoss ergaben, dass durch Lücken an den Anschlüssen der Fensterbänke sowohl an den Leibungen, als auch an den unteren Fensterblendrahmen Wasser in die mit Dämmstoff gefüllten Holztafeln eingedrungen ist. Auf den Dämmstofffüllungen haben sich bereits Keimlinge gebildet, die nach innen gerichteten Hölzer waren in Teilbereichen von holzzerstörenden Pilzen befallen.

Zur Beseitigung der Ursachen wurden alle Fensterbänke neu konstruiert. Zunächst wurde eine Trägerplatte mit oberseitigen, an den Seiten aufgekanteten Abdichtungsbahnen und außenseitigem Tropfprofil zusätzlich eingebaut. Die Abdichtung wurde mit dem Tropfprofil wasserdicht verklebt. Die darüber montierte Fensterbank deckte die darunter liegende zweite Entwässerungsebene ab, wodurch sich das Aussehen des Gebäudes nicht veränderte. Verfaulte Bereiche der Holztafeln wurden ausgetauscht, dafür wurden die von Schlagregen beanspruchten Fassaden in Teilbereichen geöffnet. Zum Abschluss der Maßnahmen musste das Wärmedämm-Verbundsystem auf der Außenseite der Holztafeln neu verputzt werden.

1.2 Beispiel Massivhaus

Bei einem Mehrfamilienwohnhaus, das aus wärmedämmenden Leichtbetonsteinen errichtet wurde, war der Außenputz unter den Fensterbänken durch Wasser geschädigt, ohne dass innerhalb der Wohnungen Wasserschäden aufgetreten sind. Die Ursache lag in den fehlerhaft konstruierten Fensterbänken, deren rückseitige und seitliche Aufkantungen im Bereich der Rollladenführungsschienen ausgeklinkt waren. Durch die unter den Führungsschienen nicht aufgekanteten Bleche konnte Schlagregen unter die Fensterbänke gelangen und das Mauerwerk durchfeuchten, allerdings ohne dass Folgeschäden an den feuchteunempfindlichen Bauteilen entstanden sind.

2 Beispiele für Nachhaltigkeitskriterien

2.1 Dauerhaftigkeit

Aus den beiden Beispielen lässt sich ableiten, dass Bauteile in Massivbauweise weniger anfällig für Folgeschäden durch Fehlstellen in Abdichtungen, (unvermeidbare) Fehlstellen in der luftdichten Hülle, unplanmäßige Wasserschäden oder Tauwasserbildung sind. Massive Bauweisen sind gegenüber Wassereinwirkung insgesamt fehlertoleranter als Holzbauweisen.

Bauwerke in Holzbauweise sind deswegen nicht „schlechter", sie erfordern aber bei der

– Planung
– Ausführung und
– Instandhaltung

einen höheren Grad an Sorgfalt.

Bei früheren Wertermittlungen wurde für Fertigteilhäuser in Holzbauweisen eine Nutzungsdauer von 40–60 Jahren und für Wohnhäuser in Massivbauweise eine von 80–100 Jahren angenommen. Diese pauschalen Ansätze sind aber nicht richtig, weil Holztafelbauweisen, die als Fertighäuser seit den 1970er Jahren nennenswerte Marktanteile erreichten, zum damaligen Zeitpunkt häufiger mit Schadstoffen belastet waren, die unter dem heutigen Kenntnisstand unter Aspekten der Gesundheitsgefährdung problematisch sind. Sie erreichen auch oder gerade deswegen eine kürzere Nutzungsdauer.

Die Erfahrung mit historischen Holzhäusern zeigt, dass Holzbauweisen nicht grundsätzlich einer kürzeren Nutzungsdauer unterliegen. Dennoch werden wegen des prinzipiell höheren Risikos bei Wertermittlungen Gebäude in Holzbauweisen auch heute differenziert betrachtet.

2.2 Primärenergieeffizienz in Abhängigkeit der Baustoffe

Zum Bau eines Hauses wird Energie gebraucht. Das Sonnenhaus-Institut (www.sonnenhaus-institut.de) hat den energetischen Aufwand für die Herstellung unterschiedlicher Konstruktionen verglichen. Der Primärenergiebedarf zweier Außenwandkonstruktionen mit einem Wärmedurchgangskoeffizienten (U-Wert) von 0,19 W/(m²·K) beträgt bei einer Holzständerwand mit Zellulosedämmung 100 kWh/m² und bei einer Ziegelwand mit WDVS 200 kWh/m². Die Differenz bei 300 m² Außenwandfläche beträgt somit 30.000 kWh. Geschossdecken aus Holz haben gegenüber Stahlbetondecken einen geringeren Bedarf von 150 kWh/m², bei 150 m² Geschossdecke eine Differenz von 22.500 kWh.

Ein Einfamilienhaus mit einer Wohnfläche von 150 m² (nach EnEV 2012) benötigt eine Herstellungsenergie überschlägig von 330 MWh bzw. flächenbezogen 2.200 kWh/m². Bei einem angenommenen Primärenergiebedarf von 80 kWh/(m²·a) hat das Einfamilienhaus erst nach 27,5 Jahren hat die Energiemenge im Betrieb verbraucht, die für seine Herstellung benötigt wurde.

Ein Gebäude in Massivbauweise benötigt ca. 80.000 kWh zusätzliche Herstellungsenergie gegenüber einem Gebäude in Leichtbauweise aus sogenannten regenerativen Baustoffen, wie zum Beispiel Holz oder Zellulose. Mit dieser Energiemenge kann ein Niedrigenergiehaus zehn Jahre lang beheizt werden. Bei Einsatz einer Solaranlage mit entsprechend großer Kollektorfläche und Wärmepufferspeicher kann sich dieser Zeitraum deutlich verlängern.

2.3 Betrachtung zur Nachhaltigkeit

Bei der Bewertung von Nachhaltigkeit spielen verschiedene Aspekte zusammen, wobei einzelne K. O.- Kriterien bilden können. Muss ein neu errichtetes Gebäude wegen Mängeln und daraus resultierenden Schäden zumindest in Teilbereichen abgebrochen und neu errichtet werden, treffen die Nachhaltigkeitsgedanken der Planungsphase nicht zu.

So haben Häuser in Holzbauweise ihre Vorteile hinsichtlich der Auswirkungen auf unsere Umwelt insbesondere bei der Herstellung und dem späteren Rückbau, bedingen aber einen höheren Sorgfältigkeitsgrad bei der Detaillierung und bei der Instandhaltung. Gebäude in Massivbauweise sind fehlertoleranter gegenüber Feuchtigkeit, benötigen aber erheblich mehr Energie bei der Herstellung mit entsprechender Auswirkung auf die Umwelt. Sie sind daher unter Nachhaltigkeitskriterien weniger geeignet für Gebäude mit kurzer Nutzungsdauer, bieten aber Vorteile, wenn sie lange genutzt werden können.

Fragen zur Nachhaltigkeit lassen sich nicht pauschal beantworten. Sie sind mit Augenmaß zu bewerten. Der folgende Beitrag befasst sich umfassend mit diesen Aspekten.

Dipl.-Ing. Matthias Zöller
Architekturstudium an der TU Karlsruhe; eigenes Architektur- und Sachverständigenbüro in Neustadt a. d. Weinstraße; Lehrbeauftragter für Bauschadensfragen an der Fakultät für Architektur an der Universität Karlsruhe; Gesellschafter des AIBau; ö.b.u.v. Sachverständiger für Schäden an Gebäuden; Mitherausgeber Baurechtliche und -technische Themensammlung; Referent im Masterstudiengang Altbauinstandsetzung an der Universität Karlsruhe; Referententätigkeit (IfS, Architektenkammern); Fachveröffentlichungen, Mitherausgeber IBR.

Nachhaltigkeitsqualität von Wohngebäuden – Massivhaus vs. Holzleichtbau

Univ. Prof. Dr.-Ing. Carl-Alexander Graubner, Dipl.-Wirtsch.-Ing. Sebastian Pohl, TU Darmstadt

1 Strategie der Nachhaltigkeit – Kind globaler Krisen und Vision einer resilienten Zukunft

Wenige Begriffe haben in den letzten Jahren eine solche Prominenz im gesellschaftlichen Diskurs erreicht wie *Nachhaltigkeit*. Seine Verwendung erfolgt geradezu inflationär und vermittelt den Eindruck, es handele sich um einen inhaltsleeren Containerbegriff und eine kurzfristige Modeerscheinung. Aus der Perspektive der menschlichen Entwicklungshistorie ist dieses Urteil aber vorschnell, weil der strategische Ansatz hinter dem Begriff zum originären Weltkulturerbe gezählt werden kann. In der Literatur wird oft die europäische Forstwirtschaft als begriffliche Wiege genannt, die Ahnenreihe der „Erfinder" der Nachhaltigkeit reicht aber viel weiter. Die Grundidee lässt sich in mittelalterlichen Schriften ebenso finden wie in der antiken Philosophie. Dennoch sind die Bezüge zur Forstwirtschaft insoweit richtig, als diese ein Musterbeispiel für Situationen darstellt, wo ein Rückgriff auf die Idee der Nachhaltigkeit stattfand. Führende europäische Staaten befanden sich Mitte des 17. Jahrhunderts in einer Krise, weil die unerlässliche Ressourcenquelle Holz zu versiegen drohte. Ein strategisches Umdenken hin zu einem nachhaltigen Wirtschaften wurde damals als Baustein einer dauerhaften Lösung der Ressourcenkrise erachtet. In der (post-)industriellen globalen Krisensituation des Klimawandels erlebt der Nachhaltigkeitsbegriff seit Ende des 20. Jahrhunderts eine erneute Renaissance. Wichtig für die Verankerung des Nachhaltigkeitsgedankens in der politischen Debatte waren und sind insbesondere die supranationalen, nationalen und lokalen Ansätze zur Konkretisierung und Umsetzung des abstrakten Nachhaltigkeitsgedankens. Für den europäischen und bundesdeutschen Hoheitsbereich erfolgte diese Operationalisierung durch die Lissabon-Strategie der EU bzw. die Nachhaltigkeitsstrategie der Bundesregierung, die Ergebnisse eines langjährigen Entwicklungsprozesses bündelt und die Konzeption des Drei-Säulen-Modells der Nachhaltigkeit explizit festschreibt [1].

2 Die Bau- und Immobilienwirtschaft – Schlüsselbranche einer nachhaltigen Entwicklung

Die Bau- und Immobilienwirtschaft spielt in der genannten *Nachhaltigkeitsstrategie* der Bundesregierung zurecht eine ganz wesentliche Rolle. Denn diese Schlüsselbranche verursacht bei der Erstellung von Bauwerken sowie im Laufe deren Betriebs- und Nutzungsphase und ihrem Rückbau enorme Ressourcenentnahmen aus der und ebenso große Stoffeinträge in die Umwelt. Die Bau- und Immobilienwirtschaft verantwortet beispielsweise über ein Drittel aller europäischen Energie- und Stoffströme [2]. Außerdem entfällt ein vergleichbarer Anteil der CO_2-Emissionen in Deutschland auf Wohn- und Gewerbeimmobilien [3] und bauwirtschaftliche Abfallfraktionen stehen für über 50 % des gesamten deutschen Abfallaufkommens [4]. Die genannten Beispiele verdeutlichen jedenfalls, dass Gebäude über ihren gesamten *Lebenszyklus* und in jeder Lebenszyklusphase maßgebliche Umweltwirkungen entfalten. Der für die Umsetzung der Nachhaltigkeitsstrategie verantwortliche Staatssekretärsausschuss sieht in diesem Sinne eine zunehmend lebenszyklusorientierte Betrachtung von Gebäuden unter Einbeziehung ökologischer, ökonomischer und sozialer Aspekte als wichtigen Baustein einer nachhaltigen Entwicklung der Gesellschaft. Aus dieser *Systematisierung* der Nachhaltigkeitsbetrachtung von Gebäuden folgt die Notwendigkeit, die Nachhaltigkeitsqualität von Gebäuden messbar und damit transparent zu machen. Mit der Entwicklung und Einführung der deutschen Beurteilungssysteme „*Bewertungssystem Nachhaltiges Bauen für Bundesgebäude*" (BNB) – bzw. „*DGNB-*

Bewertungssystem" als dessen privatwirtschaftlichem Pendant[1] – wurde dazu die grundlegende Voraussetzung geschaffen und der beschriebene strategische Ansatz untrennbar mit der Bau- und Immobilienwirtschaft verbunden.

Zwar ist die Bewertung von Gebäuden unter Nachhaltigkeitsgesichtspunkten grundsätzlich keine deutsche Innovation. Mit Systemen wie dem US-amerikanischen *LEED*- oder dem britischen *BREEAM*-System stehen bereits seit den 1990er Jahren entsprechende Werkzeuge zur Verfügung. Allerdings sind sowohl *LEED* als auch *BREEAM* durch einen ökologischen Fokus charakterisiert und vernachlässigen ökonomische Aspekte nahezu vollständig. Sie entsprechen nicht dem heute weltweit anerkannten Drei-Säulen-Modell der Nachhaltigkeit, sondern sind korrekterweise als *Green Building*-Bewertungssysteme zu klassifizieren [5]. Im Gegensatz dazu stellt die deutsche Zertifizierungssystematik eine ganzheitlich orientierte – d. h. *lebenszyklusbasierte* und *mehrdimensionale* – Evolutionsstufe der arrivierten angloamerikanischen Systeme dar. Sie gilt daher als Zertifizierungssystem der 2. Generation und wichtiger Meilenstein der Nachhaltigkeitsorientierung der deutschen Bau- und Immobilienwirtschaft. Ihre wissenschaftlich fundierte und planungsbasierte Methodik ermöglicht eine ganzheitliche Gebäudebewertung nach ökologischen, ökonomischen und soziokulturell-funktionalen Kriterien unter bau- und immobilienspezifischer Einbeziehung technischer und prozessqualitativer sowie standortbezogener Aspekte.

3 Nachfrage im Wandel – Treiber für die Bau- und Immobilienwirtschaft

BNB- und DGNB-System haben sich seit ihrer gemeinsamen Praxiseinführung als Deutsches Gütesiegel Nachhaltiges Bauen im Jahr 2009 zunehmend bei der Realisierung von Bauvorhaben etabliert [6], je nach Markt- und Gebäudesegment sprechen Kennzahlen zu

zertifizierten Gebäuden oder „grünem" Flächenumsatz und Investitions- bzw. Fondsvolumen auch quantitativ eine deutliche Sprache. Dazu trägt nicht zuletzt auch die europäische Ordnungspolitik bei, indem sie beispielsweise mit der neuen EU-Bauproduktenverordnung veränderte Rahmenbedingungen als Teil ihrer integrierten Produktpolitik schafft.

Das Portfolio an anwendbaren Systemvarianten und Nutzungsprofilen des BNB-/DGNB-Systems geht mittlerweile weit über die ursprünglich abbildbare Typologie der Büro- und Verwaltungsgebäude hinaus. Heute können alle wichtigen Gebäudetypologien inklusive Wohngebäuden aller Größenklassen bewertet werden, wobei hier speziell auch das öffentliche System *NaWoh* (Nachhaltigkeit im Wohnungsbau) anwendbar ist. Mit diesen verfügbaren ganzheitlichen Bewertungsansätzen lässt sich insbesondere auch die tatsächliche lebenszyklusbezogene Nachhaltigkeitsqualität von gängigen Wohngebäudetypen wie Einfamilienhäusern objektiviert und ganzheitlich bewerten und – als Art Nebeneffekt – das Marketinggebahren der Hersteller und Anbieter von Wohngebäuden und/oder Bauprodukten und -materialien einer kritischen Prüfung unterziehen. Das Fachgebiet für Massivbau der TU Darmstadt hat eine solche Untersuchung in jüngster Vergangenheit im Rahmen einer umfassenden Studie zur Nachhaltigkeitsqualität von Wohngebäuden unterschiedlicher Größenklassen und verschiedener Konstruktionsweisen (Mauerwerk, Stahlbeton, Holzständer) durchgeführt. Exemplarisch sollen nachfolgend die wesentlichen Aspekte und Ergebnisse der Untersuchungen und Analysen vorgestellt werden [1].

4 Ganzheitlicher Bewertungsansatz – Performance von Wohngebäuden aus Mauerwerk

Von den Rohstoffen zum Bauwerk

Die Konstruktionsweise Mauerwerk ist zunächst durch eine Vielfalt verschiedener Mauersteinarten gekennzeichnet, die in der Baupraxis zum Einsatz kommen. Die marktbestimmenden Arten Ziegel, Kalksandstein sowie Poren- und Leichtbeton unterscheiden sich in ihrer stofflichen Zusammensetzung und ihren Rohstoffen teilweise deutlich. Diesen ist allerdings gemein, dass es sich als sogenannte Steine und Erden um natürliche

---

1 Beide Systeme wurden vor ihrer organisatorischen Aufspaltung in einen öffentlichen und einen privatwirtschaftlichen Systemstrang als gemeinsames Basissystem Deutsches Gütesiegel Nachhaltiges Bauen entwickelt, woran das Institut für Massivbau der TU Darmstadt federführend beteiligt war, auch als Mitglied des Runden Tisches Nachhaltigen Bauens.

Rohstoffe handelt. Die verwendeten Kiese und Sande, Tone oder vulkanischen Gesteine (z. B. Bims, Basalt) stellen dabei zwar nicht-regenerative Rohstoffe dar, die sich in geologischen Zeiträumen gebildet haben und nicht durch menschliche Einwirkung erneuerbar sind. Die umfangreichen Rohstoffpotentiale in Deutschland erlauben jedoch auch langfristig eine sichere und ortsnahe Rohstoffversorgung der Mauerwerksindustrie [7]. Eine lokale Rohstoffversorgung ist vor allem unter ökologischen Gesichtspunkten von Bedeutung. Die beschriebenen Rohstoffe werden überwiegend im Tagebau gefördert, was mit großen Masseströmen einhergeht. Insofern ist es überaus vorteilhaft, dass die Produktionsstandorte der Mauersteinhersteller in der Regel in unmittelbarer Nähe zur Lagerstätte der Rohstoffe liegen und energie- und emissionsintensive Transporte minimiert werden. Zudem werden Abbaugebiete für Steine- und Erden-Rohstoffe nur zeitlich begrenzt in Anspruch genommen und mit Ende des Rohstoffabbaus durch gesetzlich vorgeschriebene Rekultivierungs- oder Renaturierungsmaßnahmen an Gesellschaft oder Natur zurückgegeben. Die Rohstoffgewinnung ist daher grundsätzlich nicht mit einer direkten Zerstörung von Umwelt und Natur verbunden. Dieser wichtige Aspekt der Folgenutzung von Rohstoffgewinnungsflächen bleibt bei der Nachhaltigkeitsuntersuchung von Bau- und Konstruktionsmaterialien häufig unberücksichtigt. Nachwachsende Rohstoffe wie z. B. Holz können die Vorteile ihrer Regenerierbarkeit nur dann tatsächlich und dauerhaft realisieren, wenn die Bewirtschaftung der Gewinnungsflächen bzw. Nutzung der Ressource tatsächlich nachhaltig erfolgt. Aus diesem Grund fragen beispielsweise die deutschen Bewertungssysteme im Rahmen ihrer Kriterien zur Bewertung der Ressourcenverwendung explizit nach der Herkunft der verwendeten Holzwerkstoffe aus erhaltender Waldwirtschaft.

Mit Blick auf die Herstellungs- und Produktionsprozesse ist für die Nachhaltigkeit bedeutsam, dass bei allen marktbestimmenden Mauersteinarten mittlerweile geschlossene Stoffkreisläufe realisiert werden. Des Weiteren fallen bei der Steinherstellung in der Regel keine Produktionsabfälle an, weil Rest-Rohstoffmassen direkt in den Formgebungsprozess und bereits erhärteter Trockenbruch zerkleinert in den Prozess der Rohmassenherstellung zurückgeführt werden können.

Auch der Gesundheitsschutz spielt im Rahmen der Produktionsphase eine wichtige Rolle in den Herstellerwerken, um deren Mitarbeiter vor Emissionen wie (Fein-)Stäuben, Lärm oder Abgasen adäquat zu schützen. Entsprechende Maßnahmen sind hier die Befeuchtung von Rohmateriallagerflächen und zugehörigen Fahrwegen, die Einhausung von staub- und/oder lärmintensiven Anlagen oder der Einbau von Absaugungs- bzw. Filteranlagen. In vielen Herstellwerken werden diese und weitere Umwelt- und Gesundheitsschutzaspekte in Qualitäts- und/ oder Umweltschutzmanagementsysteme integriert. Die deutsche Mauerwerksindustrie verfügt zudem über eine starke regionale Prägung, da sich die produzierenden Werke in der Regel in unmittelbarer Nähe zu den Abbaugebieten der Rohstoffvorkommen befinden. Gleichzeitig liegen diese Vorkommen je nach Rohstoff in unterschiedlichen Regionen des Landes. Daraus resultiert im gesamtdeutschen Kontext ein sehr dichtes Netzwerk an Herstellern von Mauersteinen verbunden mit einer unter Nachhaltigkeitsgesichtspunkten vorteilhaften Begrenzung erforderlicher Transportwege vom Herstellerwerk zu potentiellen Baustellen.

Im Kontext einer Nachhaltigkeitszertifizierung von Wohngebäuden aus Mauerwerk und mit Blick auf den Kriterienkatalog der relevanten Bewertungssysteme spielen die ökobilanziellen Umweltwirkungen von Bauprodukten und daraus erstellten konstruktiven Bauteilen eine wichtige Rolle. Für die Lebenszyklusphase der Herstellung impliziert dies eine Ökobilanzierung von den Vorketten, d. h. den Input- und Output-Flüssen im Rahmen des Abbaus oder der Gewinnung bzw. Herstellung der Rohstoffe und Vorprodukte bis zu den Energie- und sonstigen Medienverbräuchen und die Integration der Baumaterialien als Teil der konstruktiven Bauteile in die Gesamtbilanz eines zu bilanzierenden Wohngebäudes. In analoger Weise gilt dies auch für die Ökobilanzierung eines Wohngebäudes in Holzständerbauweise, bei der Entstehung (regenerative solare Primärenergie), Gewinnung und Weiterverarbeitung des Rohstoffs Holz (z. B. Trocknung), dessen Umweltwirkungen explizit erfasst und rechnerisch abgebildet werden müssen. Für einzelne andere Bewertungsaspekte über die Ökobilanzierung hinaus lassen sich bereits abschließende Einschätzungen zur Nachhaltigkeitsqualität von Wohngebäuden ableiten. Unter anderem spielen für die Nachhaltigkeitsbeurteilung beispielsweise *Risiken für die lokale Umwelt* – z. B. für die Gebäudenutzer – eine wesentliche Rolle. Vom gleichnamigen Kriterium wird bewertet, ob die verwendeten Bauprodukte bestimmte Material- und Stoffgruppen enthalten, die eine Gefahr für Boden, Luft, Grund- und Oberflächenwasser sowie die Gesundheit von Mensch, Flora und Fauna darstellen. Dabei werden insbesondere (teil-) halogenierte Treib- und Kältemittel, Schwermetalle sowie organische Lösungsmittel und Weichmacher betrachtet. Mineralische Baumaterialien wie Mauerwerk stellen gemäß der Qualitätsanforderungen dieses Kriteriums – über den gesamten Lebenszyklus und insbesondere die Erstellungsphase – grundsätzlich kein Risiko für Umweltmedien oder die Gesundheit von Mensch, Flora und Fauna dar. Auch etwaige Beschichtungsstoffe im Kontext eines gesamthaften Schichtaufbaus konstruktiver Bauteile aus Mauerwerk (Grundierungen, Anstriche etc.) können mittlerweile herstellerspezifisch so beschafft werden, dass die höchsten Anforderungen des Kriteriums (optimale *Zielwerte*) erfüllt werden. Bei Holzwerkstoffen ist die Beurteilung erforderlicher Ergänzungsprodukte zur Sicherstellung von Dauerhaftigkeit und Robustheit und die Erreichung hoher oder höchster Bewertungen deutlich anspruchsvoller.

Die Nutzungsphase –
Bedeutung des Faktors *Mensch*

In wirtschaftlich hoch entwickelten Gesellschaften verbringen Menschen bis zu 90 % ihrer Lebenszeit innerhalb von Gebäuden, einen Großteil davon zu Hause. Insofern ist es elementar, dass Wohnraum eine Umgebung darstellt, in der ein hohes Maß an Nutzergesundheit und -behaglichkeit gewährleistet wird. Einen wichtigen Beitrag hierzu leistet das Komfortniveau, das ganz wesentlich durch den Parameter des thermischen Komforts in Verbindung mit der wärmeschutztechnischen Qualität konkretisiert wird.

Wie die Nutzer diesen empfinden, hängt im Wesentlichen von den Faktoren Operative Temperatur, Zugluft, Strahlungstemperaturasymmetrie und der Luftfeuchte ab. Auch in den deutschen Nachhaltigkeitsbewertungssystemen für Gebäude haben sich diese Indikatoren als Bewertungsgrundlage etabliert. Von der Konstruktionsweise der gebäudeumhüllenden Bauteile werden die Indikatoren Operative Temperatur und Strahlungstempe-

raturasymmetrie beeinflusst. Gemäß Definition der Operativen Temperatur ist eine angemessene Lufttemperatur allein nicht ausreichend, um behagliche Bedingungen zu gewährleisten. Vielmehr müssen für eine als behaglich empfundene Raumtemperatur die Außenwände definierte Oberflächentemperaturen aufweisen. Diese wiederum werden von den Wärmedämmeigenschaften des Wandmaterials – zusammengefasst in der Kennzahl des U-Werts – bestimmt. Mit massiven Wandkonstruktionen aus Mauerwerk können mit üblichen Wandstärken – je nach Mauersteinart im Verbund mit anderen Dämmmaterialien – U-Werte nach Passivhaus-Standard erreicht werden. Im Zusammenspiel mit hochwärmegedämmten Fenstern/Türen und einer hohen energetischen Qualität anderer raumbegrenzender Bauteile lassen sich mit Außenwänden aus Mauerwerk auch Temperaturasymmetrien vermeiden. Diese energetische Qualität der Gebäudehülle lässt sich heute grundsätzlich auch in Leichtbauweise erreichen. Allerdings hat die massive Konstruktionsweise bei hohen Außentemperaturen im Sommer einen wichtigen Vorteil. Für einen guten sommerlichen Wärmeschutz ist – über aktive anlagentechnische Maßnahmen wie die Ausführung von Sonnenschutzsystemen hinaus – insbesondere die Wärmespeicherfähigkeit von Bauteilen entscheidend. Aufgrund ihrer großen Masse und hohen Trägheit bei Temperaturänderungen sind massive Bauteile wie Außenwände aus Mauerwerk oder Decken aus Beton in der Lage, Wärme aufzunehmen und erst stark zeitverzögert wieder abzugeben, die Wärme also zu puffern.

Geschlossener Kreislauf – End of Life als
Beginn eines neuen Lebenszyklus

Pro Jahr fallen in Deutschland rund 350 Mio. Tonnen Abfälle an. Die Fraktion der Bau- und Abbruchabfälle repräsentiert mit ca. 53 % den überwiegenden Teil des gesamtdeutschen Abfallaufkommens. Unter Nachhaltigkeitsgesichtspunkten sind Abfallströme in möglichst hohem Maße den Entsorgungspfaden der oberen Hierarchiestufen zuzuführen, um die Umwelt insgesamt möglichst wenig zu beeinträchtigen. Dies gilt in doppelter Hinsicht, denn einerseits führen hohe Wieder-/ Weiterverwendungs- und Recyclingquoten zu einer verringerten Umweltbelastung durch die andernfalls nötige Beseitigung (Deponierung) von Abfällen und andererseits zu einer Umweltentlastung durch die Substitution von

(Primär-)Rohstoffen mittels der gewonnenen Recyclingstoffe. Bei einer Beurteilung der Nachhaltigkeitsqualität von Ein- und Zweifamilienhäusern aus mineralischen Baustoffen hinsichtlich der Lebenszyklusphase End of Life liegt der Betrachtungsfokus zwangsläufig auf der Abfallfraktion des Bauschutts. Bei einer Auswertung dieser Abfallfraktion hinsichtlich anfallender Mengen und deren Verbleib kann festgestellt werden, dass Bauschutt in Deutschland mit einer Quote von fast 96 % mittlerweile nahezu vollständig einer Verwertung zugeführt wird. Hierbei ist hervorzuheben, dass für einen überwiegenden Anteil von ca. 78 % die relativ hochwertige Abfallhierarchiestufe des Recyclings realisiert werden kann. Gemeinsam mit den Recyclingstoffen aus den übrigen mineralischen Bauabfallfraktionen konnten im Jahr 2010 insgesamt 65,2 Mio. Tonnen Recycling-Baustoffe hergestellt und damit 12 % des jährlichen bundesdeutschen Gesamtbedarfs an Gesteinskörnungen gedeckt werden [8]. Diese Recycling-Baustoffe werden überwiegend im Straßen- und Erdbau eingesetzt und nur zu einem kleineren Teil als Zuschlagsstoff bei der Herstellung von Betonwerkstoffen verwendet. Durch diese Wieder- oder Weiterverwertung wird zwar gegenüber der thermischen Verwertung, wie sie für Holzwerkstoffe gängige Praxis ist, eine deutlich höherwertige Abfallhierarchiestufe eingehalten. Dennoch handelt es sich beim Einsatz im Straßen- und Erdbau regelmäßig um ein Downcycling von Abfallstoffen. Daher bestehen noch Potentiale, um die Produktion höherwertiger Recycling-Baustoffe auszuweiten, die dann im Sinne eines Upcyclings oder zumindest wieder in gleicher Funktion eingesetzt werden können. Bislang stellte die Heterogenität von Bauschutt ein Hindernis für ein hochwertiges Recycling dar. Aktuell bestehen aber Forschungsprojekte, um z. B. die Abfallfraktion Mauerbruch trotz schwankender stofflicher Zusammensetzung für eine thermisch gebundene Gesteinskörnung bei der Herstellung von Leichtbeton-Mauersteinen zu nutzen. Am Institut für Massivbau der TU Darmstadt wurde in jüngster Vergangenheit die Thematik der besseren Trennbarkeit von Konstruktionen aus Mauerwerk hinsichtlich des gesamthaften Bauteilschichtaufbaus im Rahmen von Forschungsvorhaben untersucht. Grundsätzlich kann ein Wandaufbau aus Mauerwerk und innen- sowie außenliegenden Putz- und Farbschichten als „homogenisierter" Aufbau betrachtet werden, der beim Rückbau nicht zu trennen ist. Mauerwerk wird jedoch immer häufiger in Kombination mit zusätzlichen Dämmmaterialien – als vorgesetztes Wärmedämm-Verbundsystem oder integrierte Kerndämmung – ausgeführt. Hier wurden mit den genannten Vorhaben die wissenschaftlichen Grundlagen hinsichtlich der Auswirkungen auf die Trennbarkeit von Bauteilen und ihrer Schichten erschlossen [9] [10].

5 Zertifizierte Nachhaltigkeit – Bewertung eines Muster-EFH

Die vorstehenden Erläuterungen zu unterschiedlichen Nachhaltigkeitsaspekten von Wohngebäuden verschiedener Bauweisen stellen bisher lediglich eine Art Zwischenfazit dar. Denn die *gesamtgebäudebezogene Methodik* der einschlägigen Zertifizierungssysteme für Wohngebäude gestattet für abgegrenzte Bauteile wie etwa Wände oftmals keine abschließende Bewertung, weil z. B. keine eigenständigen Vergleichswerte für Wandbauteile vorliegen. Um dennoch eine vollständige Nachhaltigkeitsbilanz für Wohngebäude als Untersuchungsgegenstand generieren zu können, wurden exemplarische Zertifizierungen einer Musterhaus-Variante aus Mauerwerk (verschiedener Steinarten) sowie einer Vergleichsvariante in Holzständerbauweise durchgeführt (Bild 1). Die Variantenuntersuchung erfolgte unter jeweils identischen Randbedingungen hinsichtlich energetischer Qualität, Gestaltung und Konstruktion, wobei sich die Bauteile der Varianten wie z. B. Wände in Konstruktions- und ggf. Dämmmaterialien unterscheiden. Grundsätzlich identisch sind die Varianten hinsichtlich Gründung, Dach sowie insbesondere Boden-, Wand und Deckengestaltung (Putze, Anstriche, Natursteinfassade, etc.). Zentrales Ergebnis dieser exemplarischen Zertifizierungen sind – insbesondere in der öffentlichen Wahrnehmung der Fachwelt – die ökobilanziellen Ergebnisse.

Entlang des Lebenszyklus lässt sich feststellen, dass für die Umweltwirkungen bei der Herstellung von Wandbauteilen zunächst keine einheitlichen Aussagen zur ökologischen Qualität der Varianten möglich sind. Ein Vergleich der Ökobilanzergebnisse der Wandkonstruktionen für die Lebenszyklusphase Herstellung zeigt zunächst, dass sich über verschiedene zu betrachtenden Wirkungsindikatoren (z. B. Treibhauspotential und Pri-

Bild 1: Muster-EFH

märenergie) hinweg keine pauschalen Aussagen hinsichtlich der ökobilanziellen Qualität massiver (Mauerwerk) oder leichter (Holzständer) Konstruktionsweisen ableiten lassen (Bild 2 f.). Bezüglich des in der öffentlichen Diskussion oftmals schwerpunktmäßig angeführten Indikators des Treibhauspotentials verursachen Wandkonstruktionen aus Mauerwerk deutlich höhere Umweltwirkungen als deren Pendants in Holzständerbauweise. Dies resultiert unmittelbar aus den ökobilanziellen Basisdaten für den Bau- bzw. Werkstoff Holz, die für die Lebenszyklusphase der Herstellung als CO_2-Senke modelliert wurden. Aus Bild 3 ist ferner ersichtlich, dass die Holzständerbauweise für die Lebenszyklusphase Herstellung hinsichtlich des Wirkungsindikators Primärenergiebedarf ungünstiger abschneidet als die massiven Varianten. Ursache ist, dass die ökobilanziellen Basisdaten nach Ökobau.dat 2013 für Holz die beim Baumwachstum eingespeicherte Sonnenenergie berücksichtigen und als Primärenergiebedarf abbilden. Außerdem ist zur verfahrenstechnischen Trocknung von Konstruktionsvollholz bei dessen Herstellung der Einsatz weiterer Primärenergie erforderlich. In der Entsorgungsphase kann ein Teil dieser Energie wieder genutzt werden und geht als

Gutschrift in die Lebenszyklusbetrachtung ein, sodass sich die Unterschiede teilweise wieder ausgleichen (siehe Bild 4 f.).
Kehrt man zur Lebenszyklusphase der Herstellung zurück und betrachtet hier die ökobilanziellen Ergebnisse der gesamten Konstruktion gelten die obigen Schlussfolgerungen im Wesentlichen analog. Zusätzlich ist zu konstatieren, dass die Umweltwirkungen der massiven Vergleichsobjekte maßgeblich nicht allein von den Wandkonstruktionen, sondern ganz wesentlich auch von den massiven Bauteilen Decke und Bodenplatte sowie dem Bauteil Dach beeinflusst werden (siehe Bild 6 f.). Weitet man die Betrachtung auf die ökobilanziellen Ergebnisse der Gesamtkonstruktion über den gesamten Lebenszyklus aus – d. h. von der Herstellung über die Nutzung (Instandhaltung) bis hin zum Rückbau des Gebäudes –, so setzt sich der oben beschriebene Trend der Relativierung von Abweichungen fort bzw. verstärkt sich je nach Wirkungsindikator (siehe Bild 8 f.). Nach wie vor liegt das Treibhauspotential der Konstruktion des Muster-EFH in Leichtbauweise (Holzständer) unterhalb des Niveaus massiver Konstruktionen, der Unterschied der Ergebnisse hat sich gegenüber der ausschließlichen Betrachtung der Wandkonstruktion für die Lebenszyklus-

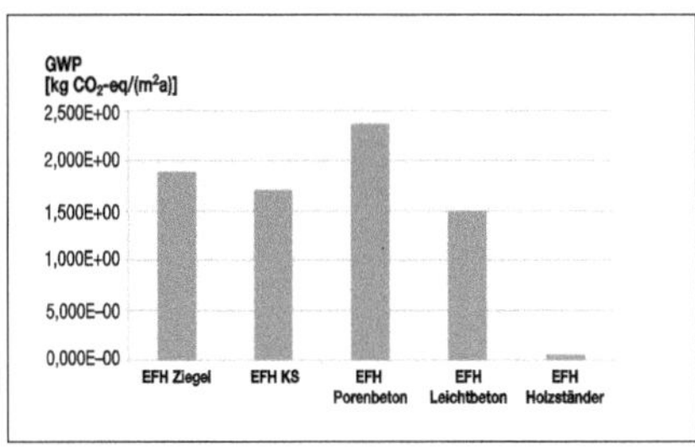

Bild 2: Treibhauspotential Wandkonstruktionen
– Lebenszyklusphase Herstellung

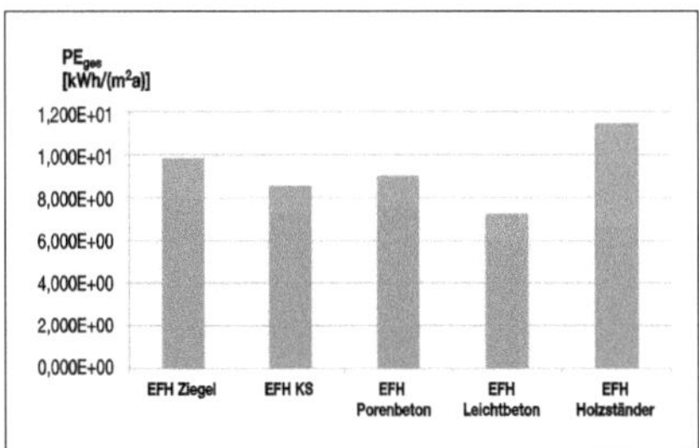

Bild 3: Primärenergie Wandkonstruktionen –
Lebenszyklusphase Herstellung

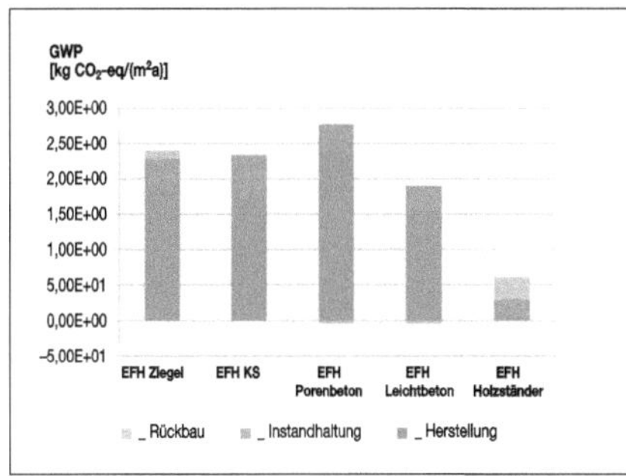

Bild 4: Treibhauspotential Wandkonstruktionen
– Herstellung, Nutzung, Rückbau

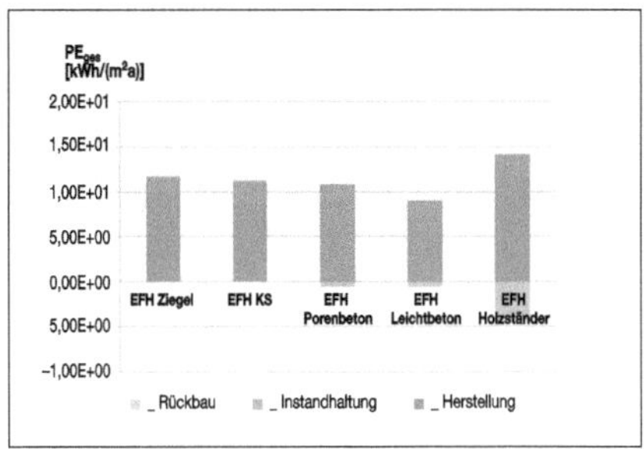

Bild 5: Primärenergie Wandkonstruktionen –
Herstellung, Nutzung, Rückbau

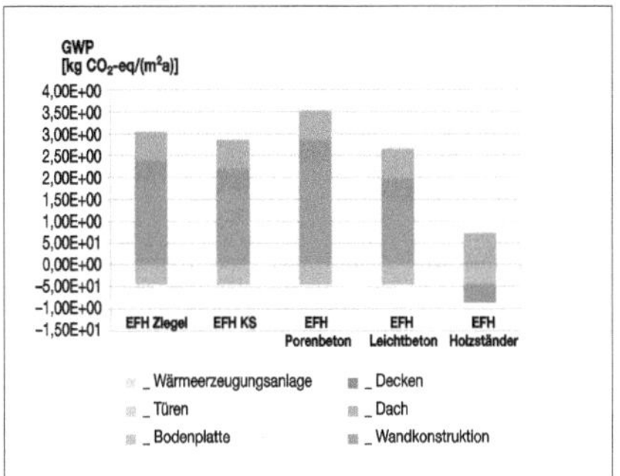

Bild 6: Treibhauspotential Gesamtkonstruktion
– Lebenszyklusphase Herstellung

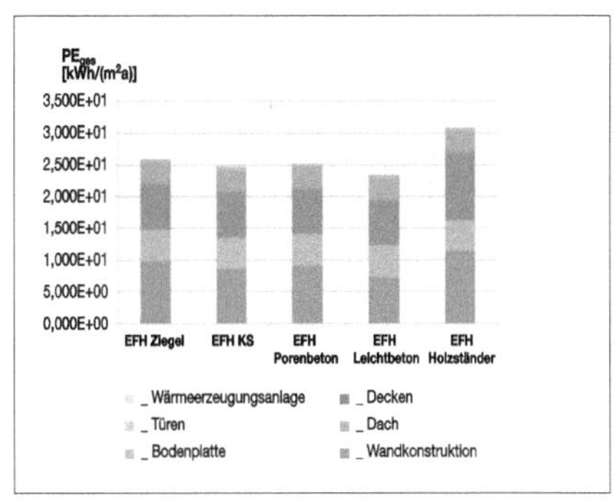

Bild 7: Primärenergie Gesamtkonstruktion –
Lebenszyklusphase Herstellung

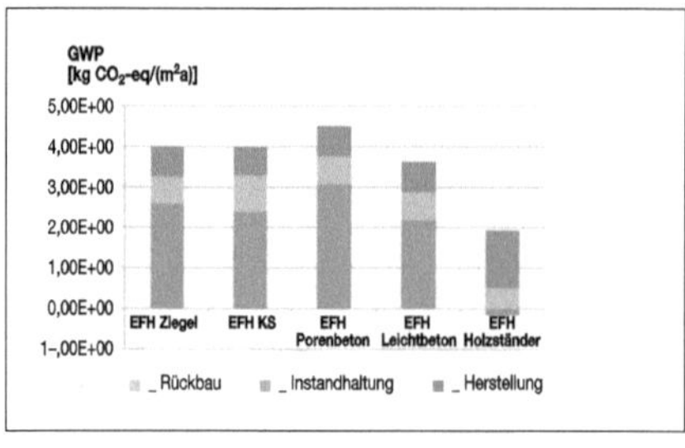

Bild 8: Treibhauspotential Gesamtkonstruktion – Herstellung, Nutzung, Rückbau

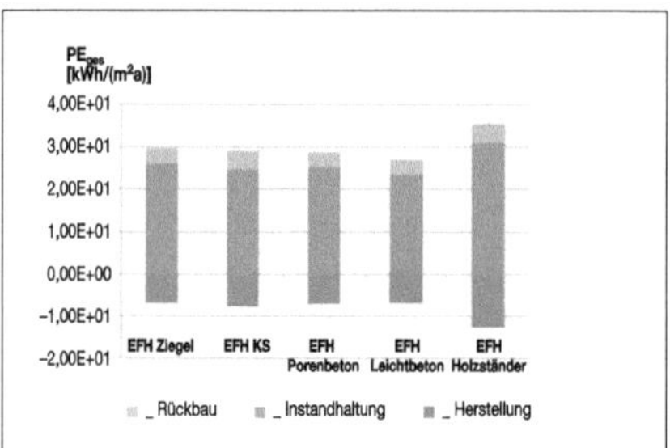

Bild 9: Primärenergie Gesamtkonstruktion – Herstellung, Nutzung, Rückbau

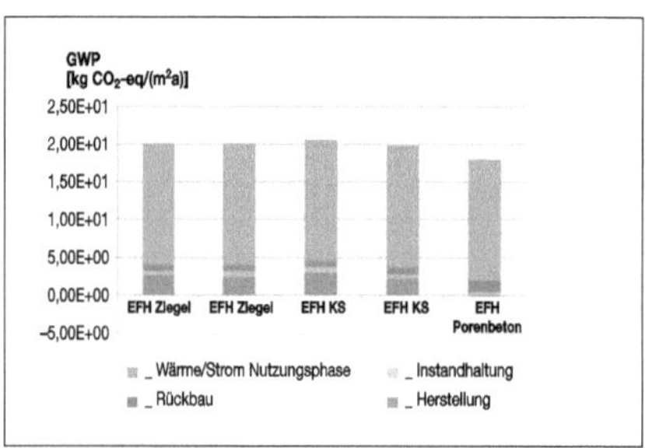

Bild 10: Treibhauspotential Gesamtergebnisse mit Wärme und Strom

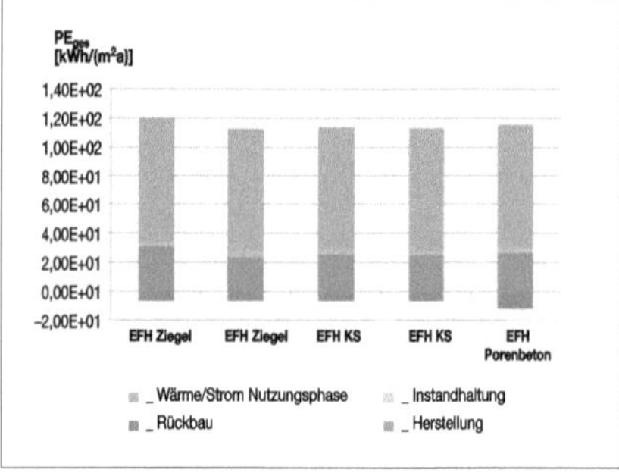

Bild 11: Primärenergie Gesamtergebnisse mit Wärme und Strom

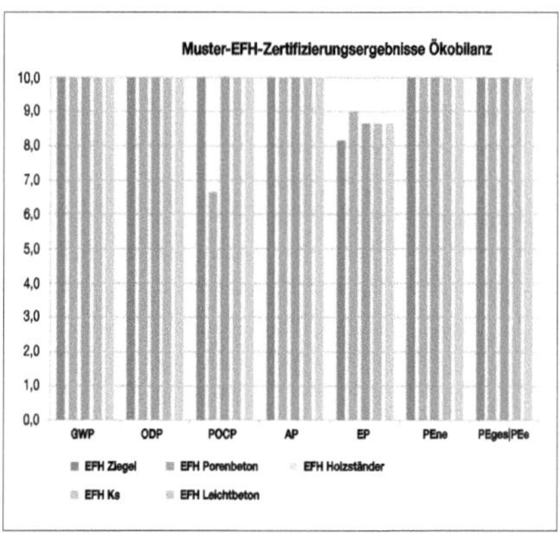

Bild 12: Zertifizierungsergebnisse Musterhaus-Varianten

phase der Herstellung erheblich reduziert. Dies liegt v. a. an dem um ein vielfaches höheren Treibhauspotential beim Rückbau bzw. der Entsorgung von Holzkonstruktionen. Bei den übrigen Indikatoren gilt die obige Feststellung analog, dass die Ökobilanzergebnisse aller Varianten auf ähnlichem Niveau liegen.

Bei einer abschließenden Betrachtung der ökobilanziellen Gesamtergebnisse – d. h. einer Bilanzierung aller Bauteile des Muster-EFH über den gesamten Lebenszyklus sowie seines Wärme- und Stromverbrauchs während der Nutzungsphase – zeigt sich, dass sich die Ergebnisse aller Muster-EFH-Varianten nahezu vollständig angenähert und auf ein ähnliches Niveau nivelliert haben. Maßgeblicher Hintergrund ist, dass die ökobilanziellen Gesamtergebnisse stark von den Umweltwirkungen geprägt werden, die aus dem Wärme- und Stromverbrauch der Nutzungsphase resultieren (siehe Bild 10 f.). Es bleibt demnach festzuhalten, dass den massiven Muster-EFH-Varianten aus Mauerwerk eine mit der Variante in Holzständerbauweise durchaus vergleichbare ökobilanzielle Qualität attestiert werden kann. Dies schlägt sich folgerichtig auch in den Zertifizierungsergebnissen nieder (Bild 12). Bei der Durchführung einer DGNB-Bewertung erreichen alle Muster-EFH-Varianten bei den relevanten Wirkungsindikatoren fast durchgängig die *Optimalbewertung* von 10 Bewertungspunkten. Insgesamt belegen die Untersuchungen des Instituts für Massivbau der TU Darmstadt, dass massive Wandkonstruktionen – über die ökobilanzielle Nachhaltigkeitsqualität hinaus – entweder unmittelbar zu hohen Bewertungsergebnissen führen oder mittelbar die nötigen Voraussetzungen schaffen. Mithin verfügen massive Wohngebäude auch im direkten Vergleich mit anderen – in der öffentlichen Wahrnehmung besonders nachhaltigen – Konstruktionsweisen über eine hohe Nachhaltigkeitsqualität.

6   Zusammenfassung

Der Beitrag beschäftigt sich mit den Grundlagen der Nachhaltigkeitsbeurteilung von Bauwerken im Allgemeinen und der Bewertung der Nachhaltigkeitsqualität von Wohngebäuden im Speziellen. Der Vergleich unterschiedlicher Konstruktionsweisen (Massivhaus vs. Holzständerbauweise) verdeutlicht, dass in einzelnen Beurteilungskriterien gewisse Differenzen bestehen, die sich aber bei einer vollständigen Betrachtung über den kompletten Lebenszyklus von 50 Jahren weitestgehend ausgleichen. Insgesamt ist zu konstatieren, dass beide Konstruktionsweisen bei einer Beurteilung nach der deutschen Bewertungssystematik eine ähnlich hohe Nachhaltigkeitsqualität aufweisen.

7   Literatur

[1] Graubner, C.-A.; Pohl, S.: Nachhaltigkeit von Mauerwerksbauten. In: Mauerwerksbau aktuell 2014, Berlin: Bauwerk Verlag 2014

[2] EU-Kommission/DG Environment [Hrsg.]: Environmental Impact of Products (EIPRO) – Analysis of the life-cycle environmental impacts related to the final consumption of the EU-25. 2006

[3] Bundesministerium für Wirtschaft und Technologie (BMWi) [Hrsg.]: Energiedaten – ausgewählte Graphiken, Stand November 2012

[4] Statistisches Bundesamt: Umwelt – Abfallbilanz 2010, Wiesbaden 2012

[5] Graubner, C.-A.; Pohl, S.: State of the Art nationaler Zertifizierungssysteme. In: Nachhaltigkeit als Strategie zur Wertsteigerung von Immobilien, Tagungsband zum 5. Darmstädter Nachhaltigkeitssymposium 2011, Frankfurt am Main

[6] Graubner, C.-A. et al.: Beyond Platin – Nachhaltigkeitstrends in der Bau- und Immobilienwirtschaft. Mauerwerk 16 (2012), Heft 5, S. 255–261. Berlin: Ernst & Sohn 2012

[7] Bundesanstalt für Geowissenschaften und Rohstoffe (Hrsg.), Steine- und Erden-Rohstoffe in der Bundesrepublik Deutschland – Geologisches Jahrbuch, Sonderhefte, Heft SD 10, Hannover/Stuttgart: E. Schweizerbart'sche Verlagsbuchhandlung, 2012

[8] Bundesverband Baustoffe – Steine und Erden [Hrsg.]: Mineralische Bauabfälle, Monitoring 2010, Berlin 2013

[9] Ritter, F.: Lebensdauer von Bauteilen und Bauelementen – Modellierung und praxisnahe Prognose. Dissertation am Institut für Massivbau, TUD, Darmstadt 2011

[10] Graubner, C.-A.; Clanget-Hulin, M.: Analyse der Trennbarkeit von Materialschichten hybrider Außenbauteile bei Sanierungs- und Rückbaumaßnahmen. Erstellung einer praxisnahen Datenbank für die Nachhaltigkeitsbeurteilung, Abschlussbericht eines Projekts der Forschungsinitiative Zukunft Bau, Band F 2837, Fraunhofer IRB Verlag

Prof. Dr.-Ing. Carl-Alexander Graubner

1976 – 1981 Studium des Bauingenieurwesens an der TU München; 1988 Promotion zum Thema „Nichtlineare Schnittgrößenermittlung von Stahlbetontragwerken"; Leitung des technischen Büros der Philipp Holzmann – Held & Francke Bauaktiengesellschaft; Gründung eines Ingenieurbüros und selbstständig beratender Ingenieur; seit 1997 Universitätsprofessor für Massivbau an der Technischen Universität Darmstadt; seit 2001 Partner der KHP König und Heunisch Planungsgesellschaft mbH & Co. KG; beratende Tätigkeit in mehrerer Sachverständigenausschüsse des Deutschen Instituts für Bautechnik DIBt; Mitglied verschiedener nationaler und internationaler Normungsgremien; stellvertretender Plattformsprecher der Darmstädter Exzellenz-Graduiertenschule für Energiewissenschaften und Energietechnik; Mitglied des Runden Tisches Nachhaltiges Bauen des BMVBS, Beteiligung an der Entwicklung des Deutschen Gütesiegels Nachhaltiges Bauen (DGNB); seit 2013 Organisator des Runden Tisches „Wissenschaftliche Unterstützung in Einzelfragen des ressourceneffizienten Bauens" (BBSR); seit 2009 Gründungsmitglied der Firma Life Cycle Engineering Experts GmbH (LCEE), die sich u. a. mit der Nachhaltigkeitszertifizierung nach nationalen und internationalen Systemen beschäftigt.

Wärmeschutz und Energieeinsparung: Typische Streitpunkte und Beurteilungsprobleme zum geschuldeten Wärmeschutzstandard

Prof. Dr.-Ing. Anton Maas, Universität Kassel

1 Einführung

Vor dem Hintergrund der Notwendigkeit zur rationellen Energienutzung und als Beitrag zum Umweltschutz sind in den vergangenen Jahren die Anforderungen hinsichtlich der Energieeffizienz von Gebäuden schrittweise angestiegen. Dem Wirtschaftlichkeitsgebot des Energieeinsparungsgesetzes folgend, wurden Anforderungen an die Qualität des baulichen Wärmeschutzes und die Effizienz von anlagentechnischen Systemen im Rahmen von Wärmeschutzverordnungen, Heizungsanlagenverordnungen und Energieeinsparverordnungen formuliert. Im Rahmen von Forschungs- und Demonstrationsvorhaben wurde und wird aufgezeigt, welche Potenziale mit innovativen Baumaterialien und Anlagentechniken erschließbar und zukunftsweisend sind. Diese Entwicklungen führten zu

Ausführungen, die beispielsweise als Solarenergiehäuser, Niedrigenergiehäuser oder 3-Liter-Häuser bezeichnet wurden. Die Baupraxis findet sich zwischen den energetischen Mindestanforderungen und zukunftsweisenden Modellvorhaben wieder (Bild 1). Mit fortschreitenden Entwicklungen im energieeffizienten Bauen wurde es erforderlich, immer detailliertere Betrachtungen anzustellen und immer detailliertere Anforderungen zu formulieren. So war beispielsweise in den achtziger Jahren die Wirkung von Wärmebrückeneffekten im Hinblick auf Transmissionswärmeverluste durchaus bekannt, in öffentlich-rechtlichen Anforderungen fanden die Einflüsse allerdings erst 2002, im Zuge der Einführung der ersten Energieeinsparverordnung, Berücksichtigung. Dies gilt auch für die Qualität der Gebäudedichtheit, deren Bedeu-

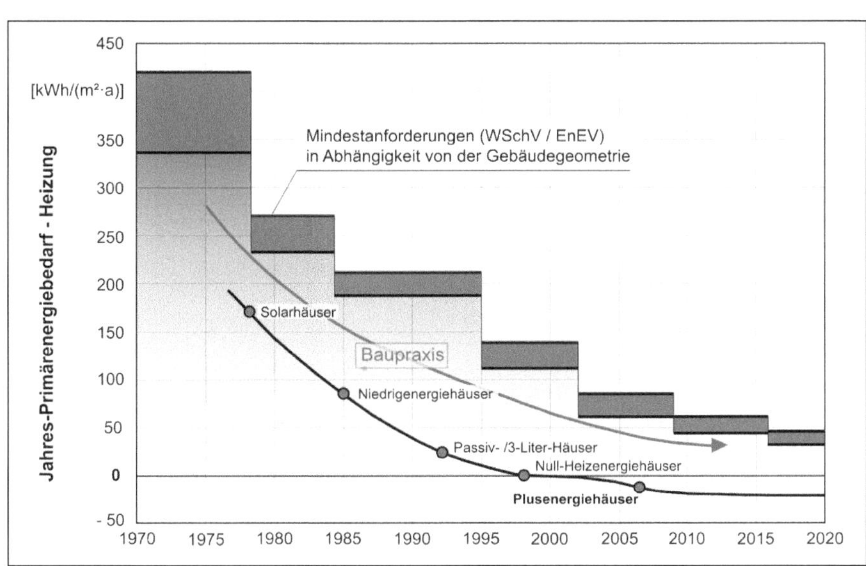

Bild 1: Entwicklung des energieeffizienten Bauens in Deutschland am Beispiel der Darstellung des Jahres-Primärenergiebedarfs für die Beheizung von Wohngebäuden [1].

tung bei anspruchsvolleren energetischen Niveaus eine größere Rolle spielt. Der sommerliche Wärmeschutz von Gebäuden wurde noch in den neunziger Jahren überschlägig mit dem Produkt aus (g · f · z) beurteilt; für die nahe Zukunft ist zu erwarten, dass für diese Betrachtungen häufiger Simulationsverfahren zum Einsatz kommen werden.

Dieser kurze Rückblick auf die Entwicklung von Energieeffizienzniveaus und zu berücksichtigender Einflussgrößen zeigt, dass die Planung und Ausführung von Gebäuden zunehmend komplexer wird und damit automatisch folgt, dass eine genauere Betrachtung von Einzeleinflussgrößen unumgänglich wird. Damit einhergehend erhöht sich die Anzahl potenzieller Fehlerquellen, die im Zuge der Planung und Ausführung auftreten können. Der Beitrag soll einen Überblick geben, in welchen Bereichen von öffentlich-rechtlichen und normativen Vorgaben und Nachweisen Fehlerpotenziale zu erwarten sind, wie „auf der sicheren Seite liegend" geplant werden kann und welche Möglichkeiten bestehen, Potenziale in Nachweisverfahren zu nutzen.

2 Energieeinsparverordnung und KfW-Effizienzhäuser

2.1 Nachweisverfahren

Mit der EnEV 2007 fand für Nichtwohngebäude das sogenannte Referenzgebäudeverfahren Verwendung. Diese Form der Formulierung eines Anforderungsniveaus wurde in der EnEV 2009 auch für Wohngebäude übernommen. Während sich dieses Anforderungsmodell für den Fall der Nichtwohngebäude insbesondere vor dem Hintergrund unterschiedlicher Nutzungsprofile anbot, galt als wesentlicher Grund für den Anwendungsbereich der Wohngebäude das Vorhandensein zweier verschiedener Nachweisverfahren: DIN V 18599 [2] und DIN V 4108-6 [3] in Verbindung mit DIN V 4701-10 [4]. Das Verfahren des Referenzgebäudes ist vom Prinzip her robust und weniger fehleranfällig als das Verfahren früherer Verordnungen, wobei in Abhängigkeit von Gebäudegröße und Kubatur ein bestimmter Wert des Energiebedarfs einzuhalten war. Ein Fehler, der beispielsweise bei einer Flächenermittlung auftritt, wird sowohl im Referenzgebäude als auch im Ist-Gebäude gleichsam einfließen und somit in den meisten Fällen „neutralisiert". Die Definition der Anforderungen an den spezifischen

Transmissionswärmeverlust H_T' erfolgt bei neu zu errichtenden Wohngebäuden ab 2016 über das sogenannte „Ankerwertverfahren", welches bereits von der KfW für die Nachweise der Effizienzhäuser zum Einsatz kommt. Der Maximalwert des spezifischen Transmissionswärmeverlusts folgt somit der Gebäudegeometrie und der Fensterflächenanteil bzw. die Fenstergröße wird zum „durchlaufenden Posten". Die Deckelung dieses Ansatzes erfolgt durch die Vorgabe, dass der Maximalwert von H_T' nicht größer sein darf als der Höchstwert nach EnEV 2009.

Es kann natürlich zu einem Problem kommen, wenn die in der Planung vorgesehenen Elemente des Wärmeschutzes oder der Anlagentechnik in der Ausführung nicht oder ggf. abgewandelt in schlechterer Qualität umgesetzt werden. Wird die Berechnung im Rahmen des Nachweisverfahrens so durchgeführt, dass die Anforderungen gerade eingehalten sind (z. B. eins zu eins Planungen des Referenzgebäudes) kann es dazu führen, dass das ausgeführte Gebäude den Anforderungen der Verordnung nicht entspricht. Zeichnen sich bereits im Vorfeld der Planung solche Entwicklungen ab, sollte mit den „Bonusansätzen" wie Wärmebrückenverlustkoeffizienten oder Nachweis der Gebäudedichtheit zurückhaltend umgegangen werden. Damit lässt sich im Rahmen der Planungen ein auf der sicheren Seite liegendes Ergebnis erzielen. Im Nachhinein kann dieses „Polster" genutzt werden, um andere Einflüsse zu kompensieren. Ist ein Nachweis bereits unter Berücksichtigung der zuvor genannten „Bonusregelungen" durchgeführt worden, ergeben sich fallweise auch im Nachgang nachstehende planerische bzw. technisch leicht nachrüstbare Optimierungsmöglichkeiten:

- Herstellerangaben für Wärmeerzeuger und Solaranlage
- detaillierte Wärmebrückenberechnung
- genaue Bestimmung von Fenster U-Werten
- detaillierte Rohrleitungslängen
- Steuerung einer Lüftungsanlage
- verbesserte Regelung der Heizungsübergabe (z. B. Proportional-Integral Regler mit Optimierungsfunktion, Präsenzführung, adaptiver Regler)

Bild 2 zeigt für das Beispiel eines Einfamilienhauses (Nutzfläche $A_N = 214$ m²) die Auswirkungen der zuvor genannten Einflussgrößen auf den Jahres-Primärenergiebedarf.

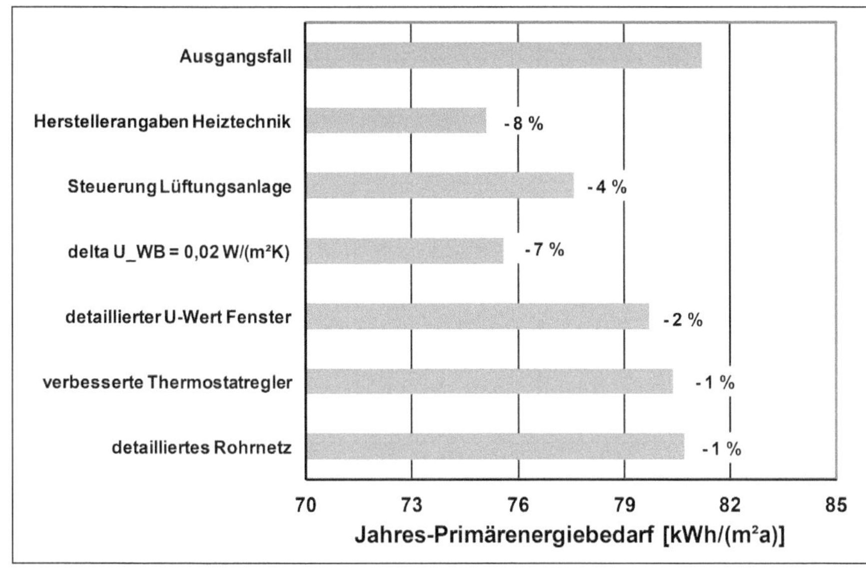

Bild 2: Auswirkungen des Ansatzes unterschiedlicher Einflussgrößen auf den Jahres-Primärenergiebedarf eines Einfamilienhauses.

Auch beim Nachweis des KfW-Effizienzhauses sind die zuvor genannten Verbesserungsmöglichkeiten ansetzbar. Typische Fehler, die beim KfW-Nachweis auftreten, sind nachfolgend aufgeführt [5]:

- unerläuterte und/oder falsche Wärmebrücken-Zuschläge
- nicht durchgeführte Messung oder (messtechnisch) falsche n_{50}-Werte
- Ansatz von handbeschickten Einzel-/Kachelöfen
- übermessener Kellerabgang
- kein normgerechter Wärmepumpenansatz
- überschätzter solarer Deckungsanteil
- Kellerdecke gegen niedrig beheizten Kellerhobbyraum
- unplausible Berechnung der Anlagenaufwandszahl
- keine fachgerechte U-Wert-Ermittlung
- seit Einführung des Referenzgebäude-Verfahrens falsche Kennwerte für das Referenzgebäude

Zumindest der letztgenannte Punkt wird in Zukunft deutlich weniger Probleme bereiten. Basis für weitgehende Klärungen im Umgang mit den Berechnungsverfahren bildet das Projekt „Erarbeitung einer Software-Lösung für die Anwendung der DIN V 18599 für den Wohnungsbau für Zwecke der Vergleichsrechnung für Förderfälle", dessen Abschluss für März 2014 vorgesehen ist. Der Forschungsnehmer, die „18599 Gütegemeinschaft", hat Ansätze zusammengestellt, die immer dann als Standardrandbedingungen im Nachweis von Wohngebäuden einzusetzen sind, wenn keine genaueren Angaben aus der Planung zur Verfügung stehen. Es ist davon auszugehen, dass alle Softwarehersteller, zumindest für den Nachweis der KfW-Effizienzhäuser, die erarbeiteten Lösungen softwaretechnisch umsetzen und somit viele Fehlerquellen im Nachweis eliminiert werden. Es wäre wünschenswert, wenn diese oder vergleichbare Abstimmungen auch im Rahmen des EnEV-Nachweises erfolgen würden.

Im Rahmen der Neugestaltung der EnEV 2014 [6] wurde von den Bundesländern der Wunsch nach Einführung eines vereinfachten Nachweisverfahrens geäußert. Damit soll sowohl das Nachweisverfahren der Energieeinsparverordnung vereinfacht als auch eine leicht handhabbare Prüfung der Nachweise ermöglicht werden. Das als „EnEV-easy" bezeichnete vorliegende Verfahren soll im Rahmen einer Veröffentlichung nach in Kraft treten der Energieeinsparverordnung 2014 als alternatives

Tabelle 1: Kennzeichnung der energetischen Qualität eines Gebäudes gemäß EnEV 2014 – Zuordnung von Kosten unterschiedlicher Energieträger.

Klasse	Obergrenze der Klasse	Gas* (70 EUR/MWh)	Fernwärme* (125 EUR/MWh)	Strom* ** (200 EUR/MWh)
[-]	[kWh/(m²a)]	[EUR/(m² Monat)]	[EUR/(m² Monat)]	[EUR/(m² Monat)]
A+	30	0,18	0,31	0,50
A	50	0,29	0,52	0,83
B	75	0,44	0,78	1,25
C	100	0,58	1,04	1,67
D	130	0,76	1,35	
E	160	0,93	1,67	
F	200	1,17	2,08	
G	250	1,46	2,60	

* Bei den Kostenangaben ist jeweils nur der Hauptenergieträger berücksichtigt
** Hierbei ist ein Wärmepumpentarif berücksichtigt

Nachweisverfahren eingeführt werden. Der Ansatz dabei ist, dass in Abhängigkeit von der Größe des Gebäudes und der vorgesehenen Anlagentechnik (die die Anforderungen des EEWärmeG erfüllt) eine entsprechende Qualität des baulichen Wärmeschutzniveaus vorzusehen ist. Der Nachweis gilt bei Einhaltung der Qualität der Einzelkomponenten als erfüllt und liegt dabei i. d. R. deutlich auf der sicheren Seite. Insgesamt muss allerdings hinterfragt werden, ob das vereinfachte Verfahren tatsächlich zu der erhofften Zeiteinsparung führt und ob die Mehrkosten für die baulichen Maßnahmen, die aus den verfahrenstechnisch bedingten vorgesehenen Sicherheiten resultieren, den geringeren Berechnungsaufwand rechtfertigen.

2.2 Kennzeichnung der energetischen Qualität

Im Rahmen der EnEV 2014 erfolgt – wie auch gemäß bisheriger Verordnungen – die Abbildung der energetischen Qualität eines Gebäudes im Energieausweis unter Verwendung des „Bandtachos". Zusätzlich zu dieser Darstellung werden künftig Energieeffizienzklassen in Form von Buchstabenkennzeichnungen in den Klassen A+ bis H angegeben, die den Endenergiebedarf eines Gebäudes stufenweise einordnen (Bild 3). Hiermit soll eine bessere Vergleichbarkeit mit den in anderen Energieverbrauchsbereichen eingeführten Effizienzklassen erreicht werden. Neu geregelt wird, dass der Hausbesitzer bzw. der Vermieter bereits bei der Besichtigung einer Woh-

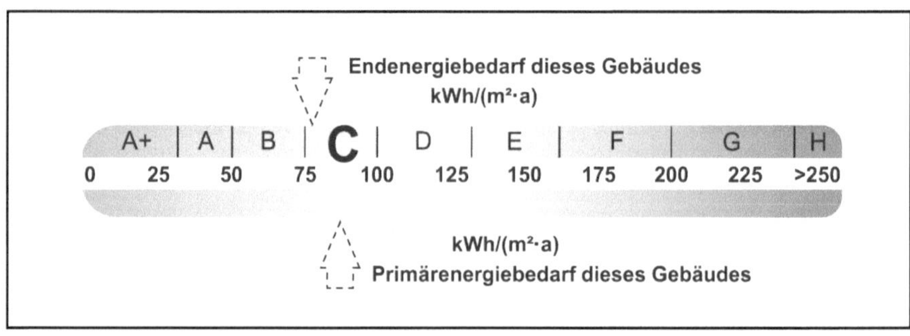

Bild 3: Bandtacho und Energieeffizienzklassen im Energieausweis für Wohngebäude gemäß EnEV 2014.

nung den Energieausweis vorlegen muss und diesen, nach Abschluss eines Mietvertrags, an den neuen Mieter zu übergeben hat. In Immobilienanzeigen ist künftig – sofern ein Energieausweis vorliegt – eine Angabe zur energetischen Qualität des Gebäudes zu treffen.

Ordnet man den jeweiligen Obergrenzen der Effizienzklassen Kosten für unterschiedliche Energieträger zu, resultiert die Zusammenstellung in Tabelle 1 (Hinweis: beim Energieträger Strom ist ein Wärmepumpentarif berücksichtigt). Die Problematik der Verwendung von Effizienzklassen auf Basis der Endenergie wird deutlich, wenn die Verwendung des Energieträgers Gas (z. B. bei Einsatz eines Brennwertkessels) bei einem Gebäude der Klasse B zu geringeren Betriebskosten führen kann als bei einem Gebäude der Klasse A+ bei Verwendung des Energieträgers Strom (z. B. bei Einsatz einer Wärmepumpe).

Die höhere Transparenz von im Ausweis kommunizierten Energiebedarfswerten kann künftig zu häufigeren Nachfragen bezüglich möglicher Differenzen zwischen prognostizierten Effizienzklassen (und damit prognostizierten Energiekosten) und tatsächlichen Verbräuchen führen. Seitens des Nutzers wird sicherlich dabei schnell vermutet, dass eine fehlerhafte Planung oder Ausführung des Gebäudes und seiner technischen Einrichtungen zu erhöhten Energieverbräuchen führt.

Auch wenn bauliche oder anlagentechnische Unzulänglichkeiten fallweise Gründe für erhöhte Energieverbräuche darstellen können, ist ganz deutlich hervorzuheben, dass die Ermittlung des Energiebedarfs auf angenommenen, durchschnittlichen Benutzungsverhältnissen und durchschnittlichen klimatischen Randbedingungen basiert. Mögliche nutzungs- bzw. standortbedingte Einflüsse, die einen erhöhten Heizenergieverbrauch zur Folge haben können, sollen im Folgenden beispielhaft betrachtet werden:

– um durchschnittlich 2 K erhöhte Raumtemperatur,
– nicht durchgeführte Nachtabschaltung (z. B. falsch eingestellte oder defekte Steuerung),
– um 50 % erhöhter Warmwasserbedarf,
– Halbierung der internen Wärmeeinträge (z. B. Einsatz stromsparender Geräte),
– um n = 0,2 h⁻¹ erhöhter Luftwechsel (z. B. zusätzliche Fensterlüftung),
– Gebäudestandort entspricht nicht dem Referenzklima.

Treten die zuvor aufgeführten Einflüsse auf, die vom durchschnittlichen Nutzerverhalten

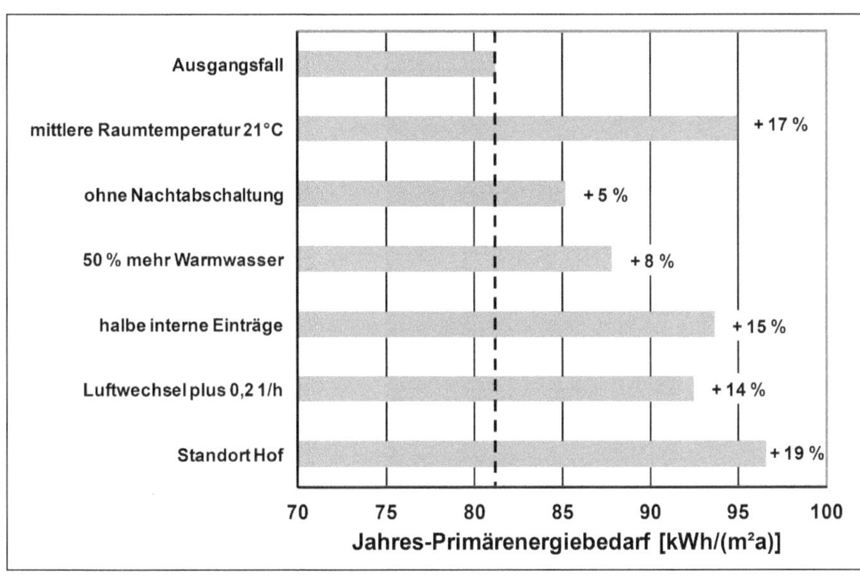

Bild 4: Auswirkungen von nutzungs- und standortbedingten Einflussgrößen auf den Jahres-Primärenergiebedarf eines Einfamilienhauses.

und durchschnittlich zugrunde gelegtem Klima abweichen, können bei einem Einfamilienhaus Energiebedarfserhöhungen auftreten, die bis zu einer Verdoppelung des Wertes führen, der dem Niveau gemäß Energieeinsparverordnung 2014 entspricht. Die energetischen Auswirkungen der genannten Einzeleinflussgrößen sind in Bild 4 zusammengestellt.

2.3 Energieaufwand für die Herstellung von Dämmstoffen

Im Zuge steigender Anforderungen an die Energieeffizienz von Gebäuden infolge der Fortschreibung der Energieeinsparverordnung tritt immer wieder die Frage auf, ob bei einem heute erreichten ambitionierten Wärmeschutzniveau nicht bereits mehr Energie in die Herstellung von Dämmstoffen investiert wird als durch die Verwendung des Dämmstoffs eingespart werden kann. Anhand einer einfachen Betrachtung soll auf diese Fragestellung eingegangen werden.

Dabei wird angenommen, dass als Dämmstoff ein EPS mit der Wärmeleitfähigkeit λ = 0,035 W/(mK) Verwendung findet. Die Herstellenergie für diesen Dämmstoff beträgt gemäß Ökobau.dat [7] 513 kWh/m^3. Wird bei der Bestimmung des durch eine Außenwand auftretenden Energieverlusts von einem Gradtagzahlfaktor von F_{GT} = 66 kKh/a und einer Anlagenaufwandszahl e_p = 1,1 ausgegangen und eine Betrachtung über einen Zeitraum von 40 Jahren angestellt, so resultieren Ergebnisse, die in Bild 5 grafisch aufgetragen sind. Über der Dämmstoffdicke eines Wärmedämm-Verbundsystems ist einerseits der Energieverlust durch 1 m^2 Außenwand und andererseits der Energieaufwand für die Erstellung von 1 m^2 Dämmung eines WDVS aufgetragen. Die Betrachtung für dieses Rechenbeispiel setzt voraus, dass

– für den Wärmeschutz der Wand ein WDVS eingesetzt wird (Energieaufwendungen für Kleber, Putz, etc. fallen ohnehin an);
– Mehraufwendungen für den Einsatz von z. B. längeren Dübeln nicht einbezogen sind;
– Mehraufwendungen für den Transport des (dickeren) Dämmstoffs nicht einbezogen sind;
– eine energetische Gutschrift bei der möglichen thermischen Verwertung des Dämmstoffs nicht einbezogen ist.

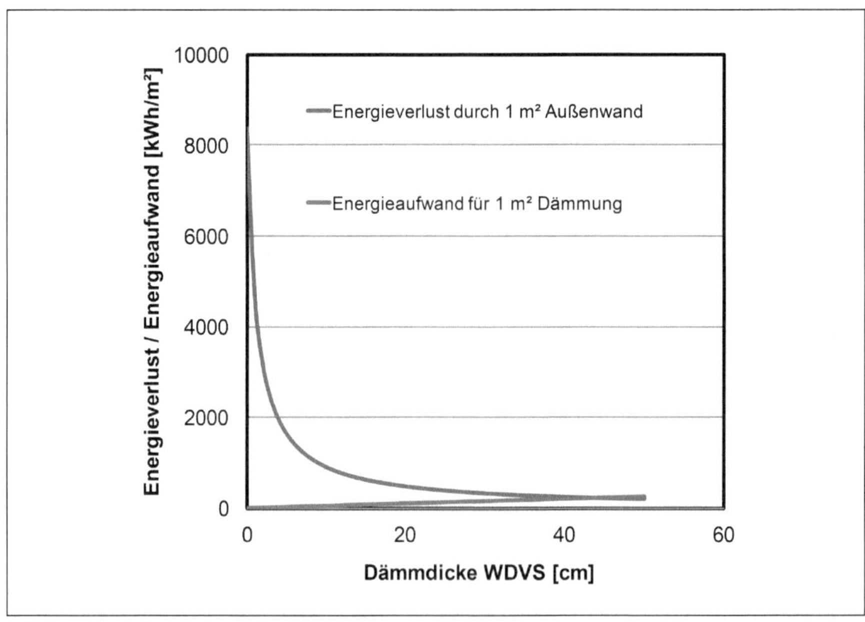

Bild 5: Energieverlust durch eine Außenwand und Energieaufwand für die Herstellung von Dämmstoffen für ein WDVS in Abhängigkeit von der Dämmstoffdicke.

Heute übliche Bauausführungen, die für ein KfW-Effizienzhaus 40 Dämmstärken im Bereich von 25 bis 30 cm erfordern würden, können vor dem Hintergrund der Berechnungen und der genannten Annahmen und Einschränkungen als durchaus ökologisch vertretbar eingestuft werden. Die Energieaufwendungen im Lebenszyklus des Dämmstoffs sind bei den genannten Dämmstärken geringer als das mögliche Einsparpotenzial. Auf die wirtschaftlich vertretbaren Dämmstärken bei der energetischen Modernisierung wurde in [11] eingegangen. Abhängig vom Wärmeschutzniveau des Ausgangsfalls sind unter Berücksichtigung des Auslösetatbestands der Energieeinsparverordnung für eine Außenwanddämmung Größenordnungen von rd. 15 bis 25 cm zu nennen.

3 Wärmebrücken

Der bekannte Zusammenhang, dass bei verbessertem Wärmeschutzniveau der anteilige Wärmeverlust über Wärmebrücken zunimmt, wird im Nachweisverfahren der EnEV und den zugrunde liegenden Berechnungsnormen berücksichtigt. Bei der Berechnung der Transmissionswärmeverluste werden die Wärmebrückeneffekte in den meisten Fällen über Wärmebrückenkorrekturwerte ΔU_{WB} erfasst. Ohne Nachweis ist allgemein $\Delta U_{WB} = 0{,}10$ W/(m^2K) zu setzen, bei Außenbauteilen mit innenliegender Dämmschicht und einbindender Massivdecke beträgt $\Delta U_{WB} = 0{,}15$ W/(m^2K). Ist eine Gleichwertigkeit der in Planung und Ausführung vorgesehenen Anschlüsse mit den in DIN 4108, Beiblatt 2 [8] aufgenommenen Anschlusslösungen durch die dargestellten konstruktiven Grundprinzipien unter Berücksichtigung der Bauteilabmessungen und Dämmschichtstärken gegeben, darf ΔU_{WB} mit 0,05 W/(m^2K) angesetzt werden. Sind die konstruktiven Grundprinzipien nicht vergleichbar, besteht die Möglichkeit, den Wärmebrückenverlustkoeffizienten Ψ (längenbezogener Wärmedurchgangskoeffizient) eines Anschlusses zu berechnen bzw. Herstellerangaben oder Wärmebrückenkatalogen zu entnehmen. Dieser Wert muss den jeweiligen im Beiblatt aufgeführten Referenzwert unterschreiten. Hierbei ist auf folgende Punkte hinzuweisen:

– Im Zuge der Prüfung der Gleichwertigkeit ist ein Nachweis der in DIN 4108, Beiblatt 2 nicht aufgeführten Anschlussdetails nicht erforderlich.

– Eine Modifikation des Wärmebrückenkorrekturwertes im Sinne einer Addition eines einzelnen Wärmebrückeneffekts auf den Wert 0,05 W/(m^2K) ist nicht zulässig.
– Unabhängig davon, ob die Prüfung der energetischen Gleichwertigkeit erfolgt oder erfolgen muss, ist zu beachten, dass die Anschlussbereiche das Schimmelpilzkriterium $f_{R,si} \geq 0{,}7$ einhalten müssen. Eine Berechnung bzw. ein Nachweis der Wärmebrücken ist also im Zweifelsfall immer erforderlich.

Liegen für die im Rahmen des Nachweises verwendeten Baukonstruktionen Lösungen für Wärmebrückendetails vor, so kann eine Optimierung über die detaillierte Ermittlung von ΔU_{WB} erfolgen. Mit heutzutage üblichen Anschlussdetails lassen sich somit Werte von $\Delta U_{WB} < 0{,}02$ W/(m^2K) erzielen. Bei der detaillierten Ermittlung [2,3] sind mindestens die Wärmebrücken zu berücksichtigen an:

– Gebäudekanten,
– Fenster- und Türlaibungen,
– Wand- und Deckeneinbindung,
– Deckenauflager und
– thermisch entkoppelten Balkonplatten.

Fallweise muss geprüft werden, ob weitere, in der Aufzählung nicht genannte Anschlussbereiche einzubeziehen sind.
Bei KfW-Nachweisen sind Anschlüsse mit Wärmebrückenkorrekturwerten unter 0,1 W/(m^2K) generell nachzuweisen. Ein bloßer Verweis auf das Normenbeiblatt ist nicht ausreichend.

4 Luftdichtheit der Gebäudehülle

Mit der Energieeinsparverordnung 2002 wurde das Verfahren der Gebäudedichtheitsmessung mit der „Blower-Door" eingeführt und die Messung wird heutzutage in den meisten Fällen durchgeführt. Bei Gebäuden mit raumlufttechnischen Anlagen ist die Messung obligatorisch. Bei natürlich gelüfteten Gebäuden ist die Messung der Luftdichtheit aufgrund der vorhandenen Bonusregelung beim anzusetzenden rechnerischen Luftwechsel bei Wohngebäuden mit einer Verbesserung des Jahres-Primärenergiebedarfs von rund 5–10 % verbunden. Die einzuhaltenden Grenzwerte betragen gemäß Energieeinsparverordnung bzw. DIN 4108-7 [9] bei Gebäuden ohne raumlufttechnische Anlagen 3 h^{-1}

und bei Gebäuden mit raumlufttechnischen Anlagen 1,5 h^{-1}. Hinsichtlich dieser einzuhaltenden Grenzwerte werden in der Norm keine Toleranzbereiche genannt. Die Messungen erfolgen auf Basis von DIN EN 13829, die hinsichtlich der Messgenauigkeit des Verfahrens eine Größenordnung typischer Unsicherheiten zwischen 5 und 10 % nennt. Diese Fehler resultieren aus der Druckdifferenz-Messung und der Bestimmung des geförderten Luftvolumenstroms. Vor dem Hintergrund der möglichen Ungenauigkeiten kann die Empfehlung gegeben werden, dass der gewonnene Messwert möglichst um rd. 10 % niedriger liegt als der Anforderungswert (also 2,7 h^{-1} bzw. 1,35 h^{-1}), um auf der sicheren Seite zu liegen. Hinsichtlich des zu verwendenden Messverfahrens verweist die Energieeinsparverordnung auf das Verfahren B gemäß DIN EN 13829. Dieses Verfahren B bedeutet, dass ausschließlich die Dichtheit der Gebäudehülle geprüft wird; alle absichtlich vorhandenen Öffnungen in der Gebäudehülle werden demgemäß geschlossen oder abgedichtet. In einer Auslegung des Deutschen Instituts für Bautechnik (78. Auslegung XI-10 zu Paragraph 6.I.V.M. Anlage 4 Nummer 2 EnEV 2009) wird diese Regelung relativiert. Bestimmte Öffnungen (z. B. direkt ins freie fördernde Dunstabzugshauben) sollen nicht abgedichtet werden. Diese Regelungen lassen insgesamt Interpretationsspielraum zu und somit kann nur die Empfehlung gegeben werden, eine Messung gemäß Verfahren A der DIN EN 13829 durchzuführen. Alle potenziell vorhandenen Öffnungen in der Gebäudehülle sind somit bei der Messung geöffnet; bei Einhaltung der zuvor genannten Grenzwerte liegt man damit insgesamt auf der sicheren Seite.

5 Sommerlicher Wärmeschutz

Anforderungen an den sommerlichen Wärmeschutz werden im Rahmen öffentlich-rechtlicher Anforderungen gemäß Energieeinsparverordnung gestellt. Die Verordnung verweist auf DIN 4108-2, wobei nach EnEV 2009 die Normenfassung von 2003, nach EnEV 2014 die Fassung von 2013 in Bezug genommen wird. In der EnEV 2014 ist explizit aufgeführt, dass der Nachweis entweder über Sonneneintragskennwerte oder die Übertemperatur-Gradstunden zu führen ist. Der Nachweis ist ausreichend, wenn in einem Gebäude ein Raum betrachtet wird, für den die höchsten Anforderungen der DIN 4018-2 [10] resultieren (kritischer Raum). Die in der Norm genannten Möglichkeiten für den Verzicht auf einen Nachweis sind auch nach Energieeinsparverordnung zulässig. Gegenüber der Vorgängerversion nimmt die EnEV 2014 auch Stellung zu Gebäuden, die mit Anlagen zur Kühlung ausgestattet sind. Werden für diese Gebäude Nachweise gemäß DIN 4108-2 durchgeführt, sind nur die baulichen Maßnahmen (Sonnenschutzvorrichtungen) vorzusehen, deren Investitionskosten durch eine Energieeinsparung innerhalb üblicher Nutzungsdauern erwirtschaftet werden können. Der Nachweis hierzu kann u. a. mit dem Verfahren der DIN V 18599 vorgenommen werden. Unabhängig von der Art der Nutzung des Gebäudes (Wohn- oder Nichtwohngebäude) ist die Anwendung dieser Bilanzierungsnorm für den EnEV-Nachweis im Fall gekühlter Gebäude obligatorisch.

Im Anwendungsbereich der DIN 4108-2 ist formuliert, dass Anforderungen an den Sommerlichen Wärmeschutz für „beheizte Räume und Gebäude" gelten. In den meisten praktischen Fällen ist dies sicherlich eine sinnvolle Regelung. Dies vor dem Hintergrund, dass die meisten Aufenthaltsräume in die Kategorie „beheizte Räume" fallen. Das sind Räume, die bestimmungsgemäß dauernd (z. B. Wohnraum) oder gelegentlich (z. B. Hobbyraum, Gästezimmer) auf übliche Raumtemperaturen $\geq$ 19 °C beheizt werden oder beheizbar sind. Die Anforderung an den sommerlichen Wärmeschutz gelten nicht für niedrig beheizte Räume, also Räume die bestimmungsgemäß dauernd oder gelegentlich auf Raumtemperaturen zwischen 12 °C und 19 °C beheizt werden (z. B. Werkstätten).

Ein typischer Streitpunkt in diesem Zusammenhang ist die Frage, ob ein Glasvorbau (Wintergarten) die Anforderung an den Sommerlichen Wärmeschutz einzuhalten hat bzw. welche Anforderungen aus der Norm resultieren. Für die Fälle des normal beheizten ($\geq$19 °C) und des unbeheizten Wintergartens sind die Anforderungen klar gestellt. Der normal beheizte Wintergarten ist Bestandteil des konditionierten Volumens gemäß EnEV und demgemäß (fallweise) als kritischer Raum oder Bestandteil des kritischen Raums zu betrachten. Für den Fall des unbeheizten Wintergartens werden in Abhängigkeit von der Anbindung an den angrenzenden Raum klare Kriterien für die Nachweisführung genannt. Aus dem o. g. Anwendungsbereich und den

Begriffsdefinitionen in DIN 4108-2 geht hervor, dass eine Nachweisfreiheit dann vorliegt, wenn der Glasvorbau als „niedrig beheizt" (<19 °C) eingestuft wird ist. Auch in diesem Fall sollten die Regelungen gemäß DIN 4108-2, Kapitel 8.2.3 „Räume oder Raumbereiche in Verbindung mit unbeheizten Glasvorbauten" angewendet und die dort beschriebenen Sonnenschutzvorrichtungen und Lüftungsmöglichkeiten vorgesehen werden.

Findet im Zuge des Nachweises des sommerlichen Wärmeschutzes eine thermische Gebäudesimulation Anwendung und wird dabei für den Fall des Nachtluftwechsels eine Lüftungsanlage berücksichtigt, greift die Formulierung unter 8.4.2, „i) Nachtluftwechsel": „wird in den Simulationsrechnungen die erhöhte oder hohe Nachtlüftung berücksichtigt, so ist ein Sonnenschutz vorzusehen, mit dem $g_{tot} \leq 0{,}4$ erreicht wird". Mit dieser Vorgabe sollte sichergestellt werden, dass neben einem anlagentechnisch basierten Nachtlüftungskonzept (welches ggfs. bei einem Nichtwohngebäude Einsatz finden kann) eine Mindestqualität baulicher Sonnenschutzmaßnahmen vorgesehen wird. Da in den meisten praktischen Fällen eine bauliche Sonnenschutzmaßnahme, allein aus Gründen des Blendschutzes, ohnehin vorzusehen ist, wurde die zuvor genannte „Zusatzbedingung" beim Verfahren der Sonneneintragskennwerte nicht aufgenommen. Daher ist auch im Nachweis über thermische Gebäudesimulationsrechnungen diese Regelung entbehrlich.

Im Fall der Anwendung einer Gebäudesimulation ist die unter 8.4.2 „j) Steuerung Sonnenschutz" angegebene Ausführung zur Betriebsweise einer Sonnenschutzvorrichtung so zu interpretieren, dass für den Fall, bei dem keine Steuer- oder Regelparameter für eine Sonnenschutzvorrichtung bekannt sind, eine Steuerung zugrunde gelegt wird, bei der die angegebenen Grenzbestrahlungsstärken für die unterschiedlichen Orientierungen und Gebäudenutzungen in Ansatz zu bringen sind. Dem Normentext könnte fälschlicherweise entnommen werden, dass die getroffenen Angaben nur für automatische Systeme gelten.

6 Quellen

[1] Hauser, G. und Kaiser, J.: Dämmstoffintegrierte Kanäle für zentrale Lüftungsanlagen mit Wärmerückgewinnung. Bauphysik 35 (2013), H. 6, S. 367–376.

[2] DIN V 18599:2011-12, Energetische Bewertung von Gebäuden. Berechnung des Nutz-, End- und Primärenergiebedarfs für Heizung, Kühlung, Lüftung, Trinkwarmwasser und Beleuchtung.

[3] DIN V 4108-6:2003-06, Wärmeschutz und Energieeinsparung in Gebäuden. Berechnung des Jahres-Heizwärme- und des Jahresheizenergiebedarfs.

[4] DIN V 4701-10:2003-08, Energetische Bewertung heiz- und raumlufttechnischer Anlagen – Teil 10: Heizung, Trinkwassererwärmung, Lüftung.

[5] Korte, M und Markfort, D.: Energieeffizient und barrierearm bauen und sanieren. Vortrag der KfW, Münster, 31.1.2014.

[6] Verordnung zur Änderung der Energieeinsparverordnung, Bundesgesetzblatt, Jahrgang 2013, Teil I, Nr. 67, Bundesanzeiger Verlag, 21. November 2013, S. 3951–3990.

[7] Bundesministerium für Umwelt, Naturschutz, Bau und Reaktorsicherheit: Ökobau.dat 2013. Datenbasis für ökologische Bewertungen von Bauwerken, http://www.nachhaltigesbauen.de.

[8] DIN 4108 Beiblatt 2:2006-03, Wärmeschutz und Energieeinsparung in Gebäuden: Wärmebrücken – Planungs- und Ausführungsbeispiele.

[9] DIN 4108-7:2011-01, Wärmeschutz und Energie-Einsparung in Gebäuden. Luftdichtheit von Gebäuden, Anforderungen, Planungs- und Ausführungsempfehlungen sowie -beispiele.

[10] DIN 4108-2:2013-02, Wärmeschutz und Energie-Einsparung in Gebäuden – Teil 2: Mindestanforderungen an den Wärmeschutz.

[11] Maas, A.: EnEV 2014/2016 – Auswirkung der künftigen Energieeinsparverordnung auf das Bauen im Bestand. In: Aachener Bausachverständigentage 2013 – Bauen und Beurteilen im Bestand. Hrsg. R. Oswald. Wiesbaden: Springer Vieweg, 2014, S. 8–15.

Prof. Dr.-Ing. Anton Maas
Seit 2007 Leiter des Fachgebiets Bauphysik an der Universität Kassel und seit 2008 Vorstandsvorsitzender des Zentrums für Umweltbewusstes Bauen e. V., Kassel; Stellvertretender Obmann des Normen-Gemeinschaftsausschusses „Energetische Bewertung von Gebäuden" und des Normen-Unterausschusses NABau „Wärmetransport"; Gutachter des Bauministeriums bei der Umsetzung der Wärmeschutzverordnung 1995 und der Energieeinsparverordnungen 2002, 2007, 2009 und 2012; Teilhaber eines Ingenieurbüros für Bauphysik.

Praktische Erfahrungen mit den Anwendungskategorien K1 und K2 bei Flachdächern

Josef Rühle, Dachdeckermeister, Geschäftsführer Technik des ZVDH, Köln

1 Einleitung

Sowohl die DIN 18531:2010-05 als auch die Fachregeln des Deutschen Dachdeckerhandwerks 2008-10 unterscheiden Flachdächer in die Anwendungskategorien K1 und K2. Die DIN 18531 differenziert seit November 2005 in Kategorien.

Hintergrund dieser Differenzierung ist die Zielsetzung, die unterschiedlich zu erwartenden Beanspruchungen durch eine angemessene planerische Basiskonzeption zu berücksichtigen.

In der Folge sollen durch geeignete und angemessene Produkt- und Verarbeitungsauswahl/-qualität die Wirtschaftlichkeit im Rahmen der Kosten für Entwurf, Bau und Nutzung und darüber hinaus die Kosten für Wartung, Instandhaltung und ggf. Nutzungsausfall in angemessener Weise begrenzt werden.

Zur Unterstützung einer geeigneten Kategorieauswahl unterscheiden die DIN 18531-1 und die Flachdachrichtlinien unterschiedlichste Beanspruchungen und klassifizieren diese. Dabei wird zwischen üblicherweise zu erwartenden und darüber hinausgehenden Beanspruchungen unterschieden.

Üblicherweise zu erwartende Beanspruchungen begründen sich aus

- Wasser- und Feuchtebeanspruchung
- mechanischer Beanspruchung
- thermischer Beanspruchung
- Beanspruchung durch Wurzelwachstum und
- sonstiger Beanspruchung.

Bei Abdichtungen gegen nicht drückendes Wasser muss mit vorübergehender Pfützenbildung also stehendem Wasser gerechnet werden. Auch bei Intensivbegrünungen mit Anstaubewässerung darf die Stauhöhe 100 mm nicht überschreiten.

Sowohl die DIN 18531 als auch die Flachdachrichtlinie ermöglichen Planungen von Dächern mit und ohne Gefälle. Insbesondere unter dem Aspekt zu sanierender Dachflächen und den dort eingeschränkten gestalterischen Umsetzungsmöglichkeiten können Dächer also in begründeten Fällen ohne Gefälle ausgeführt werden.

Grundsätzlich unterstützt ein Gefälle $\geq 2\ \%$ den Wasserabfluss und reduziert stehendes Wasser und Pfützenbildung. Demzufolge sollen Flachdächer mit einem Mindestgefälle von 2 % geplant werden.

Dächer mit höherwertiger Ausführung, die als besondere Vertragsbedingung zu vereinbaren ist, müssen grundsätzlich mit mindestens 2 % Gefälle geplant werden. Kehlen sowie Gefällewechselpunkte/-linien sind hiervon ausgenommen.

Mechanische Beanspruchungen (planmäßig zu erwartende Beanspruchungen) dürfen die Dachabdichtung auch langfristig nicht schädigen. Diese Belastungen können aus dem Untergrund, dessen Bewegungen/Schwingungen, Längenänderungen, Auswirkungen von Fugen des Untergrundes und der Dämmung, Rissen im Beton/-Zementestrich und aus geplanter Nutzung gegeben sein.

Hohe mechanische Beanspruchungen sind insbesondere bei

- Tragkonstruktionen aus Stahltrapezprofilen;
- Schalungen aus Holz oder Holzwerkstoffen;
- harten Dämmstoffen (XPS), soweit diese Fugen aufweisen, deren Bewegungen sich auf die Abdichtung auswirken können;
- Altdächern, deren bestehende Dachabdichtung als Untergrund für die neue Dachabdichtung dienen soll;
- Beanspruchungen durch die Art der Lagesicherung der Dachabdichtung, z. B. bei lose liegenden Bahnen mit mechanischer Befestigung;
- Beanspruchungen infolge weicher Unterlage, z. B. bei Mineralwolle-Dämmstoffen;
- Beanspruchungen durch Arbeiten auf der Dachabdichtung, z. B. bei Dachflächen oder -bereichen, die häufig zur Inspektion oder Wartung begangen werden;

Tabelle 1: Beanspruchungsstufen

Beanspruchungsstufen	Hohe mechanische Beanspruchung Stufe I	Mäßige mechanische Beanspruchung Stufe II
Hohe thermische Beanspruchung Stufe A	IA	IIA
Mäßige thermische Beanspruchung Stufe B	IB	IIB

– Extensivbegrünung;
– Montage von aufgeständerten oder aufgelegten Solaranlagen oder anderen haustechnischen Anlagen;
– Beanspruchungen durch sonstige mechanische Einwirkungen während der Nutzungsdauer, z. B. bei Dachabdichtungen, die in besonders hagelschlaggefährdeten Gebieten ausgeführt werden;
– Abdichtungen im direkten Verbund und rissgefährdeten mineralischen Untergründen

zu erwarten.

Von einer mäßigen mechanischen Beanspruchung der Dachabdichtung kann ausgegangen werden, wenn die unter Stufe I beschriebenen erhöhten Beanspruchungen nicht vorliegen oder durch geeignete Maßnahmen ausgeschlossen werden können.

Die normgemäß zu erwartende thermische Beanspruchungsspanne liegt zwischen –20 °C und +80 °C. Als thermisch mäßig beansprucht gelten Dachabdichtungen, bei denen keine starken Aufheizungen, schnelle Temperaturänderungen oder direkte Witterungsbeanspruchungen auftreten, z. B. Abdichtungen unter einer Kiesschüttung, unter ausreichend schutzwirksamen Nutzbelägen, in Umkehrdächern und begrünten Dächern. Alle anderen Dachabdichtungen also auch innerhalb der normgemäßen Temperaturbelastung angesiedelten Abdichtungen gelten als thermisch hoch beansprucht.

Die Regelwerke unterscheiden vier grundsätzliche Beanspruchungsstufen auf welche im Einzelfall die Dachabdichtung abzustimmen ist, siehe Tabelle 1.

Die Klassifizierung von Dächern mit Abdichtungen in die Kategorien K1 und K2 unterstellt eine individuelle Beurteilung der erwarteten Einflussgrößen und die kundenseitig gewünschte Ausführungsqualität. Erwartete Einflussgrößen, die differenziert gewichtet werden können, sind:

– Lebensdauer
– Nutzungsdauer
– Zuverlässigkeit
– Instandhaltungsaufwand
– Besondere Nutzung
– Zugangsmöglichkeit
– Anlagetechnik
– Barrierefreiheit
– Entwässerungsfähigkeit
– Wartungsfähigkeit
– Wasserunterläufigkeit
– Wasserwanderung, u. a.

Darüber hinaus stellt sich die Frage, ob die Nutzung nicht schon eine höherwertige Ausführung bedingen kann. Diese Nutzung kann z. B. in der Nutzung zu Wohnzwecken, hochwertiger Büronutzung aber auch aus dem besonderen Schutzbedürfnis zu lagernder Produkte begründet sein.

Die Wechselbeziehung zwischen Einflussgrößen und Kategorieauswahl kann durch Tabelle 2 unterstützt werden.

Bitumen- und Polymerbitumenbahnen, Kunststoffbahnen und Flüssigabdichtungen werden gemäß deren Eigenschaften und Anwendungstypen differenziert. Wenig nachvollziehbar ist, dass dabei Kunststoffbahnen alle der Eigenschaftsklasse E1 zugeordnet sind. Eigenschaftsklassen haben die Aufgabe, eine Abstufung thermischer und mechanischer Produkteigenschaften zu gestalten und damit eine wesentliche Grundlage für die geeignete Stoffauswahl innerhalb der Kategorien und Nutzungsbedingungen zu bilden. (Auszüge aus den Produktdatenblättern der Fachregeln des DDH, siehe Tabellen 3–5).

Für die Zuordnung der verschiedenen Produkte in die Kategorien K1 und K2 bieten die DIN 18531-3 sowie die Fachregel des Deutschen Dachdeckerhandwerks getrennt nach Produkten tabellarische Übersichten (Tabellen 6–8).

Tabelle 2: Wechselbeziehung zwischen Einflussgrößen und Kategorieauswahl

Beanspruchung/Klasse	Stufe	K1	K2
Dachneigung	-----	grundsätzlich ≥ 2 % mindestens gemäß K2-Anforderungen/Qualitäten bei Neigungen unter 2 %	mindestens ≥ 2 %
erhöhte Zuverlässigkeit		---	X
erhöhte Lebensdauer/ Nutzungsdauer		---	X
geringer Instandhaltungsaufwand		---	X
mechanische Beanspruchung	Stufe I	X	X
mechanische Beanspruchung	Stufe II	X	X
thermische Beanspruchung	Stufe I	X	X
thermische Beanspruchung	Stufe II	X	X
Besondere Nutzung			X
Zugangsmöglichkeit			X
Anlagetechnik			X
Barrierefreiheit			X
Entwässerungsfähigkeit			X

Tabelle 3: Auszug, Übersicht der Bitumen- und Polymerbitumenbahnen für Dachabdichtungen

Nr.	1	2	3	4	5
	Bahnen nach DIN V 20000-201 Tabellen 4 bis 13	Mindest- gewicht der Trägereinlage	Mindestgehalt an Löslichem/ Bahnendicke	Eigen- schafts- klasse	Anwen- dungstyp
1	Glasvlies-Bitumendach- bahnen V13	60 g/m^2	1300 g/m^2	E4	DZ
2	Bitumendachdichtungsbah- nen mit Glasgewebe- oder Polyestervlieseinlage G 200 DD, PV 200 DD,	200 g/m^2	1600 g/m^2 2000 g/m^2	E2	DU
3	Bitumenschweißbahnen mit Glasgewebe- oder Polyes- tervlieseinlage G 200 S4, G 200 S5 PV 200 S5	200 g/m^2	4 mm 5 mm 5 mm	E2	DU
4	Bitumenschweißbahnen mit Glasvlieseinlage V 60 S4	60 g/m^2	4 mm	E4	DU/DZ
5	Bitumenschweißbahnen mit Kombinationsträgereinlage	120 g/m^2	2600 g/m^2	E2	DU

Tabelle 4: Auszug, Übersicht der Kunststoff- und Elastomerbahnen für Dachabdichtungen

	Bahnen nach DIN V 20000-201	Anwendungstyp und Eigenschaftsklasse	Mindest-nenndicke[1]
1	**Homogene Bahnen mit oder ohne Selbstklebe-schicht (SK)**		
	Ethylen-Vinylacetat-Terpolymer homogen, bitumenverträglich EVA-BV-1,2	DE/E1	1,2 mm
	weichmacherhaltiges Polyvinylchlorid, homogen, bitumenverträglich PVC-P-BV-1,2	DE/E1	1,2 mm
	weichmacherhaltiges Polyvinylchlorid, homogen, nicht bitumenverträglich PVC-P-NB-1,5	DE/E1	1,5 mm
	Thermoplastischer Elastomer, homogen, bitumenverträglich TPE-BV-1,2	DE/E1	1,2 mm
	Ethylen-Propylen-Dien-Terpolymer, homogen bitumenverträglich EPDM-BV-1,1 EPDM-BV-1,1-SK	DE/E1	1,1 mm

Tabelle 5: Auszug, Leistungsstufen für flüssig aufzubringende Dachabdichtungen nach ETAG 005

Klassen	Kurzzeichen	Leistungsstufen
Klimazone	M S	gemäßigtes Klima extremes Klima
Erwartete Nutzungsdauer	W1 W2 W3	5 Jahre 10 Jahre 25 Jahre
Nutzlasten	P1 P2 P3 P4	geringe Beanspruchung mäßige Beanspruchung normale Beanspruchung besondere Beanspruchung
Dachneigung	S1 S2 S3 S4	< 5 % 5 % bis 10 % 10 % bis 30 % > 30 %
Niedrigste Oberflächentemperaturen	TL1 TL2 TL3 TL4	+5 °C −10 °C −20 °C −30 °C
Höchste Oberflächentemperaturen	TH1 TH2 TH3 TH4	+ 30 °C + 60 °C + 80 °C + 90 °C
a) Die Nutzungsklasse ist eine Abschätzung der Nutzungsdauer auf Basis der Ergebnisse von Dauer-haftigkeitsprüfungen nach ETAG 005. Für die Nutzungsdauerklasse W3 ist eine mindestens 5-jährige Praxisbewährung nachzuweisen.		

Tabelle 6: Auszug aus dem Produktdatenblatt des Fachregelwerks: Anforderungen an Bitumen und Polymerbitumenbahnen

Bahnentyp	Wasserdichtheit	mechanische Eigenschaften		thermische Eigenschaften	
	Bestimmung nach DIN EN 1928 Verfahren B	Höchstzugkraft längs/quer	Dehnung bei Höchstzugkraft	Kaltebiegverhalten	Wärmestandfestigkeit
DU/E2	100 kPa/24h				
G 200 DD		≥ 1000 N	≥ 2 %	≤ 0 °C	≥ +70 °C
PV 200 DD		≥ 800 N	≥ 35 %	≤ 0 °C	≥ +70 °C
G 200 S4(5)		≥ 1000 N	≥ 2 %	≤ 0 °C	≥ +70 °C
PV 200 S5		≥ 800 N	≥ 35 %	≤ 0 °C	≥ +70 °C
KTG S 4		≥ 1000 N	≥ 1,5 %	≤ 0 °C	≥ +70 °C
KTP S 4		≥ 800 N	≥ 15 %	≤ 0 °C	≥ +70 °C
DO/E1	200 kPA/24h				
PYE-G 200 DD		≥ 1000 N	≥ 2 %	≤ −25 °C	≥ +100 °C
PYE-PV 200 DD		≥ 800 N	≥ 35 %	≤ −25 °C	≥ +100 °C
PYE-G 200 S4 (5)		≥ 1000 N	≥ 2 %	≤ −25 °C	≥ +100 °C
PYP-G 200 S4 (5)		≥ 1000 N	≥ 2 %	≤ −15 °C	≥ +130 °C
PYE-PV 200 S5		≥ 800 N	≥ 35 %	≤ −25 °C	≥ +100 °C
PYP-PV 200 S5		≥ 800 N	≥ 35 %	≤ −15 °C	≥ +130 °C
PYE-KTG S4		≥ 1000 N	≥ 1,5 %	≤ −25 °C	≥ +100 °C
PYP-KTG S4		≥ 1000 N	≥ 1,5 %	≤ −15 °C	≥ +130 °C
PYE-KTP S4		≥ 800 N	≥ 15 %	≤ −25 °C	≥ +100 °C
PYP-KTP S4		≥ 800 N	≥ 15 %	≤ −15 °C	≥ +130 °C
PYE-KTP-KSP-3,5		≥ 800 N	≥ 15 %	≤ −25 °C	≥ +100 °C
PYP-KTP-KSP-3,2		≥ 800 N	≥ 15 %	≤ −15 °C	≥ +130 °C

Tabelle 7: Auszug aus dem Produktdatenblatt des Fachregelwerks: Anforderungen an Kunststoffbahnen

	Bahnen nach DIN V 20000-201	Anwendungstyp und Eigenschaftsklasse	Mindestnenndicke[1]
1	**Homogene Bahnen mit oder ohne Selbstklebeschicht (SK)**		
	Ethylen-Vinylacetat-Terpolymer homogen, bitumenverträglich EVA-BV-1,2	DE/E1	1,2 mm
	weichmacherhaltiges Polyvinylchlorid, homogen, bitumenverträglich PVC-P-BV-1,2	DE/E1	1,2 mm
	weichmacherhaltiges Polyvinylchlorid, homogen, nicht bitumenverträglich PVC-P-NB-1,5	DE/E1	1,5 mm
	Thermoplastischer Elastomer, homogen, bitumenverträglich TPE-BV-1,2	DE/E1	1,2 mm

Tabelle 8: Auszug aus der Tabelle 5 der Regel für Abdichtungen nicht genutzter Dächer Bemessung von Dachabdichtungen aus Kunststoff- und Elastomerbahnen

Stoff	K1	K2
	Mindestnenndicke[1] in mm, Eigenschaftsklasse E1	
ECB Etylencopolymerisat-Bitumen	2,0	2,3
EVA Ethylen-Vinylacetat-Terpolymer	1,2	1,5
FPO Flexibles Polyolefin	1,2	1,5
PE-C chloriertes Polyethylen	1,2	1,5
PIB Polyisobutylen	1,5	1,5[2]
PVC-P Polyvinylchlorid, weich, nicht bitumenverträglich, homogen	1,5	1,8
PVC-P Polyvinylchlorid, weich, nicht bitumenverträglich mit Einlage, Verstärkung oder Kaschierung	1,2	1,5

Für die Kategorien K1 und K2 werden für Kunststoff- und Elastomerbahnen unterschiedliche Produktnenndicken gefordert.

2 Zusammenfassung

Sowohl Fachregel als auch Norm differenzieren in Kategorien, Beanspruchungsklassen und Eigenschaftsklassen. Mit Ausnahme der weichen Faktoren Zuverlässigkeit, Lebensdauer und Instandhaltungsaufwand sowie der messbaren Dachneigung bieten die Klassen und Kategorien nur unzulängliche Grundlagen und Antworten auf die Planungsrelevanz der Kategorien.

Insbesondere die mangelnde Differenzierung außerhalb der Bitumenprodukte und Flüssigabdichtungen bietet dem Planer keine ernsthafte Entscheidungsgrundlage.

3 Baupraktische Relevanz der Kategorien und Klassen

Eine Stichprobe mit mangelhafter statistischer Repräsentanz und damit ohne Nutzungsfähigkeit des Induktionsprinzips zeigte, dass Ausschreibungen im öffentlichen und gewerblichen Vergabewesen zu weniger als 10 % und private Ausschreibungen zu unter 5 % Kategorien und Klassen aufführen.

Die mangelnde Schärfe der Kerndifferenzierung in Dächer mit bis 2 % und über 2 % Gefälle beinhaltet für Planer und Ausführenden juristische Fußangeln, die es zu klären gibt.

Unterschiedliche höchstrichterliche Entscheidungen zeigen hierfür einige Hinweise. (vgl. hierzu u. a. OLG Düsseldorf, Urteil vom 12.05.2000 – 22 U 197/99, OLG Düsseldorf, 06.02.2009 – I-21 U 63/07, OLG Düsseldorf, 06.02.2009 – I-21 U 63/07)

Sowohl die DIN 18531 ff. als auch die Fachregeln für Abdichtungen unterliegen derzeit einer intensiven Überarbeitung. Ohne Konkretisierung und Ableitung geeigneter Maßnahmen und Produktdifferenzierung ist eine gewünschte Erhöhung der baupraktischen Relevanz nicht zu erwarten.

Josef Rühle

Dachdeckermeister, Studium Betriebswirtschaft, seit 25 Jahren Dozent am Bundesbildungszentrum für die Themen Fachtechnik, Betriebswirtschaft und Bauphysik; Geschäftsführer Technik des ZVDH; Lead-Auditor für Qualitätsmanagementsysteme Scope 18 und 28.

Qualitätsstufen bei Parkdecks: Abdichtung oder Oberflächenschutz?

Ltd. Baudirektor Dipl.-Ing. Christian Herold, Deutsches Institut für Bautechnik, Berlin

1 Zielsetzung für Schutzmaßnahmen bei befahrbaren Betonbauteilen

Parkbauten und Parkdecks mit ihren vielfältigen verkehrs- und nutzungstechnischen Funktionen sind neben reinen Verkehrsbauwerken wie Brücken und Tunnel planungstechnisch aufwändig zu realisierende Bauwerke. Der zusätzliche Planungsaufwand liegt hier besonders in der fachgerechten Ausbildung dauerhafter Bauteile, die die sichere und dauerhafte Nutzung eines solchen Bauwerks ermöglichen. Viele meist auch äußerlich sichtbare Schäden an diesen Bauwerken zeigen, dass das Wissen um die technischen Zusammenhänge und der darauf basierenden Regelungen nicht immer bekannt oder wenn sie bekannt sind, nicht in ausreichendem Maße berücksichtigt werden.

Dies liegt auch an den unterschiedlichen Zielsetzungen, einerseits Betonbauteile im Hinblick auf ihre Standsicherheit und Dauerhaftigkeit gegenüber äußeren Einwirkungen zu dimensionieren, zu bemessen und zu schützen und andererseits die Nutzung der Bauwerksbereiche unterhalb dieser Bauteile sicherzustellen.

Entsprechend werden daher Maßnahmen für den Bauteilschutz und Maßnahmen für den Feuchteschutz unterschieden. Sie dienen diesen unterschiedlichen Zielsetzungen. Die Kriterien, nach denen diese Maßnahmen vorgenommen werden, unterscheiden sich. Es können aber durchaus mit einer Maßnahme auch beide Ziele erreicht werden.

Diese unterschiedlichen Zielsetzungen sollen nochmals verdeutlicht werden:

Der Bauteilschutz befahrbarer Flächen erfolgt zunächst vor dem Hintergrund des Schutzes vor schädigenden Einwirkungen durch korrosive Stoffe bei gleichzeitiger äußerer Einwirkung aus Verkehr. Dies trifft z. B. für Fahrbahntafeln von Brücken, für befahrbare Flächen von Parkhäusern, Parkdecks und Tiefgaragen zu. Betonbauteile können je nach ihrer Konstruktion und ihrem Tragverhalten auch an der befahrenen Oberfläche Risse aufweisen, über die mit dem Wasser auch Schadstoffe wie Chloride aus Tausalzen bis zur Bewehrung vordringen können. Die hierdurch hervorgerufene sehr schnell voranschreitende Korrosion der Bewehrung, sowie die nachfolgende Erosion des Betons in Verbindung mit Frosttauwechsel und dynamischen Verkehrsbelastungen, kann zu erheblichen Schäden an tragenden Bauwerksteilen und damit zur Einschränkung ihrer Gebrauchstauglichkeit bis hin zur Gefährdung ihrer Standsicherheit führen.

Der Feuchteschutz dient der Sicherstellung der Nutzung von unterhalb oder hinter wasserbeanspruchten Bauteilen liegenden Bauwerksbereichen. Befahrbare Betonbauteile grenzen häufig an solche Bauwerksbereiche. Dies sind die Bereiche unterhalb von wärmegedämmten Parkdächern, Parkdecks und Rampen mit sehr unterschiedlichen Nutzungsanforderungen. Ungeschützte Betonbauteile können aufgrund kapillaren Wassertransportes durchfeuchtet werden. Wenn diese Bauteile Trennrisse aufweisen, kann Wasser direkt auch durch die Bauteile hindurchtreten und in die darunter befindlichen genutzten Bereiche gelangen.

Es ist also bei Schutzmaßnahmen von befahrbaren Betonbauteilen zwischen diesen beiden Schutzzielen zu unterscheiden:

1. dem Bauteilschutz als Schutz von Bauteilen zur Erhaltung ihrer Gebrauchstauglichkeit und Standsicherheit

und

2. dem Feuchteschutz zur Sicherstellung der bestimmungsgemäßen Nutzung angrenzender Bauwerksbereiche.

Der Bauteilschutz von direkt befahrbaren Betonbauteilen wird grundsätzlich durch konstruktive und betontechnologische und bemessungstechnische Maßnahmen erreicht. Unter bestimmten Voraussetzungen können aber auch zusätzliche Oberflächenschutzmaßnahmen erforderlich werden.

Der Feuchteschutz erfolgt immer durch zusätzliche Abdichtungsmaßnahmen, die in der Regel auf der der Feuchteeinwirkung ausgesetzten Bauteiloberfläche auszuführen sind. Der Feuchteschutz durch wasserundurchlässige Bauteile gilt in diesem Sinn nicht als Abdichtungsmaßnahme. Er ist gesondert zu behandeln.

Für beide Schutzmaßnahmen gibt es z. T. unterschiedliche Sicherheits- und Anforderungskonzepte, die in eigenständigen Regelwerken erfasst sind. Sie greifen vielfach ineinander, ohne ausreichend aufeinander Bezug zu nehmen oder gegeneinander abgegrenzt zu werden. Die Schnittstellen zwischen Schutz und Abdichtung sind somit nicht immer klar definiert. Die Regelwerke sind untereinander nicht immer kompatibel, was ihre übergreifende und aufeinander abgestimmte Anwendung erschwert. Vor allem ist vielfach auch die Bedeutung der verwendeten Begriffe unterschiedlich, so dass auch dadurch ein übergreifendes Verständnis beider Regelungsinhalte und -hintergründe für den Planer erschwert wird. Es kommt aus diesen Gründen zu Planungsunsicherheiten und damit häufig auch zu Fehlanwendungen und in der Folge zu Schäden.

Die Aufgabe besteht also darin, Regelungen festzulegen, die es ermöglichen, bei der Planung von Bauwerken möglichst die Schutz- und Abdichtungsmaßnahmen so miteinander zu verknüpfen oder sinnvoll aufeinander abzustimmen, dass sowohl der erforderliche Bauteilschutz als auch der erforderliche Feuchteschutz erreicht wird und der Planer dabei auch die notwendige Planungssicherheit erhält. Die vorhandenen Regelungen müssen dazu entsprechend aufeinander abgestimmt, ergänzt und auf den aktuellen Stand der Technik gebracht werden.

Dies ist auch eine der wesentlichen Zielsetzungen für die zurzeit neu bearbeitete DIN 18532 „Abdichtungen von befahrbaren Verkehrsflächen aus Beton" [1], die auch als Ersatz und Weiterentwicklung entsprechender Regelungen der bisherigen DIN 18195 „Bauwerksabdichtungen", Teil 5 [2] vorgesehen ist. In dieser Norm sollen bewährte Regelungen der DIN 18195 und z. T. auch aus den Regelwerken des Bauteilschutzes für Abdichtungen aufgenommen und wo erforderlich ergänzt und erweitert werden. Diese neue Norm soll den Stand der Technik auf diesem Gebiet beschreiben und sich als anerkannte Regel der Technik einführen.

Mit der DIN 18532 soll Planern, Ausführenden und Nutzern ein umfassendes Regelwerk für die Abdichtung von Bauwerken mit befahrbaren Bauteilen zur Verfügung gestellt werden, das zugleich auch mit den Erfordernissen des Bauteilschutzes abgestimmt ist.

2 Bestehende Regelungen für die Abdichtung und den Schutz befahrbarer Flächen

2.1 Regelungen für die Abdichtung befahrbarer Flächen

– Die DIN 18195 regelt im Teil 5 [3] u. a. die Abdichtung befahrbarer Flächen mit Bitumenbahnen, mit Kunststoff- oder Elastomerbahnen, mit Asphaltmastix und mit Gussasphalt. Die Regelungen sind nicht mehr ganz auf dem aktuellen Stand der Technik. Es fehlen z. B. Abdichtungen mit flüssig zu verarbeitenden Stoffen und Verbundabdichtungen aus Bitumen- und Kunststoffdichtungsbahnen. Es gibt auch keine sinnvollen Abstufungen für die verschiedenen Anwendungs- und Beanspruchungsbereiche, es fehlen ausreichende Regelungen für die Detailausbildung und für die Verarbeitung der Stoffe, für die Ausführung der Abdichtungsarbeiten sowie für die Instandhaltung. DIN 18195 Teil 5 kann nicht mehr als anerkannte Regel der Technik gelten. Allein schon aus diesem Grunde ist eine Überarbeitung – und das in einer eigenständigen Norm – dringend notwendig.

– In der ZTV-ING Teil 7 [3] regelt das Bundesministerium für Verkehr Bauwesen und Städtebau (BMVBS) in Verbindung mit der TL-BEL-B Teile 1, 2, 3 [4] Brückenbeläge auf Beton. Dies sind Abdichtungen aus Bitumenbahnen und Flüssigkunststoffen zum Teil in Verbindung mit Gussasphalt als Dichtungs- und Schutzschicht für hochbelastete Brückenbauwerke im Zuge von Bundesfernstraßen.

– Abdichtungsprodukte mit Europäischen Technischen Bewertungen (ETA) nach der Leitlinie ETAG 033 „Bausätze für flüssig aufzubringende Brückenabdichtungen" (2011) [5], können für diese Produktgruppe alternativ zu den genannten nationalen Vorschriften des BMVBS angewendet werden. Sie müssen den Anwendungsregelungen der Liste der Technischen Baubestimmungen (LTB Teil II) [6] entsprechen.

- In der BWA-Richtlinie Nr. 3 (2010) [7] über die Abdichtung von Parkhäusern und Hofkellerdecken findet sich der aktuelle Stand der Technik für die Abdichtung mit bahnenförmigen Stoffen.
- Eine weitere Erkenntnisquelle für die Abdichtung mit Bitumenwerkstoffen stellt auch das Heft 62 der Arbit-Schriftenreihe „Abdichtungen von Parkdecks, Brücken und Trögen mit Bitumenwerkstoffen" (6/2001) [8] dar.

2.2 Regelungen für den Schutz befahrbarer Flächen

- In der Richtlinie „Schutz- und Instandsetzung von Betonbauteilen" des DAfStb (RL-SIB) [9] werden für die verschiedenen Anwendungsbereiche sogenannte Oberflächenschutzsysteme (OS 1 – OS 13) geregelt.
  Die Oberflächenschutzsysteme OS 8, OS 10, OS 11 und OS 13 haben durch ihren konvektionsdichten Aufbau auch eine abdichtende Wirkung. Sie sind bis auf OS 8 auch in unterschiedlichem Maße rissüberbrückend.
- Für Produkte nach DIN EN 1504-2 „Oberflächenschutzsystem für Beton" [10] können im Zusammenhang mit den Anforderungen der deutschen Anwendungsnorm DIN V 18026 [11] Eignungsnachweise für die Verwendung als Oberflächenschutzsysteme nach RL-SIB erbracht werden.
- In der ZTV-ING Teil 3 [12] (früher ZTV-SIB) wird der Schutz- und die Instandsetzung von Ingenieurbauwerken aus Beton im Zuständigkeitsbereich des BMVBS geregelt. Diese stimmen im Wesentlichen mit den Regelungen der RL-SIB überein.
- In DIN EN 1992-1-1, „Bemessung und Konstruktion von Stahlbeton- und Spannbetonbauwerken", dem Eurocode 2 [13], werden in Verbindung mit dem Nationalen Anhang (NA) im Kapitel 4 „Dauerhaftigkeit und Betonüberdeckung" im Hinblick auf die äußeren Einwirkungen auf Beton verschiedene Expositionsklassen unterschieden. Für direkt befahrbare Betonbauteile mit Chloridexposition (Expositionsklasse XD3) werden zusätzliche Maßnahmen z. B. durch rissüberbrückende Beschichtungen gefordert. Zur weiteren Umsetzung wird dort auf die Prinzipien des Heftes 600 des DAfStb [14] und auf die weitergehenden Regelungen des DBV-Merkblatt „Parkhäuser und Tiefgaragen" [13] verwiesen.
- Im Heft 600 des DAfStb [14] (Erläuterungen zu DIN EN 1992-1-1) werden Maßnahmen genannt, die zur Erhaltung der Dauerhaftigkeit von Betonbauteilen zu ergreifen sind. Das sind neben betontechnologischen und konstruktiven Maßnahmen auch die Anwendung von rissüberbrückenden Beschichtungen (Oberflächenschutzsystemen) oder Abdichtungen nach DIN 18195. Die Dauerhaftigkeit dieser Schutzmaßnahmen ist durch eine regelmäßige Instandhaltung auf der Grundlage projektbezogener Wartungspläne sicherzustellen.
- Im DBV-Merkblatt „Parkhäuser und Tiefgaragen" (2010) [15] werden unter anderem detaillierte Empfehlungen zur Anwendung der Prinzipien aus Heft 600 gegeben.
- Erwähnt werden soll auch die FLL-Empfehlung zu Planung und Bau von Verkehrsflächen auf Bauwerken (2005) [16], die den Gesamtaufbau begeh- und befahrbarer Flächen auf Gebäuden zum Inhalt hat.
- Unter der lfd. Nr. 2.24 der Bauregelliste A Teil 2 [17] wird für die Oberflächenschutzsysteme OS7 und OS10, die zur Erhaltung der Standsicherheit von Betonbauteilen erforderlich sind, ein allgemeines bauaufsichtliches Prüfzeugnis (abP) als Verwendbarkeitsnachweis gefordert.

3 Regelungsinhalte der zukünftigen DIN 18532

Die zukünftige DIN 18532 „Abdichtungen für befahrbare Verkehrsflächen aus Beton" soll den Stand der Technik auf diesem Gebiet normativ regeln. Sie soll als Planungs- und Ausführungsgrundlage für die Abdichtung befahrbarer Betonbauteile in sehr unterschiedlichen Nutzungsbereichen dienen. Sie soll auch mit dem Konzept des Eurocode 2 (EC 2) und den national ergänzenden Regelungen für den Schutz von befahrbaren Betonbauteilen und den ergänzenden Regelungen des DAfStb und des DBV abgestimmt sein und auf diese, wo erforderlich, Bezug nehmen.

3.1 Abgrenzung zwischen Abdichtung und Oberflächenschutz

Die in der DIN 18532 geregelten Abdichtungen sind Feuchteschutzmaßnahmen zur Verhinderung des Durchdringens von Feuchte und Wasser durch befahrbare Betonbauteile. Dadurch soll die bestimmungsgemäße Nutzung darunter liegender Bauwerksbereiche sichergestellt werden. Die Abdichtungen bestehen aus bahnenförmigen und flüssig aufzubringenden Stoffen.

Tabelle 1: DIN 18532 (Manuskript), Nutzungsklassen

Nutzungs-klasse	Nutzungsmerkmale mit zugeord-neten Verkehrsbelastungen und Neigungen [4]	Arten der Verkehrsflächen und Art der Einwirkungen aus Verkehr [1]
N1-V [4]	<u>gering belastete</u> Verkehrsflächen für Fuß- und/oder Fahrradverkehr; unabhängig von der Neigung	• Fußgänger- und Radwegbrücken
N2-V [5]	<u>mäßig belastete</u> Verkehrsflächen für vorwiegend ruhenden Verkehr mit leichten Fahrzeugen bis 30 kN Gesamtgewicht; maximalen Neigung bis 4 %, bei Neigung größer 4 % Zuordnung zu N 3	• Parkebenen und Freidecks von Parkbauten für PKW-Verkehr • Parkdächer für PKW-Verkehr • Bodenplatten[2] von Parkbauten und Tiefgaragen für PKW-Verkehr • Hofkellerdecken und Durchfahrten für PKW-Verkehr
N3-V	<u>hoch belastete</u> Verkehrsflächen für vorwiegend ruhenden Verkehr mit mittleren Fahrzeugen bis 160 KN, bereichsweise auch mit schweren Fahrzeugen >160 kN; unabhängig von der Neigung	• Parkebenen und Freidecks von Parkbauten für PKW- und leichten LKW-Verkehr • Parkdächer für PKW- und leichten LKW-Verkehr • Bodenplatten[2] von Parkbauten und Tiefgaragen für PKW- und leichten LKW-Verkehr • Zufahrtsrampen und Spindeln von Parkbauten für PKW- und leichten LKW-Verkehr • Anlieferzonen und Feuerwehrzufahrten in Parkbauten für Fahrzeuge aller Art • Hofkellerdecken und Durchfahrten für Fahrzeuge aller Art
N4-V	<u>sehr hoch belastete</u> Verkehrsflächen für nicht vorwiegend ruhenden Verkehr mit Fahrzeugen aller Art; unabhängig von der Neigung	• Fahrbahntafeln von Brücken für Fahrzeuge aller Art[3]

[1] und vergleichbare Flächen
[2] nur bei Bodenplatten soweit diese nicht erdseitig in drückendem Wasser liegen oder aus WU-Beton bestehen (nur bei Beanspruchung durch Bodenfeuchte und nicht drückendem Sickerwasser)
[3] Straßenbrücken, für die nicht die Regelungen der ZTV-ING gelten
[4] Flächen der Nutzungskategorie N1-V, die auch mit Reinigungs- oder Räumfahrzeugen befahren werden, sind der Nutzungskategorie N3-V zuzuordnen
[5] Flächen der Nutzungskategorie N2-V, die auch mit leichten Reinigungs- oder Räumfahrzeugen befahren werden, sind der Nutzungskategorie N3-V zuzuordnen
[6] Bei wärmegedämmten Fahrbahnkonstruktionen mit der Bauweise 2a (Umkehrdachaufbau) ist die Begrenzung der Verkehrslast in der jeweiligen allgemeinen bauaufsichtlichen Zulassung für den Dämmstoff zu beachten

Oberflächenschutzsysteme nach der RL-SIB können auch Abdichtungen im Sinne dieser Norm sein, wenn sie stofflich hierfür geeignet sind und in der DIN 18532 genannt sind. Andererseits können Abdichtungen nach DIN 18532 zugleich auch Oberflächenschutzmaßnahmen zur Erhaltung der Dauerhaftigkeit von Betonbauteilen der Expositionsklasse XD3 gemäß DIN EN 1992-1-1/NA sein. Dabei sind die Anforderungen und Regelungen des Hefts 600 der Schriftenreihe des Deutschen Ausschusses für Stahlbeton und des Merkblatts „Parkhäuser und Tiefgaragen" des Deutschen Betonvereins zu beachten.

Auf diese Weise können ggf. mit <u>einer Maßnahme</u> sowohl die Zielsetzung des Bauteilschutzes als auch die der Abdichtung erfüllt werden.

Tabelle 2: DIN 18532 (Manuskript), Rissklassen

Rissklasse	Beschreibung	Anmerkung
R0-V (keine Risse)	keine oder keine neu entstehenden Risse oder keine Bewegungen bereits vorhandener Risse	Diese Zuordnung darf nur vorgenommen werden, wenn die Abdichtung für Inspektionen jederzeit zugänglich ist, um ggf. trotzdem entstehende Risse in der Abdichtung reparieren zu können.
R1-V (gering)	Risse bis ca. 0,3 mm bei zu vernachlässigenden Rissbewegungen aus Temperatur und Verkehrsbelastung	z. B.: Bauteile mit geringen dynamischen Belastungen im Innenbereich
R2-V (mäßig)	Risse bis ca. 0,3 mm mit Rissbewegungen aus Temperaturänderung und zu vernachlässigenden Rissbewegungen aus Verkehrsbelastung	z. B.: Bauteile mit geringen dynamischen Belastungen im Außenbereich
R3-V (hoch)	Risse bis ca. 0,3 mm mit Rissbewegungen aus Temperaturänderung und/oder Verkehrsbelastung	z. B.: Bauteile mit hohen dynamischen Belastungen im Innen- und Außenbereich
R4-V (sehr hoch)	Risse bis ca. 1,0 mm bei zu vernachlässigenden wechselnden Rissbewegungen aus Temperaturänderung und Verkehrsbelastung.	z. B. im Bereich von Arbeitsfugen, Neigungswechseln, Fugen kraftgekoppelter Fertigteile, Anschlüsse an Einbauteile

Hiermit soll der verbreiteten Anwendungspraxis Rechnung getragen werden, nach der sehr häufig Oberflächenschutzsysteme auch mit dem Ziel der Abdichtung eingesetzt werden, für die es aber keine belastbaren Planungsgrundlagen gibt. Dies führte bisher häufig zu Planungsfehlern und Schäden und auch zu planungsrechtlichen Unklarheiten mit der häufigen Folge von rechtlichen Auseinandersetzungen.

3.2 Nutzungsklassen

In der DIN 18532 werden hinsichtlich der Art der Nutzung durch Fahrzeuge und Fußgänger und der Verkehrsbelastung vier Nutzungsklassen (N1-V bis N4-V) unterschieden. Diesen werden jeweils verschiedene Arten von Verkehrsflächen zugeordnet. Das sind Bodenplatten, Parkebenen, Rampen und Freidecks von Parkbauten, Parkdächer und Hofkellerdecken, Fußgänger- und Radwegbrücken sowie Fahrbahntafeln von Brückenbauwerken (s. Tabelle 1).

Mit diesen Verkehrsflächen sind auch Unterschiede hinsichtlich der Feuchteeinwirkung und der Wertigkeit der Nutzungsbereiche darunter verbunden.

3.3 Rissklassen/Rissüberbrückungsklassen

Betonbauteile können je nach ihrer konstruktiven Gestaltung und Bemessung Risse aufweisen. Sie entstehen zunächst mit hohen Rissöffnungsgeschwindigkeiten durch Schwinden, behinderte Verformung (Zwang), zentrische Verformung oder Biegung. Zu unterscheiden ist zwischen Trenn- und Biegerissen. Trennrisse gehen durch das Bauteil hindurch, Biegerisse reichen von der Bauteiloberfläche in einen Teil des Querschnittes mindestens bis zur Bewehrung. Dabei ist es für die Abdichtung von Bedeutung, ob die Risse bereits beim Einbau der Abdichtung vorhanden sind oder erst danach entstehen. Vorhandene Risse können sich unter den äußeren Einwirkungen von Temperaturänderungen und Belastungen bewegen. Entsprechend wurden für die jeweils in diesem Anwendungsbereich denkbaren Fälle fünf Rissklassen definiert (R0-V bis R4-V) (s. Tabelle 2). Neu entstehende und sich bewegende Risse müssen von einer direkt auf dem Beton verlegten Abdichtung überbrückt werden können. Dazu muss die Abdichtung eine entsprechende Rissüberbrückungsklasse aufweisen (RÜ0-V bis RÜ4-V). Die Zuordnung der Bauteile zu den Rissklassen erfolgt unter Berück-

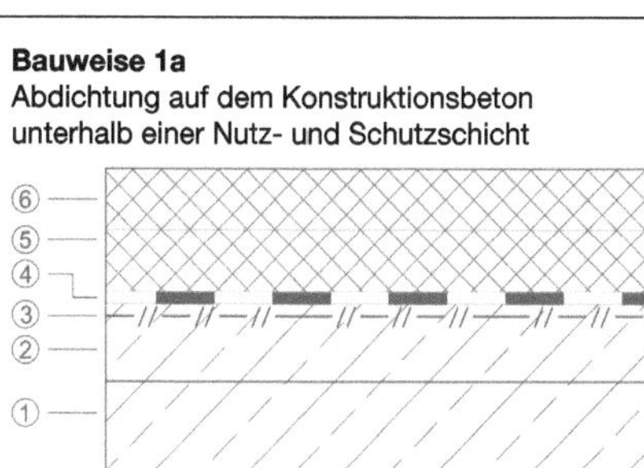

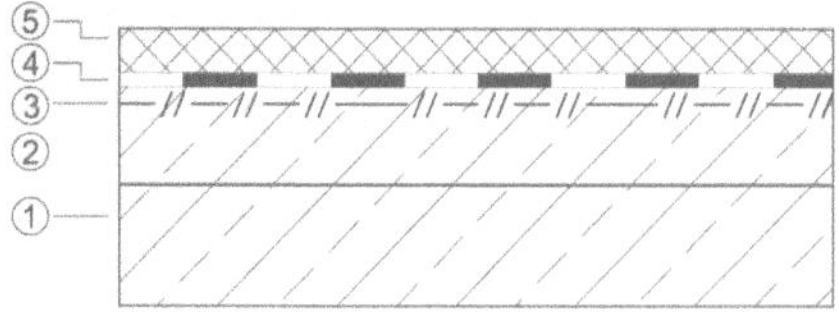

Bild 1

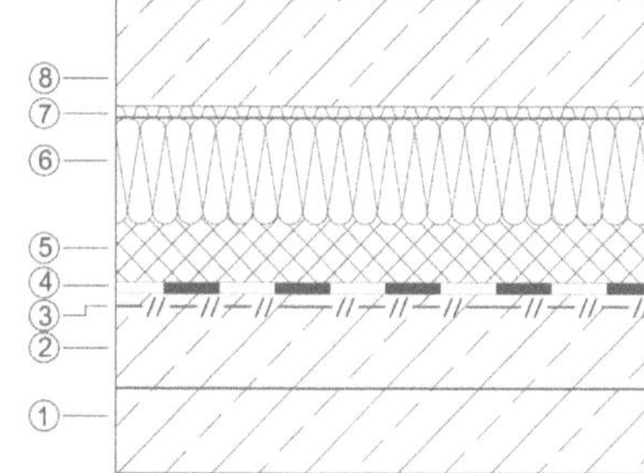

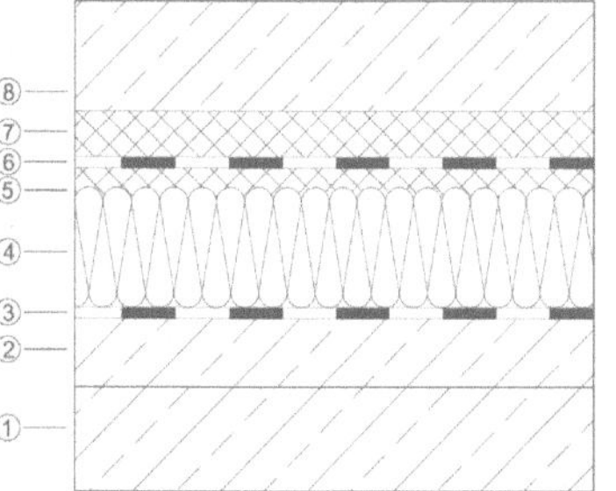

Bild 2

sichtigung der genannten Zuordnungskriterien durch den Tragwerksplaner.

3.4 Abdichtungsbauweisen

Unter Abdichtungsbauweise wird die Anordnung der Abdichtung in einer Fahrbahnkonstruktion verstanden. Es wird zwischen Bauweisen ohne und mit einer Wärmedämmung unterschieden. Dies sind Abdichtungen direkt auf der Betonoberfläche unter einer Schutz- und Nutzschicht (Bauweise 1a), Abdichtungen direkt auf der Betonoberfläche, die über eine sogenannte integrierte Schutz und Nutzschicht direkt befahren werden (Bauweise 1b), Abdichtungen direkt auf der Betonoberfläche unterhalb einer Wärmedämmung (Bauweise 2a) und Abdichtungen oberhalb einer Wärmedämmung (Bauweise 2b).

3.5 Abdichtungsbauarten

Unter einer Abdichtungsbauart wird der stoffliche und konstruktive Aufbau der Abdichtung verstanden.

Die Norm gliedert sich in einen allgemeinen Teil 1 und zunächst weitere fünf Teile in denen jeweils eigenständige Abdichtungsbauarten geregelt werden. Der Teil 1 beinhaltet Festlegungen und Regelungen, die generell für alle Abdichtungsbauarten gelten. Er gilt daher immer zusammen mit einem der bauartspezifischen Teile.

Genereller Teil:

Teil 1:   Begriff Anforderungen Planungsgrundsätze, Ausführung

Bauartspezifische Teile:

Teil 2:   Abdichtungen aus einer Lage Polymerbitumen-Schweißbahn und einer Gussasphalt-Dichtungsschicht

Teil 3:   Abdichtungen aus zwei Lagen Polymerbitumenbahnen

Teil 4:   Abdichtungen aus einer Lage Kunststoff- oder Elastomerbahn

Teil 5:   Abdichtungen aus Flüssigkunststoffen

Teil 6:   Abdichtungen aus einer Lage Kunststoffbahn und einer Polymerbitumenbahn

Teil 7:   ...

In den Teilen 2 bis 6 werden die Bauarten hinsichtlich ihres stofflichen Aufbaus und den verschiedenen damit herstellbaren Bauweisen für die jeweiligen Nutzungsklassen und Verkehrsflächen geregelt. Die Bauarten werden einer Rissüberbrückungsklasse zugeordnet. Es erfolgen ergänzend zum Teil 1 bauartspezifisch ergänzende Regelungen sowie Angaben zur Ausführung und Instandhaltung. Die Norm kann um weitere bauartspezifische Teile ergänzt werden.

3.6 Abdichtungen mit direkt befahrenen Oberflächenschutzsystemen

Die DIN 18532 unterscheidet sehr unterschiedliche Arten von Verkehrsflächen mit den zugehörigen Nutzungserfordernissen in den darunter liegenden Bauwerksbereichen. Entsprechend unterschiedlich sind auch die Anforderungen an die jeweiligen Abdichtungen.

Mit den relativ dünnschichtigen, konvektionsdichten, direkt befahrbaren Oberflächenschutzsystemen OS 8 und OS 11 nach der RL-SIB können grundsätzlich auch Abdichtungen hergestellt werden. Sie haben einen geringeren Grad der Zuverlässigkeit als bahnenförmige, mehrlagige Abdichtungen mit einer gesonderten Schutz- und Nutzschicht und sie benötigen einen erhöhten Aufwand bei der Instandhaltung. Unterhalb von Verkehrsflächen mit geringen Feuchtigkeitseinwirkungen oder Nutzungsanforderungen sind solche Abdichtungen durchaus anwendbar, wenn bestimmte konstruktive und abdichtungstechnische Erfordernisse eingehalten werden.

Vor diesem Hintergrund sieht die DIN 18532 im Teil 5 „Abdichtungen aus Flüssigkunststoffen", u. a. für bestimmte Anwendungsbereiche auch die direkt befahrbaren Oberflächenschutzsysteme OS 8 und OS 11 vor. Dabei ist zu berücksichtigen, dass OS 8 als starres, hoch verschleißfestes System keine rissüberbrückenden Eigenschaften aufweist und demzufolge nur auf nicht rissgefährdeten Untergründen oder in Zusammenhang mit einer begleitenden Rissbehandlung angewendet werden darf.

Neben Kostenvorteilen gibt es aber auch Fälle, in denen wegen der wesentlich größeren Aufbauhöhen der Beläge, Abdichtungen mit Bahnen nicht anwendbar sind. OS 8 und OS 11 werden deshalb weit verbreitet als Abdichtungen verwendet, leider nicht immer so, wie es diese Funktion erfordert.

Es ist daher die Aufgabe der Normung, auch diese Systeme so zu regeln, dass die Randbedingungen für ihre Anwendung so beschrieben werden, dass eine ungeeignete Anwendung ausgeschlossen ist.

Nach dem bisherigen Beratungsstand, dürfen OS 8 und OS 11 als Abdichtung nur in Bereichen eingesetzt werden, in denen keine so hohen Anforderungen an die Nutzung darunter liegender Bauwerksbereiche gestellt werden (z. B. auf nicht direkt bewitterten Parkdecks und Rampen). Weiterhin gelten besondere Anforderungen an die Ausbildung von Details, die Gefällegebung und die Entwässerung. Hinsichtlich des stofflichen und konstruktiven Aufbaus dieser Abdichtungsbauart wird grundsätzlich auf die RL-SIB verwiesen. Abdichtungen aus Oberflächenschutzsystemen OS 8 und OS 11 erfordern als direkt befahrene Systeme zur Sicherstellung ihrer Dauerhaftigkeit eine regelmäßige Inspektion, Wartung und ggf. Instandsetzung. Hierfür wird in der Norm ein Instandhaltungskonzept beschrieben, das Bestandteil dieser Bauart

   Herold/Qualitätsstufen bei Parkdecks: Abdichtung oder Oberflächenschutz?

ist. In der Planung ist ein entsprechender projektbezogener Instandhaltungsplan zu entwerfen und mit den Ausführungsunterlagen vorzulegen. Er verpflichtet den Bauherren (Betreiber) zu einer entsprechenden Umsetzung.

Die Verwendung von direkt befahrenen Oberflächenschutzsystemen als Abdichtung ist daher in enger Abstimmung mit dem Bauherrn auszuwählen. Bei hochwertig genutzten Bauwerken kann es ggf. angezeigt sein, eine Bauart mit einem höheren Zuverlässigkeitsgrad zu wählen (s. Abschnitt 3.7).

3.7 Wahl der Abdichtungsbauart

Die Auswahl der Abdichtungsbauart muss so erfolgen, dass deren Funktion als abdichtende Maßnahme unter den Randbedingungen des konkreten Anwendungsfalles für die vorgesehene Nutzungsdauer ausreichend zuverlässig erfüllt wird.

Die in den Abdichtungsnormen für die jeweiligen Anwendungsbereiche und Einwirkungsklassen genannten Abdichtungsbauarten haben sich bewährt und können grundsätzlich ihre Funktion unter den angenommenen Anforderungen und baulichen Randbedingungen bei fachgerechter Planung, Ausführung und Instandhaltung über eine angemessene Nutzungsdauer ausreichend zuverlässig erfüllen. Die für eine Nutzungskategorie möglichen Abdichtungsbauarten können jedoch in stofflicher und konstruktiver Hinsicht Unterschiede aufweisen, die Einfluss auf ihre Funktionsweise und ggf. auch auf den Grad der Zuverlässigkeit ihrer dauerhaften Funktion haben können.

Die Auswirkungen auf den Grad der Zuverlässigkeit können nicht quantifiziert werden. Der Planer muss daher die Eignung der nach der Norm möglichen Abdichtungsbauarten beurteilen und für den konkreten Planungsfall eine zweckmäßige Abdichtungsbauart wählen und mit dem Bauherrn abstimmen. Kriterien, an denen er sich dabei orientieren kann, werden in einem informativen Anhang zur Norm beispielhaft angegeben. Die Kriterien können sich auch gegenseitig beeinflussen. Hiermit ist keine Wertung der verschiedenen Abdichtungsbauarten verbunden.

(A) Eigenschaften der Abdichtungsbauart
- *Widerstandsreserven der Abdichtung gegenüber den planmäßigen Einwirkungen,*
- *Anzahl der Lagen der Dichtungsschicht,*
- *Vorhandensein mehrerer unabhängig voneinander wirksamer Dichtungsschichten (Redundanz),*
- *Schutz der Abdichtung durch Schutzschichten oder Schutzlagen,*
- *Zugänglichkeit der Abdichtung*
- *Überprüfbarkeit der ausgeführten Leistung (z. B. Dicke, Verbund, Nahtprüfung),*
- *regelmäßige Wartungsnotwendigkeit.*
- *…*

(B) Verhalten der Abdichtung bei nicht erkannten Verarbeitungsfehlern oder lokalen Beschädigungen
- *Verhalten der Abdichtung bei Undichtheiten: Unterläufigkeit, Verteilung/Begrenzung von durchdringendem Wasser,*
- *Möglichkeiten einer Leckortung,*
- *rechtzeitige Erkennbarkeit einer Undichtheit*
- *…*

(C) Ausführung der Abdichtung
- *Anforderungen an die handwerkliche Ausführbarkeit in der Fläche und an den Details,*
- *Anforderungen an die handwerkliche Ausführbarkeit bei den gegebenen voraussichtlichen Witterungs- und Baustellenbedingungen,*
- *Qualifikation des Verarbeiters,*
- *Baubegleitende Qualitätssicherung und Dokumentation,*
- *Schutzmaßnahmen der Abdichtung gegenüber Beanspruchungen durch Nachfolgegewerke,*
- *Erfordernis von regelmäßigen Kontrollen und Wartungs- und Instandsetzungsmaßnahmen während der Nutzungsdauer,*
- *…*

Der erforderliche Grad der Zuverlässigkeit einer Abdichtung hängt von folgenden bauseitigen und nutzungsbedingten Faktoren ab:

(D) Einwirkungen
- *Größe und Art der planmäßigen Einwirkungen,*
- *Überlagerung mehrerer planmäßiger Einwirkungen,*
- *Wahrscheinlichkeit für die Überschreitung planmäßiger Einwirkungen,*
- *baustellenbedingte Einwirkungen,*
- *direkte/indirekte Beanspruchung der Abdichtung,*
- *…*

(E) Bauwerk
- *Zugänglichkeit der Bauteile für Kontroll-, Wartungs- und Reparaturmaßnahmen,*

4 Qualitätsstufen für Abdichtungen und Schlussbetrachtung

Die neue DIN 18532 und mit ihr auch die anderen Abdichtungsnormen, verfolgen ein gegenüber der bisherigen DIN 18195 etwas anderes Regelungskonzept. Abdichtungen sollen den Feuchteschutz von Bauwerken und damit deren Nutzung sicherstellen. Sie müssen in Bezug auf ihre Funktion, ihre Dauerhaftigkeit und ihre Zuverlässigkeit grundsätzlich den Anforderungen entsprechen, die sich aus den jeweiligen Anwendungsbereichen und den damit verbundenen hydraulischen und mechanischen Lastfällen ergeben. Sie können sich daher je nach Anwendungsbereich und Lastfall unterscheiden.

Die für ein Bauteil und eine Nutzungsklasse nach DIN 18532 möglichen Abdichtungen können mit einer ausreichenden Zuverlässigkeit angewendet werden. Sie sind im normativen Sinne als „gleichwertig" anzusehen. Sie können aber aufgrund ihrer unterschiedlichen stofflichen und funktionstechnischen Wirkungsweise Unterschiede hinsichtlich der geforderten Eigenschaften, z. B. was den Grad ihrer Zuverlässigkeit und die Notwendigkeit regelmäßiger Instandhaltungsmaßnahmen betrifft, aufweisen. Es ist Aufgabe des Planers, die für den jeweiligen Planungsfall nach den unter 3.7 genannten Kriterien geeignete Abdichtung auszuwählen. Dabei spielen natürlich die Frage der Dauerhaftigkeit und die ggf. hierfür erforderlichen Instandhaltungsmaßnahmen eine wesentliche Rolle. Dies alles sind planerische Entscheidungen, die zusammen mit dem Bauherrn getroffen werden müssen.

Dieser Ansatz ermöglicht es, grundsätzliche normative Regelungen für ausreichend zuverlässige Abdichtungen festzulegen und gibt darauf aufbauend dem Planer die Möglichkeit, im Zusammenwirken mit dem Bauherren, für die baulichen Gegebenheiten und die nutzungsbedingten Erfordernisse, den Aufwand für die Ausführung der Abdichtung und den Umfang und die Kosten für die Instandhaltung in ein angemessenes Verhältnis zu bringen.

Die neue DIN 18532 ist kein einfaches Rezeptbuch für die Abdichtung befahrbarer Flächen sondern sie liefert die Grundlagen für technisch richtiges Handeln, für die projektspezifische Planung der Abdichtung, zur Sicherstellung eines im Hinblick auf die vorgesehene Nutzung und die Wertigkeit des Bauwerks angemessenen Feuchteschutzes.

Die im Titel vorgenommene Gegenüberstellung von „Abdichtung oder Oberflächenschutz" kann nur als „Abdichtung und Oberflächenschutz" begriffen und realisiert werden. Die Anforderungen können entweder mit Abdichtungen erfüllt werden, die zugleich auch den Oberflächenschutz erbringen oder mit Oberflächenschutzmaßnahmen die auch den Anforderungen an eine Abdichtung gerecht werden.

5 Literatur

[1] DIN 18532, Abdichtungen von befahrbare Verkehrsflächen aus Beton. Zurzeit in Bearbeitung im NA 005-02-96, AA „Abdichtungssysteme auf Beton für Brücken und anderer Verkehrsflächen" des DIN

[2] DIN 18195-5:2011-12, Abdichtungen gegen nicht drückendes Wasser auf Deckenflächen und in Nassräumen

[3] Zusätzliche technische Vertragsbedingungen und Richtlinien für Ingenieurbauten, ZTV-ING Teil 7: Brückenbeläge
Abschnitt 1: Brückenbeläge auf Beton mit einer Dichtungsschicht aus einer Bitumen-Schweißbahn
Abschnitt 2: Brückenbeläge auf Beton mit einer Dichtungsschicht aus zwei Bitumen-Schweißbahnen
Abschnitt 3: Brückenbeläge auf Beton mit einer Dichtungsschicht aus Flüssigkunststoff

[4] Technische Lieferbedingungen für Baustoffe zur Herstellung von Brückenbelägen auf Beton mit Dichtungsschicht nach ZTV-BEL-B, Teil 1 (TL-BEL-B Teil 1) – (1999)
Technische Lieferbedingungen für Baustoffe zur Herstellung von Brückenbelägen auf Beton mit Dichtungsschicht nach ZTV-BEL-B, Teil 2 (TL-BEL-B Teil 2) – (2010)
Technische Lieferbedingungen für Baustoffe zur Herstellung von Brückenbelägen auf Beton mit Dichtungsschicht nach ZTV-BEL-B, Teil 3 (TL-BEL-B Teil 3) – (1995)

[5] ETAG 033, Fassung Juli 2010, Bausätze für flüssig aufzubringende Brückenabdichtungen, Bundesanzeiger 85a 7.6.2011, www.eota.be

[6] Teil II der Liste der Technischen Baubestimmungen (LTB), Anwendungsregelungen für

Bauprodukte und Bausätze nach harmonisierten Normen und Europäischen Bewertungsdokumenten für Europäische Technischen Bewertungen nach der Bauproduktenverordnung sowie nach europäischen technischen Zulassungen nach der Bauproduktenrichtlinie

[7] Bundesfachabteilung Bauwerksabdichtungen: BWA Richtlinie 3, Technische Regeln für die Planung und Ausführung von Abdichtungen von Parkdecks, Hofkellerdecken und ähnlichen Konstruktionen, Ausgabe 2010

[8] Arbit Schriftenreihe, Heft 62: Abdichtungen von Parkdecks, Brücken und Trögen mit Bitumenwerkstoffen; Arbeitsgemeinschaft der Bitumenindustrie e.V., Ausgabe Juni 2001

[9] Deutscher Ausschuss für Stahlbeton (DAfStb): Schutz- und Instandsetzung von Betonbauteilen (Instandsetzungsrichtlinie), Teile 1 bis 4, Ausgabe Oktober 2001 (RL-SIB)

[10] DIN EN 1504-2:2005-01, Produkte und Systeme für den Schutz und die Instandsetzung von Betontragwerken, Teil 2: Oberflächenschutzsysteme für Beton

[11] DIN V 18026:2006-06, Oberflächenschutzsysteme für Beton aus Produkten nach DIN EN 1504-2:2005-01

[12] Bundesanstalt für Straßenwesen: ZTV-ING Zusätzliche Technische Vertragsbedingungen und Richtlinien für Ingenieurbauwerke, Teil 3 Massivbau, Abschnitt 4: Schutz und Instandsetzung von Betonbauteilen (ZTV-SIB), Ausgabe April 2010

[13] DIN EN 1992-1-1/NA: 2013-04: Nationaler Anhang – national festgelegte Parameter – Eurocode 2: Bemessung und Konstruktion von Stahlbeton- und Spannbetonbauwerken – Teil 1-1: Allgemeine Bemessungsregeln und Regeln für den Hochbau

[14] Erläuterungen zu DIN EN 1992-1-1 und DIN EN 1992-1-1/NA: 2013-04 (Eurocode 2). In: Schriftenreihe des Deutschen Ausschusses für Stahlbeton, Heft 600, Ausgabe 2012

[15] Deutscher Beton- und Bautechnikverein E.V.: Merkblatt „Parkhäuser und Tiefgaragen", Ausgabe 2010

[16] FLL-Forschungsgesellschaft Landschaftsentwicklung Landschaftsbau e.V.: Empfehlungen zu Planung und Bau von Verkehrsflächen auf Bauwerken, Ausgabe 2005

[17] Bauregelliste A Teil 2, lfd. Nr. 2.24, Oberflächenbeschichtungsstoffe OS 7 und OS 10 für Beton für Instandsetzungen, die für die Erfüllung der Standsicherheit von Betonbauteilen erforderlich sind

Baudirektor Dipl.-Ing. Christian Herold

1969–1975 Studium des Bauingenieurwesens in Berlin; 1975–1977 Praktische Tätigkeit als Tragwerksplaner bei der Hochtief AG in Berlin; 1977–1993 wissenschaftliche Tätigkeit bei der Bundesanstalt für Materialforschung und -prüfung (BAM) in Berlin im Bereich Bauwerks- und Dachabdichtungen; Mitarbeit in nationalen und europäischen Normungsgremien sowie bei EOTA und UEATc; seit 1993 Referatsleiter im Deutschen Institut für Bautechnik (DIBt) u. a. in den Bereichen Deponieabdichtungen sowie Bauwerks- und Dachabdichtungen, Erteilung nationaler und europäischer Zulassungen, Bearbeitung bauaufsichtlicher Regelungen, Mitarbeit in nationalen und europäischen Normungsgremien (DIN, CEN) und in den Gremien der Organisation für europäische technische Zulassungen (EOTA); Veröffentlichungen und Vorträge auf diesen Gebieten.

Hoch beanspruchte Nassräume: alleiniger Schutz durch Verbundabdichtung angemessen?

Dipl.-Ing. Mario Sommer, Leiter Anwendungstechnik/Objektberatung, Sopro Bauchemie GmbH, Wiesbaden

Bild 1: Großküche

Bild 2: Abdichten einer Bodenfläche mit einer zementären flexiblen Dichtungsschlämme im Spachtelverfahren.

Verbundabdichtungen werden seit ca. drei Jahrzehnten erfolgreich in der Praxis eingesetzt, um feuchtigkeitsbeaufschlagte Flächen gegen eine Durchfeuchtung zu schützen. Dies geschieht üblicherweise in Kombination mit einem feuchtigkeitsunempfindlichen Fliesenbelag, der im direkten Kontakt auf der Verbundabdichtung verklebt wird. Das heißt, Verbundabdichtung plus Fliesenkleber und Fliese bilden eine Einheit. Diese Technik wird im ZDB-Merkblatt „Hinweise für die Ausführung von flüssig zu verarbeitenden Verbundabdichtungen mit Bekleidungen und Belägen aus Fliesen und Platten für den Innen- und Außenbereich" (August 2012) dokumentiert und beschrieben. Für die Planung und Ausführung ist dieses Merkblatt sehr hilfreich. Der BEB – Bundesverband Estrich und Belag e. V. – sowie der Steinmetzverband haben ebenfalls ein Merkblatt herausgebracht, welches diese Technik beschreibt. Größte Erfahrungswerte liegen bei den flüssig zu verarbeitenden Verbundabdichtungsstoffen vor. Hier handelt es sich um:

	Trockenschichtdicke
Polymerdispersionen	0,5 mm
Kunststoff-Mörtel-Kombinationen	2,0 mm
Reaktionsharzabdichtungen	1,0 mm

Die flüssig zu verarbeitenden Stoffe sind jeweils in mind. zwei Arbeitsgängen zu applizieren und je Stoff ist eine Mindestgesamttrockenschichtdicke zu erreichen. Die Applikation erfolgt durch Walzen, Spachteln, Spritzen etc. Die flüssig zu verarbeitenden Verbundabdichtungsstoffe zeichnen sich im Speziellen dadurch aus, dass nahezu jede Formgebung des Untergrundes leicht überarbeitbar und somit nahtlos abdichtbar ist. Im Bereich von Bewegungsfugen werden die flüssig zu verarbeitenden Verbundabdichtungsstoffe durch die Einarbeitung von zugelassenen Dichtbändern und Manschetten ergänzt.

Für alle Beteiligten ist zu beachten, dass sich das traditionelle Abdichtungsgewerk vom

Dachdecker weg, hin zum Fliesenleger verschoben hat. Das heißt, die Gewerke Fliesen und Abdichtung gehören in diesen Räumlichkeiten zusammen, sollten zusammen ausgeschrieben und auch als ein Auftrag an eine Firma vergeben werden. Dies liegt darin begründet, dass alle Flächen, welche abgedichtet werden sollen, so beschaffen sein müssen (maßgenau, gerade, etc.), dass nach den Abdichtarbeiten eine Fliesenverlegung mit einem zugelassenen Fliesenkleber in einer maximalen Schichtdicke von 5 mm möglich ist. Die Einsatzbereiche werden unterteilt in einen bauaufsichtlich nicht geregelten Anwendungsbereich sowie in einen bauaufsichtlich geregelten Anwendungsbereich. Auf den bauaufsichtlich geregelten Anwendungsbereich wird im Folgenden eingegangen:

Beanspruchungsklassen
– <u>bauaufsichtlich geregelter Anwendungsbereich (siehe Bild 5)</u>

Als hoch beanspruchte Nassräume sind mit Sicherheit die Großraumduschen mit Dauereinsatz sowie der Schwimmbadbau, als auch der Industriebau mit dem großen Feld der Lebensmittelverarbeitung zu nennen.
Für diese genannten Bereiche werden auch nur die Kunststoff-Mörtel-Kombinationen (zementäre, flexible Dichtungsschlämmen) und die Reaktionsharzabdichtungen empfohlen und verwendet. Die zementären, flexiblen Dichtungsschlämmen sind als ein- und zweikomponentige Produkte erhältlich. Die Reak-

Bild 4: Verlegen der Fliesen im direkten Kontakt auf der Verbundabdichtung

tionsharzabdichtungen sind Epoxidharz- oder Polyurethanharzverbindungen, welche als zwei-komponentige Produkte auf die Baustelle geliefert werden.
<u>Zuordnung der zulässigen Abdichtungsmaterialien:</u>

Beanspruchungsklasse A:
– Polymerdispersion (nur Wand)
– Kunststoff-Mörtel-Kombination
– Reaktionsharze

Beanspruchungsklasse B:
– Kunststoff-Mörtel-Kombination
– Reaktionsharze

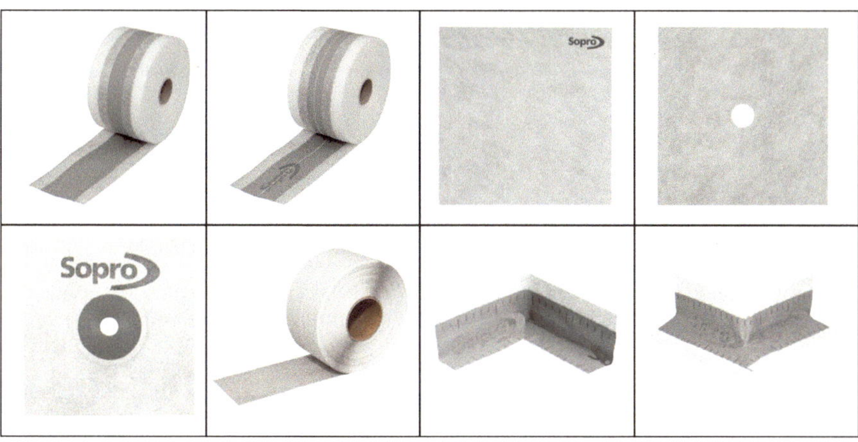

Bild 3: Sopro Dichtmanschetten, Dichtbänder und Dichtecken

BK A:
Hohe Beanspruchung durch nicht
drückendes Wasser im Innenbereich

BK B:
Hohe Beanspruchung durch von innen
ständig drückendes Wasser im Innen-
und Außenbereich

BK C:
Hohe Beanspruchung durch nicht
drückendes Wasser mit zusätzlichen
chemischen Einwirkungen im Innenbereich

Bild 5: Beanspruchungsklassen

Bilder 6 + 7: Großküchen und industriell genutzte Bereiche werden nicht nur im Produktionsablauf sondern
auch bei der folgenden Reinigung auf das Höchste beansprucht.

Beanspruchungsklasse C:
– Reaktionsharze

Die zementären, flexiblen Dichtungsschlämmen als auch die Reaktionsharzabdichtungen
sind auf der Baustelle nach Herstellerangaben anzumischen und zügig zu verarbeiten.
Nach der Verarbeitung und vor dem Beginn
der Verfliesung ist die Abdichtung auf eventuelle schadhafte Stellen und Schwachpunkte
zu kontrollieren. Die Schichtdicke der Abdichtung kann durch die Kontrolle der Nass-
schichtdicke bei der Verarbeitung oder nach

dem Abbinde- und Trocknungsprozess durch
herausschneiden eines Stückes überprüft
werden.
Entscheidend für eine dauerhaft funktionie-
rende Verbundabdichtung ist neben der
handwerklichen Ausführung die Planung der
Abdichtung samt allen wichtigen Details,
speziell wenn es um gewerkübergreifende
Details geht. Dies gilt gleichermaßen für den
Schwimmbad-, als auch für den Industriebau.
Vom Planer ist ebenfalls zu klären und festzulegen, mit welchen Belastungen zu rechnen

Bild 8: Anmischen der zementären, flexiblen Dichtungsschlämme mit Wasser zu einer leicht zu verarbeitenden Schlämme.

Bild 9: Sorgfältiges Anmischen der Komponenten A und B einer Reaktionsharzabdichtung mit entsprechendem Umtopfen.

Bild 10: Kunststoff-Zement-(Mörtel)-Kombinationen spachtelbar

Bild 11: Kunststoff-Zement-(Mörtel)-Kombinationen spritzbar

Bild 12: Schichtdickenmessung nach dem Abbinde- und Trocknungsprozess

ist. Hier geht es nicht um das Wasser allein, sondern mit welchen Säuren (z. B. Fruchtsäuren) oder Laugen im Produktionsbetrieb zu rechnen ist und wie anschließend gereinigt wird.

Beim Schwimmbad ist neben den Reinigungsmitteln die Badewasserqualität, sprich die Analyse des Wassers, ausschlaggebend für die Wahl des Abdichtungsstoffes. Diese sind je nach Produkt resistent gegen die mögliche Säure- oder Laugenbelastung.

Verbundabdichtungen werden auf der Estrich- oder Putz-/Trockenbauwandoberfläche

Bild 13: Durchfeuchteter Estrich wegen fehlender Verbundabdichtung – Hygieneproblematik z. B. in Großküchen

Bild 15: Versorgungsleitungen

aufgetragen. Sie sollen im Vergleich zur Bahnabdichtung, welche gemäß Norm unterhalb dieser Schicht liegt, auch diese gegen Durchfeuchtung schützen, um gerade bei der lebensmittelverarbeitenden Industrie bekannte Probleme zu vermeiden.

Anschlüsse und Durchdringungen stellen im Vergleich zur Fläche die größte Herausforderung für Planung und Ausführung dar – dies gilt allerdings für jede Form einer Abdichtung. Insofern ist es entscheidend, dass Planer und Ausführender sowie die beteiligte Haustechnik die Lösung der Details gemeinsam besprechen und diskutieren.

Eine Detailmappe ist im Vorfeld zu erstellen, welche ggf. im laufenden Baustellenbetrieb anzupassen ist. Im Speziellen sind die Vielzahl der Durchdringungen sowie die Entwässerungen beim Industriebau immer wieder Eckpunkte, die klar formuliert sein müssen. Sind Rinnen geplant, ist festzulegen, ob diese thermisch belastet sind oder nicht. Dementsprechend sind sie auszuwählen und der Anschluss bzw. der Verlauf der Abdichtung zu planen.

An thermisch belasteten Edelstahlrinnen, wie sie in Großküchen verwendet werden, sollte eine Verbundabdichtung auf Grund der Längenausdehnungen der Rinne und den damit verbundenen Scherspannungen nicht direkt, sondern am Entwässerungstopf der Rinne angeschlossen werden. In Abhängigkeit vom je-

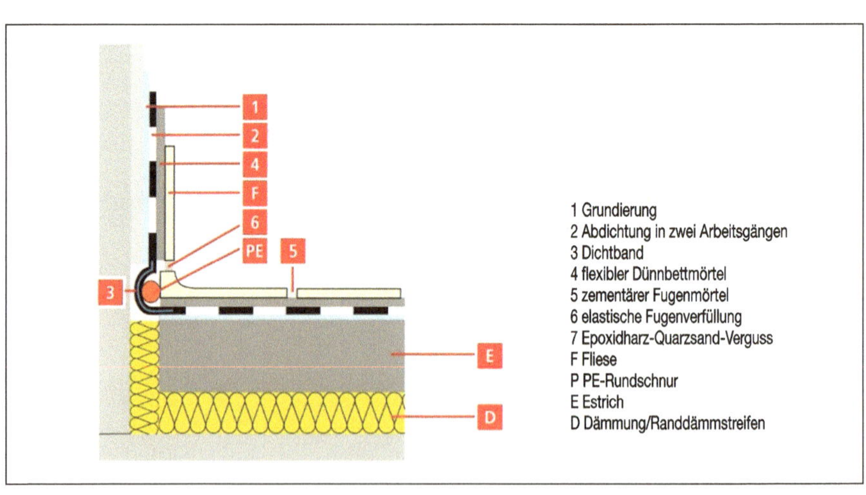

Bild 14: Detaillösung: Hohlkehlsockel

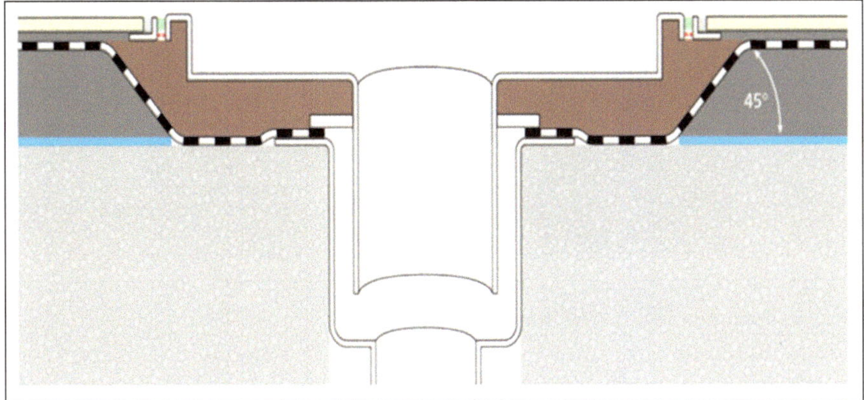

Bild 16: Verbundestrichkonstruktion

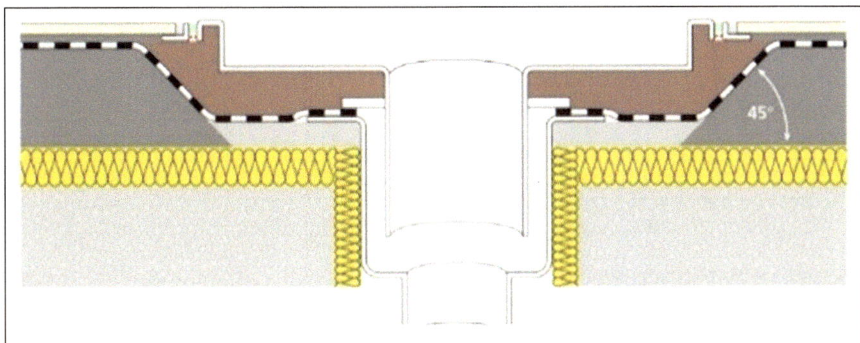

Bild 17: schwimmende Estrichkonstruktion

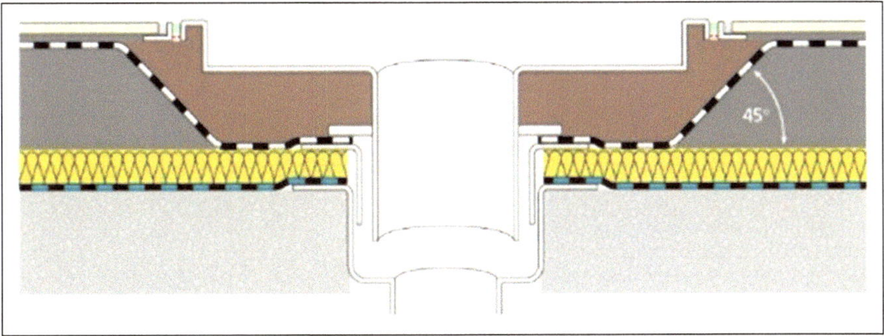

Bild 18: Konstruktion mit zwei Abdichtungsebenen

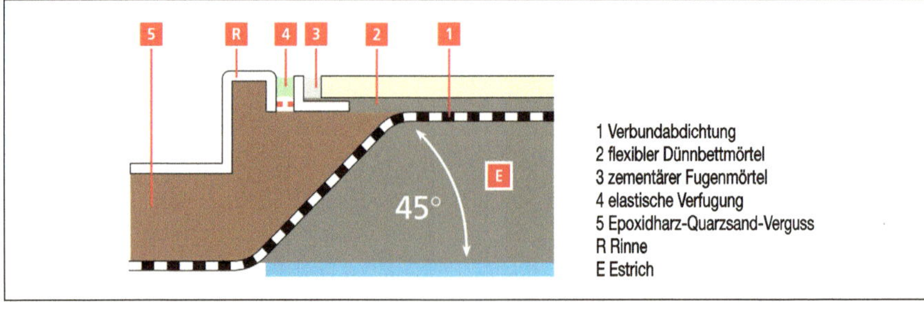

Bild 19: Rinnenausschnitt mit umlaufenden Edelstahlprofilen

Bild 20: Rinnenausschnitt mit umlaufendem Edelstahlwinkelrahmen als Kantenschutz für die Fliese und Trennung zwischen Rinne und Fliesenbelag

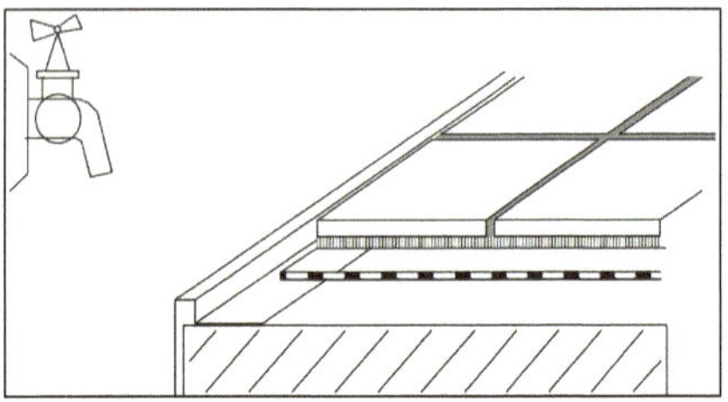

Bild 22: Warmrinne, thermisch belastet

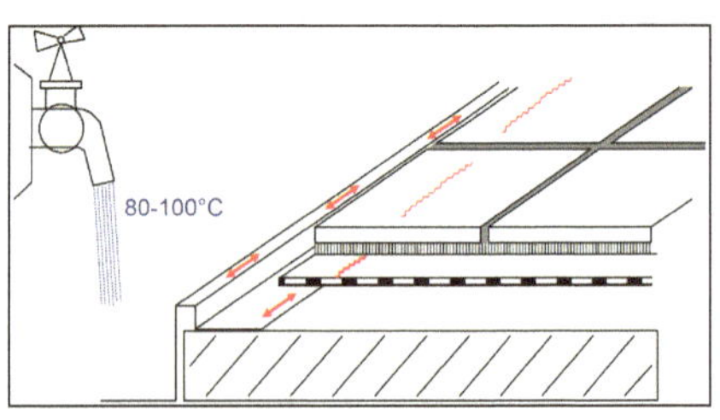

Bild 23: Warmrinne, thermisch belastet

Bild 21: Hohe Belastung in der täglichen Nutzung

weiligen Fußbodenaufbau sind die in den Bildern 14–27 dargestellten Lösungen möglich. Wird nur mit kalten Flüssigkeiten gearbeitet, kann ein Anschluss direkt erfolgen.
Die Abdichtungsarbeiten sind ein sensibles Gewerk, insofern sollte eine begleitende und dokumentierte Qualitätssicherung stattfinden. Dies beinhaltet die Schichtdickenüberprüfung sowie die Ausführung und Bewertung der Detailausführung.

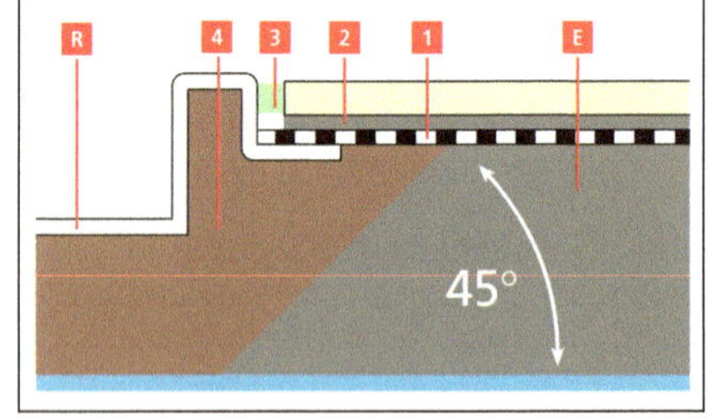

Bild 24: Bei nicht thermisch belasteten Rinnen ist der Anschluss der Verbundabdichtung direkt am Rinnenkörper möglich.

Bild 25: Rinne mit besandetem Flansch

Bild 26: Systemaufbau einer Rinne

Neu ist, dass man durch die Kombination der Gewerke Fliesen und Abdichtung als Planer die Bedürfnisse des Fliesengewerks von Anfang an mit im Focus haben muss. Die Unterkonstruktionen müssen trocken und formstabil sowie maßgenau sein, damit eine Fliesenverlegung im Dünnbett erfolgen kann. Um die Diskussionen auf der Baustelle zu vermeiden, sind in den hoch beanspruchten Bereichen auch nur feuchtigkeitsunempfindliche Untergründe zu planen und einzubauen.

Natürlich bleibt es dem Planer überlassen, je nach Sensibilität und Lage der abzudichtenden Fläche, mehrere Abdichtungssysteme miteinander einzubauen bzw. zu kombinieren. Voraussetzung ist natürlich, dass dies konstruktiv möglich ist und die Details an den Stellen, an denen die Systeme miteinander konfrontiert werden, sauber gelöst sind. Unabhängig von diesem Sicherheitsgedanken stellen die heute verwendeten flüssig zu verarbeitenden Verbundabdichtungen unter Berücksichtigung der zuvor genannten Punkte ein sicheres Abdichtungssystem dar, welches den Belastungen in hoch beanspruchten Be-

Bild 27: Blick auf den kapillardichten Verguss einer Großküchenrinne

reichen dauerhaft gewachsen ist. Viele Beispiele aus der Praxis beweisen dies! Die größeren bauchemischen Hersteller unterstützen Planung und Ausführung durch ihre Anwendungstechnik- und Objektberatungsteams.

Dipl.-Ing. Mario Sommer
Studium des Bauingenieurwesens an der FH Wiesbaden, Schwerpunkt Baubetrieb mit Betontechnologischer Zusatzausbildung; 1997–1999 Bautechnischer Berater der Ato Findley Deutschland GmbH; 1999–2003 Stellvertretender Leiter der Abteilung Anwendungstechnik der Sopro Bauchemie GmbH mit dem Schwerpunkt Estrich, Abdichtung, Fliesen, Platten, Naturstein, Betonsanierung und Straßenbau; 2004–2006 Leiter der Abteilung Objektberatung; seit 2006 Leitung der Abteilung Anwendungstechnik/Objektberatung; Verantwortlich für das Seminar- und Vortragswesen; seit März 2009 Prokurist bei Sopro Bauchemie GmbH, Wiesbaden.

Qualitätsklassen bei Weißen Wannen – Gleichwertige Lösungen trotz verschiedener Abdichtungsstrategien

Dipl.-Ing. Karsten Ebeling, ö.b.u.v. Sachverständiger für Betontechnologie und Betonbau der IngKN, Ingenieur- und Sachverständigen-Partnerschaft ISVP Lohmeyer + Ebeling, Burgdorf

1 Regelwerke, Vorschriften

Wasserundurchlässige Bauwerke aus Beton, kurz Weiße Wannen, werden in der Baupraxis seit vielen Jahrzehnten erfolgreich eingesetzt. Das Anwendungsgebiet umfasst dabei sowohl Bauaufgaben im Ingenieurbau (z. B. Wasserbehälter) als auch im Hochbau (z. B. wohnraumartig genutzte Untergeschosse). Die Anforderungen an die wasserundurchlässigen Bauwerke sind dabei sehr unterschiedlich und sind der jeweiligen Nutzung anzupassen und/oder sind durch spezielle Besonderheiten und Bauherren- bzw. Nutzerwünsche zu ergänzen.

In DIN EN 1992-1-1 [1] und im zugehörigen nationalen Anhang NA [2] sind die für den Stahlbetonbau üblichen Anforderungen an die Bemessung mit Bewehrungsregeln enthalten. Allgemeine betontechnologische Anforderungen an den Baustoff Beton sind in DIN EN 206-1 [4] und DIN 1045-2 [5] geregelt. Darüber hinausgehende Anforderungen an die Gebrauchstauglichkeit sind in der im Mai 2004 erschienenen Richtlinie „Wasserundurchlässige Bauwerke aus Beton" des Deutschen Ausschusses für Stahlbeton (DAfStb) [7] enthalten. Diese Richtlinie, kurz als WU-Richtlinie bezeichnet, wird durch zugehörige Erläuterungen im DAfStb-Heft 555 [8] und das Positionspapier des DAfStb „Wasserundurchlässige Bauwerke aus Beton – Feuchtetransport durch WU-Konstruktionen zum Feuchteschutz" [10] ergänzt.

Für hochwertige Nutzungen bietet das Merkblatt „Hochwertige Nutzung von Untergeschossen – Bauphysik und Raumklima" des Deutschen Beton- und Bautechnik-Vereins E.V. [11] zusätzliche Erläuterungen für bauphysikalische und raumklimatische Anforderungen.

Eine umfassende Darstellung der Thematik Weißer Wannen mit Erläuterungen zu vorhandenen Regelwerken, Rechenbeispielen und Erfahrungen aus langjähriger Ausführungs-, Beratungs- und Sachverständigentätigkeit sind im Fachbuch „Weiße Wannen – einfach und sicher" [19] zusammengefasst.

2 Der Qualitäts-Begriff

Um das Thema der Qualität zu behandeln, ist es zunächst erforderlich, den Begriff dafür näher zu erläutern. Der Begriff Qualität kommt von dem lateinischen Wort qualitas. Übersetzt bedeutet dieses Beschaffenheit, Merkmal, Eigenschaft, Zustand.

Mit dem Begriff Qualität werden heute entsprechend dem Duden allgemein mehrere Bedeutungen verbunden:

- Gesamtheit von charakteristischen Eigenschaften, Beschaffenheit
- gute Eigenschaft einer Sache
- Güte, etwas von einer bestimmten Qualität

In unserer heutigen medialen Welt ist der Begriff Qualität jedoch zu einem Schlagwort vielfach ohne besonderen Wert verallgemeinert worden und wird im Sprachgebrauch vielfältig verwendet.

Gerade für den technischen Bereich ist es daher unzureichend, beispielsweise lediglich von Qualität bei Weißen Wannen zu sprechen. Diese undifferenzierte Bezeichnung lässt sich vergleichen mit Anforderungen an Sichtbeton. Auch hier wird gelegentlich ein „qualitativ hochwertiger Sichtbeton" für Bauaufgaben gefordert, der nicht genügend Substanz für eine spätere Bewertung hinsichtlich eines gewünschten Erfüllungsstatus oder optischen Erscheinungsbildes beinhaltet.

Die Bewertung von Qualität bedarf somit entsprechender Kriterien, die beispielsweise als Maßstab für geforderte Eigenschaften und Merkmale festgelegt sein müssen. Merkmale von Qualität können dabei neben der Erfüllung von technischen Anforderungen wie Gebrauchstauglichkeit, Zuverlässigkeit, Sicherheit und Haltbarkeit auch die Wartungsfreundlichkeit, Funktionstüchtigkeit, Ausstattung, Umweltfreundlichkeit, „Design" und das subjektive Empfinden beinhalten.

3 Qualität in der Planung

Die jeweils benötigte Qualität ist einerseits abhängig von der Art der Bauaufgabe mit den zugehörigen normativen Anforderungen, andererseits aber auch von den Vorstellungen und Wünschen des Bauherrn hinsichtlich der späteren Nutzung.

Gerade im Hinblick auf hochwertige Nutzungen darf der Begriff Qualität jedoch nicht dahin gedeutet werden, dass von Bauherrenseite „lediglich" hochwertige Ausbaustoffe und vorgesehene Einrichtungen den Qualitätsbegriff umfassen, insbesondere wenn diese dem Konzept einer später zugänglichen Rohbaukonstruktion als einer einfachen und sicheren Weißen Wanne entgegenstehen.

Ein wesentliches Qualitätsmerkmal bei Weißen Wannen stellt in der Regel die wasserundurchlässige Konstruktion mit dem Ziel dar, im Nutzungszustand kein Wasser in flüssiger Form durch Risse, Fehlstellen oder Fugen in genutzten Räumlichkeiten zuzulassen und somit die Gebrauchstauglichkeit sicherzustellen. Gerade in diesem Punkt ist besondere Aufklärung des Bauherrn durch den Planer nötig, denn eine hundertprozentige Sicherheit gegen spätere lokale Durchfeuchtungen kann in Untergeschossen mit Druckwasserbeaufschlagung nicht gegeben werden. Dieses gilt unabhängig von der Art der Abdichtung für schwarze, weiße oder braune Wannen. Das Bauen im Erdreich mit Druckwasserbeaufschlagung beinhaltet im Hinblick auf später auftretende örtliche Durchfeuchtungen auch bei geeigneter Konstruktion immer ein „Rest"-Risiko, dass der Bauherr eingehen muss.

Beanstandungen und Durchfeuchtungen, die ihre Ursache im planerischen Bereich haben, resultieren sehr häufig aus fehlender Klärung und Berücksichtigung von notwendigen Randbedingungen, die für eine Weichenstellung der Planung unabdingbar sind. Die mangelnde Festlegung von technischen Aufgabenbereichen und Verantwortlichkeiten sowie eine unzureichende Koordination mit ungenügendem Informationsaustausch der am Bau Beteiligten sind weitere Einflussfaktoren auf die spätere Qualität.

Damit bei Beginn der Planung Klarheit über die gewünschte bzw. erforderliche technische Qualität entsteht, sind vom Planer gemeinsam mit dem Auftraggeber (Bauherr bzw. Nutzer) die Anforderungen an die Weiße Wanne im Einzelnen festzulegen. Zur Bestimmung von Qualitätsmerkmalen eignet sich am besten eine Klassifizierung der Weißen Wanne in jeweils zutreffende Klassen. Die Klassifizierung ermöglicht die Erfassung des benötigten Leistungsprofils unter Berücksichtigung der projektbezogenen Randbedingungen und bietet gleichzeitig die Möglichkeit einer vereinheitlichten Sprachregelung untereinander. Dieser Vorschlag beinhaltet unter anderem nachfolgende, übergeordnete Klasseneinteilungen:

- Klassen der Beanspruchung (BK) mit Bemessungswasserstand (BWS) und chemischer Wasseranalyse nach DIN 4030
- Klassen der Nutzungsart (NK)
- Klassen der Entwurfsgrundsätze (E)
- Klassen der Rissbreiten (RW)
- Klassen der Einwirkung (EK)
- Klassen der Fugenabdichtung (FUG)
- Klassen für die Qualität der Dichtheit von Beton (WU1, WU2, WU3-Beton, GU-Beton, …)
- Klassen der Bauweise (BW)
- Klassen der Einbauteile (EBT)

Einige der vorstehenden Klassen für die Klassifizierung von Weißen Wannen werden nachstehend im Einzelnen beschrieben und erläutert.

3.1 Klassifizierung der Wasserbeanspruchung

Für alle Bauaufgaben ist stets die Gründungssituation zu erkunden. Das bedeutet, dass der Bauherr einen fachkundigen Baugrundsachverständigen beauftragen muss, um die Gegebenheiten des Baugrunds ausreichend festzustellen.

Die Baupraxis zeigt bereits für diese eigentlich unverzichtbare Aufgabe, dass hier nicht die nötige Sorgfalt und der erforderliche Umfang aufgewendet werden. Nicht selten wird lediglich auf gegebenenfalls vorhandene ältere Bestandsunterlagen aus Nachbarbebauungen zurückgegriffen ohne ausreichende Prüfung der Eignung für die anstehende neue Bauaufgabe.

Aussagen zur Wasserbeanspruchung sind in einigen Baugrundgutachten nicht enthalten oder diese sind widersprüchlich oder sie sind unvollständig und entsprechen in keiner Weise den Detailanforderungen, die für erdbe-

Tabelle 1: Klassifizierung der Wasserbeanspruchung [7], [15], [19]

Merkmal	Klassen-bezeichnung	Erläuterung, Beschreibung
Beanspruchung BK1 (Druckwasser)	BK1-dW	drückendes Grundwasser
	BK1-ndW	nichtdrückendes Wasser
	BK1-zaS	zeitweise aufstauendes Sickerwasser
Beanspruchung BK2 (Feuchte)	BK2-nsS	nichtstauendes Sickerwasser
	BK2-Bf	Bodenfeuchte
Bemessungswasser-stand (h_{BWS})	BWS	Höhe des höchsten planmäßigen Wasserstandes, der sich innerhalb der vorgesehenen Nutzungsdauer aus zu erwartendem Grundwasser, Schichtenwasser oder Hochwasser ergibt. Angabe in mNN und zusätzlich bezogen auf OKFF EG in m.
Chem. Wasseranalyse nach DIN 4030	XA	z. B. XA2 mit Zusatzangabe für Sulfatgehalt > 600 mg/l, nach DIN 4030: SR-Zement oder glw.

rührte Weiße Wannen-Konstruktionen erforderlich sind. Die erweiterte Klassifizierung in Tabelle 1 ermöglicht es, dass einerseits der Baugrundsachverständige die notwendigen Aussagen zur Wasserbeanspruchung eindeutig ermittelt; andererseits können Planer sowie Ausführende die Vollständigkeit der Angaben prüfen und im Bedarfsfall Einzelpunkte nachfordern. In den Beanspruchungsklassen für Druckwasser BK1 oder für Feuchte BK2 wird über die Klassifizierung deutlich, ob das Bauwerk beispielsweise im Grundwasser steht (Klasse BK1-dW) oder durch einen Wanneneffekt infolge aufstauenden Sickerwassers nur zeitweise beansprucht wird (BK1-zaS). Die Festlegung des maßgebenden Bemessungswasserstandes soll in Metern bezogen auf Normal-Null (m NN) und zusätzlich beispielsweise auf Oberkante Fertigfußboden im Erdgeschoss (OKFF EG) in Metern erfolgen.

3.2 Klassifizierung der vorgesehenen Nutzung

Mit der Zunahme der Anwendungsbreite von Weiße-Wannen-Konstruktionen sind auch die Ansprüche und Erwartungen an diese Bauweise gewachsen. Die Vielzahl von Nutzungswünschen erfordert jedoch eine frühzeitige Klärung und Festlegung notwendiger Randbedingungen. Die WU-Richtlinie [7] verlangt unter anderem die Festlegung von Nutzungsklassen für normale/einfache bzw. hochwertige Nutzungen. Obwohl dieses eine unerlässliche Festlegungsgröße für Weiße Wannen ist, findet diese leider nicht immer Eingang in Planungen und Leistungsverzeichnissen. Das DBV-Merkblatt „Hochwertige Nutzung von Untergeschossen" [11] unterscheidet Untergeschosse mit hochwertigen Nutzungen in weitere Unterklassen, für die zusätzliche Anforderungen mit bauphysikalischen und raumklimatischen Maßnahmen bedeutsam werden. Aus Sicht des Autors ist es sinnvoll, die technischen Qualitätsmerkmale hochwertiger Nutzungen zu detaillieren. Die Klassifizierung in Tabelle 2 berücksichtigt dieses.

3.3 Klassifizierung für die Entwurfsgrundsätze

Auf der Grundlage der Wasserbeanspruchung und der vorgesehenen Nutzung ist es Aufgabe des Planers, einen geeigneten Entwurfsgrundsatz für die Weiße-Wannen-Konstruktion festzulegen. Ganz allgemein können dabei 4 Bauweisen unterschieden werden, die in Tabelle 3 in entsprechenden Klassen zusammengestellt sind. Jede dieser Bauweisen beinhaltet unterschiedliche Vorgehensweisen. Nach Auffassung des Autors sollte vom Planenden zunächst versucht werden, jede Konstruktion so zu optimieren, dass eine Bauweise der Klasse E-RV zur Vermeidung

Tabelle 2: Klassifizierung der Nutzungsvorstellungen [7], [11], [15], [19]

Qualitäts-merkmal	Klassen-bezeicnung	Erläuterung, Beschreibung		
Nutzungs-klasse A	NK-A	Feuchtetransport in flüssiger Form unzulässig und Feuchtstellen als Folge von Wasserdurchtritt auf der Bauteil-oberfläche unzulässig	NK-A$_s$	anspruchsvoll
			NK-A$_n$	normal
			NK-A$_e$	einfach
			NK-A$_u$	untergeordnet
		zusätzliche Maßnahmen für trockenes Raumklima, keine Tauwasserbildung	raumklimat. Maßnahmen (Heizung, Lüftung)	
			bauphysikal. Maßnahmen (z. B. Wärmeschutz)	
Nutzungs-klasse B	NK-B	Feuchtetransport in flüssiger Form in begrenztem Maße sowie Feucht-stellen mit Dunkelverfärbungen, ggf. auch Wasserperlen zulässig.		
„freie" Klasse	NK-F	Von NK-A bzw. NK-B abweichende Anforderungen an die Gebrauchstauglichkeit im Bauvertrag bzw. in Entwurfsunter-lagen regeln		

von Trennrissen ermöglicht werden kann. Für Bodenplatten erfordert dieses eine ebene Unterseite ohne Vertiefungen und ausreichende Bewegungsmöglichkeit. Für Außenwände der Klasse BK1 mit Nutzungsklassen NK-A erfordert dieses für Ortbetonbauteile enge Fugenabstände.

Die Bauweise der Rissbreitenbegrenzung von Trennrissen ohne Selbstheilung der Klasse E-RB ist für hochwertige Nutzungen der Klassen NK-A ohne zusätzlich planerische Dichtmaßnahmen nicht anwendbar. Für den Entwurfsgrundsatz „Trennrisse mit Selbstheilung" der Klasse E-RS ist zu prüfen, ob dieser überhaupt für die vorgesehene Nutzung anwendbar ist. Für hochwertige Nutzungen erfordert dieses eine frühzeitige Wasserbeanspruchung in der Rohbauphase in Höhe des Bemessungswasserstandes, der ausreichend lange anhält und überhaupt eine Selbstheilung ermöglichen kann. Zudem darf dafür das Wasser nicht chemisch angreifend sein. Hierbei zeigt sich, dass diese Vorgehensweise für hochwertige Nutzungen nur selten anwendbar sein wird und bei Beanspruchungsklasse BK1-zaS nicht möglich ist. Konstruktionen bzw. Bereiche mit nicht vermeidbaren Trennrissen bei Bauteilen der Beanspruchungsklasse BK1 mit hochwertigen

Nutzungsklassen NK-A erfordern zwingend planerisch zusätzliche Dichtmaßnahmen (Klasse E-RA). Zudem ist zu prüfen, ob diese Bauteile späterem Zwang ausgesetzt sind und ob Dichtmaßnahmen in der Nutzungsphase auch bei ausreichender späterer Zugänglichkeit Nutzungseinschränkungen oder Betriebsstörungen zur Folge haben würden. Wenn dieses zu bejahen ist, ist diese Bauweise aufgrund des späteren Durchfeuchtungsrisikos nicht anwendbar.

3.4 Klassifizierung für die rechnerischen Rissbreiten

Jeder statischen Berechnung sollte die festgelegte rechnerische Rissbreite zu entnehmen sein. Hierfür bieten sich Unterteilungen in Rissklassen RW nach Tabelle 4 an. Die Tabelle 4 enthält zusätzliche Hinweise zu den Randbedingungen für entsprechende Rissklassen.

3.5 Klassifizierung für unterschiedliche Einwirkungsklassen

Neben Klassifizierungen zu rechnerischen Rissbreiten und Entwurfsgrundsätzen kann dem Planer die Auflistung möglicher Einwirkungen über Einwirkungsklassen der Tabelle 5 hilfreich sein. Diese Klassifizierung bietet

Tabelle 3: Klassifizierung der Entwurfsgrundsätze [7], [15], [19]

Qualitätsmerkmal	Klassen-bezeichnung	Erläuterung, Beschreibung
Rissvermeidung	E-RV	Entwurfsgrundsatz: „Rissvermeidung durch bautechnische Maßnahmen" (Bauweise zur Vermeidung von Trennrissen)
Rissbreitenbegrenzung ohne Selbstheilung	E-RB	Entwurfsgrundsatz: „Trennrisse mit Rissbreitenbegrenzung" (Bauweise mit Trennrissen begrenzter Rissbreite)
Rissbreitenbegrenzung mit Selbstheilung	E-RS	Entwurfsgrundsatz: „Trennrisse mit Selbstheilung" (Bauweise mit Trennrissen und Selbstheilung)
Risse mit Abdichtung	E-RA	Entwurfsgrundsatz: „Risse mit Abdichtung" (Bauweise mit zugelassenen Trennrissen in Kombination mit planerisch festgelegten Dichtmaßnahmen)

Tabelle 4: Klassifizierung für rechnerische Rissbreiten [15], [19]

Merkmal	Klassen-bezeich-nung	Erläuterung, Beschreibung
$w_k = 0,00$ mm	RW0	= Entwurfsgrundsatz E-RV
$w_k = 0,10$ mm	RW10	– Anwendung für Entwurfsgrundsatz E-RB und E-RS – RW20 zulässig als Rechenwert für Wände bei BK2
$w_k = 0,15$ mm	RW15	
$w_k = 0,20$ mm	RW20	
$w_k = 0,25$ mm	RW25	– nur Korrosionsschutz der Bewehrung; keine Selbstheilung möglich; – Anwendung bei BK1 nur mit E-RA und nur mit besonderer fachlicher Aufklärung bei Zustimmung des Bauherrn; – Anwendung bei BK2 mit E-RB nur für Sohlplatten mit RW30 als zulässigem Rechenwert; – RW30 ungeeignet für direkt befahrene Sohlplatten od. Decken
$w_k = 0,30$ mm	RW30	
$w_k = 0,35$ mm	RW35	nur geeignet in Sonderfällen mit Abdichtung der Risse nach Entwurfsgrundsatz E-RA
$w_k = 0,40$ mm	RW40	

die Möglichkeit, die vorgesehenen WU-Bauteile hinsichtlich möglicher Einwirkungen bei der Planung zu überprüfen. Vielfach finden in statischen Berechnungen lediglich Einwirkungen aus dem Lastfall Abfließen der Hydratationswärme Berücksichtigung (Lastfall Früher Zwang, Klasse EK-FZ). Jedoch können zusätzlich andere Einwirkungen wesentlich kritischere Beanspruchungen hervorrufen.

Beispielsweise ergeben sich für Bodenplatten in Untergeschossen bei Hochbauten oder Parkbauten, die längere Gesamterstellungszeiten und langanhaltende Wasserhaltungen erfordern, Einwirkungen aus spätem Zwang durch Schwinden des Betons (Klasse EK-SZ). Für die Einhaltung bestimmter rechnerischer Rissbreiten werden in diesen Fällen wesentlich umfangreichere Bewehrungen und/oder

Tabelle 5: Klassifizierung für unterschiedliche Einwirkungen [15], [19]

Qualitäts-merkmal	Klassen-bezeichnung	Erläuterung, Beschreibung
Einwir-kungs-klasse (EK)	EK-BZ	Bauzustand z. B. durch Baubetrieb, Temperaturunterschiede
	EK-FZ	früher Zwang durch Abfließen der Hydratationswärme
	EK-SZ	später Zwang durch Schwinden des Betons
	EK-T	Temperatur, z. B. bei belüfteten Tiefgaragen, Becken, Behältern
	EK-A	Auftrieb, z. B. bei Kellern mit geringer Auflast im Druckwasser
	EK-F	Flüssigkeitsdruck, z. B. Wasserdruck bei Kellern, Behältern, Becken
	EK-S	Setzungen, z. B. durch unterschiedlichen Baugrund
	EK-V	Belastungen durch Fahrverkehr Pkw, Lkw, Stapler, Sonderfahrzeuge

Tabelle 6: Vorschlag zur Klassifizierung für die jeweilige Art der Bauweise [15], [19]

Qualitäts-merkmal	Klassen-bezeichnung	Erläuterung, Beschreibung
Art der Bauweise (BW-Klasse)	BW-OB	Ortbeton
	BW-EW	Elementwand (Dreifachwand)
	BW-FTW	Fertigteilwand
	BW-ED	Elementdecke
	BW-FTD	Fertigteildecke

zusätzlich spätere Dichtmaßnahmen benötigt.

3.6 Klassifizierung für die Art der vorgesehenen Bauweise

In der statischen Berechnung ist weiterhin die Art der vorgesehenen Bauweise für die jeweiligen WU-Bauteile zu berücksichtigen. Sollen die Außenwände der Weißen Wanne in Ortbeton (Klasse BW-OB), mit Elementwänden (Dreifachwänden) (Klasse BW-EW) oder mit Fertigteilwänden (Klasse BW-FTW) ausgeführt werden? So sind beispielsweise für Tiefgaragendecken mit Erdüberdeckung die Ortbetonlösungen oder Elementdecken (Klasse BW-ED) bzw. Fertigteildecken (Klasse BW-TFD) geeignete Ausführungsvarianten, deren zugehörige statische Besonderheiten für die vorgesehene Nutzung entsprechend geprüft

und entschieden werden müssen. Die Tabelle 6 zeigt dazu den Vorschlag zur Klassifizierung.

3.7 Klassifizierungen für den Beton

Zur Sicherstellung der Dauerhaftigkeit sind nach DIN EN 1992-1-1 [1] und DIN 1045-2 [5] für jedes Bauteil die maßgebenden Expositionsklassen festzulegen. Zusätzlich ergeben sich aus statischen Erfordernissen und aus Gründen der Dauerhaftigkeit die zutreffenden Mindestbetondruckfestigkeitsklassen.

Für Weiße Wannen ist zusätzlich ein geeigneter wasserundurchlässiger Beton festzulegen. Auch hierfür müssen planerisch die richtigen Festlegungen getroffen werden. Tabelle 7 enthält dazu einen Vorschlag für die unterschiedlichen Dichtheitsklassen mit WU1-Beton, WU2-Beton oder WU3-Beton. Der Autor

Tabelle 7: Dichtheitsklassen mit Zusatzanforderung für das Größtkorn [7], [15], [19]

Qualitäts-merkmal	Klassen-bezeichnung	Erläuterung, Beschreibung
Dichtheits-klasse mit Zusatzanfor-derung Größtkorn	WU1-Beton	Wasserundurchlässigkeit nur nach DIN EN 206-1/DIN 1045-2
	WU2-Beton	Wasserundurchlässigkeit bei Ausnutzung der Mindestbauteildicken
	WU3-Beton	Wasserundurchlässigkeit, schwindarm, geringe Wärmeentwicklung
	FD-Beton	flüssigkeitsdichter Beton
	FDE-Beton	flüssigkeitsdichter Beton mit Eindringprüfung
	GU-Beton	Gasundurchlässigkeit
	Größtkorn	32 mm (-32) ; 16 mm (-16) ; 8 mm (-8)

empfiehlt für Weiße Wannen als Standard die Klasse WU3-Beton. Hierbei ist neben der Eigenschaft „Beton mit hohem Wassereindringwiderstand" zusätzlich ein schwindarmer Beton mit geringem Zementleimvolumen und ein Beton mit geringer Wärmeentwicklung zu erfüllen. Für besondere Anwendungen können weitergehende Anforderungen notwendig werden, z. B. FD-Beton, FDE-Beton oder GU-Beton.

3.8 Klassifizierungen für Fugenabdichtungen

In der WU-Richtlinie [7] werden genormte, geregelte und nicht geregelte Fugenabdichtungen unterschieden. Zudem wird gefordert, dass alle Fugen bei Weißen Wannen einschließlich deren Kreuzungspunkten detailliert zu planen sind.

Die Baupraxis zeigt, dass Fugenabdichtungen vielfach nicht oder nicht ausreichend detailliert geplant werden. Leistungsbeschreibungen enthalten nicht selten lediglich eine Aufzählung mehrerer Fugenabdichtungen, ohne dass diese planerisch bei der Konstruktion und Ausbildung der Bauteile berücksichtigt werden.

Um die Qualitätsmerkmale für die vorgesehene Fugenabdichtung einheitlich festzulegen und damit Planern und Ausführenden gleichermaßen die Voraussetzungen für die gezielte und eindeutige Anwendung bei der Vielzahl der Fugenabdichtungen geben zu können, ist es sinnvoll, die verschiedenen Fugenabdichtungen in drei Klassen mit zugehörigen Unterklassen zu gliedern. Die Tabelle 8 zeigt die entsprechende Einteilung dazu.

3.9 Klassifizierungen für Einbauteile

In der WU-Richtlinie [7] werden Einbauteile begrifflich bei Durchdringungen mit erfasst. Danach heißt es unter der Begriffsfestlegung 3.7, dass eine Durchdringung vorliegt, wenn ein Einbauteilteil das wasserundurchlässige Bauwerk durchdringt, z. B. Rohrleitungen, Abläufe, Kabeldurchführungen, Schalungsanker.

Im Abschnitt 4 – Aufgaben der Planung – der WU-Richtlinie [7] wird darauf hingewiesen, dass Durchdringungen unter Berücksichtigung fehlstellenfreier Ausführbarkeit so zu planen sind, dass die Anforderungen an die Wasserundurchlässigkeit eines Bauwerks erfüllt werden. Alle Durchdringungen sind dabei jeweils angepasst an die Beanspruchungsklasse grundsätzlich planmäßig mit aufeinander abgestimmten Systemen wasserundurchlässig auszubilden.

In der Baupraxis zeigen sich leider vermehrt Durchfeuchtungen im Bereich von Rohrleitungen oder Kabeldurchführungen, die ohne die zuvor beschriebenen Anforderungen der WU-Richtlinie [7] hergestellt wurden.

Aus Sicht des Autors ist es daher zielführend, die allgemeinen Anforderungen der WU-Richtlinie durch konkrete Klassifizierungen für die Einbauteile bereits in Leistungsverzeichnissen eindeutig zu beschreiben. Die Tabelle 9 zeigt den Vorschlag für Klassifizierungen von Einbauteilen (Klassen EBT).

Tabelle 8: Klassifizierung für Fugenabdichtungen [7], [15], [19]

Qualitätsmerkmal	Klassenbezeichnung		Erläuterung, Beschreibung
Fugenabdichtung geregelt in Normen (N)	FUG-N	-F, -FS, -A	Dehnfugenband als Elastomerband nach DIN 7865
		-FM, -FMS, -AM, -FA, -FAE	Arbeitsfugenband als Elastomerband nach DIN 7865
		-A, -AA	Arbeitsfugenband aus thermoplastischen Kunststoffen nach DIN 18541
		-D, -DA, -FA	Dehnfugenband aus thermoplastischen Kunststoffen nach DIN 18541
Fugenabdichtung geregelt in WU-Rili (R)	FUG-R	-UB	unbeschichtetes Fugenblech (UB)
Fugenabdichtung nicht geregelt, jedoch mit Prüfzeugnis (P)	FUG-P	-BB	beschichtetes Fugenblech (BB)
		-DR	Dichtrohr (DR)
		-SS	Sollriss-Schiene mit Injektionssystem und/ oder quellfähiger Fugeneinlage (SS)
		-IS	Injektionssysteme in Kombination mit Füllstoffen nach DIN EN 1504-5 (IS)
		-AS	außen liegende streifenförmige Dichtungen mit Stoffen nach DIN 18195-2 (AS)
		-KD	Kompressionsdichtungen (KD)
		-QP	Quellprofil (QP) z. B. Quellbänder, Quellmaterialstreifen
		-FB	nicht in Regelwerken genormte, Fugenbänder (FB)

Tabelle 9: Klassifizierung für Einbauteile [15], [19]

Qualitätsmerkmal	Klassenbezeichnung	Erläuterung, Beschreibung
Klasse für Einbauteile (EBT)	EBT-RD	Rohrdurchführung mit spezieller Wassersperre
	EBT-FT	Fertigteil z. B. für Anschlussschacht, Pumpensumpf, Lichtschacht
	EBT-KD	Kabeldurchführungen mit Dichtpackung und Deckelverschluss
	EBT-ELT	Abzweigdosen für Elektroinstallation
	EBT-EBK	Einbaukasten z. B. für Beleuchtungskörper

Tabelle 10: Klassifizierung für Schalungsanker und Abstandhalter [12], [15], [19]]

Qualitäts-merkmal	Klassen-bezeichnung	Erläuterung, Beschreibung
Schalungs-ankerklasse (SA)	SA-MS	Schalungsanker mit Mittelscheibe als Wassersperre und Konus
	SA-GS	Schalungsanker mit Gewindestück als Wassersperre und Konus
	SA-BA	Schalungsanker mit besonderer Abdichtung
	SA-MS/HR	Schalungsanker im Hüllrohr mit Mittelscheibe und Konus
geprüfte Abstandhal-terklasse (AB)	AB-A	hoher Eindringwiderstand, Widerstand gegen chem. Angriff
	AB-F	Widerstand gegen Frost-Tau-Widerstand
	AB-T	Widerstand gegen Temperaturbeanspruchung
	AB-V	Widerstand gegen Verschleißbeanspruchung
	Typ	als Zusatzbezeichnung zur AB-Klasse
		A = radförmig
		B1 = punktförmig, nicht befestigt
		B2 = punktförmig, befestigt
		C1 = linienförmig, nicht befestigt
		C2 = linienförmig, befestigt
		D1 = flächenförmig, nicht befestigt
		D2 = flächenförmig, befestigt
Klasse für Einbauteile (EBT)	EBT-RD	Rohrdurchführung mit spezieller Wassersperre
	EBT-FT	Fertigteil, z. B. für Anschlussschacht, Pumpensumpf, Lichtschacht
	EBT-KD	Kabeldurchführungen mit Dichtpackung und Deckelverschluss
	EBT-ELT	Abzweigdosen für Elektroinstallation
	EBT-EBK	Einbaukasten z. B. für Beleuchtungskörper

3.10 Klassifizierungen für Schalungs-anker und Abstandhalter

Nach der WU-Richtlinie [7] dürfen nur geeignete Schalungsanker und Abstandhalter für Weiße Wannen eingesetzt werden, die die Wasserundurchlässigkeit des Bauwerks örtlich nicht beeinträchtigen und nicht zu verbleibenden Hohlräumen führen. Der Deutsche Beton- und Bautechnik-Verein E.V. bietet in seinem Internetauftritt eine Liste von geprüften Abstandhaltern. Eine frühzeitige Festlegung von Schalungsankern (Klassen SA) und geprüften Abstandhaltern (Klassen AB) mit zugehöriger Spezifizierung ermöglicht auch hier eine Vereinheitlichung der Sprachregelung und kann helfen, dass die hierfür zusätzlichen Maßnahmen nicht geplant bzw. bei der Ausführung vergessen werden. Die Tabelle 10 zeigt den Vorschlag für die Klasseneinteilungen für Schalungsanker und geprüfte Abstandhalter.

3.11 Verfügbarkeit einer Checkliste für die Klassifizierungen

Zur Erleichterung der Handhabung von Klassifizierungen für Weiße Wannen in Leistungsbeschreibungen und zur Abstimmung bei Planung und Ausführung ist eine Checkliste als Download im Internet verfügbar unter www.isvp.de/Betonberatung.html (Buttom Weiße Wannen). Detaillierte Erläuterungen zu den Klassifizierungen enthält das Fachbuch „Weiße Wannen – einfach und sicher" [19].

3.12 Gleichwertigkeit von Lösungen trotz unterschiedlicher Abdichtungsstrategien

Die Bauweise von Weißen Wannen ist in der WU-Richtlinie des DAfStb geregelt. Sie beinhaltet unterschiedliche Lösungen zur Herstellung einer Weiße-Wanne-Konstruktion. Aus Sicht des Unterzeichners weisen die in der WU-Richtlinie aufgezeigten Wege zur Planung und Herstellung von Weißen Wannen in Abhängigkeit der jeweiligen Bauaufgabe Vorteile und/oder Merkmale auf, die besondere Beachtung und Sorgfalt erfordern. Der Begriff „Gleichwertigkeit" ist daher kein geeigneter technischer Ansatz zur Einordnung unterschiedlicher Möglichkeiten zur Herstellung einer Weißen Wanne. Einige Beispiele sollen dieses nachstehend erläutern.

3.12.1 Vorgesehenes Konstruktionsprinzip

In der WU-Richtlinie werden unterschiedliche Bauweisen/Entwurfsgrundsätze angegeben. Auch diese weisen Unterschiede auf, die insbesondere das Risiko hinsichtlich Rissentstehung und deren Umgang damit betreffen. Im nachfolgenden Abschnitt 4 wird darauf detailliert eingegangen.

3.12.2 Betondruckfestigkeit

Mit zunehmender Betondruckfestigkeit verringert sich bei fachgerecht hergestelltem Beton die Kapillarporosität. Der Beton wird somit dichter. Gleichzeitig steigt mit zunehmender Druckfestigkeit auch die aufnehmbare Betonzugfestigkeit. Daher ist zur Einhaltung einer bestimmten rechnerischen Rissbreite bei steigender Druckfestigkeit die Menge der rissbegrenzenden Bewehrung zu erhöhen.

3.12.3 Wandausbildung: Ortbeton – Dreifachwand

Unterschiede ergeben sich auch bei der Wahl zur Ausbildung von Außenwänden für WU-Konstruktionen. Auch hier lassen sich Vor-

und Nachteile angeben, die bei der Planung unter Berücksichtigung des jeweiligen Bauvorhabens zu entscheiden sind.

Vorteile Ortbetonwände
- direkte Sichtbarkeit etwaiger Fehlstellen nach dem Ausschalen
- gute Anpassung unterschiedlicher Geometrien durch Schalung
- Herstellung dickerer Wandquerschnitte

Nachteile Ortbetonwände
- Kosten für Schalmaterial
- höherer Zeitaufwand durch zusätzliche Arbeitsgänge (Schalen, Bewehren, Entschalen)
- Rissgefahr bei langen Wandabschnitten
- besondere rissbegrenzende Bewehrung für lange Wandabschnitte, ggfs. in Kombination mit Dichtmaßnahmen
- aufwändigere Schutzmaßnahmen (Nachbehandlung)

Vorteile Elementwände
- keine Kosten für Vorhaltung von Schalung
- keine Schal- und Bewehrungsarbeiten auf der Baustelle
- werkmäßige Integration von ELT bei ausreichendem Querschnitt
- größere Wandlängen ohne Rissgefahr möglich
- Schutzmaßnahmen (Nachbehandlung) für Kernbeton sind bei moderaten Witterungsverhältnissen nicht erforderlich

Nachteile Elementwände
- keine direkte Sichtbarkeit etwaiger Fehlstellen nach dem Ausschalen
- abweichende Tätigkeitsanforderungen auf der Baustelle als bei „üblichen" Ortbetonwänden
- Begrenzung der Wandquerschnittsdicke
- kein Betonieren bei Frosttemperatur (Vornässen nicht möglich)
- Einschränkungen in der Wandgeometrie (Fugen bei Richtungswechsel)

3.12.4 Lage und Art von Fugenabdichtungen

In Abhängigkeit der jeweiligen Fugenabdichtungen können diese mittig oder außen liegend angeordnet werden. Dabei ergeben sich Vor- und Nachteile. Diese Merkmale sind beispielsweise im DBV-Merkblatt „Fugenausbildung für ausgewählte Baukörper aus Beton [13] dargestellt.

Vorteile mittig liegender Fugenbänder:
- für starke Belastungen wie Wasserdruck und -sog besonders gut geeignet
- geschützte Lage des Bandes nach dem Betonieren
- Wasserdruck kann ohne gesonderte Maßnahmen von innen und außen aufgenommen werden

Nachteile mittig liegender Fugenbänder:
- für Bauteile mit geringer Dicke nicht geeignet
- Anpassung der Bewehrung an das Fugenband (z. B. Bügel) erforderlich
- erschwerter Betoneinbau bei horizontaler Lage des Fugenbandes
- geteilte Stirnschalung erforderlich, Verrutschen der Schalungshälften möglich

In gleicher Weise lassen sich für außen liegende Fugenabdichtungen Vor- und Nachteile angeben [13]:

Vorteile außen liegender Fugenbänder:
- für Bauteile mit geringer Dicke geeignet
- bei ausreichender Betondeckung keine Anpassung der Bewehrung an das Fugenband erforderlich
- keine geteilte Stirnschalung
- einfache Befestigung des Bandes auf der Schalung bzw. auf dem Unterbeton

Nachteile außen liegender Fugenbänder:
- Fugenband schwer zu reinigen
- Fugenband kann sich beim Ausschalen lockern
- Wasserdruck kann ohne Bandabstützung nur von einer Seite aufgenommen werden
- nicht für Deckenoberseiten geeignet, da die nach unten gerichteten Sperranker nicht zuverlässig einbetoniert werden können
- Beschädigung bei nachfolgenden Bauarbeiten möglich

Auch für streifenförmige außen liegende Fugenabdichtungen können unterschiedliche Merkmale (Vor-/Nachteile) benannt werden [17]:

Vorteile streifenförmiger außen liegender Fugenabdichtungen:
- Einbau nach Rissbildung aus Hydratationswärme möglich
- kein zusätzlicher Einbauraum notwendig
- keine Beeinflussung der Bewehrungsführung
- optische Kontrolle der Ausführung möglich

Nachteile streifenförmiger außen liegender Fugenabdichtungen:
- Dichtfunktion in Querrichtung des Fugenbandes i. d. R. kürzer
- Dichtwirkung abhängig von Klebewirkung/Anpressdruck
- Gefahr mechanischer Beschädigung durch äußere Einwirkung möglich
- Gefahr des Abdrückens der Dichtung bei notwendigen Nachverpressarbeiten

4 Bewertung des Riss-Risikos über Risiko-Kennzahlen

Aufgrund der vielfältigen Möglichkeiten und Auffassungen hinsichtlich des Begriffes Qualität ist es aus Sicht des Autors nicht sinnvoll, Qualitätsklassen aufzustellen. Zielführender ist der vorgestellte Weg, die jeweilige Bauaufgabe über Qualitäts-Merkmale detailliert zu erfassen und allen Baubeteiligten ihren Verantwortungsbereich in einer vereinheitlichten Sprachregelung deutlich zu machen.

Neben vorstehender Möglichkeit, über Checklisten die wesentlichen Qualitätsmerkmale gemeinsam mit dem Bauherrn festzulegen, ist es aus Sicht des Autors sinnvoll, den Bauherrn zusätzlich über Risiken aufzuklären, die mit bestimmten Wünschen und Konstruktionen verbunden sein können.

Eine Möglichkeit dazu können Risiko-Kennzahlen bieten, mit denen in vereinfachter Form die Randbedingungen der Rohbaukonstruktion, der vorgesehenen Art der Boden- und Wandbeläge, der Betoneigenschaften, der Betonherstellbedingungen und der Schutzmaßnahmen bewertet werden.

Dem Bauherrn als fachlichen Laien sind häufig die Unterschiede, die sich aus verschiedenen Planungsansätzen in der Konstruktion, den Betonanforderungen und der Ausführungsqualität ergeben, nicht ausreichend verständlich. Ein typisches Beispiel dafür ist die Thematik von Trennrissen und deren Folgen. Vorhandene Trennrisse führen zum Eindringen von Wasser in die Betonkonstruktion und gefährden damit die Gebrauchstauglichkeit.

Das Fachbuch „Parkdecks" [20] enthält einen Vorschlag für eine vereinfachte Risiko-Bewertung bei Bodenplatten und Decken in Tiefgaragen sowie für Zwischen- und Dachparkdecks. Der Vorschlag bietet Planenden und Bauherrn die Möglichkeit, das Rissrisiko und deren Folgen zur Sicherstellung der Gebrauchstauglichkeit auf einfache Weise abzuschätzen. Die Bewertung erfolgt in modifizier-

Tabelle 11: Zusammenstellung von Risiko-Merkmalen mit Gewichtungsfaktoren G_i und der anteiligen Gewichtung in Prozent [16], [20]

Risiko-Merkmal	Gewichtungsfaktor	Gewichtung in Prozent
Gesamt-Konstruktion	G_1	45 %
Konstruktionsbereiche	G_2	5 %
Betoneigenschaften	G_3	10 %
Herstellbedingungen	G_4	10 %
Schutz des erhärtenden Betons	G_5	10 %
Oberflächenbeschaffenheit/-zugänglichkeit der Innenoberfläche	G_6	20 %

Tabelle 12: Beschreibung der einzelnen Risiko-Merkmale für Bodenplatten bei Weißen Wannen zur Berücksichtigung der Gesamtkonstruktion mit einer zugehörigen Risiko-Kennzahl $RK_{B,1.1\text{-}1.4}$ [16], [19], [20]

Zeile	Beschreibung einzelner Risiko-Merkmale für Bodenplatten bei Weißen Wannen im Hochbau zur Berücksichtigung der **Gesamtkonstruktion**	Auswahl für Risiko-Kennzahl $RK_{B,i}$	jeweils zutreffende Risiko-Kennzahl $RK_{B,i}$
1.1	Bodenplatte in gleicher Dicke mit ebener Unterseite ohne Höhenversprünge nach unten sowie Gleitschicht mit Reibungsbeiwert μ_d (= $\gamma_R \cdot \mu_0$ = 1,35 $\cdot$ μ_0) $\le$ 1,35	$RK_{B\,1.1}$ = 1	$RK_{B\,1.1\text{-}1.4}$
1.2	Bodenplatte mit Aufzugschacht im mittleren Bereich aber ansonsten freier Beweglichkeit	$RK_{B\,1.2}$ = 1	
1.3	Bodenplatte mit unterschiedlichen Dicken und Höhenversprung nach oben	$RK_{B\,1.3}$ = 3	
1.4	Bodenplatte ohne Bewegungsmöglichkeit, z. B. zwischen Fundamenten, Vouten	$RK_{B\,1.4}$ = 4	

Tabelle 13: Beschreibung der einzelnen Risiko-Merkmale für Bodenplatten bei Weißen Wannen zur Berücksichtigung von Konstruktionsbereichen mit zugehörigen Risiko-Kennzahlen $RK_{B,2.1\text{-}2.2}$ und $RK_{B,2.3\text{-}2.4}$ [16], [19], [20]

Zeile	Beschreibung einzelner Risiko-Merkmale für Bodenplatten bei Weißen Wannen im Hochbau zur Berücksichtigung von **Konstruktionsbereichen**	Auswahl für Risiko-Kennzahl $RK_{B,i}$	jeweils zutreffende Risiko-Kennzahlen $RK_{B,i}$
2.1	Bodenplatte ohne Arbeitsfugen innerhalb der Bodenplatte	$RK_{B\,2.1}$ = 1	$RK_{B\,2.1\text{-}2.2}$
2.2	Bodenplatte mit Arbeitsfugen, Bodenplattenbereich im Anschluss an Betonierfuge	$RK_{B\,2.1}$ = 3	
2.3	Geometrie der Bodenplatte ohne einspringenden Ecken	$RK_{B\,2.2}$ = 1	$RK_{B\,2.3\text{-}2.4}$
2.4	Geometrie der Bodenplatte mit einspringenden Ecken	$RK_{B\,2.2}$ = 3	

Tabelle 14: Beschreibung der einzelnen Risiko-Merkmale für Bodenplatten bei Weißen Wannen zur Berücksichtigung von Betoneigenschaften mit einer zugehörigen Risiko-Kennzahl $RK_{B,3.1-3.2}$ [16], [19], [20]

Zeile	Beschreibung einzelner Risiko-Merkmale für Bodenplatten bei Weißen Wannen im Hochbau zur Berücksichtigung von **Betoneigenschaften**	Auswahl für Risiko-Kennzahl $RK_{B,i}$	jeweils zutreffende Risiko-Kennzahl $RK_{B,i}$
3.1	Bodenplatte mit günstigem WU-Beton (ZL ≤ 290 l/m³ mit LH-Zement)	$RK_{B\,3.1} = 1$	$RK_{B\,3.1.-3.2}$
3.2	Bodenplatte mit normalem WU-Beton (ZL > 290 l/m³, kein LH-Zement)	$RK_{B\,3.2} = 3$	

Tabelle 15: Beschreibung der einzelnen Risiko-Merkmale für Bodenplatten bei Weißen Wannen zur Berücksichtigung von Herstellbedingungen mit zugehörigen Risiko-Kennzahlen $RK_{B,4.1-4.2}$ und $RK_{B,4.3-4.4}$ [16], [19], [20]

Zeile	Beschreibung einzelner Risiko-Merkmale für Bodenplatten bei Weißen Wannen im Hochbau zur Berücksichtigung von **Herstellbedingungen**	Auswahl für Risiko-Kennzahl $RK_{B,i}$	jeweils zutreffende Risiko-Kennzahlen $RK_{B,i}$
4.1	Betonieren einer Bodenplattendicke mit h ≥ 30 cm	$RK_{B\,4.1} = 1$	$RK_{B\,4.1-4.2}$
4.2	Betonieren einer Bodenplattendicke mit h < 30 cm	$RK_{B\,4.2} = 2$	
4.3	Betonverarbeitung bei normalen Temperaturen in günstiger Jahreszeit (Frühjahr/Herbst) mit Betontemperatur T_C < 20 °C	$RK_{B\,4.3} = 1$	$RK_{B\,4.3-4.4}$
4.4	Betonverarbeitung bei ungünstigen Temperaturen (Sommer) mit Betontemperatur T_C ≥ 20 °C	$RK_{B\,4.4} = 3$	

Tabelle 16: Beschreibung der einzelnen Risiko-Merkmale für Bodenplatten bei Weißen Wannen zur Berücksichtigung vom Schutz des erhärtenden Betons mit einer zugehörigen Risiko-Kennzahl $RK_{B,5.1-5.2}$ [16], [19], [20]

Zeile	Beschreibung einzelner Risiko-Merkmale für Bodenplatten bei Weißen Wannen im Hochbau zur Berücksichtigung vom **Schutz des erhärtenden Betons**	Auswahl für Risiko-Kennzahl $RK_{B,i}$	jeweils zutreffende Risiko-Kennzahl $RK_{B,i}$
5.1	Verlängerte Nachbehandlungszeit des Betons gemäß DIN EN 13670 Tabelle F.3	$RK_{B\,5.1} = 1$	$RK_{B\,5.1-5.2}$
5.2	Normale Nachbehandlungszeit des Betons gemäß DIN 1045-3, Tabelle 6.NA	$RK_{B\,5.2} = 3$	

Ebeling/Qualitätsklassen bei Weißen Wannen

Tabelle 17: Beschreibung der einzelnen Risiko-Merkmale für Bodenplatten bei Weißen Wannen zur Berücksichtigung der Oberflächenbeschaffenheit/-zugänglichkeit der Innenoberflächen mit einer zugehörigen Risiko-Kennzahl $RK_{B,6.1\text{-}6.8}$ [16], [19], [20]

Zeile	Beschreibung einzelner Risiko-Merkmale für Bodenplatten bei Weißen Wannen im Hochbau zur Berücksichtigung der **Oberflächenbeschaffenheit/-zugänglichkeit der Innenoberflächen**	Auswahl für Risiko-Kennzahl $RK_{B,i}$	jeweils zutreffende Risiko-Kennzahl $RK_{B,i}$
6.1	Bodenplatte mit außenliegender Wärmedämmung und mit Belag: Teppichboden mit diffusionsoffener Wirkung, ggfs. mit Verbundestrich ($s_d \le 0{,}5$ m) [1]	$RK_{B\,6.1} = 1$	$RK_{B\,6.1\text{-}6.8}$
6.2	Bodenplatte mit außenliegender Wärmedämmung und Estrich-Belag auf Trennschicht mit beliebigem Bodenbelag auf diffusionsdichter Trennschicht ($s_d \ge 1500$ m)[1]	$RK_{B\,6.2} = 4$	
6.3	Bodenplatte mit schwimmendem Estrich und beliebigem Bodenbelag auf diffusionshemmender Schicht über feuchtebeständiger Wärmedämmung mit Drainmatte, Leckmeldesystem und Bodenabläufen, diffusionsdichte Innenbeschichtung auf der Bodenplatte [1]	$RK_{B\,6.3} = 4$	
6.4	Bodenplatte mit beliebigem Fußbodenbelag auf einem aufgeständertem Doppelboden mit mechanischer Hinterlüftung; mit diffusionshemmender Schicht auf der Bodenplatte ($s_d < 1500$ m), Einbau von Bodenabläufen in die Bodenplatte, außenliegende Wärmedämmung [1]	$RK_{B\,6.4} = 4$	
6.5	Bodenplatte mit schwimmenden Estrich z. B. mit diffusionsoffenem Bodenbelag ($s_d < 100$ m), feuchtebeständige Dämmung mit diffusionshemmender Schicht ($s_d < 200$ m) auf 2 Lagen Folie auf WU-Sohlplatte [1]	$RK_{B\,6.5} = 5$	
6.6	Bodenplatte mit schwimmenden Estrich z. B. mit diffusionshemmendem Bodenbelag ($s_d < 1000$ m), feuchtebeständige Dämmung mit diffusionshemmender Schicht ($s_d < 1500$ m) auf diffusionsdichter Schicht (z. B. Bitumenschweißbahn $s_d \ge 1500$ m) auf WU-Sohlplatte[1]	$RK_{B\,6.6} = 5$	
6.7	Bodenplatte als Tiefgarage mit Zugänglichkeit während der Nutzung: a) nichttragende Konstruktion [2] b) tragende Konstruktion [3] geschützt mit vollflächig starrer Beschichtung OS8	$RK_{B\,6.7} = 1$	
6.8	Bodenplatte als Tiefgarage im drückenden Grundwasser ohne direkte Zugänglichkeit während der Nutzung mit vollflächiger Abdichtung, z. B. Polymerbitumen-Schweißbahn + Gussasphalt nach DIN 18195-5 [6] [3]	$RK_{B\,6.8} = 4$	

[1] Aufbaudetails und -skizzen nach Fachbuch Buch Weiße Wannen, Bild 9.5a-9.5f [19]
[2] Details dazu Fachbuch Buch Parkdecks, Abschnitt 4.62 bzw. 4.6.3 [20]
[3] Empfehlung des Autors: Entwurfsgrundsatz E-RA-2 mit vollflächiger Abdichtung (z. B. nach DIN 18195-5) sollte für Bodenplatten im Grundwasser nicht gewählt werden (Abschnitt 4.6.3 in [20])

Tabelle 18: Einschätzung des Riss-Risikos in Abhängigkeit einer gewichteten Risiko-Kennzahl RK_{gew} .[16], [20]

Riss-Risiko	gering	erhöht	hoch	sehr hoch
RK_{gew}	= 1,15	> 1,15 … < 1,60	≥ 1,60 … < 2,10	≥ 2,10

ter Form angelehnt an das Verfahren der Zielbaummethode nach Aurnhammer [14] und an den Quotierungsvorschlag für Mangel- und Schadensverantwortlichkeit von Kamphausen [18].

Die Kennzahlen für die Rissempfindlichkeit ergeben sich aus dem vorgesehenen Entwurfsgrundsatz, den Betoneigenschaften, den Betonierbedingungen, den Nachbehandlungsmaßnahmen zum Schutz des erhärtenden Betons und der Beschaffenheit sowie der Zugänglichkeit der Innenoberflächen aller Außenbauteile.

Die Risiko-Kennzahlen für die jeweiligen Bauteile für Parkdecks werden anschließend über Faktoren gewichtet und darauf aufbauend hinsichtlich ihres Riss-Risikos bewertet. Die Tabelle 11 zeigt die Gewichtungsfaktoren für die einzelnen Risiko-Merkmale.

Diese Vorgehensweise kann auch auf Weiße Wannen-Konstruktionen im Hochbau übertragen werden [16]. Die Tabellen 15 bis 17 zeigen die jeweiligen Risiko-Kennzahlen für festgelegte wesentliche Einflussparameter am Beispiel der Bodenplatte.

Um das Riss-Risiko und deren Folgen für die Sicherstellung der Gebrauchstauglichkeit vereinfacht einschätzen zu können, sind stets alle Risiko-Kennzahlen der Tabellen 12 bis 17, Zeilen 1.1 bis 6.8, entsprechend der vorgesehenen Planung zu wählen. Daraus ergeben sich 8 Einzel-Werte für zutreffende Risiko-Kennzahlen $RK_{B,i}$.

Für diese Einzelwerte $RK_{B,i}$ wird nun eine prozentuale Gewichtung nach Tabelle 11 vorgenommen. Aus Addition ergibt sich eine gewichtete Risiko-Kennzahl $RK_{gew,B}$, über die das Riss-Risiko mit Tabelle 18 vereinfacht abgeschätzt werden kann. Die nachstehende Gleichung verdeutlicht den Zusammenhang [16], [20]:

5 Zusammenfassung

Zum Erreichen einer bestimmten Qualität bei Weißen Wannen ist eine Klassifizierung sowohl der Einwirkungen und Nutzungsanforderungen als auch der Konstruktion mit ihren einzelnen Bauteilen sinnvoll. Diese Klassifizierung sollte dazu dienen, Planung und Ausführung aufeinander abzustimmen, damit alle Beteiligten den Weg zum gesteckten Ziel gemeinsam gehen können.

Das Ziel ist die Herstellung einer dichten Weißen Wanne, die den Anforderungen des Bauherrn entspricht. Da jeder Herstellvorgang ein Risiko birgt, können Risiko-Kennzahlen allen Beteiligten die Größe des Risikos verdeutlichen, das bei der Herstellung der Weißen Wanne zu tragen ist. Insbesondere kann der Planer seinem Bauherrn, der häufig ein Laie auf dem Gebiet des Bauens ist, das Herstellrisiko der von ihm gewünschten Wanne zahlenmäßig vorstellen und damit beispielsweise die mögliche Rissgefahr erklären.

Komplizierte Konstruktionen sind schwieriger herstellbar und dadurch mit einem größeren Risiko verbunden. Durch Vereinfachungen der Konstruktion kann jedoch das Herstellrisiko verringert werden, denn eine einfachere Konstruktion ist sicherer herstellbar. Jede Wanne sollte eine hohe Qualität besitzen und noch immer gilt der Satz: Einfacher ist sicherer.

$$RK_{gew,B} = \sum_{1}^{i} (RK_{B,i} \cdot G_1)$$

$$RK_{gew,B} = (RK_{B\ 1.1-1.4} \cdot G_1) + [(RK_{B\ 2.1-2.2} + RK_{B\ 2.3-2.4}) \cdot G_2] + (RK_{B\ 3.1-3.2} \cdot G_3) + [(RK_{B\ 4.1-4.2} + RK_{B\ 4.3-4.4}) \cdot G_4] + (RK_{B\ 5.1-5.2} \cdot G_5) + (RK_{B\ 6.1-6.8} \cdot G_6)$$

Ebeling/Qualitätsklassen bei Weißen Wannen

6 Regelwerke und Literatur

[1] DIN EN 1992-1-1 Eurocode 2:2011-01, Bemessung und Konstruktion von Stahlbeton- und Spannbetontragwerken. Teil 1-1: Allgemeine Bemessungsregeln und Regeln für den Hochbau.

[2] DIN EN 1992-1-1/NA:2013-04, Nationaler Anhang zur DIN EN 1992-1-1.

[3] DIN EN 13670:2013-03, Ausführung von Tragwerken aus Beton.

[4] DIN EN 206-1:2001-07, Beton – Teil 1: Festlegung, Eigenschaften, Herstellung und Konformität.

[5] DIN 1045, Tragwerke aus Beton, Stahlbeton und Spannbeton:
Teil 2: Anwendungsregeln zur DIN EN 206-1, 2008-08
Teil 3: Bauausführung, 2012-03

[6] DIN 18195, Bauwerksabdichtung. Teile 1 bis 10 sowie Teil 100 und 101

[7] DAfStb-Richtlinie Wasserundurchlässige Bauwerke aus Beton, (WU-Richtlinie). Deutscher Ausschuss für Stahlbeton DAfStb, Beuth Verlag, Berlin 11/2003

[8] DAfStb Heft 555: Erläuterungen zur DAfStb-Richtlinie Wasserundurchlässige Bauwerke aus Beton, Beuth Verlag, Berlin, 1. Auflage, 2006

[9] Antworten des DAfStb auf Fragen zur Auslegung der WU-Richtlinie, Stand 06.03.2006

[10] Positionspapier des DAfStb zur DAfStb-Richtlinie „Wasserundurchlässige Bauwerke aus Beton" – Feuchtetransport durch WU-Konstruktionen –, 10.07.2006

[11] DBV-Merkblatt: Hochwertige Nutzung von Untergeschossen – Bauphysik und Raumklima. 01/2009. Deutscher Beton- und Bautechnik-Verein E.V.

[12] DBV-Merkblatt: Abstandhalter nach Eurocode 2. Deutscher Beton- und Bautechnik-Verein E.V. 01/2011

[13] DBV-Merkblatt: Fugenausbildung für ausgewählte Baukörper aus Beton. Deutscher Beton- und Bautechnik-Verein E.V. 04/2001

[14] Aurnhammer, H.-E.: Zielbaummethode – Verfahren zur Bestimmung von Wertminderungen. Fachzeitschrift Baurecht (BauR) 1978

[15] Ebeling, K.: Weiße Wannen – Checkliste für effektives Planen durch Klassifizierungen. Tagungsband 58. Ulmer Betontage 2014, Beton+Fertigteil-Technik (BFT), Heft 02/2014

[16] Ebeling, K.: Abschätzung des Riss-Risikos bei Weißen Wannen über Kennzahlen. industrieBAU, Spezial „Bauen mit Beton", Heft 03/2014

[17] Ebeling, K.: Trocken trotz Rissgefahr – Fugenabdichtungen für Weiße Wannen. Der Bauschaden, Heft 10/11-2013

[18] Kamphausen, P.-A.: Die Quotierung der Mangel- und Schadensverantwortlichkeit Baubeteiligter durch technische Sachverständige. Baurecht (1996), Nr. 2, S. 174-191

[19] Lohmeyer, G.; Ebeling, K.: Weiße Wannen – einfach und sicher, Verlag Bau+Technik (VBT), 10. Auflage, 2013

[20] Lohmeyer, G.; Ebeling, K. Parkdecks – Hinweise und Empfehlungen zur Gebrauchstauglichkeit und Dauerhaftigkeit für Parkdecks aus Beton. Verlag Bau+Technik (VBT) Düsseldorf, 2. Auflage, 2014

Dipl.-Ing. Karsten Ebeling
öbuv. SV für Betontechnologie und Betonbau IngKN
ISVP Lohmeyer + Ebeling, Burgdorf (Region Hannover)
e-Mail: ebeling@isvp.de
Internet: www.isvp.de und www.ing-ebeling.de
Stand: 07.04.2014

Dipl.-Ing. Karsten Ebeling, Burgdorf
Studium an der Universität Hannover mit Schwerpunkt Konstruktiver Ingenieurbau, 1986–1989 Tätigkeit in einem Ingenieurbüro für Tragwerksplanung; 1990–2003 Beratungsingenieur für zementgebundene Baustoffe in der Bauberatung Zement Hannover im Bundesverband der Deutschen Zementindustrie (BDZ), davon 1998–2003 Leiter der Bauberatung Zement Hannover; seit Mitte 2003 Geschäftsführender Partner der Ingenieur- und Sachverständigen-Partnerschaft ISVP Lohmeyer + Ebeling, ö.b.u.v. SV für Betontechnologie und Betonbau der IngKN sowie Beratender Ingenieur der Ingenieurkammer Niedersachsen (IngKN).
Besondere Themenschwerpunkte: Weiße Wannen, Parkdecks, Betonböden im Industriebau, Sichtbeton, Anwendung der Betonregelwerke. Zusätzliche Tätigkeit als Referent bei verschiedenen Institutionen und Weiterbildungsmaßnahmen zu Themen des Betonbaues, Autor zahlreicher Fachveröffentlichungen.

Pro + Kontra – Das aktuelle Thema: Qualitätsanforderungen an die Trockenheit von Nebenräumen – was ist geschuldet?

1. Beitrag: Zur Entwicklung der Anforderungen an Nebenräume des Wohnungsbaus – Einleitende Vorbemerkungen

Prof. Dr.-Ing. R. Oswald, AIBAU, Aachen

1 Grundsituation

Mit „Nebenräumen" sind hier nicht zum ständigen Aufenthalt von Menschen, sondern für Lagerzwecke vorgesehene, üblicherweise nicht nennenswert natürlich belichtete Räume gemeint. In der Regel handelt es sich dabei um Abstellräume in der Wohnung, im Keller oder im Dachgeschoss. Die Landesbauordnungen fordern für Wohnungen „notwendige Abstellräume" mit einer bestimmten Mindestflächengröße und legen zum Teil fest, wo diese zu liegen haben. Weitere Anforderungen an Nebenräume stellen die Landesbauordnungen nicht.

Der Streit darüber, welche Nutzungen in Nebenräumen des Wohnungsbaus möglich sein müssen, dauert schon viele Jahrzehnte an – so berichtet Prof. Schild bereits 1977 (Aachener Bausachverständigentage 1977, [1]) über eine Dissertation [2] zu diesem Thema. Anlässe zum Streit sind in der Regel Schäden an Lagergütern im Nebenraum wie: Schimmel auf Lederwaren, Quellen und Verkrümmen von eingelagerten Möbelteilen aus Holzwerkstoffen, modriger Geruch in Kleidungsstücken. Seltener geht es auch um Schimmel auf den Oberflächen der Nebenraumbauteile. Der Streit wird zwischen Mieter und Vermieter, Immobilienkäufer und -verkäufer, Bauherr und Planer oder Unternehmer – um nur einige typische Konstellationen zu nennen – geführt.

Letztlich ist der Streit darauf zurückzuführen, dass sich die Vertragspartner vorab nicht ausreichend eindeutig über die Frage einig geworden sind, was denn nun die Nebenräume der Immobilie nutzungstechnisch leisten können bzw. sollen.

Diese unzureichende vorhergehende Abstimmung hat wiederum ihren tieferen Grund darin, dass beide Seiten stillschweigend voraussetzen, dass es sich bei den erwartbaren Nutzungseigenschaften der in Rede stehenden Nebenräume um Selbstverständlichkeiten handelt, über die man vor Vertragsabschluss nicht ausdrücklich sprechen muss. Das ist aber falsch.

2 Unstrittige Situationen

Es gibt eine Reihe eindeutiger Situationen, die keiner langen Diskussion bedürfen:

(1) Flüssiges Wasser im Keller/Bauteile mit vereinbarter Leckrate

Nebenräume mit Undichtheiten der Umfassungsbauteile, die zu flüssig aus Wand oder Boden austretendem Wasser führen, sind zweifellos als mangelhaft zu bewerten, wenn nicht – z. B. bei denkmalgeschützten Altbauten – ganz ausdrücklich bei Vertragsabschluss dieser Sachverhalt thematisiert wurde und für die notwendige Abstellfläche eine Lösung gefunden wurde. Zwei typische Beispiele zeigt der Beitrag in diesem Tagungsband von Herrn Zöller.

Bauweisen mit „vereinbarter Leckrate" sind z. B. in der WU-Richtlinie [3] als Konstruktionsvariante für wasserundurchlässige Bauteile aus Beton mit hohem Wassereindringwiderstand aufgeführt. Normalerweise wird man Räume mit „vereinbarter Leckrate" nicht als hochwertige Lagerräume benutzen können. Die Bauweise mit „vereinbarter Leckrate" ist z. B. bei Tiefgaragenwänden eine denkbare Konstruktionsvariante, wenn an die Oberflächen keine hohen optischen Anforderungen gestellt werden. Die WU-Richtlinie weist aber darauf hin, dass diese Konstruktionsvariante einer ausdrücklichen Vereinbarung bedarf.

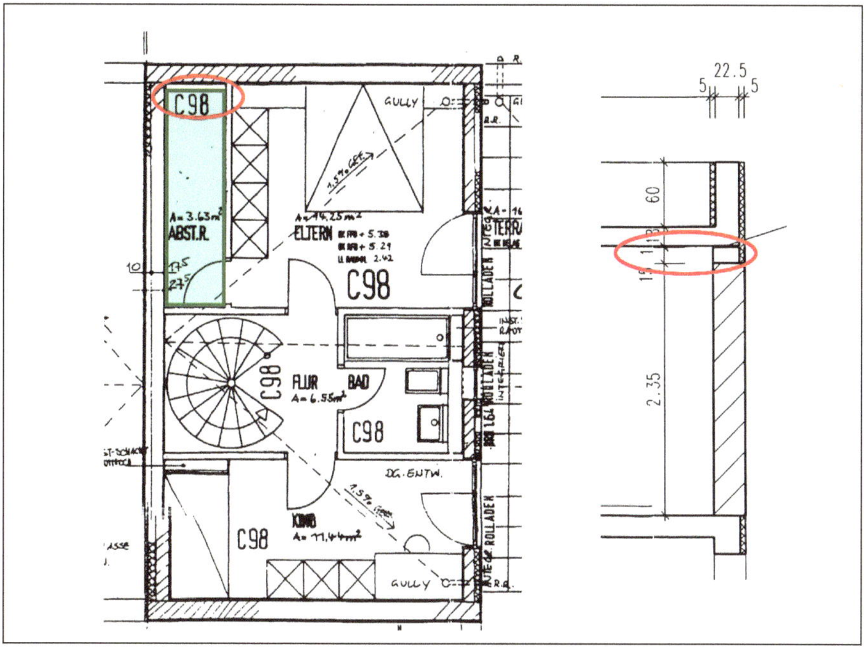

Bild 1: Grundriss Dachgeschoss mit Lage des Abstellraums und Schnitt am Dachdeckenauflager mit Kennzeichnung des Schimmelbereichs (rechts)

(2) Aufenthaltsräume

Räume, die eindeutig zum längeren oder ständigen Aufenthalt von Menschen dienen, müssen so abgedichtet, wärmegedämmt, beheiz- und belüftbar sein, dass die Nutzung möglich ist. Dann handelt es sich aber auch nicht um einen Nebenraum.

(3) Nebenräume im Wohngeschoss

Schließlich meine ich, dass im Wohngeschoss liegende Abstellräume so dimensioniert und ausgestattet werden müssen, dass die zu Anfang beschriebenen Schäden nicht auftreten. In Wohngeschossen ist dies nämlich ohne erheblichen Mehraufwand realisierbar.
Als Schadensbeispiel soll eine Wohnsiedlung dienen, bei der sich aufgrund der fehlenden Unterkellerung unter dem Flachdach des Dachgeschosses neben dem Schlafzimmer jeweils ein Abstellraum (Bild 1) befindet, der in der Außenecke liegt. In diesen Räumen war Schimmel und Feuchtigkeit aufgetreten. Die Räume waren weder beheizbar noch belüftbar. Hier sind Belüftungsmaßnahmen und

Bild 2: Schimmel am Dachdeckenauflager im Abstellraum

eine Mindestbeheizung erforderlich, da die Bauteile stark auskühlen können und dann im Bereich der geometrischen Wärmebrücke der Außenecke und im anschließenden Ringbalkenbereich auch dann Schimmel zeigen (Bild 2), wenn bei der Dimensionierung der Wärmedämmung der Auflagerdetails das

„Schimmelpilzkriterium" nach DIN 4108, Teil 2, eingehalten wurde.

Ein besonderes Problem kann sich bei im Wohngeschoss liegenden Nebenräumen unmittelbar nach dem Erstbezug des Neubaus ergeben. Sind Abstellräume innerhalb der Wohnung nicht wirksam belüftbar, so muss zu Beginn der Nutzung mit hohen Luftfeuchtigkeiten aufgrund der erhöhten Baufeuchte gerechnet werden. Schimmel an den gelagerten Gegenständen kann die Folge sein.

Die heute üblichen kurzen Bauzeiten erfordern – zumindest im Massivbau – in den beiden ersten Jahren eine funktionsfähige Lüftung von fensterlosen Räumen, damit die Baufeuchte abgeführt wird.

Im vorliegenden Beitrag möchte ich nur kurz auf das besondere Thema der Baufeuchte eingehen. Ich habe bereits im Jahr 1994 – also vor 20 Jahren – auf den Aachener Bausachverständigentagen darüber ausführlich referiert [4]. Dort heißt es:

„Zusammenfassend stelle ich fest, dass Neubaufeuchtigkeit bei den meisten Bauweisen unvermeidbar ist und insofern grundsätzlich keinen Mangel darstellt. Die Intensität und Dauer der erhöhten Neubaufeuchte ist von einer großen Zahl von Randbedingungen abhängig und daher nicht global durch einfache Formeln abschätzbar. Die Baufeuchte muss in vielfacher Hinsicht durch alle an der Planung, Ausführung und Nutzung von Gebäuden Beteiligten berücksichtigt werden. … Vor mehr als 100 Jahren konnte dieses Problem aufgrund der sehr einheitlichen Bauweisen durch die Definition einer Mindestfrist zwischen Fertigstellung des Rohbaus und Erstbezug gelöst werden. So formuliert die ‚Bauordnung für die Königlich-Preußische-Haupt- und Residenzstadt Berlin' von 1853: ‚Wohnungen in neuen Häusern … dürfen erst nach Ablauf von neun Monaten nach Vollendung des Rohbaus bezogen werden'. Angesichts der Vielfalt der Einflussfaktoren und dem wirtschaftlichen Zwang nach minimierten Wartezeiten bis zum Erstbezug ist eine derartige Zeitangabe heute nicht mehr möglich. Es wäre aber sinnvoll, einfach messbare Grenzwerte zu definieren, um diesen Streitpunkt zu lösen."

Nach mehrfachen vergeblichen Versuchen, Mittel für eine systematische Untersuchung des Problems zu erhalten, muss ich feststellen, dass die beteiligten Gruppen keine definierten Grenzwerte für eine unzulässig hohe Baufeuchte haben möchten, da diese die Bauzeitplanung empfindlich beeinträchtigen

könnten: Meist sind die Erstbezugstermine sehr weit im Voraus festgelegt, die neuen Eigentümer bzw. Mieter haben ihre alten Mietverträge gekündigt und stehen am Stichtag mit dem Möbelwagen vor dem Neubau. Die Feststellung einer fehlenden Bezugsfertigkeit aufgrund einer durch feste Grenzwerte beurteilbaren zu hohen Baufeuchte würde insofern erhebliche Probleme mit sich bringen. Man wurstelt sich lieber durch, in der Hoffnung, dass es gut geht. Aus diesen Gründen sind Streitigkeiten über eine zu hohe Baufeuchte für Sachverständige ein schwer nachvollziehbar begründbares Beurteilungsproblem (s. dazu auch: Kap. 2.6.2 *Baufeuchte.* In: *Hinzunehmende Unregelmäßigkeiten* … [5]).

3 Streitpunkt Lagerbarkeit von feuchtigkeitsempfindlichen Gütern im Kellergeschoss

Besonders diskussionswürdig sind Abstell- und Lagerräume im Kellergeschoss. Sie sind Hauptthema des *Pro-und-Kontra*-Tagungsabschnitts.

In früheren Jahrhunderten – bis zu den 30er Jahren des 20. Jahrhunderts – bestanden im wirtschaftlichen mehrgeschossigen Hochbau gar nicht die Möglichkeiten, erdberührte Bauteile so abzudichten und die Räume so zu konditionieren, dass sie zur Lagerung von feuchtigkeitsempfindlichen Gütern geeignet waren.

Eine völlige Trockenheit vieler Untergeschoss-Lagerräume war auch bis deutlich nach dem 2. Weltkrieg gar nicht erstrebenswert. Die schon zitierte Dissertation [2] berichtet von einer Untersuchung in Süddeutschland aus dem Jahr 1960, bei der sich ergab, dass 77 % der Haushalte Kartoffeln und 63 % der Haushalte Obst und Nasskonserven im Keller lagern. In solchen Räumen war Feuchtigkeit vorteilhaft. Entsprechend findet man auch noch in Konstruktionsbüchern [6] der 80er Jahre Schnittzeichnungen (Bild 3), in denen der Kellerfußboden aus Flachklinkerschichten im Sandbett besteht und ausdrücklich darauf hingewiesen wird, dass diese Bodenkonstruktion vorzusehen ist, wenn im Keller „Feuchtigkeit erwünscht" ist.

Wie wenig bis in die jüngste Zeit selbst in den Normen für Bauwerksabdichtungen von der Notwendigkeit einer vollständigen Trockenheit von Kellern ausgegangen wurde, zeigt z. B. DIN 4117: 1960-11 [7] *Abdichtung von Bauwerken gegen Bodenfeuchtigkeit.*

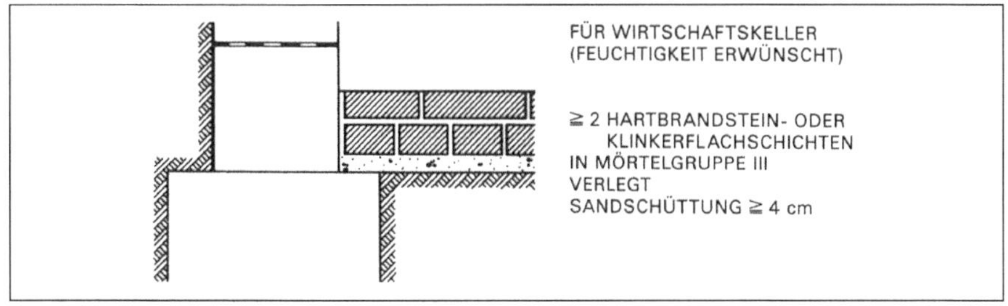

Bild 3: Fußboden eines Wirtschaftskellers mit „erwünschter Feuchtigkeit" (aus: Schmitt/Heene; Hochbaukonstruktion, 1988), [6]

Dort heißt es:

„Fußböden von Aufenthalts- und Lagerräumen und von Kellern, die trocken gehalten werden sollen, sind durch Abdichtungen gegen Bodenfeuchtigkeit zu schützen, sofern nicht eine grobkörnige Schüttung ausreicht." Ein typischer Bodenaufbau, der für diesen Zweck in dieser Norm abgebildet (Bild 4) ist, besteht nur aus 8 cm dickem Unterbeton und darauf einem 3 cm dicken Zementestrich, der als „Sperrestrich" bezeichnet wird. Von einer solchen Schichtenfolge kann keine hohe Trockenheit erwartet werden.

Auch die Nachfolgenorm, DIN 18195, Teil 4, aus dem Jahr 1983 [8] lässt erkennen, dass nicht von einer hohen Trockenheit in Kellerräumen ausgegangen wurde. Dies lässt sich z. B. an den damaligen Regeln zur Anordnung der Querschnittsabdichtung ablesen. Die Norm sah noch bis zu ihrer Änderung im Jahr 2000 vor, dass die untere Querschnittsab-

dichtung in Mauerwerkswänden ca. 10 cm über der Oberkante des Fußbodens angeordnet wird (Bild 5) und betonte, dass bei dieser Ausführungsvariante in Räumen mit geringer Anforderung an die Trockenheit (und dies war die typische Situation im Wohnhauskeller) *„eine gewisse Durchfeuchtung der Wände unterhalb der waagerechten Sperrschicht in Kauf genommen wird"* (Bilder 6 + 7). Bei bis zum Baujahr 2000 errichteten Gebäuden ist demnach im Keller gelegentlich eine „normgerechte Durchfeuchtung" festzustellen.

Vornehmlich im unterkellerten Einfamilienhausbau waren bis zur wesentlichen Verschärfung der Anforderungen an den Wärmeschutz der Heizungsanlagen (Wärmeerzeuger und Leitungen) meist einige Kellerräume trotz einfachem Feuchteschutz doch gut zur Lagerung von feuchtigkeitsempfindlichen Gütern geeignet, da die Heizung in weiten Bereichen des Kellers für so hohe Temperaturen sorgte,

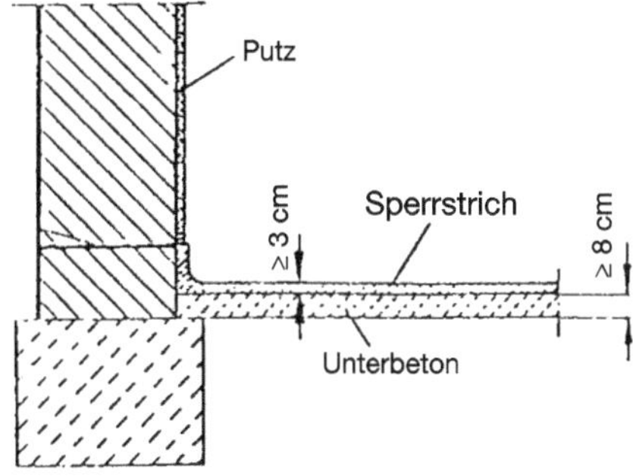

Bild 4: Schnittzeichnung für „Fußböden von Aufenthalts- und Lagerräumen und von Kellern, die trocken gehalten werden sollen" (aus DIN 4117:1960-11), [7]

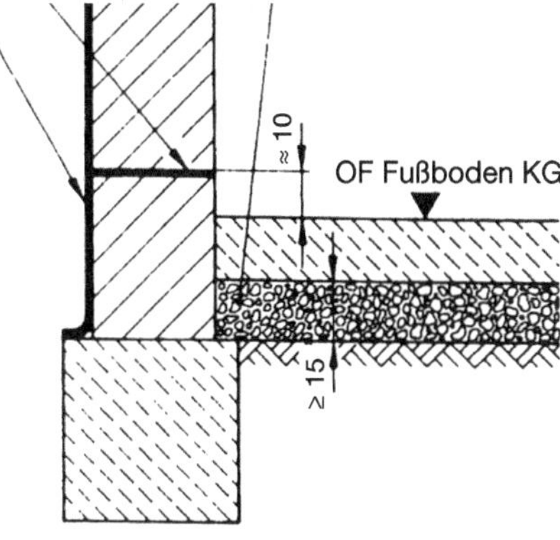

Bild 5: Schnittzeichnung mit Querschnittsabdichtung über der Bodenplatte (aus DIN 18195 – 4:1983-08), [8]

Bild 6 + 7: „Normgerechte" „in Kauf zu nehmende" Feuchtigkeit unter der Querschnittsabdichtung bei Ausführung nach Detail Bild 4 (Bild 6 aus „Schild u. a. Schwachstellen Band 1; 1973)

dass niedrige Luftfeuchtigkeiten vorlagen und damit die Lagerung von feuchtigkeitsempfindlichen Gütern möglich war. Die für die Verbrennung von Holz, Kohle, Gas oder Öl erforderliche Zuluft sorgte zudem für Luftwechsel. Dazu soll nochmals die Dissertation [2] zitiert werden. Dort heißt es zur Kellernutzung des Jahres 1960: *„In den Kellern wurden bei 40 % Verpackungsmaterial, bei 31 % Koffer und bei 22 % eingemottete Wintersachen gelagert, vorwiegend in Räumen, die durch die darin verlegten Heizleitungen erwärmt wurden."*

Im Geschosswohnungsbau wird heute der Kellerbereich in der Regel nicht in die wärmegedämmte Gebäudehülle integriert, d. h., der nach unten gerichtete Abschluss des beheizten Hausvolumens wird durch die Kellerdecke gebildet, die hoch wärmegedämmt wird. Dann ist der Keller völlig von den beheizten Räumen abgekoppelt, zugleich werden die Heizleitungen aufwändig wärmegedämmt und ebenfalls die Heizungen selbst so konstruiert, dass sie keine großen Wärmeverluste aufweisen. Das vermindert die Möglichkeiten der Lagerung von feuchtigkeitsempfindlichen Gütern im Kellergeschoss.

Sonst war es in früheren Zeiten üblich, die feuchtigkeitsempfindlichen Lagergegenstände im Speicher unterzubringen. Diese Speicher gibt es heute häufig nicht mehr. Sie sind zu Dachgeschosswohnungen ausgebaut worden.

Menschen, die aus eigener Erfahrung um die übliche eingeschränkte Trockenheit von Kellernebenräumen wissen, können daher der Schlussfolgerungen des folgenden Pro- und Kontra-Beitrags nicht zustimmen, *„dass es keinem Zweifel (unterliegt), dass Kellerräume zur Lagerung z. B. von Papier, Kleidung – insbesondere Lederschuhen und sonstigen Lederwaren – sowie anderen feuchtigkeitsempfindlichen Materialien gebrauchs-/funktionstauglich sein müssen".* Die völlig sichere Einhaltung dieser Forderung macht nämlich nicht nur eine sorgfältige, heute durchaus gut realisierbare Abdichtung erforderlich, sondern setzt Wärmeschutz-, Mindestbeheizungs- und vor allem auch geregelte Lüftungsmaßnahmen voraus.

Prof. Schild [1] konstatierte in seinem Beitrag zu den Aachener Bausachverständigentagen schon 1977 eine weit verbreitete Änderung des Nutzerverhaltens. Er stellte fest: *„Die sich ändernden Nutzungsgewohnheiten* (in Kellerräumen) *müssen bei der Planung im Auge behalten werden. Eine Kenntnis der speziellen raumklimatischen Verhältnisse in erdumgebenen Räumen ist unerlässlich."*

Im Jahr 1983 ist dann mein Kollege, Prof. Dr.-Ing. Dietmar Rogier auf den Aachener Bausachverständigentagen ausführlich auf die Sommer-Kondensation eingegangen [9]: Kann in den Sommermonaten Außenluft mit hoher absoluter Luftfeuchtigkeit in die relativ kühlen Kellerräume gelangen, so kann das zu sehr hohen relativen Luftfeuchten führen, die Gegenstände im Kellerraum schimmeln lassen (Bild 8).

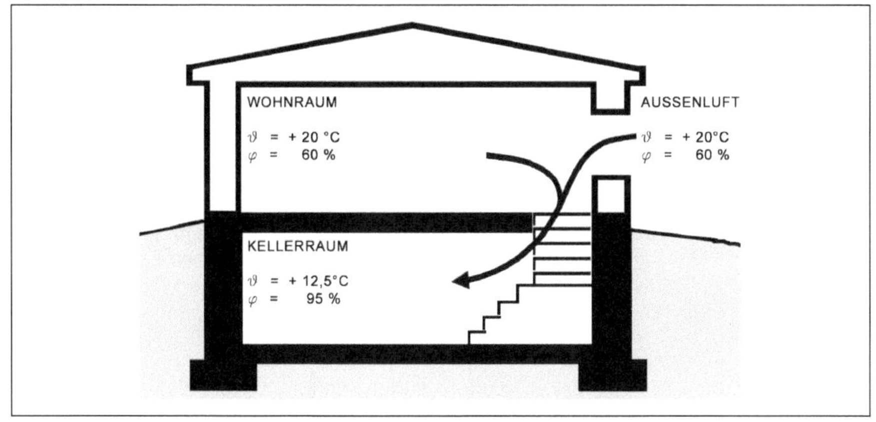

Bild 8: Bauphysikalische Situation der Sommerkondensation in unbeheizten, nicht im wärmegedämmten Bereich des Hauses liegenden Kellerräumen (nach Rogier, 1983), [9]

Auf die Notwendigkeit einer geregelten Beheizung und Belüftung von Untergeschossräumen, die als „hochwertige Lager" genutzt werden sollen, weist neuerdings ausdrücklich das DBV-Merkblatt *„Hochwertige Nutzung von Untergeschossen"* [10] hin.
Sind die Kellerlagerräume dem beheizten Hausvolumen zugeordnet, weisen sie also an den erdberührten Wand- und Bodenflächen Wärmeschutzmaßnahmen auf, wie dies z. B. bei hochwärmegedämmten Einfamilienhäusern mit Niedrigenergiehausstandard üblich ist, so kann eine völlige Trockenheit der Nebenräume im Keller leicht erreicht werden, da ohnehin eine nutzerunabhängige, geregelte Belüftung (in der Regel mit Wärmerückgewinnung) vorhanden ist.
Geht man davon aus, dass die schadenfreie Lagerung von feuchtigkeitsempfindlichen Gütern im Standard-Geschosswohnungsbau zuverlässig in Kellerräumen nur möglich ist, wenn diese in der Übergangsjahreszeit und im Sommer beheizt und bei günstigen Außenluftfeuchtebedingungen geregelt gelüftet werden, so muss man konstatieren, dass zurzeit dieser Aufwand im normalen Geschosswohnungsbau nicht üblich ist.
Es ist selbstverständlich klug, angesichts der widersprüchlichen Rechtsprechung zu diesem Thema auf die eingeschränkten Lagermöglichkeiten im Vertrag ausdrücklich hinzuweisen.
Ich hoffe, dass wir nach den kontroversen Beiträgen in der abschließenden Diskussion einer angemessenen Lösung des Problems näher kommen.

4 Literatur

[1] Schild, E.: Nachbesserungsmaßnahmen bei Feuchtigkeitsschäden an Bauteilen im Erdreich. In: Aachener Bausachverständigentage 1977, S.76 ff.
[2] Wallmeier, J.-R.: Nutzungsmöglichkeiten von Räumen mit erdberührten Bauteilen. Dissertation Aachen,1974
[3] WU-Richtlinie: Wasserundurchlässige Bauwerke aus Beton. 2003; Erläuterungen zur DAfStb-Richtlinie 2006
[4] Oswald, R.: Baufeuchte – Einflussgrößen und praktische Konsequenzen. In: Aachener Bausachverständigentage 1994
[5] Oswald, R., Abel, R.: Hinzunehmende Unregelmäßigkeiten; Seite 40/41, 2005
[6] Schmitt, H.; Heene, A.: Hochbaukonstruktion, 11. Auflage, Stuttgart 1988
[7] DIN 4117: 1960-11 Abdichtung von Bauwerken gegen Bodenfeuchtigkeit
[8] DIN 18195-4:1983-08 Bauwerksabdichtungen – Abdichtungen gegen Bodenfeuchtigkeit, Bemessung und Ausführung
[9] Rogier; D.: Abdichtung erdberührter Aufenthaltsräume. In: Aachener Bausachverständigentage 1983, Seite 95 ff.
[10] Deutscher Beton- und Bautechnik-Verein E.V.: Merkblatt Hochwertige Nutzung von Untergeschossen – Bauphysik und Raumklima, Berlin, 2009-01

Prof. Dr.-Ing. Rainer Oswald
Studium der Architektur (RWTH Aachen), Schwerpunkt Baukonstruktion und Bauphysik; Promotion über ein bauphysikalisches Thema; Honorarprofessor für Bauschadensfragen an der RWTH Aachen; Systematische Bauschadensforschung – zunächst an der RWTH Aachen, dann als Leiter des AIBAU – Aachener Institut für Bauschadensforschung und angewandte Bauphysik gemeinn. GmbH; Leiter der Aachener Bausachverständigentage; Ingenieurbüro für bauphysikalische Neubauberatung und Sanierungsplanungen; ö.b.u.v. Sachverständiger für Schäden an Gebäuden, Bauphysik und Bautenschutz; Mitglied in Arbeits- und Sachverständigenausschüssen des DIN und des DIBt zu Themen der Abdichtungstechnik und des Wärmeschutzes; Ausschussmitglied in Prüfungsgremien der Kammern zur öffentlichen Bestellung; Fachbuchautor.

Pro + Kontra – Das aktuelle Thema: Qualitätsanforderungen an die Trockenheit von Nebenräumen – was ist geschuldet?

2. Beitrag: Modernes Wohnen benötigt trockene Kellerräume

Dr. iur. Mark Seibel, Richter am OLG Hamm, Siegen

1 Einleitung

Dieser Vortrag beschäftigt sich mit der Frage, welche Anforderungen modernes Wohnen an die Trockenheit von Kellerräumen stellt. Dabei wird vor allem untersucht, welche Qualität der Bauunternehmer gegenüber dem Auftraggeber/Bauherrn schuldet bzw. welche Qualität der Auftraggeber/Bauherr im Hinblick auf die Trockenheit von Kellerräumen eines Neubaus erwarten kann/darf.

Bevor eine Stellungnahme des Referenten erfolgt, werden im Folgenden zunächst die relevanten Sachmangelkriterien des Werkvertragsrechts kurz skizziert. Im Anschluss daran veranschaulichen zwei Beispiele aus der Rechtsprechung, wie die Erwartungshaltung des Nutzers einer Wohnung sowohl aus werkvertraglicher als auch aus mietrechtlicher Sicht von den Gerichten bereits beurteilt worden ist. Abschließend folgt eine kurze Stellungnahme des Referenten, die als Diskussionsgrundlage dient.

2 Rechtliche Ausgangslage: § 633 BGB/§ 13 VOB/B

Die werkvertraglichen Regelungen (§ 633 BGB bzw. § 13 VOB/B) enthalten folgende Vorgaben[1]:

§ 633 BGB – Sach- und Rechtsmangel

(1) Der Unternehmer hat dem Besteller das Werk frei von Sach- und Rechtsmängeln zu verschaffen.

(2) [1]Das Werk ist frei von Sachmängeln, wenn es die vereinbarte Beschaffenheit hat. [2]Soweit die Beschaffenheit nicht vereinbart ist, ist das Werk frei von Sachmängeln,

1. wenn es sich für die nach dem Vertrag vorausgesetzte, sonst

2. für die gewöhnliche Verwendung eignet und eine Beschaffenheit aufweist, die bei Werken der gleichen Art üblich ist und die der Besteller nach der Art des Werkes erwarten kann. (…)

§ 13 VOB/B – Mängelansprüche

(1) [1]Der Auftragnehmer hat dem Auftraggeber seine Leistung zum Zeitpunkt der Abnahme frei von Sachmängeln zu verschaffen. [2]Die Leistung ist zur Zeit der Abnahme frei von Sachmängeln, wenn sie die vereinbarte Beschaffenheit hat und den anerkannten Regeln der Technik entspricht. [3]Ist die Beschaffenheit nicht vereinbart, so ist die Leistung zur Zeit der Abnahme frei von Sachmängeln,

1. wenn sie sich für die nach dem Vertrag vorausgesetzte, sonst

2. für die gewöhnliche Verwendung eignet und eine Beschaffenheit aufweist, die bei Werken der gleichen Art üblich ist und die der Auftraggeber nach der Art der Leistung erwarten kann. (…)

Im Folgenden sind allein die Sachmangelkriterien von Interesse. Diese lassen sich wie folgt zusammenfassen:

I.   Zunächst hat der Unternehmer dafür einzustehen, dass sein Gewerk die **vertraglich vereinbarte Beschaffenheit** aufweist (§ 633 Abs. 2 Satz 1 BGB, § 13 Abs. 1 Satz 2 VOB/B) – **1. Sachmangelvariante** (stets vorrangig zu prüfen!).

Innerhalb der vereinbarten Beschaffenheit ist nach der Rechtsprechung des

---

1 Ausführlich zum werkvertraglichen Sachmangelrecht: *Seibel*, in: *Staudt/Seibel*, Handbuch für den Bausachverständigen (3. Aufl., Köln/Stuttgart 2014), 14. Kapitel, S. 197 ff.

BGH[2] zudem stets zu prüfen, ob die Werkleistung *funktionstauglich* ist (sog. **„funktionaler Werkerfolg"**[3]).

Das begründet der BGH wie folgt *(Hervorhebungen durch den Referenten):*

„Welche Beschaffenheit eines Werkes die Parteien vereinbart haben, ergibt sich aus der Auslegung des Werkvertrages. Zur vereinbarten Beschaffenheit im Sinne des § 633 Abs. 2 Satz 1 BGB gehören alle Eigenschaften des Werkes, die nach der Vereinbarung der Parteien den vertraglich geschuldeten Erfolg herbeiführen sollen. Der vertraglich geschuldete Erfolg bestimmt sich nicht allein nach der zu seiner Erreichung vereinbarten Leistung oder Ausführungsart, sondern auch danach, **welche Funktion das Werk nach dem Willen der Parteien erfüllen soll.** *Der Bundesgerichtshof hat deshalb eine Abweichung von der vereinbarten Beschaffenheit und damit einen Fehler im Sinne des § 633 Abs. 1 BGB a. F. angenommen, wenn der mit dem Vertrag verfolgte Zweck der Herstellung eines Werkes nicht erreicht wird und das Werk seine vereinbarte oder nach dem Vertrag vorausgesetzte Funktion nicht erfüllt (…). Das gilt unabhängig davon, ob die Parteien eine bestimmte Ausführungsart vereinbart haben oder die anerkannten Regeln der Technik eingehalten worden sind.* **Ist die Funktionstauglichkeit für den vertraglich vorausgesetzten oder gewöhnlichen Gebrauch vereinbart und ist dieser Erfolg mit der vertraglich vereinbarten Leistung oder Ausführungsart oder den anerkannten Regeln der Technik nicht zu erreichen, schuldet der Unternehmer die vereinbarte Funktionstauglichkeit** *(…). Dieses Verständnis von der „vereinbarten Beschaffenheit" hat sich durch das Gesetz zur Modernisierung des Schuldrechts nicht geändert"*[4].

Beispiel:
Was nützt dem Bauherrn eine Kellerwandabdichtung, die zwar genau der vereinbarten Beschaffenheit i. S. d. Vorgaben im Leistungsverzeichnis entspricht, die jedoch das Eindringen von Wasser nicht verhindern kann?

II. Soweit eine Beschaffenheit vertraglich nicht vereinbart wurde, muss sich das Gewerk für die **nach dem Vertrag vorausgesetzte Verwendung** eignen (§ 633 Abs. 2 Satz 2 Nr. 1 BGB, § 13 Abs. 1 Satz 3 Nr. 1 VOB/B) – **2. Sachmangelvariante**.

III. Ansonsten muss sich das Gewerk für die **gewöhnliche Verwendung** eignen und eine **Beschaffenheit aufweisen, die bei Werken der gleichen Art üblich** ist und die der Auftraggeber nach der Art der Leistung erwarten kann (§ 633 Abs. 2 Satz 2 Nr. 2 BGB, § 13 Abs. 1 Satz 3 Nr. 2 VOB/B) – **3. Sachmangelvariante**.

Vertiefung: Die Sachmangelkriterien müssen nicht alternativ, sondern *kumulativ* angewandt werden. § 633 Abs. 2 BGB und § 13 Abs. 1 VOB/B sind – entgegen ihres missverständlichen Wortlauts – im Hinblick auf die Erwägungen zur Verbrauchsgüterkaufrichtlinie[5] richtlinienkonform (kumulative Geltung der Sachmangelkriterien) auszulegen, um zu sachgerechten Ergebnissen zu gelangen[6].

---

2 BGH, Urteil v. 08.11.2007 – VII ZR 183/05, BauR 2008, S. 344 ff. = IBR 2008, S. 77 ff.

3 Zur Funktionstauglichkeit einer Werkleistung: *Halfmeier/Leupertz*, in: *Prütting/Wegen/Weinreich*, Kommentar zum BGB (8. Aufl., Köln 2013), § 633 Rdnr. 21; *Seibel*, Baumängel und anerkannte Regeln der Technik (1. Aufl., München 2009), Rdnr. 114 ff.; *Seibel*, ZfBR 2009, S. 107 ff.

4 BGH, Urteil v. 08.11.2007 – VII ZR 183/05, BauR 2008, S. 344 ff. = IBR 2008, S. 77 (Volltext Rdnr.

15-16). Vgl. zuletzt: BGH, Urteil v. 20.12.2012 – VII ZR 209/11, BauR 2013, S. 624 Rdnr. 14 = IBR 2013, S. 154.
Kritisch zur Einordnung der Funktionstauglichkeit allein innerhalb der vertraglich vereinbarten Beschaffenheit: *Seibel*, ZfBR 2009, S. 107 ff.

5 Richtlinie 1999/44/EG des Europäischen Parlaments und des Rates vom 25.05.1999 zu bestimmten Aspekten des Verbrauchsgüterkaufs und der Garantien für Verbrauchsgüter (ABl. Nr. L 171 S. 12).

6 Ebenso: *Halfmeier/Leupertz*, in: *Prütting/Wegen/Weinreich*, Kommentar zum BGB, § 633 Rdnr. 21. Weitere Einzelheiten: *Kniffka*, in: *Kniffka*, Bauvertragsrecht (1. Aufl., München 2012), § 633 Rdnr. 3; *Thode*, NZBau 2002, S. 297 ff.; *Pastor*, in: *Werner/Pastor*, Der Bauprozess (14. Aufl., Köln 2013), Rdnr. 1964. Siehe aber auch: *Faust*, BauR 2013, S. 363 ff.

   Seibel/Modernes Wohnen benötigt trockene Kellerräume

IV. Die **„allgemein anerkannten Regeln der Technik"**[7] werden vor allem bei der Beurteilung relevant, wann sich eine Bauleistung für die gewöhnliche Verwendung eignet und wann sie eine übliche Beschaffenheit aufweist, die der Auftraggeber erwarten kann[8] – also auf der Stufe der zuvor dargestellten 3. Sachmangelvariante. Gleichwohl ist dieser Technikstandard nicht nur dort, sondern grundsätzlich auf allen Stufen des Sachmangelrechts zu beachten[9] – gleichsam als eigenständige **4. Sachmangelvariante**[10]. Aber: Die „allgemein anerkannten Regeln der Technik" sind stets erst nach der Überprüfung der vertraglich vereinbarten Beschaffenheit (1. Sachmangelvariante) zu beachten. Sie gelten bei der Beurteilung der Qualität einer Bauleistung als grundsätzlich einzuhaltender sog. ***Mindeststandard***[11.] Das ergibt sich schon daraus, dass die Parteien im Werkvertrag hinsichtlich der Beschaffenheit der Bauleistung qualitativ höherwertige Anforderungen als diejenigen der „allgemein anerkannten Regeln der Technik" vereinbaren können[12]. Sollte dies der Fall sein, liegt auch beim Einhalten der „allgemein anerkannten Regeln der Technik" ein

Mangel vor, da die erhöhten vertraglichen Anforderungen nicht erfüllt werden.

Zwischenfazit: Schon an dieser Stelle kann festgehalten werden, dass für die Beurteilung der Frage, welche Qualität der Unternehmer im Hinblick auf die Trockenheit von Kellerräumen schuldet, vor allem folgende Kriterien relevant werden:
– ***Funktionstauglichkeit der Kellerräume*** (= vertraglich vereinbarte Beschaffenheit, § 633 Abs. 2 Satz 1 BGB, § 13 Abs. 1 Satz 2 VOB/B) bzw. *hilfsweise*
– ***gewöhnliche Verwendungseignung der Kellerräume*** (= Beschaffenheit, die bei Werken der gleichen Art üblich ist und die der Auftraggeber nach der Art der Leistung erwarten kann: § 633 Abs. 2 Satz 2 Nr. 2 BGB, § 13 Abs. 1 Satz 3 Nr. 2 VOB/B).

3 Zwei Beispiele aus der Rechtsprechung

3.1 LG Berlin, Urteil v. 29.07.2005 – 34 O 200/05[13] (Werkvertragsrecht)

3.1.1 Sachverhalt:

Die Erwerber einer Doppelhaushälfte nahmen die Bauträgerin wegen Feuchtigkeitserscheinungen und Schimmelpilzbildung im Keller, der nach der Baubeschreibung aus WU-Stahlbeton („Weiße Wanne") auszuführen war, auf Zahlung eines Kostenvorschusses zur Mängelbeseitigung in Anspruch.

3.1.2 Entscheidung:

Das LG Berlin begründete die Mangelhaftigkeit des Kellers in seinem Urteil vom 29.07.2005 wie folgt (*Hervorhebungen durch den Referenten*):
„Aus den (...) Ausführungen des Sachverständigen geht hervor, dass bei der Herstellung eines Einfamilienhauses mit Kellerräumen die Ausführung des Kellers als reine WU-Betonkonstruktion ohne zusätzliche Abdichtung gegen aufsteigende Feuchtigkeit grundsätzlich nicht den vertragsmäßigen Anforderungen genügt. Der Sachverständige hat vielmehr als Beispiel für eine zulässige Bauaus-

---

7 Ausführlich zum Inhalt der „allgemein anerkannten Regeln der Technik": *Seibel*, in: *Staudt/Seibel*, Handbuch für den Bausachverständigen, 14. Kapitel, S. 197 ff.; *Seibel*, Baumängel und anerkannte Regeln der Technik; *Seibel*, NJW 2013, S. 3000 ff.

8 Vgl.: BGH, Urteil v. 14.05.1998 – VII ZR 184/97, BauR 1998, S. 872 (873) = IBR 1998, S. 376 f.; BGH, Urteil v. 28.10.1999 – VII ZR 115/97, BauR 2000, S. 261 (262) = IBR 2000, S. 164; BGH, Urteil v. 09.07.2002 – X ZR 242/99, NJW-RR 2002, S. 1533 (1534) = IBR 2002, S. 536

9 Ebenso: *Halfmeier/Leupertz*, in: *Prütting/Wegen/Weinreich*, Kommentar zum BGB, § 633 Rdnr. 23.

10 Einzelheiten dazu: *Seibel*, Baumängel und anerkannte Regeln der Technik, Rdnr. 96 f.

11 St. Rspr. des BGH; siehe zuletzt: BGH, Urteil v. 20.12.2012 – VII ZR 209/11, BauR 2013, S. 624 Rdnr. 23 = IBR 2013, S. 154.

12 Vgl. zur Vereinbarung von über den „allgemein anerkannten Regeln der Technik" liegenden Anforderungen: OLG Frankfurt, Urteil v. 26.11.2004 – 4 U 120/04, BauR 2005, S. 1327 ff. = IBR 2005, S. 144; OLG Stuttgart, Urteil v. 12.05.2004 – 3 U 185/03, BauR 2005, S. 769 (Ls.) = IBR 2005, S. 162.

13 LG Berlin, Urteil v. 29.07.2005 – 34 O 200/05, BauR 2005, S. 1681 (Ls.) = IBR 2006, S. 21 (Volltext: www.ibr-online.de). Vgl. auch die Anmerkung zu diesem Urteil aus technischer Sicht: *Zöller*, IBR 2006, S. 7 ff.

führung in reinem WU-Beton mehrfach eine **offene Tiefgarage** *genannt. In Zf. 2a, 2b und 2e des Ergänzungsgutachtens hat er sodann ausgeführt, dass* **Souterrain-Wohnungen, aber auch Hobby-Räume** *aus seiner Sicht als bewohnte Räume anzusehen seien und eine* **hochwertige Kellernutzung auch die Lagerung für feuchtigkeitsempfindliche Materialien wie Papier, Zucker, Mehl, Leder und Möbel einschließt,** *wohingegen in untergeordneten Kellerräumen nur feuchtigkeitsunempfindliche Materialien gelagert werden dürften (Gläser, Weinflaschen, Bierkästen) und dort auch keine feuchtigkeitsempfindlichen Baumaterialien zur Ausführung kommen dürften (Gipsplatten, Raufasertapete, Holz).* **Es ist selbstverständlich, dass der Vollkeller eines Familieneigenheims aufgrund des üblichen Nutzerverhaltens der Bewohner solcher Häuser prinzipiell eine hochwertige Nutzung im vorstehenden Sinne gewährleisten muss, wobei es nicht darauf ankommt, ob eine vollumfängliche Wohnnutzung im Sinne einer Souterrainwohnung stets hierunter fällt. Dass der Keller weitaus mehr an Feuchtigkeitsschutz leisten muss, als es bei einer offenen Tiefgarage notwendig ist, versteht sich jedenfalls von selbst. Zumindest muss die Lagerung von Speisen, Kleidung und anderen feuchtigkeitsempfindlichen Materialien möglich sein, ferner die Nutzung beispielsweise als untergeordneter Büroraum für die Erledigung des privaten Schriftverkehrs und Aufbewahrung privater Unterlagen.**

Aus dem zwischen den Parteien zustande gekommenen **Vertrag ergibt sich nicht, dass lediglich eine untergeordnete Nutzung des Kellers vereinbart war,** *bei der die Ausführung des Kellers als reine WU-Betonkonstruktion ohne zusätzliche Abdichtung gegen aufsteigende Feuchtigkeit zulässig ist.*

Dass die Ausführung des Kellers in WU-Beton vereinbart war, ist in diesem Zusammenhang unerheblich. Es ist anerkannt, dass die Vereinbarung einer bestimmten Ausführungsart der Annahme eines Mangels nicht entgegensteht, wenn diese Ausführungsart nicht geeignet ist, den geschuldeten Werkerfolg herbeizuführen (BGH, NJW 1998, 3707, 3708).

Auch aus der den Keller betreffenden Passage der Anlage zum Vertrag ergibt sich nicht, dass die Beklagte lediglich die Eignung der Kellerräume für eine untergeordnete Nutzung im Sinne der Ausführungen des Sachverständigen schuldete. Für die Auslegung seines

derartigen Vertragsbestandteils ist gemäß §§ 133, 157 BGB maßgeblich, wie der Erklärungsempfänger nach Treu und Glauben unter Berücksichtigung der Verkehrssitte und in Anbetracht der erkennbaren Umstände des Falles den Inhalt verstehen durfte (…). In der streitgegenständlichen Textpassage wird zwar dargestellt, dass es im Keller möglicherweise zu Kondensat, d. h. zu sich an Bauteilen niederschlagender Raumfeuchte kommen kann. Aus der textlichen Darstellung ergibt sich jedoch, dass dies auf die fehlende Beheizung, die fehlende Wärmedämmung an den Außenwänden und die Einfachverglasung der Kellerfenster zurückzuführen sein soll. Ein unvoreingenommener und baufachlich nicht ausgebildeter durchschnittlicher Eigenheimerwerber darf diese Zustandsbeschreibung dahin verstehen, dass durch den Einbau einer Heizung, die nachträgliche Anbringung einer Wärmedämmung und den Austausch der Kellerfenster das Kondensatproblem behoben werden kann. (…)

Hinzu kommt, dass die von der Beklagten selbst angebotene bauliche Ausführung des Kellergeschosses nicht die Annahme rechtfertigt, es dürfe nach dem Inhalt des Vertrages nur eine untergeordnete Kellernutzung stattfinden. Sie hat Holztüren eingebaut, was nach den Ausführungen des Sachverständigen bei einem nur untergeordneter Nutzung dienenden, in reiner WU-Betonkonstruktion ausgeführten Keller unzulässig ist. Sie hat Hausanschlussraum und Treppenraum gefliest, was sich mit einer reinen WU-Betonkonstruktion ebenfalls nicht verträgt; im Übrigen darf der Eigenheimerwerber aus der Verfliesung des Hausanschluss- und Treppenraums herleiten, dass die in Eigenregie vorgenommene Fortsetzung der Verfliesung im Kellerraum ohne bauphysikalische Probleme möglich ist."

3.1.3 Kurze Anmerkung:

Das LG Berlin nimmt in diesem Urteil – ohne es ausdrücklich zu erwähnen – auf die bereits dargestellte Rechtsprechung des BGH zur Funktionstauglichkeit einer Werkleistung Bezug und schlussfolgert aus dem üblichen Nutzungsverhalten der Bewohner eines Hauses, dass ein Keller grundsätzlich – soweit nicht etwas anderes vertraglich vereinbart worden ist! – zur Lagerung von Speisen, Kleidung und anderen feuchtigkeitsempfindlichen Materialien ebenso gebrauchs-/funktionstauglich sein muss wie z. B. zur Nutzung als untergeordneter Büroraum für die Erledigung des privaten Schriftverkehrs und zur Aufbewahrung privater Unterlagen.

Diese Begründung erscheint – jedenfalls im Grundsatz – überzeugend und trägt sowohl dem Nutzungsverhalten als auch der Vorstellung von Bauherrn zur Nutzungsmöglichkeit eines Kellers angemessen Rechnung.

3.2 LG Berlin, Urteil v. 12.03.2013 – 63 S 628/12[14] (Mietrecht)

3.2.1 Sachverhalt:

Mieter und Vermieter stritten sich darum, ob der feuchte Keller einer im Jahr 1939 erbauten Doppelhaushälfte einen Mangel der Mietsache darstellte und die Vermieter deswegen zur Mängelbeseitigung verpflichtet waren.

3.2.2 Entscheidung:

Das LG Berlin bejahte in seinem Urteil vom 12.03.2013 mit folgender Begründung einen Mangel (*Hervorhebungen durch den Referenten*):

„Die Durchfeuchtung des Kellers stellt einen Mangel der Mietsache dar. Der Mieter kann nach der allgemeinen Verkehrsanschauung erwarten, dass die von ihm angemieteten Räume einen Standard aufweisen, der dem üblichen Standard vergleichbarer Räume entspricht. Hierbei sind insbesondere das Alter, die Ausstattung und die Art des Gebäudes, aber auch die Höhe des Mietzinses und eine eventuelle Ortssitte zu berücksichtigen (st. Rspr., vgl. nur BGH, Urt. v. 26. Juli 2004 – VIII ZR 281/03, NJW 2004, 3174 Tz. 15). Gemessen daran entspricht bei der hier zur Beurteilung stehenden Vermietung einer Doppelhaushälfte nur ein trockener Keller dem üblichen Mindeststandard. **Denn die Nutzung des unmittelbar an die Wohnräume angegliederten Kellers dient – anders als bei einer Mietwohnung mit einem häufig dezentralen Keller(-verschlag) – zumindest auch der Lagerung von Lebensmitteln, Kleidungsstücken und dem Waschen und Trocknen von Wäsche.** *Diese – vertragsgemäße – Nutzungsmöglichkeit ist durch den derzeitigen Zustand des Kellers nicht nur unerheblich beeinträchtigt.*

An dieser Beurteilung ändert der Errichtungszeitpunkt des Hauses im Jahre 1939 nichts. Selbst wenn die Bauausführung des Kellers – dem streitigen Vortrag der Beklagten entsprechend – den damaligen technischen Anforderungen entsprochen haben sollte, steht dies dem Vorliegen eines Mangels nicht entgegen. Denn in einem Mietverhältnis sind in erster Linie die vertraglichen Vereinbarungen der Parteien über die Sollbeschaffenheit der Mietsache maßgeblich, die vom Vermieter bei Übergabe einzuhalten und über die ganze Mietzeit aufrechtzuerhalten ist, und nicht die Einhaltung bestimmter technischer Normen. **Die Sollbeschaffenheit richtet sich deshalb vorrangig danach, ob die Mietsache zum vertragsgemäßen Gebrauch geeignet ist oder nicht** *(Kammer, Urt. v. 8. Juni 2012 – 63 S 423/11, WuM 2012, 670 Tz. 6 m.w.N.). Der vertragsgemäße Gebrauch der Mietsache indes ist aufgrund der im Keller aufgetretenen erheblichen Feuchtigkeitserscheinungen beeinträchtigt, selbst wenn die Beklagte die zum Errichtungszeitpunkt maßgeblichen Bauvorschriften eingehalten haben sollte. Nur in dem Fall, in dem zum Zeitpunkt der Errichtung des Gebäudes technische Normen zu bestimmten Anforderungen an den Wohnstandard bestehen, sind diese zur Bestimmung der Sollbeschaffenheit der Mietsache heranzuziehen (st. Rspr., vgl. nur BGH, Urt. v. 7. Juli 2010 – VIII ZR 85/09, NJW 2010, 3088 Tz. 13 m. w. N.). An diesen aber fehlt es. Denn es ist weder vorgetragen noch ersichtlich, dass zum Zeitpunkt der Errichtung des Gebäudes technische Normen bestanden hätten, die entweder die Durchfeuchtung eines Kellers zum Normstandard erhoben oder trotz ihrer Beachtung durch den Bauherrn zwangsläufig zu einer Durchfeuchtung des Kellers geführt hätten. Dass der streitgegenständliche Keller seit seiner Errichtung im Jahre 1939 über die Jahrzehnte einer Veränderung durch Abnutzung, Alterung und Witterungseinwirkungen unterlegen ist, liegt auf der Hand. Diese – naturgemäßen – Veränderungen stehen dem Mangelbeseitigungsanspruch der Kläger jedoch nicht entgegen, da die Instandhaltung der Mietsache als Kardinalpflicht des Vermieters die Erhaltung des vertrags- und ordnungsgemäßen Zustandes der Mietsache umfasst; dazu zählt insbesondere die Beseitigung der durch Abnutzung, Alterung und Witterungseinwirkung entstehenden baulichen und sonstigen Mängel (BGH, Urt. v. 6. April 2004 – XII ZR 158/01, NJW-RR 2006, 84 Tz. 24)."*

---

14 LG Berlin, Urteil v. 12.03.2013 – 63 S 628/12, IMR 2013, S. 405 (Volltext: www.ibr-online.de). Vgl. auch die Anmerkung zu diesem Urteil aus technischer Sicht: *Zöller*, IBR 2013, S. 659 f.

Auf derselben Wellenlänge liegt z. B. das Urteil des AG Bergheim vom 12.04.2011[15]. Entgegengesetzt hat z. B. das AG Ansbach in seinem Urteil vom 05.02.2013[16] entschieden.

4 Fazit und abschließende Thesen zur Diskussion

– Der Auftraggeber/Bauherr kann hinsichtlich der vom Unternehmer zu errichtenden Kellerräume eines Neubaus *grundsätzlich* erwarten, dass diese den üblichen Anforderungen eines modernen Wohnens gerecht werden. Aus Sicht des Referenten unterliegt es dabei – worauf das LG Berlin zu Recht hinweist (oben: 3.1) – keinem Zweifel, dass **Kellerräume zur Lagerung z. B. von Papier, Kleidung – insbesondere Lederschuhen und sonstigen Lederwaren – sowie anderen feuchtigkeitsempfindlichen Materialien gebrauchs-/funktionstauglich sein müssen**. Solche Gegenstände müssen in den Kellerräumen gelagert werden können, ohne dass sie dort verschimmeln oder sonst durch Feuchtigkeit Schaden nehmen. Allein dies entspricht der regelmäßig (stillschweigend) vertraglich vorausgesetzten bzw. der gewöhnlichen Funktionalität von Kellerräumen, die überwiegend als Abstellräume auch für feuchtigkeitsempfindliche Gegenstände dienen.

– Etwas anderes kann *ausnahmsweise* dann gelten, wenn im Bau-/Werkvertrag eine andere Beschaffenheit der Kellerräume zwischen den Vertragsparteien wirksam vereinbart worden ist. Voraussetzung hierfür ist aber, dass der Unternehmer jedenfalls den unkundigen Bauherrn zuvor über die später nur eingeschränkte Nutzungsmöglichkeit der Kellerräume aufgeklärt hat[17].

– Diese Nutzungserwartung eines Auftraggebers/Bauherrn lässt sich grundsätzlich auf die **Situation eines Mieters** übertragen. Auch dieser kann – wie das LG Berlin zutreffend hervorhebt (oben: 3.2) – grundsätzlich erwarten, Kellerräume als Abstellräume für feuchtigkeitsempfindliche Gegenstände nutzen zu können. Gegenteiliges muss/sollte ausdrücklich im Mietvertrag geregelt werden.

– **Wie sich die erforderliche Trockenheit von Kellerräumen erreichen lässt, obliegt der technischen Beurteilung**. Dabei scheint unter Fachleuten vor allem umstritten zu sein, ob bei einer „Weißen Wanne" bzw. einer aus WU-Beton ausgeführten Bodenplatte noch eine weitere Horizontalabdichtung erforderlich ist[18].

---

15 AG Bergheim, Urteil v. 12.04.2011 – 28 C 147/10, WuM 2011, S. 359 (360 f.) = juris Rdnr. 16 (Hervorhebungen durch den Referenten): *„Hier ist zu berücksichtigen, dass der Keller nach den Feststellungen des Sachverständigen wie auch nach den Fotos nur zur Lagerung von feuchteresistenten Gegenständen geeignet ist. Der **Keller ist derart feucht, dass weder Holzmöbel noch Papier noch Kleidungsstücke oder rostempfindliche Metallgegenstände dort gelagert werden können**. Damit ist der Keller für die Klägerin nahezu nutzlos. In Anbetracht der Tatsache, dass **die meisten Mieter über eine Vielzahl von Gegenständen verfügen, die nicht ständig benötigt werden und daher üblicherweise in einem Keller gelagert werden**, stellt die Nichtnutzbarkeit des Kellers eine mit 10 % zu bewertende Minderung des Wohngebrauchs dar, denn der Mieter ist dann gezwungen, all diese Gegenstände in der Wohnung selbst zu lagern, was wiederum die Nutzbarkeit der Wohnung an sich einschränkt."*

16 AG Ansbach, Urteil v. 05.02.2013 – 2 C 2268/11, ZMR 2013, S. 638 f. = IMR 2013, S. 1125 (nur online), wonach der Mieter einer Altbauwohnung nicht ohne weiteres erwarten könne, dass der zur Wohnung gehörende Keller trocken und zur Lagerung feuchtigkeitsempfindlicher Gegenstände geeignet sei.

17 BGH, Urteil v. 04.06.2009 – VII ZR 54/07, BauR 2009, S. 1288 ff. = IBR 2009, S. 448 mit Anm. *Seibel*; OLG München, Urteil v. 26.02.2013 – 9 U 1553/12 Bau, IBR 2014, S. 137 mit Anm. *Seibel*.

18 Vgl. z.B.: OLG Düsseldorf, Urteil v. 15.04.2011 – 23 U 90/10, BauR 2011, S. 1994 ff. = IBR 2012, S. 31; OLG Düsseldorf, Urteil v. 22.02.2011 – 23 U 218/09, BauR 2011, S. 1980 ff. = IBR 2011, S. 649; LG Berlin, Urteil v. 29.07.2005 – 34 O 200/05, BauR 2005, S. 1681 (Ls.) = IBR 2006, S. 21; *Zöller*, IBR 2012, S. 243 f.; *Zöller*, IBR 2010, S. 193 f.; *Zöller*, IBR 2006, S. 7 ff.

Dr. iur. Mark Seibel
Richter am Oberlandesgericht Hamm (Bausenat); von Dezember 2010 bis Dezember 2013 wissenschaftlicher Mitarbeiter im u. a. für das Bau- und Architektenrecht zuständigen VII. Zivilsenat des Bundesgerichtshofs in Karlsruhe; zahlreiche Buchveröffentlichungen und Aufsätze in Zeitschriften (u. a. in: BauR, BauSV, BrBp, DRiZ, IBR, IMR, NJW, Rpfleger, VersR, ZfBR), Vorträge und Seminarveranstaltungen; Tätigkeit in der Richter-, Rechtsanwalts- und Sachverständigenfortbildung; Mitherausgeber der Zeitschrift „IBR Immobilien- & Baurecht“, ständiger Mitarbeiter der Zeitschriften „ZfBR - Zeitschrift für deutsches und internationales Bau- und Vergaberecht“ und „Der Bausachverständige“ (dort auch Mitglied des Beirates).

Pro + Kontra – Das aktuelle Thema: Qualitätsanforderungen an die Trockenheit von Nebenräumen – was ist geschuldet?

3. Beitrag: Bei Wohngebäuden im Bestand ist mit Feuchtigkeit im Keller zu rechnen

Dipl.-Ing. Corinna Kodim, Haus & Grund Deutschland, Berlin

1 Einleitung

Haus & Grund ist mit rund 900.000 Mitgliedern der größte Interessensvertreter privater Haus-, Wohnungs- und Grundstückseigentümer in Deutschland. Als solcher sind ihm die Probleme, die private Eigentümer mit ihren Immobilien oder mit ihren Mietern haben, sehr gut bekannt. Nach den aktuellen Zahlen des Zensus 2011 beträgt der Eigentumsanteil Privater am Wohnungsbestand in Deutschland 80,7 Prozent. Das sind ca. 33,3 Millionen Wohnungen, von denen ca. 17,6 Millionen von den Privaten selbstgenutzt und 15,7 Millionen vermietet werden [1]. Alle anderen Eigentümer zusammen bieten gerade mal 7,96 Millionen Mietwohnungen an. Somit stellen private Eigentümer mehr als 66 Prozent des Mietwohnungsangebotes zur Verfügung. Aus diesem Grund wird das Vortragsthema insbesondere aus Sicht der privaten Vermieter dargestellt.

Die Motivation in Haus- und Grundeigentum zu investieren kann sehr verschieden sein. Zum einen ist es der Wunsch nach einem selbstbestimmten Leben in den eigenen vier Wänden. Zum anderen dient die Immobilie der Absicherung der eigenen Altersvorsorge oder als Kapitalanlage in Form vermieteter Immobilien. In allen Fällen ist der private Eigentümer am Erhalt bzw. an der Wertsteigerung seiner Immobilie interessiert. Im Fall der Vermietung geht es zusätzlich darum, langfristig die Mieter zu binden und die Vermietungssituation zu verbessern. Um dies zu erreichen, muss der Vermieter beständig auf die Wünsche seiner Mieter eingehen und sich deren Nutzungswünschen anpassen.

In diesem Zusammenhang gewinnt die Qualität von Kellerräumen heute zunehmend an Bedeutung. Vielerorts greift der demografische Wandel. Insbesondere im ländlichen Raum und in strukturschwachen Gegenden besteht ein hoher Wohnungsleerstand und damit ein großes Angebot an Wohnungen. Ein feuchter Keller senkt hier zusätzlich die Aussicht auf Vermietung oder Verkauf. In Ballungszentren hingegen herrscht ein knappes Wohnungsangebot. Das hat Auswirkungen auf die Höhe der Mietpreise. Steigende Mieten erhöhen die Nachfrage nach kleineren Wohnungen. Kleinere Wohnungen bieten wenig Platz und umso wichtiger wird der Keller als zusätzliche Abstellfläche für wertvolles Inventar. Ein feuchter Keller ist auch hier von Nachteil.

2 Nutzungsänderung

Zum Zeitpunkt der Errichtung vieler Gebäude dienten Keller als Lager für Kohlen und Lebensmittel. Die Kellerräume mussten zu diesem Zweck relativ feucht und gleichmäßig niedrige Temperaturen aufweisen. Die zur Trocknung der Wände verbrauchte Energie, kühlte dabei den Keller [2]. Später mit Abschaffung der Ofenheizungen wurden die Kellerräume als Heizungs- und Technikzentralen genutzt. Feuchtigkeit und ein „muffiger" Geruch wurden auch hier als normal hingenommen. Keinesfalls wurden Keller früher „freiwillig" als Aufenthaltsräume genutzt [2].

Heute werden zum Teil hochwertige Produkte wie Möbel, Bekleidung, Bücher und Zeitschriften im Keller gelagert – alles Dinge, die nicht feuchtigkeitsbeständig sind. Ebenfalls üblich ist die Nutzung als Wasch- und Trockenraum (Bild 1). Moderne Keller bieten zudem Wellness- und Fitnessräume. Das geht hin bis zur Nutzung als zusätzliche Wohnfläche (Bild 2 und 3).

Bild 1: Keller als Wasch- und Trockenraum

Bild 2: Keller in Hanglage (Foto: WeberHaus)

Bild 3: Keller als Küche (Foto: WeberHaus)

Durch diese Nutzungsänderung sind die baulichen Anforderungen (Abdichtung, Lüftung, Klimatisierung) an heutige Wohnhauskeller deutlich gestiegen. Was beim Neubau von vornherein berücksichtigt werden kann, stellt jedoch bei Bestandsgebäuden technisch wie wirtschaftlich eine Herausforderung dar.

3 Rechtliche Situation

Bei Bestandsgebäuden liegen die Baumaßnahmen einige Jahre zurück. Auch wenn bei Bestandsgebäuden die Erwartungen an moderne Wohnhauskeller nicht erfüllt werden, kann der ursprüngliche Errichter des Gebäudes aus werkvertragsrechtlicher Sicht dafür nicht verantwortlich gemacht werden, denn die Bauausführung entsprach den seinerzeit geltenden „Regeln der Baukunst" und Nutzungsanforderungen. Zudem sind etwaige Gewährleistungsansprüche aus Bau- oder Werkverträgen bei Bestandsgebäuden i. d. R. verjährt.

Folgende drei Beispiele aus der Mietrechtsprechung machen dennoch deutlich, wie unterschiedlich die Erwartungen seitens der Nutzer an heutige Kellerräume rechtlich bewertet werden.

Urteil 1: Kellerfeuchte im Altbau als Mietmangel

LG Berlin, Urteil v. 12.03.2013 – 63 S 628/2 [3]

Der Fall:

Die Beklagte ist Eigentümerin einer 1939 errichteten Doppelhaushälfte, die sie vermietet. Die Mieterin (Klägerin) macht wegen Kellerfeuchte die Instandsetzung des Kellers sowie Mietminderung geltend.

Das Urteil:

Die Klage hatte in beiden Instanzen Erfolg. Die Durchfeuchtung des Kellers stellt nach § 535 BGB einen zu beseitigenden Mangel dar.

Die Begründung:

Nach Auffassung des Landgerichtes Berlin befindet sich der Keller nicht mehr in einem vertragsgemäßen Zustand, „da Bausubstanz von den Kellerwänden rieselt, gelagerte Pappe klamm wird sowie aufbewahrte Lebensmittel und Schuhe schimmeln". Das Gericht berücksichtigte sehr wohl Alter, Ausstattung und Art des Gebäudes, die Höhe des Mietzinses und die Ortssitte. Es kam dann dennoch zu dem Schluss, dass „nur ein trockener Keller dem üblichen Mindeststandard entspricht." Der Keller grenzt unmittelbar an die Wohnräume an, es handelt sich also nicht wie bei sonstigen Mietwohnungen um einen dezentralen Keller(-verschlag). Er sollte somit zumindest für die Lagerung von Lebensmitteln, Kleidungsstücken und dem Waschen und Trocknen der Wäsche dienen. Auch die Argumentation der Vermieterin, der Keller habe den damaligen technischen Anforderungen entsprochen, half hier wenig. In einem Mietverhältnis sind vorrangig die vertraglichen Vereinbarungen über die Sollbeschaffenheit der Mietsache maßgeblich, die bei der Übergabe einzuhalten und über die gesamte Mietzeit aufrecht zu erhalten sind und nicht die Einhaltung bestimmter technischer Normen. Das Gericht argumentierte weiter, „dass zum Zeitpunkt der Errichtung des Gebäudes keine technischen Normen bestanden hätten, die entweder die Durchfeuchtung eines Kellers zum Normstandard erhoben oder zwangsläufig trotz Beachtung zur Durchfeuchtung des Kellers geführt hätten." Das Gericht sah daher den Grund für die Durchfeuchtung des Kellers darin, dass der Keller seit seiner Errichtung über die Jahrzehnte eine Veränderung durch Abnutzung, Alterung und Witterungseinwirkung erfahren hat. Diese naturgemäßen Veränderungen stehen dem Mängelbeseitigungsanspruch der Mieterin nicht entgegen, da die Instandhaltung der Mietsache zu den obligatorischen Aufgaben eines Vermieters zählt.

Auch konnte in dem konkreten Fall der Mangelbeseitigungsanspruch gemäß § 536b BGB nicht ausgeschlossen werden, da die Mieterin bei Vertragsabschluss keine Kenntnis von den Mängeln am Keller hatte.

Urteil 2: Grundwasser im Keller aufgrund von Baumängeln:
Kosten für die Wasserentsorgung sind keine Betriebskosten
Amtsgerichtes Wedding, Urteil v. 16.05.2011 – 15b C 15/11 [4]
Der Fall:
Aufgrund einer unzureichenden Abdichtung drang in den Keller eines Wohnhauses regelmäßig Grundwasser ein. Das Grundwasser wurde auf Veranlassung des Vermieters abgepumpt und entsorgt sowie die Kosten als Betriebskostenposition „Entwässerung" auf die Mieter umgelegt. Die Mieter klagten dagegen.
Das Urteil:
Die Mieter bekamen Recht. Die Kosten für die Wasserentsorgung im Keller aufgrund von Baumängeln sind keine Betriebskosten.
Die Begründung:
Nach Auffassung des Amtsgerichtes Wedding stellt die Wasserentsorgung eine Instandhaltungsarbeit dar. Denn zum Grundwassereintritt kommt es wegen baulicher Mängel. Das Abpumpen stellt lediglich den bestimmungsgemäßen Zustand des Kellers wieder her. Instandhaltungs- bzw. Instandsetzungskosten sind aber nicht umlagefähig. Auch das Argument, dass die Mieter aufgrund

der technisch nur schwer realisierbaren Abdichtung der Kellerräume und der damit verbunden hohen Kosten keinen Anspruch auf Durchführung von Mängelbeseitigungsarbeiten haben (§ 275 Abs. 2 BGB) ist für das Urteil irrelevant, denn dadurch sind aus den Instandhaltungskosten keine umlagefähigen Betriebskosten geworden.

Urteil 3: Bei Altbauwohnungen ist mit Feuchtigkeit im Keller zu rechnen
Amtsgericht Arnsbach, Urteil v. 05.02.2013 – 2 C 2268/11 [5]
Der Fall:
Die Mieterin (Beklagte) mindert ihre Miete. Sie bewohnt ein 1923 errichtetes Einfamilienhaus. Im Keller ist es feucht und nass, zudem bildete sich an den Kellerwänden Schimmel und Salpeter. Die Vermieterin klagte dagegen.
Das Urteil:
Der Mieterin steht kein Recht zur Mietminderung zu.
Die Begründung:
Auch hier wurde der Zeitpunkt der Errichtung des Gebäudes berücksichtigt. Jedoch anders als beim Landgericht Berlin urteilte das Gericht, die Mieterin könne nicht erwarten, dass der Keller zur Lagerung feuchtigkeitsempfindlicher Gegenstände geeignet sei. Zum Zeitpunkt der Errichtung habe es weder DIN-Normen noch habe es Regelungen in der Bauordnung zum Schutz gegen Feuchtigkeit gegeben. Daher sei leichte von außen eindringende Feuchtigkeit im Keller bei Altbauten hinzunehmen. Schimmel- und Salpeterbildung konnten im konkreten Fall von der Mieterin nicht nachgewiesen werden.
Die unterschiedliche rechtliche Beurteilung von Feuchtigkeit in Wohnhauskellern zeigt, dass sich Eigentümer von Bestandskellern nicht allein auf das Argument „bei Wohngebäuden im Bestand ist mit Feuchtigkeit in Kellern zu rechnen" zurückziehen können. Im Vermietungsfall ist vielmehr entscheidend, ob der Mangel dem Mieter zuvor bekannt gegeben wurde oder nicht (Offenbarungspflicht von Feuchtigkeitsschäden).

4   Ursachen für Feuchtigkeit in Bestandskellern
<u>Feuchte von außen:</u>
Noch vor etwa 80 Jahren war die Verwendung von Abdichtungsmaterialien beim Kellerbau weitestgehend unbekannt. Dennoch waren die Keller so gebaut, dass sie ihrer Bestim-

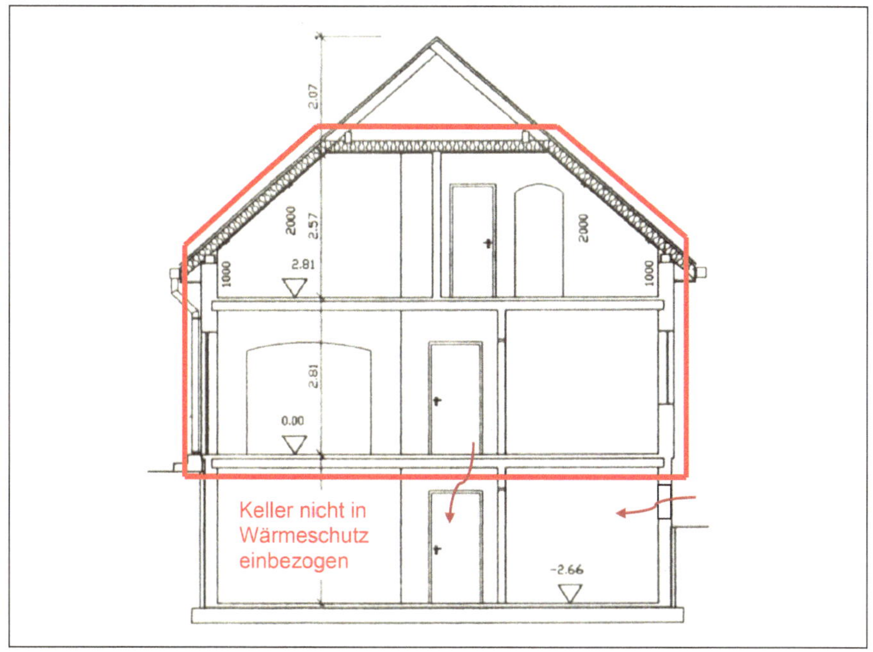

Bild 4: Wärmeschutzhülle eines Gebäudes

mung zur Lagerung von Lebensmitteln entsprechend genutzt werden konnten. Ein Keller galt früher als trocken, wenn kein Wasser in tropfenähnlicher Form zu sehen war [2].

In der Regel wurde früher bei der Errichtung von Kellern auf genügend Abstand zum Grundwasserspiegel geachtet. Bei bindigen Böden wurde zumeist lotrecht geschachtet und die Kellerwand direkt gegen den Erdkörper gemauert, der dann als natürliche Abdichtung fungierte. Oberflächenwasser wurde über die vom Gebäude abfallende Geländeoberfläche fortgeleitet. So gab es als Lastfall nur die „Bodenfeuchte", nicht jedoch wie heute „drückendes Wasser" [2].

Hilfreich waren auch die seinerzeit verwendeten Baumaterialien (Natursteine), die nur geringe Mengen an Wasser aufnehmen konnten. Auch heute ist die Nutzung dieser Keller nach wie vor zur Lagerung von Lebensmitteln oder als Technikraum möglich.

Die in jüngerer Vergangenheit errichteten Keller erfüllen oftmals die vorgenannten Bedingungen nicht. So wurde gar in Hochwasser- oder Überflutungsgebieten gebaut. Diese Entwicklung nahm ihren Anfang mit knapper werdendem Bauland. Komplizierte Ausführungen als Weiße oder Schwarze Wanne wurden erforderlich.

Die Ursachen für eindringende Feuchte von außen können auf Baumängel und die Nichtbeachtung der geografischen Gegebenheiten, aber auch auf spätere Eingriffe in der natürlichen Umgebung des Bauwerkes zurückzuführen sein. Bei Kohlebergbau- oder Tagebaustätten werden durch das Trockenhalten der Gruben mittels Abpumpen Veränderungen am Grundwasserspiegel vorgenommen. Nach deren Stilllegung und dem anschließenden Fluten zur Rekultivierung war oftmals auch das umgebende Bauland von einem veränderten Grundwasserspiegel betroffen. Ebenso wurden in ehemaligen Trinkwasserschutzgebieten nach der Aufgabe von Trinkwasserbrunnen erhöhte Grundwasserspiegel festgestellt.

<u>Feuchte von innen:</u>

Wesentlich häufiger als die Durchfeuchtung von außen ist die Ursache von Feuchtigkeitsschäden im Keller auf eine zu hohe Luftfeuchtigkeit zurückzuführen. Dieser Fall wird oftmals im Sommer beobachtet, wo feuchte warme Außenluft an den kalten Kellerwänden niederschlägt.

Kellerräume sind nicht in den Wärmeschutz einbezogen und unbeheizt (Bild 4). Dadurch herrschen in üblichen Kellerräumen ganzjährig geringe Raumlufttemperaturen. Die über Fenster, Lüftungsgitter, Schächte oder das Treppenhaus eintretende warme Außenluft kühlt im Keller ab. Mit sinkender Temperatur kann von der Luft immer weniger Wasser aufgenommen werden. Die relative Feuchte der Luft steigt bis der Taupunkt erreicht ist und das in der eintretenden Außenluft enthaltene Wasser vorzugsweise an den besonders kalten unteren Wandbereichen im Keller kondensiert. Dieser Effekt kann durch ein entsprechendes Nutzerverhalten (Trocknen von Wäsche oder falsches Lüftungsverhalten) noch beschleunigt oder gefördert werden. Je nach Beschaffenheit der Wände kann das zu unterschiedlichen Schäden führen: z. B. Farbe oder Putz rieselt von den Wänden (Bild 5), Schimmelpilzbildung (Bild 6) oder Salzausblühungen (Bild 7). Besonders für Vermieter wird es kritisch, wenn lagerndes Material des Nutzers (Mieters) geschädigt wird: z. B. Lederbekleidung schimmelt, „muffiger" Geruch entsteht oder Pappe und Papier klamm werden.

5 Sanierungsmaßnahmen

Die Beseitigung von Feuchtigkeitsschäden im Keller bzw. von deren Ursache stellt die privaten Eigentümer von Bestandsimmobilien regelmäßig vor unüberwindliche Hürden, insbesondere dann, wenn sie dem Anspruch an moderne Wohnhauskeller gerecht werden wollen.

<u>Feuchte von außen:</u>

In der Regel brauchen bei Kellern, die unter den seinerzeitigen Maßgaben errichtet wurden, keine nachträglichen Abdichtungen gegen das Erdreich eingebaut werden [2]. Wesentlicher sind eine funktionsfähige Abdichtung des Sockelbereiches und das sichere Ableiten des Regenwassers von Dach und Geländeoberfläche, um Feuchtigkeitsschäden zu vermeiden. Tritt dennoch Wasser von außen ein, sind aufwendige Abdichtungsmaßnahmen an der Kellerhülle erforderlich. Bewährt haben sich die nachträgliche Außenabdichtungen als Schwarze Wanne (Bild 8) und die Ausstattung von Medieneinführungen mit geeigneten Dichtungen. Nicht zuletzt durch das erforderliche Aufgraben rundum

Bild 5: Feuchtigkeitsschäden an der Wand

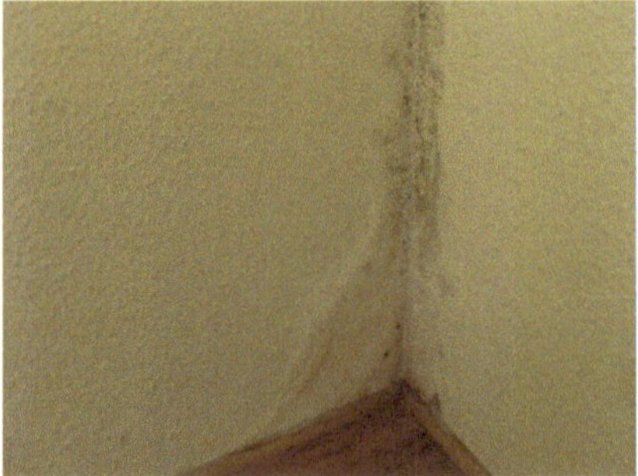

Bild 6: Schimmelpilzbildung

Bild 7: Salzausblühungen

den Keller (Bild 9) sind diese Maßnahmen jedoch oftmals zu teuer. Der nachträgliche Einbau einer Horizontalsperre ist wegen der geringen Erfolgsquote der angebotenen Verfahren (elektrophysikalische oder elektroosmotische Verfahren) nicht zu empfehlen. Auch der Erfolg etwaiger chemischer Injektionsverfahren ist stark abhängig von einer genauen vorherigen Mauerwerksuntersuchung.

Bild 8: Nachträgliche Abdichtung

Bild 9: Aufgraben des Kellers

<u>Feuchte von innen:</u>

Während bei ursprünglicher Nutzung des Kellers kaum oder keine Maßnahmen gegen die vorhandene Luftfeuchtigkeit erforderlich sind, macht bereits die einfache Nutzung des Kellers z. B. als Hobbyraum, Abstellraum oder Waschküche bauliche Maßnahmen notwendig. Um die relative Luftfeuchtigkeit zur Vermeidung von Schäden gering zu halten, sind ausreichende Luftöffnungen (Fenster, Lichtschächte, Lüftungsgitter) oder gar mechanische Lüftungsanlagen (Ventilator) erforderlich. Zudem muss ein strenges Lüftungsregime eingehalten werden. Die Lüftung des Kellers insbesondere im Sommer darf nur an kalten Tagen oder in den kalten Nacht-, Morgen- oder Abendstunden erfolgen. Auch die Herstellung von Zugluft (Querlüftung) durch an gegenüberliegenden Außenwänden angeordnete freie Öffnungen, die Nutzung des thermischen Auftriebes durch übers Dach geführte Abluftschächte oder eine Zwangslüftung mittels Ventilator kann beim Feuchtigkeitstransport nach außen hilfreich sein. Ebenso ist die Verwendung von Wandanstrichen, die Feuchtigkeit aufnehmen und kurzzeitig zwischenspeichern können (z. B. Kalkputze) zu empfehlen. „Gekalkte" Wände verhindern zudem die Schimmelpilzbildung [2]. Bei sehr hohem Feuchtigkeitsanfall sind die zeitweilige Beheizung über mobile Heizgeräte oder Sockelheizungen sowie der Einsatz von Entfeuchtungsgeräten sinnvoll.

Deutlich aufwendiger ist die Umsetzung einer hochwertigen Nutzung des Bestandskellers, z. B. als Büro oder Wellness- und Fitnessraum. Hiermit sind massive Änderungen an der Baukonstruktion verbunden. Durch den dauernden oder längeren Aufenthalt von Personen steigt die Feuchtigkeit in der Raumluft rapide an, was die Gefahr des Kondensatanfalls an der kalten Kellerwand erhöht. Dies und auch um den Komfortansprüchen durch den Aufenthalt von Personen zu entsprechen, erfordert die bedarfsgerechte Beheizung und Lüftung der betreffenden Kellerräume. Bei Einbau von Heizung und Lüftungsanlage müssen zudem die Regelungen der Energieeinsparverordnung (EnEV) beachtet werden. Unter Umständen wird ein nachträglicher Wärmeschutz an Wänden und Fußboden notwendig. Die Kosten für diese Maßnahmen können bei Wohngebäuden im Bestand jedoch selten durch die möglichen Mieteinnahmen für derartige Kellerräume erwirtschaftet werden.

6 Fazit

Für Eigentümer von Bestandsgebäuden sind zum einen die Ursachen für Feuchtigkeit im Keller kaum feststellbar, zum anderen kann der Erfolg von Sanierungsmaßnahmen von ihnen schwer eingeschätzt werden. Selbst Fachleute ziehen sich bei der Zusicherung eines dauerhaft dichten und „trockenen" Kellers oftmals aus der Verantwortung. Die Kosten bei gewollter oder verpflichtender Sanierung eines feuchten Kellers sind sehr hoch. Zudem sind die Erfolgsaussichten nicht hundertprozentig gegeben. Daher ist es oft sinnvoller mit einem gewissen Maß an Feuchtigkeit im Keller und den damit verbundenen Nutzungseinschränkungen zu leben. Dies setzt jedoch die Information des Mieters oder Käufers vom „Mangel" bei Vertragsabschluss voraus, um spätere Schadensforderungen zu vermeiden.

7 Quellen

[1] Zensus 2011, Gebäude und Wohnungen Bundesrepublik Deutschland, Statistisches Bundesamt Wiesbaden, Stand Mai 2013

[2] Böttcher, G.: Informationen für Besitzer von Häusern aus vorindustrieller Zeit „Gab es früher trockene Keller?", Ingenieurbüro Dipl.-Bau-Ing. Georg Böttcher, Aschersleben 2012

[3] LG Berlin, Urteil v. 12.03.2013 – 63 S 628/12, NZM 2013, 505
(Volltext: https://beck-online.beck.de)

[4] AG Wedding, Urteil v. 16.05.2011 – 15b C 15/11, juris
(Volltext: www.juris.de)

[5] AG Arnsbach, Urteil v. 05.02.2013 – 2 C 2268/11, juris
(Volltext: www.juris.de)

Dipl.-Ing. Corinna Kodim
Hochschulstudium in der Fachrichtung Kraftwerks- und Energietechnik. Bis 1991 Projektingenieurin im Kraftwerksanlagenbau, Berlin. Von 1991 bis 2009 Projektleiterin für Planung und Bau von Energie- und Klimatechnischen Anlagen für verschiedene Bauvorhaben in mehreren großen Anlagenbaukonzernen. 2009 Ausbildung als Energieberaterin für Wohn- und Nichtwohngebäude. Von 2009 bis 2012 Erstellung von Energiekonzepten, Planung und Baubegleitung von KWK- und Photovoltaik-Anlagen für Wohngebäude, Wohnquartiere und Gewerbe bei der Berliner Energieagentur. Seit 2012 Referentin für Energie, Umwelt und Technik beim Zentralverband Haus & Grund Deutschland.

Pro + Kontra – Das aktuelle Thema: Qualitätsanforderungen an die Trockenheit von Nebenräumen – was ist geschuldet?

4. Beitrag: Lüften und Heizen im Untergeschoss

Prof. Dr.-Ing. Thomas Hartmann, ITG Dresden

Weitgehend unbeachtet in der deutschen Normung und Gesetzgebung sind bis zum heutigen Tage die Besonderheiten der Lüftungs- und Heizsituation im Untergeschoss. Erste Schwierigkeiten ergeben sich bereits, wenn es gilt, eine normenkonforme und praktisch sinnvolle Definition des Untergeschosses zu finden. Eine aus DIN EN ISO 13370 [2] entlehnte Definition spricht vom nutzbaren Gebäudeteil, der sich teilweise oder vollständig unterhalb der Erdoberfläche befindet. Eine zweite Schwierigkeit ergibt sich, wenn es gilt, die Nutzung eines Raumes im Untergeschoss – nachfolgend vereinfachend Kellerraum genannt – in Kategorien zu fassen, um daraus nachfolgend die Lüftungs- und Heizanforderungen ableiten zu können. Ein an der Aufenthaltsdauer von Personen orientierter Vorschlag ist im Entwurf eines Beiblattes zu DIN 1946-6 [1] enthalten, welches sich separat mit der Kellerlüftung beschäftigen soll (siehe Tabelle 1). Als weitere Kriterien für eine Kategorisierung könnten ggf. auch die Art der Nutzung (z. B. hohe Feuchtelasten in Fitness- oder Saunaräumen) oder die Art der gelagerten Gegenstände (z. B. Lebensmittel vs. Kleidungsstücke oder Papier) in Betracht kommen.

Folgt man der an der Aufenthaltsdauer von Personen orientierten Kategorisierung, ergeben sich unterschiedliche Konsequenzen bzw. differierende Anforderungen für

– Lufttemperatur,
– Luftfeuchte (in Abhängigkeit von Feuchtelasten und Lufttemperatur),
– Radonkonzentrationen und
– Schadstoffbelastungen.

Aus den Anforderungen an die Lufttemperatur bzw. auch an die Luftfeuchte ergibt sich, ob die Beheizung eines bestimmten Kellerraumes notwendig ist und in der Folge, welches Heizsystem geeignet ist. Die Beeinflussung der Luftfeuchte, der Radonkonzentration und der Schadstoffbelastung wird durch geeignete Lüftungsoptionen und die Auswahl des Lüftungssystems möglich.

Insbesondere für die Feuchte- und Radonsituation sind außerdem die Gebäudeausfüh-

Tabelle 1: Raumkategorien (nach DIN 1946-6 Bbl.[1])

Raumnutzung	Geschätzte Aufenthaltsdauer pro Tag	Resultierende Aufenthaltsdauer pro Jahr [a]
Praktisch ungenutzter Kellerraum (z. B. Abstellraum)	1 – 10 min/d	6 – 55 h/a
Wenig genutzter Kellerraum (z. B. Waschküche, Hauswirtschaftsraum)	10 – 120 min/d	55 – 660 h/a
Wohnraum (z. B. Schlafraum)	120 – 1440 min/d (2 – 24 h/d)	6.600 h/a (bei 20 h/d)
a) Es wird von 330 Tagen pro Jahr ausgegangen, da sich die Bewohner im Normalfall nicht 365 Tage im Jahr in der Wohnung aufhalten		

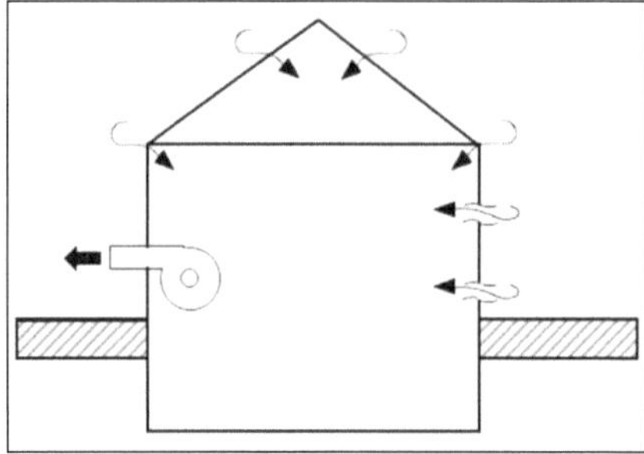

Bild 1: Luftdichtheitsmessungen von Gebäuden zur Quantifizierung und Ortung von Leckagen

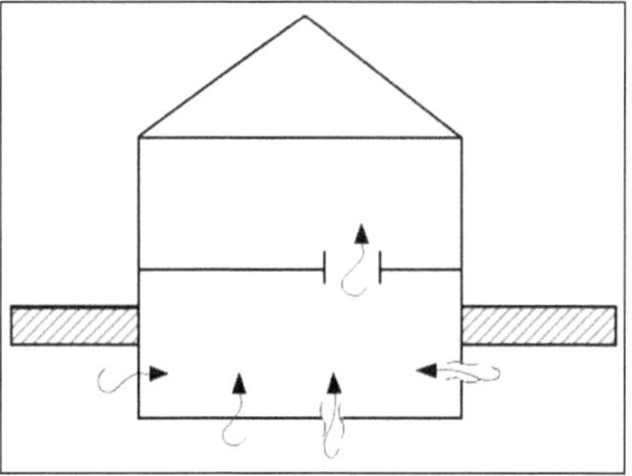

Bild 2: Eindringpfade von Radon aus dem Boden ins Gebäude

rung (siehe Bild 1 und Bild 2) sowie der Gebäudestandort (insbesondere bei Radon, siehe Bild 3) von maßgeblicher Bedeutung. Während die Feuchtesituation - allerdings differenziert nach der Raumkategorie – grundsätzlich zu beachten ist, wird die Radonthematik von regionaler bzw. lokaler Bedeutung sein und ist im Einzelfall für das konkrete Objekt zu prüfen.

Soll sich die Lüftung von Kellerräumen in Abhängigkeit von der Raumkategorie vordergründig an der Feuchtesituation orientieren, zeigt Tabelle 2 mögliche Lösungsansätze. Da es berechtigte Zweifel daran gibt, ob dem Nutzer das regelmäßige Fensteröffnen (und -schließen) in praktisch ungenutzen oder wenig genutzten Kellerräumen zuzumuten ist, empfiehlt es sich, sowohl für die freie als auch für die ventilatorgestützte Lüftung eine Bedarfsführung bzw. Sensorsteuerung vorzusehen. Die Regelung der Lüftung sollte dabei nach der Differenz der absoluten Feuchte zwischen innen und außen erfolgen. Dieses Regelprinzip kann bei freier Lüftung z. B. mit motorisch öffenbaren Fenstern gekoppelt werden. Wegen der großen, zeitweise über längere Zeiträume andauernden sommerlichen Temperaturunterschiede zwischen der Umgebung und den Kellerräumen kann ggf. zusätzlich der Betrieb von Entfeuchtungsgeräten sinnvoll und angeraten sein.

Tabelle 2: Lüftungslösungen zur Vermeidung von Feuchteproblemen in Abhängigkeit von der Kellernutzung (aus DIN 1946-6 Bbl.[1])

Art der Lüftung	Raumnutzung		
	Praktisch ungenutzt [a]	Wenig genutzt [b]	Wohnraum [c]
Freie Lüftung	Nur sensorgesteuert	Auslegung nach reduzierter Lüftung laut DIN 1946-6	
Ventilatorgestützte Lüftung		Auslegung nach reduzierter Lüftung	Auslegung nach Nennlüftung laut DIN 1946-6

a) Besteht ein positives Trocknungspotential, ist eine dauerhafte Lüftung möglich, auf eventuell niedrige Außentemperaturen ist dabei zu achten. Besteht ein negatives Trocknungspotential, ist wie angegeben vorzugehen.
b) Wenn als Trockenraum für Wäsche genutzt, dann Auslegung nach Nennlüftung laut DIN 1946-6 empfohlen.
c) Anforderungen an Mindestwärmeschutz und Feuchteschutz nach DIN 4108 sowie DIN 18195 müssen erfüllt sein.

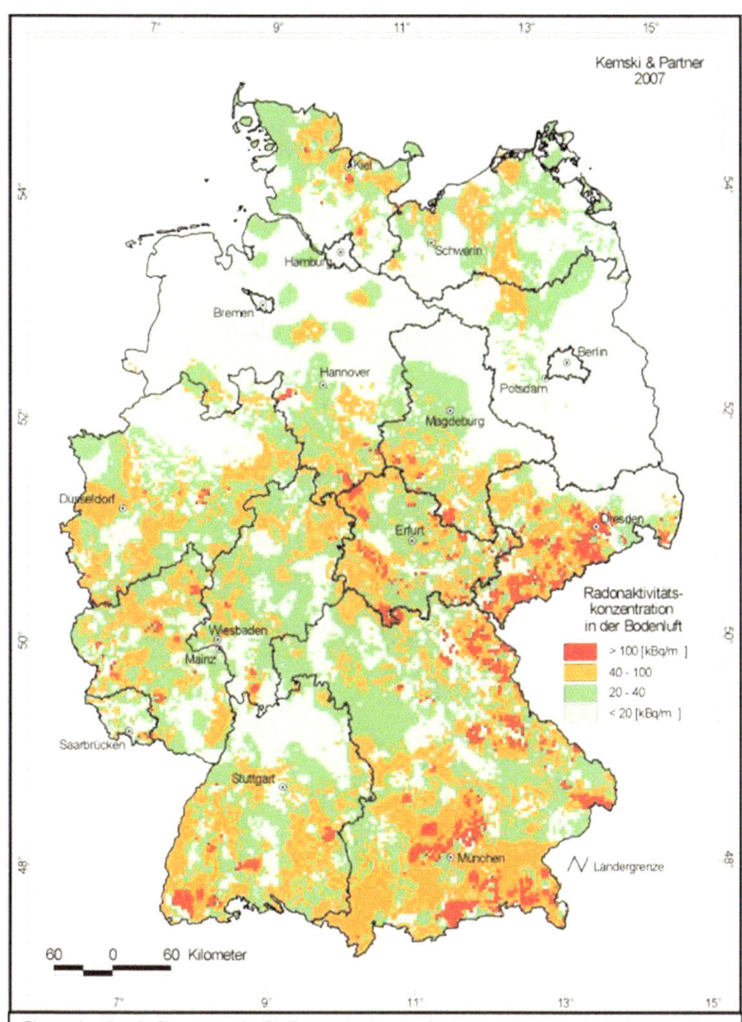

Dies ist eine Karte für Planungszwecke. Die Datenbasis reicht nicht für detaillierte Aussagen über kleinräumige Gebiete oder für Prognosen der Belastung von Einzelhäusern aus. Erläuterungen in: KEMSKI, J., SIEHL, A., STEGEMANN, R., VALDIVIA-MANCHEGO, M. (1999): Geogene Faktoren der Strahlenexposition unter besonderer Berücksichtigung des Radonpotentials.- Schriftenreihe Reaktorsicherheit und Naturschutz, BMU-1999-534, 133 S., Bonn

Bild 3: Radonkonzentrationen in der Bodenluft in Deutschland, [3]

Liegt der Fokus auf der Senkung von Radonkonzentrationen im Gebäude, sind in Tabelle 3 Lösungen zusammengestellt. Das erst genannte Prinzip der Luftwechselerhöhung (Verdünnung) ist nach Bild 4 besonders wirksam, wenn im Ausgangszustand hohe Radon-Innenraumkonzentrationen in Verbindung mit einem niedrigen Luftwechsel zu finden sind.

Eine vergleichsweise geringe Erhöhung des Luftwechsels bewirkt dann eine deutliche Reduzierung der Radonkonzentration. Alternativ zur Erhöhung des Luftwechsels kommt die Beeinflussung der Druckverhältnisse im Gebäude in Betracht.
Wird ein Überdruck aufgeprägt (Zuluftüberschuss), kann der wesentliche Eintrittspfad

Tabelle 3: Lüftungslösungen zur Vermeidung von Radonproblemen in Abhängigkeit von der Kellernutzung (aus DIN 1946-6 Bbl.[1])

Verbindung Wohnbereich - Keller	Lüftungssystem	Gemessene Innenraumkonzentration in Bq/m³ f)	Gebäudedichtheit	Raumnutzung		
				Praktisch ungenutzt b)	Wenig genutzt b)	Wohnraum
Lüftungstechnische Verbindung	zentrales System d)	bis 300		Referenzwert eingehalten		
		300 – 500	sehr dicht	in der Regel keine Maßnahmen notwendig a) (L;Z)	i. d. R. keine Maßnahmen notwendig (L;Z)	L;Z
			mittel			L;Z
			sehr undicht			Praktisch nicht möglich c)
		500 – 1000	sehr dicht		L;Z	
			mittel			
			sehr undicht		praktisch nicht möglich c)	
		> 1000	sehr dicht	L;Z		
			mittel	L;Z		Z
			sehr undicht	praktisch nicht möglich c)		
Lüftungstechnisch, Trennung	separates System e)	bis 300		Referenzwert eingehalten		
		300 – 500	sehr dicht	in der Regel keine Maßnahmen notwendig a) (L;Z;A)	i. d. R. keine Maßnahmen notwendig (L;Z;A)	L;Z
			mittel			L;Z
			sehr undicht			praktisch nicht möglich
		500 – 1000	sehr dicht		L;Z	
			mittel			
			sehr undicht		praktisch nicht möglich c)	
		> 1000	sehr dicht		L;Z	Z
			mittel			
			sehr undicht		praktisch nicht möglich c)	

L... Erhöhung des Luftwechsels   Z... Zuluftüberschuss (Überdrucksystem)   A... Abluftüberschuss (Unterdrucksystem)

a) Die Radonkonzentration der angrenzenden Räume ist zu überprüfen. Werden dort zu hohe Werte festgestellt, können die Maßnahmen in Klammern angewendet werden.

b) Nach der erfolgreichen Installation sollten die Radonkonzentrationen der angrenzenden Räume überprüft werden. Werden dort zu hohe Werte festgestellt, sind weitere Maßnahmen notwendig.

c) Lüftungstechnische Maßnahmen sind aufgrund der hohen Radoneintrittsrate und der geringen Gebäudedichtheit nur mit großem Aufwand umsetzbar. Sind keine anderen Maßnahmen zur Senkung der erhöhten Konzentrationen möglich, so müssen erst bauliche Maßnahmen zur Erreichung einer erhöhten Dichtheit ($n_{50} < 4{,}5$ h^{-1}) getroffen werden.

d) Luftwechselerhöhung bei lüftungstechnischer Verbindung auch dezentral möglich. Anwendung bei den mit „1" gekennzeichneten Fällen. Zur Installation nicht balancierter Lüftungssysteme separat gelüfteten Raum lüftungstechnisch vom Rest des Gebäudes trennen.

e) Besteht bereits ein zentrales Lüftungssystem, so kann entweder die lüftungstechnische Trennung der Räume aufgehoben werden (dann Vorgehen wie bei „zentrales System"), oder aber eine Luftleitung zum Keller geführt werden. Die möglichen Lüftungslösungen sind dann analog „dezentrales System" auszuwählen.

f) Messwerte nach erfolgten baulichen Maßnahmen, wie verschließen von Leckagen usw. verwenden!

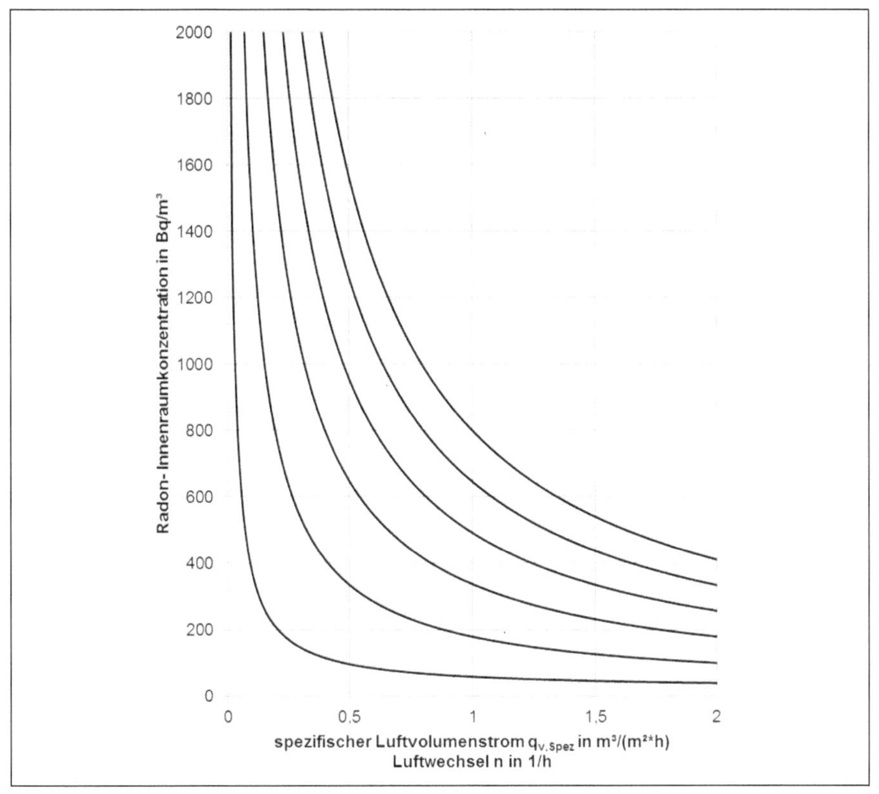

Bild 4: Überschlägige Auslegung des Außenluftvolumenstroms bei Radonproblemen durch Luftwechselerhöhung (nach DIN 1946-6 Bbl.[1])

des Radons in das Gebäude, nämlich der konvektive Eintritt über Leckagen (Fugen, Rohrdurchführungen usw.) vermindert werden. Dabei sind allerdings ggf. bauphysikalische Randbedingungen (z. B. Durchströmung von Leckagen von innen nach außen) zu beachten. Wird stattdessen ein Unterdrucksystem (Abluftüberschuss) eingesetzt, kann dies mit dem Ziel der Abschottung praktisch ungenutzter Räume gegenüber dem eigentlichen Wohnbereich erfolgen. Der Unterdruck wird in den praktisch ungenutzten Räumen erzeugt, dort ist im Ergebnis eine lokale Erhöhung der Radonkonzentration möglich, wird aber aufgrund der Nutzungsbedingungen als gesundheitlich unbedenklich eingeschätzt. Gleichzeitig wird das Überströmen von Luft aus dem praktisch ungenutzten Bereich (mit Unterdruck) in den Wohnbereich verhindert.

Bei der Auswahl eines geeigneten Lüftungssystems sind also folgende Randbedingungen zu beachten bzw. Entscheidungen zu treffen:

– Art der Raumnutzung: praktisch ungenutzt/ wenig genutzt/Wohnraum
– Niveau der Radonbelastung: < 300 / 300… 500 / 500…1000 / > 1000 Bq/m³
– Gebäudedichtheit: sehr dicht ($n_{50} < 1$ h^{-1}) / mittel (n_{50} = 1 … 3 h^{-1}) / sehr undicht ($n_{50} >$ 3 h^{-1})
– Art des Lüftungssystems: zentrales Gebäudelüftungssystem/separates Kellerlüftungssystem
– Art der Lüftungslösung: Luftwechselerhöhung/Zuluftüberschuss/Abluftüberschuss

Tritt Radon gleichzeitig mit Feuchteproblemen auf, können Zielkonflikte entstehen. Insbesondere unter sommerlichen Verhältnissen kann es einerseits aus Radonsicht erforderlich sein, zu lüften, während andererseits aufgrund des Außenklimas die Luftfeuchte im Keller durch verstärktes Lüften erhöht wird. Je nach Nutzung des Raumes ist dann eine Priorisierung der Ziele vorzunehmen. Grundlegende Ansätze für die Sicherstellung einer unkritischen Raumluftqualität können dabei sein:

- Einfache bauliche Maßnahmen (Luftdichtheit, Wärmeschutz)
- Optimierung der Lüftung bspw. durch sensorgesteuerte/feuchtegeführte Regelung des Luftwechsels
- ggf. Kombination der Lüftung mit Entfeuchtungsgeräten im Sommer
- ggf. Kombination mit Radondrainagen/Radonbrunnen als Lösung außerhalb des Gebäudes

Zusammenfassend kann festgestellt werden, dass die Heizung und Lüftung in Untergeschossen in Deutschland bisher normativ praktisch nicht erfasst wird und deshalb besonderer Sachverstand für sachgerechte Lösungen erforderlich ist. Lösungen sollten immer abhängig von Raumnutzung, Gebäudeausführung und Gebäudestandort erarbeitet werden. Dabei spielt sicher auch die Erwartungshaltung der Nutzer bzw. Mieter bei unterschiedlichen Wohnverhältnissen (Neubau vs. Bestand, Einfamilienhaus vs. Mehrfamilienhaus, selbstgenutztes Eigentum vs. Miete) eine wichtige Rolle. Sachgerechte Lösungen müssen immer unter Beachtung der Belastungen in den Kellerräumen entwickelt werden, insbesondere auf Feuchte und Radon ist dabei zu achten.

1   Literatur

[1] DIN 1946-6 Bbl. xx: Raumlufttechnik – Lüftung von Wohnungen – Beiblatt xx: Kellerlüftung (Entwurf, Dezember 2013, unveröffentlicht)
[2] DIN EN ISO 13370: Wärmetechnisches Verhalten von Gebäuden - Wärmeübertragung über das Erdreich. Berechnungsverfahren. Deutsches Institut für Normung e.V., Berlin, April 2008
[3] Kemski und Partner, beratende Geologen: Radonkonzentrationen in der Bodenluft in Deutschland. www.kemski-bonn.de

Prof. Dr.-Ing. Thomas Hartmann
1993 Abschluss des Studiums für TGA an der TU Dresden; Fachplaner und Bauleiter in einer Firma für TGA; Wissenschaftlicher Mitarbeiter an der TU Dresden; 2001 Promotion; 2002–2004 Leiter Lüftungstechnik am Institut für Thermodynamik und TGA der TU Dresden; seit 2004 Geschäftsführer am ITG Institut für Technische Gebäudeausrüstung Dresden Forschung und Anwendung GmbH; seit 2009 Lehrtätigkeit Kälte- und Klimatechnik an der Hochschule für Technik, Wirtschaft und Kultur in Leipzig (FH); Forschungsprojekte und Gutachten mit den Themenschwerpunkten Lüftung, Raumlufthygiene, thermische Behaglichkeit und Klimatisierung; Mitarbeit in verschiedenen nationalen und internationalen Normungsgremien in Verbindung mit Normungsarbeit zu Energieeffizienz und Auslegung von TGA-Anlagen; Ausbildung von Energieberatern.

Pro + Kontra – Das aktuelle Thema: Qualitätsanforderungen an die Trockenheit von Nebenräumen – was ist geschuldet?

5. Beitrag: Handlungsempfehlung zur mikrobiologischen Beurteilung von Feuchteschäden in Fußböden und Nebenräumen

Direktor und Professor Dr.-Ing. H.-J. Moriske, Umweltbundesamt Dessau/Berlin

1 Einleitung und Problemstellung

Das Umweltbundesamt (UBA) hat mit seinen beiden Leitfäden zur Schimmelpilzerkennung und -vorbeugung (2002) sowie zur Schimmelpilzsanierung (2005) den Rahmen gesetzt, wie Schimmelbefall in Deutschland bundesweit einheitlich bewertet und saniert werden soll. Die Leitfäden befinden sich derzeit in der Überarbeitung und Aktualisierung. Es wird künftig nur noch einen „Rahmen"-Leitfaden geben.

Auch auf den Aachener Bausachverständigentagen wurde und wird über das Schimmelproblem regelmäßig vorgetragen. Leider haben die Empfehlungen des UBA bis heute nicht dazu geführt, dass in der Praxis nach einheitlichen Maßstäben vorgegangen wird. Nach wie vor existieren voneinander abweichende Vorgehensweisen und Empfehlungen bei der Erkennung, mehr aber noch bei der Sanierung schimmelpilzbelasteter Gebäude. Die Spanne der Empfehlungen und Maßnahmen reicht vom Entfernen der Schimmelbeläge, Überstreichen der Schadensstellen, Trockenlegung, da wo erforderlich, über das Abdichten der Befallstellen bis hin zum kompletten Rückbau befallener Bauteile. Letzteres ist oft verbunden mit enormen Kosten für den Gebäudebesitzer.

Besonderes Augenmerk gilt dabei immer wieder dem Befall von Fußbodenkonstruktionen. Hier wird Schimmelbefall oft nicht gleich erkannt, da er verdeckt in der Fußbodenkonstruktion vorliegt. Meist wird der Befall nur durch einen „muffigen" Geruch beim Betreten der Wohnung, manchmal nicht einmal dadurch wahrgenommen. Bei „Altschäden" durch früheren Wassereintritt und unzureichender

Trocknung des Schadensbereiches kommt es dann in der Folge zu verdeckten Schimmelpilzschäden. Einzelne Gutachter empfehlen in solchen Fällen dann grundsätzlich den Rückbau der gesamten Fußbodenkonstruktion. Andere stehen auf dem Standpunkt, dass es genüge, wenn man die Hohlräume erneut trocken legt und danach durch Abdichtung und/oder Versiegelung versucht zu verhindern, dass Schimmelpilzsporen aus Fußbodenhohlräumen an die Oberfläche und in die Innenraumluft gelangen. Insbesondere den Randabdichtungen gilt besonderes Augenmerk bei der Abdichtung. Problematisiert wird die Sachlage auch dadurch, dass im Fußboden verwendete Materialien, wie Dämmungen, per se oft gar nicht keimfrei sind und nicht jeder positive Schimmelpilznachweis dort überhaupt ein Indiz für einen aktiven Schimmelpilzschaden in der Fußbodenkonstruktion ist.

Das Umweltbundesamt hat dies zum Anlass genommen, eine „Handlungsanleitung zur Beurteilung von Feuchteschäden in Fußböden" zu erarbeiten. Die Empfehlungen sind bis Juni 2014 als Entwurf zur öffentlichen Diskussion ins Internet gestellt worden. Es sollte so erreicht werden, dass in der Praxis tätige Schimmelpilz-Gutachter und -Sanierer die Möglichkeit bekommen, zu den Empfehlungen Stellung zu nehmen. Die Erfahrungen aus der Praxis sollen später in die endgültige Fassung der Handlungsempfehlung einfließen.

Der aktuelle Bearbeitungsstand der „Handlungsempfehlung zur Beurteilung von Feuchteschäden in Fußböden" ist abrufbar unter folgendem Link: *www.umweltbundesamt.de/themen/gesundheit/umwelteinflüsse-auf-den-menschen/schimmel.html.*

2 Feuchteschäden in Fußböden –
Inhalte der Handlungsempfehlung

Im Folgenden wird der Bearbeitungsstand der Empfehlungen, Stand Mai 2014, zusammengefasst und kommentiert.

Es geht bei den Handlungsempfehlungen primär um den Feuchteschaden in Fußbodenkonstruktionen. Die Empfehlungen richten sich an alle Fachleute, die Feuchteschäden in Fußböden beurteilen und sanieren sollen.

Die Empfehlungen ersetzen nicht den Sachverstand vor Ort.

Die Empfehlungen gelten für dauerhaft genutzte Räume gemäß VDI 6022 (Nutzung länger als zwei Stunden am Tag, oder an mehr als 30 Tagen im Jahr durchgehend (ergänzende UBA-Empfehlung). Hierzu ergab sich eine längere Diskussion innerhalb der Arbeitsgruppe am Umweltbundesamt, die die Handlungsempfehlungen erstellt hat. Es ist aus gesundheitlicher Sicht ein Unterschied, ob sich Raumnutzer mehrere Stunden am Tag oder nur vereinzelt in Nebenräumen aufhalten, in denen das Schimmelproblem auftritt. Man einigte sich als Konvention auf die in VDI 6022 niedergelegte Definition eines „Daueraufenthaltsraumes". Für kaum genutzte Räume (Kellerräume, Abstellräume, Flure) dürfen davon abweichend geringere Anforderungen an die Schimmelsanierung gestellt werden. Eine Ursachensuche und Beseitigung der Schadensursachen sollte aber auch dort erfolgen.

Grundsätzlich gilt für alle Räume, dass vor einer Sanierung die Ursache für den Feuchteschaden zu klären und zu beseitigen ist. Ansonsten würde immer ein Risiko für einen erneuten Schimmelpilzbefall zurück bleiben.

3 Abdichten oder Entfernen?

Oft wird dem UBA vorgeworfen, dass seine Empfehlungen, z. B. in den Schimmelpilzleitfäden aus den Jahren 2002 und 2005, zu einer übermäßigen Entfernung und zu einem raschen Rückbau befallener Bauteilkonstruktionen führten. Auch wenn dies in den Leitfäden explizit gar nicht so ausgeführt ist, wurden und werden die Empfehlungen gern dahingehend interpretiert.

In der „Handlungsempfehlung bei Feuchteschäden in Fußböden" wurde deshalb eine differenzierte Vorgehensweise gewählt. Feuchte Materialein innerhalb der Baukonstruktion müssen nicht von vorn herein zurückgebaut werden. Eine abgestufte Vorgehensweise wird empfohlen. Dies ist eine Präzisierung gegenüber der „pauschalen" Empfehlung in den bestehenden UBA-Leitfäden (2002+2005), dass bei unklarer Sachlage und aus Vorsorgegründen eher ein Rückbau und Ausbau befallener Materialien in Frage kommt als eine Abdichtung. Im neuen „Schimmelpilzleitfaden-2014" (derzeit in Bearbeitung) wird auch hier eine Differenzierung vorgenommen werden.

Neu in der „Handlungsempfehlung bei Feuchteschäden in Fußböden" ist auch, dass nicht in jedem Fall mikrobiologische Untersuchungen gemacht werden müssen, um eine Sanierungsentscheidung zu treffen. Auch hier sollen Zeit und Kosten gespart werden. In der Handlungsempfehlung werden daher zunächst 4 Szenarien (= *Bewertungsstufe 1*) betrachtet – ohne weitere Messungen!

Bewertungsstufe 1

Es sind vier Szenarien (Situationen vor Ort) zu unterscheiden:

a) *Rückbau nicht erforderlich durch schnelle Trocknung*

Es handelt es sich i. d. R. um ein einmaliges Feuchteschadensereignis (ohne Vorschaden), die befallenen Baustoffe sind mikrobiell kaum anfällig (z. B. Betonestriche, Gussasphalt etc.) und die Trocknung ist binnen ca. 3 Wochen realisierbar. Es besteht kein hygienisches Folgerisiko. Ursachenbeseitigung und Trocknung genügen. Weder Ausbau noch Abdichtung des Schadensbereiches sind erforderlich.

Rückbau aus technischen Gründen erforderlich

Eine technische Trocknung ist aus technischen Gründen nicht möglich oder überaus zeit- und kostenaufwendig. Das können z. B. Fälle sein, bei denen vormals stark durchfeuchtete Dämmmaterialien nur mit hohem Aufwand zu trocknen wären, um ihre ursprünglichen Dämmeigenschaften (unabhängig vom mikrobiellen Befallsrisiko) wieder zu erlangen. Einmal stark durchfeuchtete Zellulose-Produkte z. B. müssen immer ausgebaut werden, weil sie kaum zu trocknen sind. Auch bei einigen Dämmwollmatten kann die Trocknung, je nach baulicher Situation, sehr aufwendig sein. Auch dicke Schichten von Ton-Perlite oder Sand in der Fußbodenkonstruktion sind oft nur schwer zu trocknen und sind dann lieber zu entfernen.

Bei Verbundestrichen ist darauf zu achten, ob eine Trennlage (z. B. aus Pappe oder Ölpapier) zwischen Beton und Estrich vorhanden ist. Diese Trennlagen sind häufig mikrobiell besiedelt nach Feuchteschäden und kaum bis gar nicht zu trocknen. Der Estrich ist dann inklusive Trennlagen darunter zu entfernen. Ist keine Trennlage vorhanden, kann man versuchen, den Estrich – ohne ihn zu entfernen – technisch zu trocknen.

b) *Rückbau aus hygienischen Gründen erforderlich*

Dieses Szenario umfasst die Fälle, bei denen Feuchtigkeitseinträge wiederholt vorkommen oder eine Trocknung mehrere Monate (!) in Anspruch nehmen würde. Wenn zudem noch Baumaterialien durchfeuchtet wurden, die leicht mikrobiell besiedelbar sind (Zellulose, Gipskarton etc.), ist bei mehrmaliger oder starker einmaliger Durchfeuchtung von einer mikrobiellen Besiedlung auszugehen, so dass die Materialien in jedem Fall zu entfernen sind.

c) *Rückbau aufgrund Geruchsbildung erforderlich*

Ein Rückbau des Fußbodens ist auch dann zu empfehlen, wenn es eine auffällige mit dem Feuchteschaden im Fußboden zusammenhängende Geruchsbildung gibt. Entweder wurde verunreinigtes Wasser eingebracht (Hochwasser-Havarien) oder die Geruchsbildung ist aufgrund von Zersetzungsprozessen mikrobieller Organismen entstanden. Selbst wenn eingeleitete Trocknungsmaßnahmen erfolgreich waren (Restfeuchtemessungen im Material ergeben keine Beanstandungen; vgl. „Feuchtemessung" bei Bewertungsstufe 2), es dennoch weiter „muffig" riecht nach Betreten des Raumes, muss die Fußbodenkonstruktion geöffnet und sollen befallene Bauteile entfernt werden. Ein Abdichten kann versucht werden, bringt oft aber keinen Erfolg im Hinblick auf die Geruchsminimierung.

Anmerkung:
Geruchliche Belästigungen sind heute nicht mehr wie früher nur eine ungewollte und hingenommene Begleiterscheinung bei Schadstoffemissionen (inkl. Schimmelpilzen) in Innenräumen. Es gibt erste Gerichtsurteile, wonach das Mietobjekt auch deswegen einen Mangel aufweist, weil es beim Aufenthalt regelmäßig zu Geruchsbeeinträchtigungen kommt, unabhängig davon, ob die Gerüche „krank machend" sind oder nicht. Im Falle von Feuchteschäden ist zu beachten, dass „muffige" Gerüche immer auch einen Hinweis darauf geben, dass eben doch ein mikrobielles Risiko zurück geblieben ist, und seien es nur Zersetzungsprodukte, die in der Baukonstruktion zurückgeblieben sind nach der Schadenssanierung und weiter „riechen". Es muss allerdings betont werden, dass Geruch nicht gleichbedeutend ist mit Gesundheitsgefahr.

Bei allen Szenarien der Bewertungsstufe 1 ist keine mikrobielle Untersuchung, Feuchtemessung etc. erforderlich, es sei denn, man ist aus juristischen Gründen gehalten, zu untersuchen, ob der Feuchteschaden bereits zu einer mikrobiellen Besiedlung und mithin zu einer Gesundheitsgefährdung oder zu Erkrankungen der Raumnutzer geführt hat.

Bewertungsstufe 2

Bleibt die Sanierungsentscheidung nach der Bewertungsstufe 1 erfolglos oder kann nach Sachlage nicht eindeutig getroffen werden, ist die *Bewertungsstufe 2* heranzuziehen. Diese umfasst in der Regel auch mikrobielle Untersuchungen zur Ermittlung des Sachverhaltes. **Eine Beurteilung des Feuchteschadens im Hinblick auf ein mikrobielles Risiko nach Bewertungsstufe 2 ohne vorherige Prüfung nach Bewertungsstufe 1 soll ausdrücklich nicht erfolgen.**

Es wird folgendermaßen vorgegangen:

Zunächst erfolgt eine mikrobiologische Untersuchung gemäß den Vorgaben in den UBA-Schimmelpilzleitfäden, der VDI 4300, Blatt 10 und DIN ISO 16000-19. Es werden *Materialproben* entnommen und untersucht. Die *Schadensursachen* werden ermittelt (Neubau-Restfeuchte, Havarien oder hygrothermische Feuchteschäden). Das *Schadensalter* ist zu berücksichtigen und das befallene Material daraufhin zu prüfen, ob es leicht zu besiedeln ist mit Keimen. Schließlich sind *Feuchtemessungen* im Material durchzuführen.

Die Ergebnisse der *mikrobiologischen Untersuchung* bilden das *Basiskriterium* zur Beurteilung. Folgende Materialkennwerte gelten dabei (nicht jedes am Bau verwendete Material ist nämlich von vornherein keimfrei):

Die *Durchlässigkeit des Fußbodens* stellt das *Basiskriterium II* dar. Weitere Kriterien sind verwendete *Materialien im Estrich, Trittschalldämmung, Art des Feuchteschadens, Alter des Schadens* und die Ergebnisse von *Feuchtemessungen*. Sie bilden die *Zusatzkriterien III-VII*.

Werden bei der Messauswertung bereits bei den Basiskriterien I und II kritische Werte erreicht, muss nicht weiter untersucht werden. Das befallene Material ist auszubauen und zu entfernen.

In allen anderen Fällen entscheiden die weiteren *Kriterien III-VII* über die Frage Ausbau, Abdichtung etc.

<u>Material im Estrich</u> (Kriterium III): Leicht zu besiedeln sind z. B. Gipsfaserplatten, Weichfasermatten. Weniger gut, aber immer noch besiedelbar sind OSB-Platten und andere Holzwerkstoffplatten (Spanplatten). Schwer zu besiedeln sind z. B. Gussasphalt, Zementestriche, Calciumsulfat-Estriche.

<u>Trittschalldämmung</u> (Kriterium IV): Leicht zu besiedeln sind Kokosmatten und Zelluloseprodukte (vgl. auch Bewertungsstufe 1, da oft schwer zu trocknen – siehe dort Punkt (b)). Trennlagen aus Pappe etc. Weniger gut, aber immer noch besiedelbar, sind XPS, EPS und Mineralfaser-Produkte. Das Kriterium „schwer zu besiedeln" entfällt in diesem Fall.

<u>Art des Feuchteschadens</u> (Kriterium V): Dies kann sein, Wassereintritt nach Hochwasserfluten, Trinkwasserleitungs- oder Brauchwasserleitungsschäden, Grundwassereintritt (in Nebenräumen wie Kellerräume). Entsprechend höher oder geringer ist das damit verbundene mikrobielle Risiko, wobei es bei Hochwasser- und Grauwasserschäden neben dem Schimmelpilzrisiko vor allem auch ein bakterielles Risiko gibt.

<u>Schadensalter und -dauer</u> (Kriterium VI): Hier gelten weniger oder mehr als 3 Monate Zeitraum seit Eintritt des Feuchteschadens als Abgrenzung für ein hohes oder weniger hohes Risiko für aufgetretenen Schimmelbefall. Die 3 Monate sind dabei nur eine „Schätzgrenze" und nicht starr zu sehen. Mehrmalige Feuchteereignisse sind mit Kategorie „älter als 3 Monate" gleichzusetzen.

<u>Feuchtemessungen</u> (Kriterium VII): Vorzugsweise eigenen sich hierfür leitfähigkeitsbasierte oder kapazitative Messgeräte. Entscheidend ist dabei nicht der absolute Wassergehalt im Bauteil, sondern die im Gleichgewichtszustand auftretende Feuchte in der Gasphase (a_w-Wert, vgl. UBA-Schimmelpilzleitfäden). Der a_w-Wert entspricht dabei in etwa der relativen Materialfeuchte. Sie sollte 70–80 % nicht überschreiten.

Umwelt Bundes Amt ⓒ
Für Mensch und Umwelt

Handlungsempfehlung – Messung

Referenz-Keimgehalte im Material:

Polystyrol, Mineralwolle:

eindeutig besiedelt > 10^5 KBE/g und/oder mikroskopisch eindeutiges Wachstum nachweisbar

gering besiedelt 10^4-10^5 KBE/g und/oder mikroskopisch vereinzelt Bakterien und Schimmelpilze nachweisbar (mit wenig Myzel und wenig Sporen)

nicht besiedelt < 10^4 KBE/g und mikroskopisch keine Bakterien und Schimmelpilze nachweisbar (nur vereinzelt Sporen, vereinzelt/kein Myzel)

Bild 1: Keimgehalte im Dämm-Materialien von Fußbodenkonstruktionen

Je mehr Kriterien als „kritisch" eingestuft werden, desto deutlicher sind die Hinweise auf eine Rückbau-Entscheidung. So ergibt sich beispielsweise bei geringer Materialbesiedlung aber hoher Durchlässigkeit des Fußbodens, bei Vorliegen von mindestens drei weiteren kritischen Kriterien, die Empfehlung zum Rückbau.

Liegen weniger oder keine kritischen Kriterien vor, entscheidet der Sachverständige nach Sachlage und Umgebungsbedingungen vor Ort, wie zu verfahren ist. Ein Rückbau ist dann im Allgemeinen nicht erforderlich. Abschottung, Abdichtung, Estrichreinigung o. Ä. können genügen.

Ergibt die mikrobielle Analyse keinen Befund (keine Besiedlung), alle anderen Kriterien sind aber dennoch kritisch eingestuft, soll die mikrobiologische Analyse wiederholt werden, da das Ergebnis nicht plausibel erscheint und möglicherweise ein analytischer Fehler vorliegt.

Bezüglich mikrobiologischer Untersuchungen werden in den Handlungsempfehlungen nochmals Vorgaben zur Probenahme und Analyse gemacht. Auch Hinweise zur Mikroskopie werden gegeben. Bei Materialuntersuchungen sind Kennwerte zu beachten, die Aufschluss geben, ab wann ein Material überhaupt als aktiv besiedelt gilt (in der Regel bei mehr als 10^4 - 10^5 KBE/g) (vgl. Bild 1).

Zwar bleiben auch diese Handlungsempfehlungen, wie der Name sagt, nur „Empfehlungen". De facto werden sie aber dazu führen, dass sie – wie schon die Empfehlungen in den beiden UBA-Leitfäden aus 2002 + 2005 – de jure als staatlich anerkannte Hinweise gelten werden. Mithin kommt ihrer klaren Ausführung und sachgerechten Anwendung eine große Bedeutung

Umwelt Bundes Amt
Für Mensch und Umwelt

Desinfektion bei Schimmelbefall - ja oder nein?

Desinfektion ist keine Sanierungsmaßnahme:

Desinfektion verhindert nicht, dass von abgestorbenen Pilzbestandteilen weiterhin eine Gefahr ausgehen kann (z. B. über Zellfragmente und Toxine).

Desinfektion ist allenfalls sinnvoll zum Schutz des Sanierungspersonals oder wenn nicht zugleich eine Sanierung begonnen werden kann (Interimsmaßnahmen).

Desinfektionsmittel dürfen nicht selber zu einem gesundheitlichen Risiko führen (Rückstandsproblem).

Bild 2: Desinfektion bei Schimmelbefall

zu. Abweichungen von dieser Handlungsempfehlung sollten immer begründet werden, so dass bei rechtlichen Auseinandersetzungen auch die Gerichte nachvollziehen können, warum der/die Sachverständige von den Vorgaben des UBA abgewichen ist.

4 Sanieren – (k)eine Frage der Desinfektion!

Desinfizieren ist bei Schimmelbefall eine häufig geübte Maßnahme. Das Umweltbundesamt steht dieser „Sanierungspraxis" nach wie vor skeptisch gegenüber. Desinfizieren reduziert den Keimgehalt lediglich um 5 log-Stufen und ist keine Sanierungsmaßnahme im eigentlichen Sinn. Desinfizieren tötet nicht alle Keime ab (Desinfektion ist nicht gleich Sterilisation); bei Schimmelpilzen können auch von abgestorbenen Organsimen Gesundheitsrisiken ausgehen, wenn diese weiterhin in den Innenraum gelangen können. Desinfektionsmittel bergen schließlich für sich betrachtet ein Gesundheitsrisiko, wenn diese nicht rückstandfrei sind und/oder bei der Anwendung größere Mengen in die Innenraumluft gelangen. Desinfektion bei mikrobiellem Befall sollte daher die Ausnahme bleiben; dabei muss eine rückstandfreie Anwendung sichergestellt sein (vgl. Bild 2).

5 Feuchteschäden in Nebenräumen

Die oben aufgeführten Empfehlungen gelten für Wohnräume und regelmäßig genutzte sonstige Räume. Auch Nebenräume sollen danach beurteilt werden, wenn sie mehr als 2 Stunden am Tag genutzt werden. Werden die Räume weniger oft genutzt, muss im Falle eines Feuchteschadens dennoch in jedem Fall

die Ursache geklärt und beseitigt werden, um einen Schimmelpilzbefall etwa von in den Räumen lagernden Materialien (Kartons, Möbel etc.) zu verhindern.

Unabhängig davon gibt das Umweltbundesamt Empfehlungen für die Nutzung von Nebenräumen, damit es dort zu keiner mikrobiellen Kontamination kommt.

In unbeheizten Kellerräumen alter Gebäude, bei denen die Oberflächentemperaturen der Außenwände im Allgemeinen niedrig sind, sollte regelmäßig gelüftet werden. In der warmen Jahreszeit ist das Lüften auf die späten Abendstunden oder frühen Morgenstunden zu beschränken. Andernfalls wird warme, von außen eingetragene Luft sich an den kalten Wandoberflächen abkühlen und die in der Luft enthaltene Feuchtigkeit an den Flächen schlimmstenfalls zu einem Wasserfilm (aus) kondensieren. Man bekommt den typischen „Sommer-Schimmelpilzbefall".

Bei Außenwänden, die eine hohe Oberflächentemperatur (neue, gut gegen das Erdreich hin gedämmte Gebäude) aufweisen, besteht dieses Risiko im Sommer wie im Winter deutlich weniger. Auch dort sollte aber regelmäßig gelüftet werden.

Besser ist es, wenn man Keller- und Nebenräume beheizen und lüften kann. Beachtet man dann noch, dass keine Gegenstände dicht an der Außenwand stehen und im Raum keine feucht gewordenen Materialien gelagert und übereinander gestapelt werden, ist das Risiko für einen Schimmelbefall in Nebenräumen gering.

Hat man keine Möglichkeit zur regelmäßigen Belüftung der Nebenräume, können Luftentfeuchter (Kieselgel etc.) helfen, die Luftfeuchtigkeit in tolerierbaren Grenzen zu halten. Keineswegs sollten kalte und feuchte Nebenräume durch Öffnen der Türen „zu anderen Räumen hin" gelüftet werden. Dadurch wird nur Feuchtigkeit in alle Wohnräume verteilt.

6 Literatur

[1] Leitfaden zur Vorbeugung, Untersuchung, Bewertung und Sanierung von Schimmelpilzwachstum in Innenräumen. Umweltbundesamt, Dessau-Roßlau/Berlin 2002

[2] Leitfaden zur Ursachensuche und Sanierung bei Schimmelpilzwachstum in Innenräumen. Umweltbundesamt, Dessau-Roßlau/Berlin 2005

[3] Handlungsempfehlung zur Beurteilung von Feuchteschäden in Fußböden. Entwurf. Umweltbundesamt, Dessau-Roßlau/Berlin 2013; ins Internet gestellt zur öffentlichen Diskussion bis Ende Juni 2014; vollständiger Text abrufbar unter: www.umweltbundesamt.de/themen/gesundheit/umwelteinflüsse-auf-den-menschen/schimmel.html

Prof. Dr.-Ing. Heinz-Jörn Moriske
Bis 1982 Studium „Technischer Umweltschutz" an der TU Berlin; 1986 Promotion im Fach Umwelthygiene; 1983 bis 1992 wissenschaftlicher Mitarbeiter, später Hochschulassistent am Fachgebiet Hygiene der TU Berlin und am Institut für Hygiene der Freien Universität Berlin; 1993 Fachgebietsleiter für Luftanalytik im Bundesgesundheitsamt; Seit 1995 Referatsleiter für Gesundheitsbezogene Exposition/Innenraumhygiene im Umweltbundesamt; 1995 Ernennung zum Wissenschaftlichen Direktor; 2006 Ernennung zum Direktor und Professor; Umfangreiche Veröffentlichungen und Vortragstätigkeit; Mitherausgeber des Handbuchs Bioklima und Lufthygiene; Vorsitzender des Ausschusses Innenraumhygiene und Vorstandsmitglied im Fachbereich Messtechnik des VDI. Geschäftsführer der Innenraumlufthygiene-Kommission; Mitglied im Sachverständigenausschuss Gesundheitsfragen des DIBt.

Pro + Kontra – Das aktuelle Thema: Qualitätsanforderungen an die Trockenheit von Nebenräumen – was ist geschuldet?

6. Beitrag: Feuchteschutztechnische Maßnahmen und deren Bewertung im Altbau

Dipl.-Ing. Matthias Zöller, AIBAU, Aachen

1 Grundlage: Anforderungsklassen

Zur Klärung der Frage, wie Räume in Untergeschossen genutzt werden können, schlage ich die Einführung von 3 Anforderungsklassen vor. Dabei sind auch die vereinbarten Ziele der Nutzung zu berücksichtigen.

Klasse A

Räume zur Lagerung von feuchtigkeitsempfindlichen Gütern bzw. zum vorübergehenden oder dauernden Aufenthalt von Menschen; das bedeutet:

keine Feuchtigkeitsschäden und übliche Anforderung an die Trockenheit der Raumluft.

Klasse B

Kellerräume zur Lagerung von feuchtigkeitsunempfindlichen Gütern:

keine Pfützenbildung auf dem Fußboden, keine nassen Wandoberflächen; feuchte Oberflächen sind aber zulässig; geringe Anforderung an die Trockenheit der Raumluft.

Klasse 0

Kellerräume nicht genutzt:

keine Anforderungen an die Trockenheit, aber Standsicherheit und Dauerhaftigkeit der Bauteile sind sicherzustellen; die Bauteile (wie Sockelzone, Kellerdecke oder angrenzende Räume) sind auf mögliche Schäden und Auswirkungen der Feuchtigkeit zu prüfen.

In historischen Gebäuden ist es üblich, die Abtrocknung von geringen Feuchtigkeitsgehalten in Sockelzonen der Innenwandflächen nicht durch eine Möblierung unmittelbar vor den Wänden zu behindern. Das bedeutet, dass die Räume zwar grundsätzlich der Klasse A entsprechen, aufgrund gewisser Nutzungseinschränkungen bei der Möblierung aber einer Zwischenstufe, der Klasse **A-,** zuzuordnen sind.

Genauso werden in untergeschossigen Räumen von Altbauten bestimmte feuchtigkeits-empfindliche Güter schadensfrei gelagert, obwohl deren Außenbauteile nicht abgedichtet sind (vergleiche Abschnitt 3). Solche Räume können einer Anforderungsklasse **B+** zugeordnet werden.

Auf diese fünf Klassen wird im vorliegenden Beitrag Bezug genommen.

2 Fallbeispiele

2.1 Umnutzung eines ehemaligen Eiskellergewölbes zu Wohnungsabstellräumen

In einer mehrgeschossigen Kellergewölbeanlage, die als Eiskeller unter dem stattlichen Verwaltungsgebäude einer Brauerei im Jahre 1860 errichtet worden war, mussten notwendige Abstellräume eingerichtet werden. Das Gebäude war zu einem Mehrfamilienwohnhaus umgenutzt worden, in dem nach der Aufteilung zu Teileigentum die notwendigen Abstellräume fehlten. Die Kellergewölbe schienen aber dazu nicht geeignet zu sein, weil so viel Wasser von den Wänden lief, dass es abgeleitet werden musste (Bild 1).

Aus dem Vertrag ergab sich, dass die Käufer uneingeschränkt nutzbare Abstellräume erwarten durften, in denen auch feuchtempfindliche Güter, wie Papier oder Möbel, gelagert werden können. Dazu waren entsprechende Maßnahmen vorzuschlagen.

Die Keller konnten nicht von außen abgedichtet werden, weil das Haus in einer Innenstadt unmittelbar an einer stark befahrenen Straße zwischen einer Nachbarbebauung steht. So grenzt sogar die Norm für Bauwerksabdichtung deren Anwendung im Gebäudebestand ein: *Diese Norm gilt nicht für … nachträgliche Abdichtungen in der Bauwerkserhaltung oder*

Bild 1: Situation in den Gewölbekellern mit von den Wänden ablaufendem Wasser

Bild 2: Abstellflächen mit Estrich, seitlicher Aufkantung und Drahtstabzaun.

in der Baudenkmalpflege, es sei denn, es können hierfür Verfahren angewendet werden, die in dieser Norm beschrieben werden [1]. Diese Definition bezieht sich auf die technische Machbarkeit unter Aspekten der Vernunft. In der Norm beschriebene Maßnahmen, deren Anwendung den Abbruch und die Neuerrichtung des Gebäudes oder Teile davon voraussetzen, schließen die Gültigkeit der Abdichtungsnorm aus.

Einzelfallabhängig sind Verfahren möglich, die im WTA-Merkblatt *Nachträgliches Abdichten erdberührter Bauteile* [2] beschrieben sind. Nicht selten genügt in Abhängigkeit von der tatsächlichen Feuchtigkeitsbeanspruchung und Salzbelastung bereits das Aufbringen eines WTA-Sanierputzsystems, um die Nutzbarkeit vergleichbar mit der in einem Neubauuntergeschoss in den ersten Jahren nach der Errichtung unter Einfluss der Baurestfeuchte sicherzustellen. In diesem Fall war aber die Feuchtigkeitsbeanspruchung für Sanierputze wesentlich zu hoch.

Für Abdichtungssysteme von der Innenseite waren der historische Untergrund aus verschiedenartigen Bruchsteinen und die vorhandenen Geometrien nicht geeignet.

Weder Abdichtungsmaßnahmen, noch Ausgleichsmaßnahmen durch Putze hätten zum Ziel geführt. Wegen der technischen Unmöglichkeit von sonst üblichen Maßnahmen an der Gebäudehülle musste geklärt werden, ob Alternativen die Nutzung der Räume zu Abstellzwecken gemäß der Anforderungsklasse A ermöglichen.

Unter technischen Aspekten waren folgende Bedingungen zu erfüllen: Gegenstände dürfen nicht mit flüssigem Wasser in Kontakt kommen und die Raumluftfeuchtigkeit sollte üblichen Anforderungen genügen.

In den Gewölbekellern wurden folgende Maßnahmen ausgeführt:

– Auf der Fußbodenfläche wurde eine Abdichtung und
– darauf ein schwimmend verlegter Zementestrich aufgebracht.
– Seitlich grenzen vor den Kellerwänden in einem Abstand von ca. 40 cm Aufkantungen aus Beton und umlaufende Rinnen zur Ableitung des von den Wandflächen ablaufenden Wassers die Abstellflächen ab. Auf den Betonaufkantungen wurde ein Drahtstabzaun errichtet. Dieser stellt sicher, dass die abgestellten Gegenstände nicht mit den nassen Wandoberflächen in Berührung kommen können.

So konnte nach dem Prinzip *Haus im Haus* die Abstellflächen der Klasse A erzielt und diese von den verbleibenden umlaufenden Bereichen der Klasse 0 getrennt werden (Bild 2 und 3).

Die grundsätzliche Problematik der hohen Luftfeuchtigkeit insbesondere unter sommerlichen Bedingungen wurde im Rahmen dieser Diskussion bereits mehrfach angesprochen. Um diese zum Schutz feuchteempfindlicher Güter in Grenzen zu halten, wurde eine dauerhaft betriebene und mit einem Hygrometer gesteuerte Raumluftentfeuchtungsanlage installiert.

Gleichzeitig wurden im Rahmen des Machbaren die Wasserzutritte reduziert. Leckstellen

   Zöller/Feuchteschutztechnische Maßnahmen und deren Bewertung im Altbau

Bild 3: Wasserrinne zwischen Mauerwerkswand und Drahtstabzaun.

in den innerhalb des Bruchsteinmauerwerks und außerhalb des Gebäudes verlaufenden wasserführenden Leitungen wurden beseitigt. Bei einer Begehung nach Umsetzung der Maßnahmen wurde die uneingeschränkte Nutzbarkeit der so gestalteten Räume festgestellt.

2.2 Umnutzung eines ehemaligen Klosterschlachthauses zum Büro

Das ehemalige Schlachthaus einer aus dem 12. Jahrhundert stammenden kulturhistorisch wertvollen Klosteranlage wurde zu einem Verwaltungsgebäude umgenutzt. Das eingeschossige Gebäude befindet sich an der tiefsten Stelle des Klostergeländes unmittelbar über dem Klosterbach.

In das Gebäude wurde eine Stahlbetonbodenplatte mit oberseitiger Abdichtung eingebaut. Die Wände aus historischem Bruchsteinmauerwerk erhielten Kalkputze, die Fußböden sind mit massiven Eichendielen auf schwimmendem Estrich belegt worden. Abdichtungen in oder an den Wänden wurden nicht ausgeführt. Anschließend wurde das Gelände auf ein historisches Niveau bis kurz unter die Brüstungshöhe der Fenster angefüllt. Zwar wurde vor der Außenwand in Höhe

des inneren Fußbodens ein Dränrohr installiert. Aber an dieses Rohr war auch die Entwässerung der Dachflächen angeschlossen. Ein ggf. auftretender Wasserstau in den perforierten Grundleitungen führte zusätzliches Wasser dem Baugrund und somit den Außenwänden zu.

2.2.1 Schadensbild

Innerhalb kurzer Zeit nach Bezug des Gebäudes haben sich Schimmelpilze auf den Innenoberflächen hinter dem unmittelbar vor den Außenwänden aufgestellten Mobiliar gebildet. Daraufhin sollte die Schadensursache untersucht und Vorschläge zur Beseitigung entwickelt werden. Aufgrund der Bedeutung des Gebäudes als Kulturdenkmal und den Besonderheiten der historischen Konstruktion sollten keine Abdichtungsmaßnahmen nach der Norm für Bauwerksabdichtungen [1] ausgeführt werden. Ebenso wurden Vorschläge für nachträgliche Abdichtungsmaßnahmen nach dem WTA Merkblatt [2] abgelehnt.

2.2.2 Ursachen

Der hinzugezogene Sachverständige für Baugrund hat neben der Wasserbeanspruchung durch den Klosterbach und der möglichen Wasserzuleitung aus dem Dränrohr festgestellt, dass durch die Hanglage und der Abfolge der Bodenschichten, die tief in den Boden reichenden Außenmauern des Gebäudes durch adhäsiv gespanntes Grundwasser beansprucht sind.

Durch Untersuchungen am Objekt mit Ermittlung von Feuchtigkeitsprofilen wurden folgende Feuchtigkeitsverteilungen festgestellt:

Trotz des sehr hohen Durchfeuchtungsgrads im unteren Bereich steigt das Wasser in dem aus Quarzit-Bruchsteinen und hydraulischem Kalkmörtel hergestellten Außenmauerwerk durch Kapillarität nur wenig hoch, so dass über der halben Brüstungshöhe, in Höhe der vorherigen Geländeanfüllung, das Außenmauerwerk sogar trocken war. Der grobkörnige Mörtel und die von Künzel in [3] beschriebenen Übergangswiderstände an den Grenzflächen zwischen Mörtel und Steinen führten auch hier trotz hoher Feuchtigkeitsbeanspruchung zu den geringen Steighöhen.

Die Salzanalysen ergaben einen sehr geringen Anteil von leicht löslichen, bauschädlichen Salzen innerhalb des Wandquerschnitts. Die Ausblühungen in der Sockelzone in den Büros waren auf den Wassertransport und

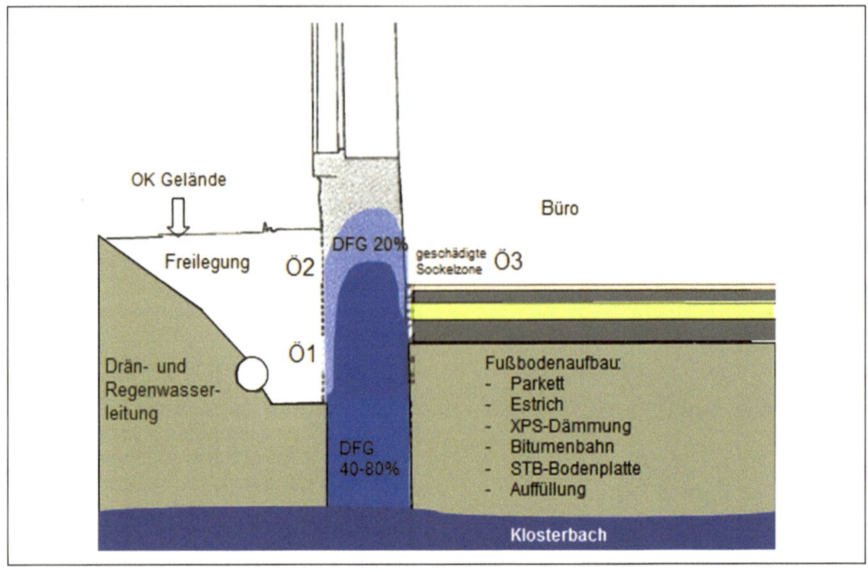

Bild 4: Untersuchungsergebnisse mit Angabe der Feuchtigkeitsverteilung

eine entsprechend hohe Verdunstungsrate zurückzuführen. Die Salze innerhalb der Mauerwerkswände waren durch die hohe Feuchtigkeitsbeanspruchung ausgewaschen, bei den Ausblühungen handelt es sich um kristallisierte Restsalze.

2.2.3 Maßnahmen

Da eine normgerechte Abdichtung oder entsprechende Alternativmaßnahmen nicht ausgeführt werden konnten, wurde zur Verminderung der Beanspruchung eine Rinnenausbildung gemäß Bild 5 vorgeschlagen. Solche Maßnahmen finden sich im historischen Bestand wieder, z. B. an der Kirche San Zeno am Gardasee (Bild 6). Durch die Absenkung der Geländehöhe kann das Wasser in die Außenwände nur an einer tieferen Stelle eindringen. Aufgrund der geringen kapillaren Leitfähigkeit des Wandquerschnitts aus wenig kapillar leitfähigen Steinen und grobporigem Mörtel wird die Trocknungszone in eine Höhe unterhalb bzw. in Höhe der innenseitigen Bodenplatte verlegt.

Zusätzlich wurde ein in definiertem Maß hydrophobierter, porenreicher WTA-Sanierputz, der eigens zu rezeptieren war, vorgeschlagen, der auch bei der zu erwartenden Restfeuchtigkeit schadensfrei bleibt.

Neben der Verringerung der Beanspruchung einerseits und Erhöhung der Beständigkeit der Putze anderseits sind entsprechend der Klasse A- (vgl. Abschnitt 1) flankierende Maßnahmen notwendig. So sollten keine Möbel unmittelbar vor den Außenwänden aufgestellt werden, damit die Belüftung der Wandoberflächen nicht behindert wird.

Die Raumluftfeuchtigkeit kann durch eine nutzerabhängige Fensterlüftung gesteuert werden, wobei eine „Lüftungsampel" den Nutzern die klimatisch günstigen Zeiträume zum Lüften anzeigt. Bei der Klosteranlage in einer bewaldeten Tallage sind aber im Sommerhalbjahr bei hohen Außentemperaturen häufig hohe, absolute Luftfeuchtigkeiten zu erwarten, die über denen in den Innenräumen liegen. Zur Vermeidung von Tauwasser auf den massiven und temperaturträgen Wänden müssten die Fenster oft geschlossen bleiben. Aus raumhygienischen Gründen wurde daher eine ventilatorbetriebene, nutzerunabhängige Lüftung mit Entfeuchtungsaggregat empfohlen.

Gleichzeitig wurde erläutert, dass dieses Maßnahmenpaket zwar die Situation verbessert. Dennoch lässt sich nicht sicher prognostizieren, dass die Wandoberflächen vollkommen schadensfrei bleiben. Ein mit dem Gebäude verbundenes Restrisiko ist der Tatsa-

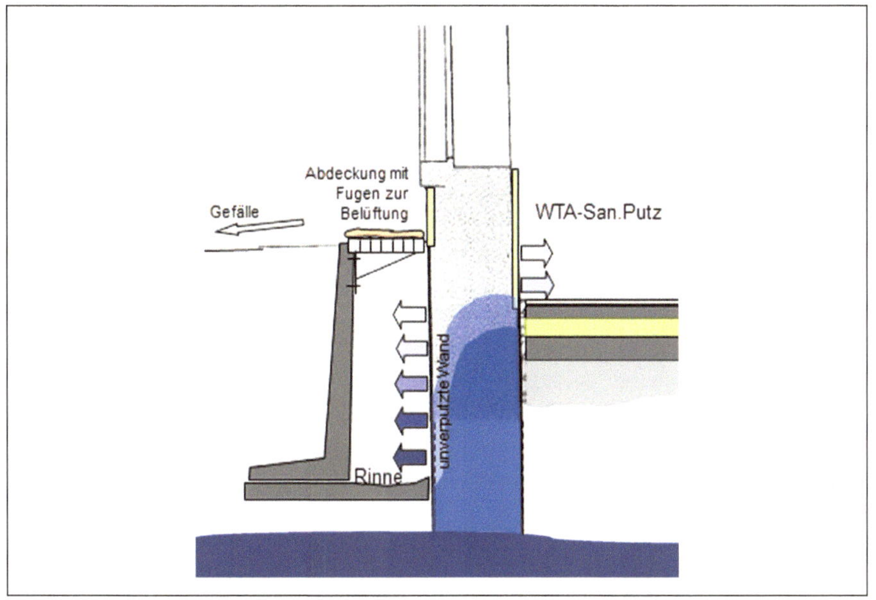

Bild 5: Vorschlag zur Verminderung der Feuchtigkeit im Wandquerschnitt sowie Maßnahme für schadens-
freie Oberfläche bei Restfeuchte

che geschuldet, dass ein Gebäude umgenutzt wurde,

– das einer erheblichen Wasserbeanspruchung ausgesetzt ist,
– das aus einer historischen Konstruktion besteht, die möglichst umfänglich erhalten werden soll
– und das bisher keinen so hohen Anspruch an die Raumqualität zu erfüllen hatte, wie dies heute der Fall ist.

Deswegen ist mit regelmäßig durchzuführenden kleineren Instandhaltungsmaßnahmen zu rechnen. Sie können eine wiederholte Erneuerung des farblichen Deckanstriches auf dem Putz beinhalten. Durch gestalterisch passende, dem Denkmal entsprechende Sockel, an denen die Schadensanfälligkeit am höchsten ist, konnten die regelmäßigen Instandhaltungen räumlich beschränkt werden.

Bild 6: Historisches Beispiel mit doppelter Wand und dazwischenliegendem Luftraum zum Feuchteschutz der Außenwände (San Zeno, Gardasee)

Diese kombinierten Maßnahmen aus Verringerung der Beanspruchung, Erhöhung des Widerstands gegen die Feuchtigkeit und flankierender Maßnahmen führen auch ohne den der heutigen Abdichtungsnorm entsprechenden Abdichtungen zu gut nutzbaren Räumen entsprechend der Klasse A-.

3 Feuchteschutztechnische Maßnahmen und deren Bewertung bei Kellern von Altbauten

Die beiden Fallbeispiele aus dem vorherigen Abschnitt belegen, dass Abdichtungen nach der Abdichtungsnorm [1] bzw. Maßnahmen nach [2] bei bestehenden Gebäuden nicht umgesetzt werden müssen, wenn einzelfallbezogen alternative Lösungen möglich sind. Die Anforderungen an notwendige Abstellräume im Bestand sind funktional an den gleichen Kriterien zu bemessen wie die an Neubaumaßnahmen (Klasse A):

- kein flüssiges Wasser auf der Fläche, die zum Abstellen von Gegenständen dient,
- Vermeidung von Kontakt zu feuchten Oberflächen,
- Begrenzung der Raumluftfeuchtigkeit.

In Streitfällen wird ein Mangel regelmäßig mit der eingeschränkten Nutzbarkeit notwendiger Abstellräume begründet. Noch vor wenigen Jahren war es aber üblich, dass Kellerräume nicht zur Lagerung von Papier oder ähnlichen feuchtigkeitsempfindlichen Gütern geeignet waren, sondern nur für Kartoffeln etc., denen eine gewisse Grundfeuchtigkeit nicht schadet. Auch heute noch werden in Altbaukellern erfahrungsgemäß allenfalls gering feuchteempfindliche Güter gelagert, aber z. B. keine Kleider. Gelagertes steht dabei nicht unmittelbar auf dem Fußboden, sondern in Regalen mit Abstand zur Wand- und Fußbodenflächen.

In vielen Altbaukellern sind die Außenbauteile zwar bodenfeucht. Aufgrund der häufig wenig durchlässigen Böden, die unmittelbar an die Außenseite der Außenwände angefüllt sind, und den Oberflächenbefestigungen bzw. der in Jahren groß gewordenen Bepflanzungen mit Wasser aufsaugenden Wurzeln gelangt aber so wenig Wasser an die Wände, dass flüssig austretendes Wasser oder Ausblühungen trotz dem nach Norm [1] zu definierenden Lastfall *zeitweise stauendes Sickerwasser* eher selten sind. Praktisch sind daher viele

Bild 7: Aktenarchiv in einem Altbaukeller

Bild 8: Ältere Heizanlagen (mit Raumluftansaugung und vergleichsweise geringem Wärmeschutz) in Untergeschossen vieler Altbaukeller sorgen für eine Mindestbelüftung und Mindesterwärmung, sie begünstigen die Situation.

Altbaukeller gut nutzbar, wenn auch besonders feuchtigkeitsempfindliche Gegenstände nicht schadensfrei gelagert werden können. Sie erfüllen die Kriterien der Klasse B+ (vgl. Abschnitt 1).
Zur Streitvermeidung ist Vermietern von Altbauten zu empfehlen, die nach Landesrecht

notwendigen Abstellflächen so anzubieten, dass das Lagern von feuchteempfindlichen Gütern funktioniert. Das ist häufig innerhalb von Wohnungen möglich.

Andere Abstellräume sollten hinsichtlich ihrer Eignung deklariert werden, wozu ich die Klassen A, A-, B+, B und 0 vorschlage (s. Abschnitt 1). Eine nachträgliche Bauwerksabdichtung ist nur in seltenen Fällen erforderlich. Viele Altbaukeller sind der Klasse B+ zuzuordnen. Das ist allgemein bekannt. Eine Beheizung und Belüftung von Kellerräumen ist im Einzelfall sinnvoll, jedoch nicht allgemein üblich.

4 Regelwerke und Quellenangaben

[1] DIN 18195-1:2011-12, Bauwerksabdichtungen Teil 1: Grundsätze, Definitionen, Zuordnung der Abdichtungsarten

[2] WTA-Merkblatt 4-6-14/D, Nachträgliches Abdichten erdberührter Bauteile. Wissenschaftlich-Technische Arbeitsgemeinschaft für Bauwerkserhaltung und Denkmalpflege e.V., München

[3] Künzel, H.: Bauphysik und Denkmalpflege. Fraunhofer IRB Verlag, 2009

Dipl.-Ing. Matthias Zöller

Architekturstudium an der TU Karlsruhe; eigenes Architektur- und Sachverständigenbüro in Neustadt a. d. Weinstraße; Lehrbeauftragter für Bauschadensfragen an der Fakultät für Architektur an der Universität Karlsruhe; Gesellschafter des AIBAU; ö.b.u.v. Sachverständiger für Schäden an Gebäuden; Mitherausgeber Baurechtliche und -technische Themensammlung. Referent im Masterstudiengang Altbauinstandsetzung an der Universität Karlsruhe; Referententätigkeit (IfS, Architektenkammern); Fachveröffentlichungen, Mitherausgeber IBR.

Qualitätsklassen bei Wärmedämm-Verbundsystemen

Kay Beyen, Stuckateurmeister, SIB, Düsseldorf/Sonthofen

1   Prolog

Die immer komplexeren Anforderungen an den Wärmeschutz der Gebäudehülle und die daraus resultierenden durchzuführenden Maßnahmen verlangen von den Baubeteiligten eine immer bessere Abstimmung. Sind bei einem Neubau Anschlussdetails, Wärmebrückenfreiheit und Gewerkeübergänge vermeindlich leicht zu händeln, werden sie bei der energetischen Sanierung meist zu einer Herausforderung. Ein Element für die energetisch optimierte Gebäudehülle ist seit mehr als 50 Jahren das Wärmedämm-Verbundsystem (WDVS). Die Ausführung des WDVS in der Fläche ist hierbei schon lange keine Kunst mehr. Ganz anders sieht es bei den Übergängen zum Dach, im Sockel oder an den Fensteranschlüssen aus. So sind annähernd 90 % der Schäden an einem WDVS in den genannten Anschlussbereichen zu finden. Auch werden insbesondere in der Sanierung die Auswirkungen von Wärmebrücken meist deutlich unterschätzt. Der Beitrag setzt sich nachfolgend mit den Fragen auseinander: Was sind die Ursachen hierfür? Wie gehen die Systemanbieter mit dieser Situation um? Welche Entwicklung gibt es auf der Normungsseite? Was brauchen wir als Planer, Ausführende und Sachverständige für die Zukunft?

2   Was sind die Ursachen?

Trotz einer mehr als 50-jährigen Erfahrung mit Wärmedämm-Verbundsystemen gehören sie noch immer zu den ungeregelten Bauarten. Die Auswirkungen auf die Regeln der Technik durch diesen Umstand sind hinlänglich bekannt. So ist als Verwendbarkeitsnachweis im Sinne der Landesbauordnungen eine allgemeine bauaufsichtliche Zulassung (abZ) nötig. Nach der Erstellung ist dann die „Bestätigung der ausführenden Firma" dem Bauherrn auszuhändigen. Hierbei handelt es sich um die Bestätigung der Konformität der Ausführung zur Systemzulassung. Die grundsätzlichen Ausführungsdetails zum Aufbau des WDVS sind in der abZ geregelt. Regelungen zu Anschlüssen wie z. B. im Bereich des Dachs, Sockelausbildungen oder der Anschluss des Fensters finden sich hierin jedoch nicht.

Ausführungsvorschläge, Richtlinien, Merkblätter, Kommentare finden sich unzählige. Darunter fachlich fundierte als auch vollkommen unsinnige. Für die in der Beurteilung eingesetzten Sachverständigen stellt sich häufig die Frage: Welche Dokumente spiegeln denn nun die allgemein anerkannten Regeln der Technik wieder?

Die Beantwortung dieser Frage wird genauso umstritten diskutiert, wie die Frage warum WDVS immer noch zu den ungeregelten Bauteilen zu zählen sind, obwohl es umfangreiche Regelwerke und Beschreibungen gibt.

Als Fakt ist zurzeit festzuhalten, dass die eigentliche Entscheidungshoheit für die Detailausbildung eines WDVS rein formal alleine beim Zulassungsinhaber, also dem Systemhalter, liegt.

Den teils unzureichenden Planungs- und Ausführungsleistungen, sowie einem enormen Preisdruck am Markt, stehen die immer steigenden Anforderungen an die Energieeffizienz der Gebäude gegenüber, welche den Baubeteiligten ein immer größeres Wissen abverlangt. Ein WDVS ist nicht „mal so eben" mit geplant. Augenmaß bei der richtigen Systemauswahl, der energetischen Leistungsfähigkeit des WDVS unter Zugrundelegung der Objektgegebenheiten, heißt die zu bestehende Herausforderung.

Im Grunde dürfen Planer- und Ausführende heute mit der bereitwilligen Leidensfähigkeit des Bauherrn durchaus zu Frieden sein. Sind in unserer täglichen Sachverständigenarbeit Sockelschäden und Anschlusssünden im Bereich der Fenster und einbindenden Bauteile zwar allgegenwärtig, möchte ich mir nicht ausmalen was geschieht, wenn diese Art der Schäden eine null Toleranzgrenze durch den Bauherrn erführen.

Eine der Auswirkungen spiegelt sich schon in der HOAI 2013 wieder, welche insbesondere

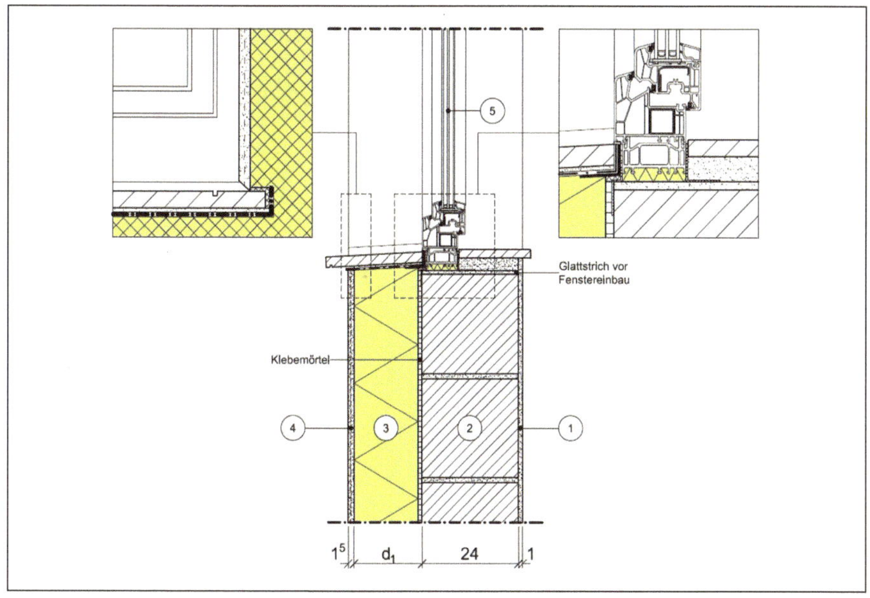

Bild 1: Ausführung Natursteinfensterbank Standard (aus [1])

den Bauleitern eine wesentlich höhere Dokumentationspflicht auferlegt.

3 Wie gehen die Systemhalter/-anbieter mit dieser Situation um?

Die Vielfalt der vorhandenen Unterlagen und der Teils widersprüchlichen Aussagen haben die Systemanbieter erkannt und versuchen entsprechende Aufklärung zu leisten. Gemeinsam mit dem AIBau und der TU Dortmund hat der Industrieverband WerkMörtel e. V. (IWM) in einer 2-jährigen Arbeit den Online Planungsatlas WDVS entwickelt.

Der Grundstein für dieses Projekt wurde 2012 auf dem Allgäuer Baufachkongress durch Prof. Dr. Oswald und den Verfasser bei einer Diskussion zur Vermeidung an Schäden von WDVS gelegt. Ziel des Online Planungsatlas WDVS ist es, eine systemhalterübergreifende Plattform zu schaffen, welche eine entsprechende Systemsicherheit in der Funktion von Anschlüssen bietet.

Der Online Planungsatlas WDVS enthält Planungs- und Ausführungsdetails für die in der Ausführung wichtigen Übergänge. Hiermit werden den Planern und Ausführenden alle wichtigen Informationen aus einer Quelle anhand gegeben. Ein Novum ist, dass erstmals bei den Details in eine Standardausführung und einen gehobenen Standard bei der Ausführung unterschieden wird.

Im Online Planungsatlas WDVS werden als Standardausführung alle geeigneten Konstruktionsdetails bezeichnet, welche sich bei normalen Beanspruchungsverhältnissen (ausreichender konstruktiver Witterungsschutz, geringe bis normale Beanspruchung) in der Praxis bewährt haben.

Unter der Rubrik gehobener Standard finden sich die Konstruktionsdetails, die sich für erhöhte Beanspruchungen bewährt haben und/oder ein mehr an Sicherheit für den Anschluss bieten können.

4 Welche Entwicklung gibt es auf der Normungsseite?

Auch die Europäische Kommission hat erkannt, welche Rolle das WDVS in Europa mittlerweile spielt und welchen Beitrag es zur Ökonomie, Ökologie und Ressourcenschonung leisten kann. Daher hat die Europäische Kommission das Europäische Komitee für Normung (CEN) mit der Ausarbeitung einer Norm für Wärmedämm-Verbundsysteme be-

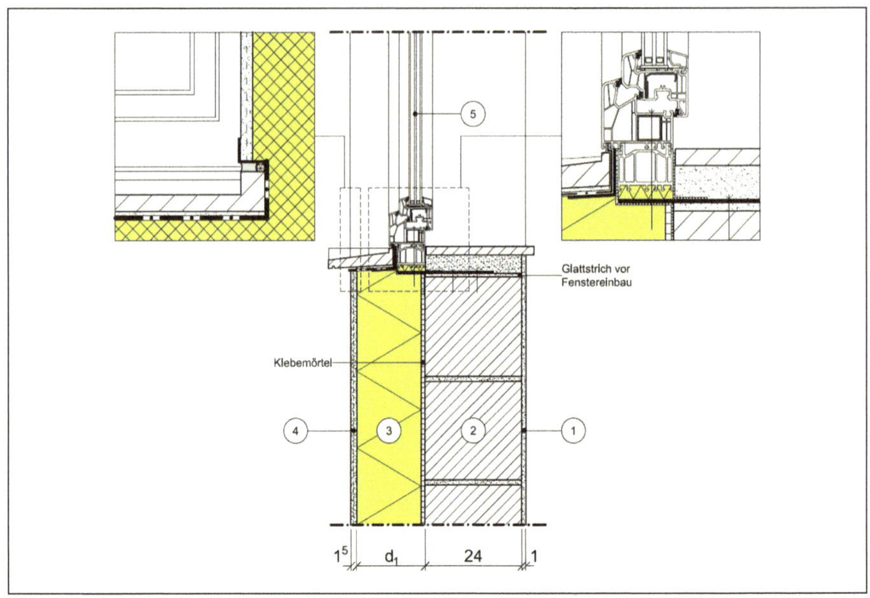

Bild 2: Ausführung Natursteinfensterbank gehobener Standard (aus [1])

auftragt. Die Ausarbeitung erfolgt durch das Technische Komitee (TC88) „Wärmedämmstoffe und wärmedämmende Produkte". In Deutschland begleitet das Deutsche Institut für Normung e. V. (DIN) im Normungsausschuss „Beschichtungsstoffe und Beschichtungen" mit einem entsprechenden Spiegelausschuss die Normungsarbeit des CEN/TC88.

Erstmalig wird hier der Weg beschritten ein System und kein einzelnes Produkt zu normen. Die Besonderheit liegt darin, dass unterschiedliche Produktkomponenten, die größtenteils bereits in Produktnormen erfasst sind, in ein System zusammengeführt werden und nun miteinander dauerhaft funktionieren sollen. Die Komplexität, die ein WDVS darstellt, und die seitens der EOTA bestehende Prüfgrundlage mit der ETAG 004 geben hierbei maßgeblich den Weg vor.

Aktuell befinden sich die nötigen Randnormen, wie z. B. die Prüfnorm für die Durchführung einer hygrothermischen Prüfwand, in der Erstellung. Erst wenn das Gesamtpaket bestehend aus System- und Prüfnormen fertiggestellt ist, wird es möglich sein, WDVS in den für uns in Deutschland wichtigen Status der geregelten Bauarten zu überführen.

Ein aktuelles Enddatum, wann die WDVS-Norm vollständig fertiggestellt ist, ist daher noch nicht in Sicht.

5 Was brauchen wir als Planer, Ausführende und Sachverständige für die Zukunft?

Klare und eindeutige technische Grundlagen/Regelwerke für Planung, Ausführung und Beurteilung von WDVS.

Verdeutlichen kann man dies sehr gut an der Entwicklung der Fensteranschlüsse bei WDVS. War zu Beginn von WDVS der Kellenschnitt die erste Wahl, hat sich im Laufe der Zeit gezeigt, dass es hier deutliches Verbesserungspotenzial gibt, was heute darin mündet, dass es eigenständige Planungsgrundlagen alleine für die Auswahl der heute üblichen Anputzleisten gibt. Trotz dieser Entwicklung ist der „gute" alte Kellenschnitt in Verbindung mit einem Fugendichtband bzw. Kompriband heute immer noch zu finden und kann je nach „befragter" Unterlage immer noch uneingeschränkt eingesetzt werden. Ist dies noch zeitgemäß? Ist dies ein verantwortungsvoller Umgang? Ja, wenn man das Kleingedruckte kennt!

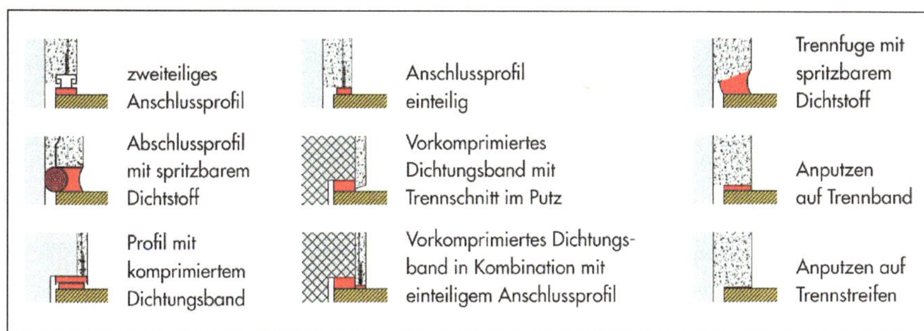

Bild 3: Außenanschluss Putz/WDVS an Fenster – Darstellung der Ausführungsvarianten (aus: [2])

Bei Objekten die einen guten Witterungsschutz haben, die aufgrund ihrer Lage wie z. B. Regenbeanspruchungszone 1 einen guten Fassadenschutz gewährleisten, ist ein Anschluss mittels Kellenschnitt und Fugendichtband vollkommen ausreichend. Bei moderner Architektur mit „nur" einem minimalsten konstruktiven Witterungsschutz der Fassade in gleicher Lage ist dieser Anschluss bereits ein erhebliches Schadensrisiko.

Auch wenn die Richtung, die Systemhalter und ausführende Fachunternehmer mit ihren Merkblättern und Richtlinien vorgeben hilfreich ist, so brauchen wir alle gemeinsam dennoch eine eindeutige und einfach zu identifizierende Einstufungsmöglichkeit für die relevanten Systemanschlüsse hinsichtlich ihrer Funktions- und Gebrauchstauglichkeit. Hierfür erachte ich ein Modell der Qualitätsklassen bei WDVS als das praktikabelste und

Auswahlkriterien für APU-Gewebeleisten im Wärmedämm-Verbundsystem[1]

1) gültig für die Dämmstoffarten MW/ Lamelle, elastifizierte EPS 035 oder 040, Kork, Holzfaserplatte, Vakuumplatte.

Für Putzanschlüsse an Fenstern, Türen und ähnlichen Bauteilen

Wichtiger Hinweis:
Bei Profilanwendungen auf Aluminiumabdeckungen von Holzfenstern oder bei PVC-Fenstern mit Folienbeschichtung (Dekorfolie) sind PUR-Profile W36 einzusetzen.

Fensterposition	Fenster im Mauerwerk						Fenster mauerwerksbündig						Fenster vor dem Mauerwerk					
Fenstergrösse	bis 2 m²			2–10 m²			bis 2 m²			2–10 m²			bis 2 m²			2–10 m²		
Dämmstoffdicke	bis 100 mm	100–160 mm	160–300 mm	bis 100 mm	100–160 mm	160–300 mm	bis 100 mm	100–160 mm	160–300 mm	bis 100 mm	100–160 mm	160–300 mm	bis 100 mm	100–160 mm	160–300 mm	bis 100 mm	100–160 mm	160–300 mm
W20-pro COMPACT	✔																	
W23 STANDARD-UV	✔																	
W25[2] UNIVERSAL	✔	✔		✔	✔		✔	✔		✔	✔		✔			✔		
W28 MINI-BIO	✔	✔	✔	✔	✔		✔	✔		✔	✔		✔			✔		
W29 PUR-EX	✔	✔	✔	✔	✔	✔	✔	✔	✔	✔	✔	✔	✔	✔	✔	✔	✔	✔
W30-plus IDEAL	✔	✔		✔	✔		✔	✔		✔	✔		✔			✔		
W32-plus MILANO	✔	✔		✔	✔		✔	✔		✔	✔		✔			✔		
W34-pro TORINO	✔	✔		✔	✔		✔	✔		✔	✔		✔			✔		
W35-plus DUAL	✔	✔		✔	✔		✔	✔		✔	✔		✔			✔		
W36[3] NEO	✔	✔	✔	✔	✔	✔	✔	✔	✔	✔	✔	✔	✔	✔	✔	✔	✔	✔

Bild 4: Auswahlkriterien für APU-Gewebeleisten (Auszug aus [3])

dasjenige mit der meisten Toleranz bei allen Beteiligten. Dass ein Qualitätsklassenmodell überzeugen kann, haben uns andere Beispiele, wie im Trockenbau und Putz, bereits eindrucksvoll gezeigt.

6 Epilog

Ein Anfang ist mit dem Online Planungsatlas des IWM gemacht und damit ein Weg für eine neue Denkweise zur Systemsicherheit bei WDVS bereitet. Nun gilt es gemeinsam die ausgetretenen Pfade zu verlassen und sich des Themas Qualitätsstufen bei WDVS aktiv anzunehmen. Lassen sie uns die Zukunft im Sinne einer zuverlässigen technischen Grundlage für Planung und Ausführung gestalten, in dem wir Beanspruchungen, Objektgestaltung und Anschlüsse in sinnvolle Kombinationen bringen und damit Qualitätsklassen definieren, die dann den Standard setzen. Ich möchte Sie ermutigen, diesen Weg mitzugestalten, frei unter dem Motto: Denken ist nicht nur erlaubt, sondern ausdrücklich gewünscht!

7 Literatur

[1] Industrieverband WerkMörtel e. V. (IWM): Online Planungsatlas WDVS. Duisburg

[2] Fachverband der Stuckateure für Ausbau und Fassade Baden-Württemberg (Hrsg.): Richtlinie Anschlüsse an Fenster und Rollläden bei Putz, Wärmedämm-Verbundsystem und Trockenbau. 2. Überarbeitete Auflage, Stuttgart, Ausgabe 2010

[3] APU AG: Auswahlkriterien für APU-Gewebeleisten. CH-Schaffhausen, Stand 01/2014

Kay Beyen

Ausbildung zum Maurer, Kaufmann im Groß- und Außenhandel, Stuckateurmeister und Fortbildungstrainer (HWK); ö.b.u.v. Sachverständiger für das Stuckateurhandwerk HWK Düsseldorf mit Tätigkeitsschwerpunkt Schäden an WDVS, Innen- und Außenputz; Leiter der Anwendungstechnik der Baumit GmbH; Mitgesellschafter des Sachverständigen- und Ingenieurbüros Beyen GbR; Mitbegründer und Präsident der Agentur für Gebäudeanalytik und Qualitätsmanagement e.V. (AGQM); Mitarbeit in verschiedenen Fachgremien des Industrieverband WerkMörtel e.V. (IWM); Leiter des Arbeitskreises Wärmedämmsysteme des IWM; stellvertretender Vorsitzender und Vorstandsmitglied der Gütegemeinschaft für Naturstein, Kalk und Mörtel e.V. (GG-Cert); Obmann des RAL Güteausschusses Innendämmung (RAL-GZ 964); Mitarbeit in nationalen (DIN) und europäischen Normungsgremien (CEN) für WDVS/ETICS; Autor von Fachveröffentlichungen; Referent und Fachdozent bei verschiedenen Institutionen.

Qualitätsunterschiede bei Fenstern: Welche Qualität ist geschuldet?

Dipl.-Phys. Michael Rossa, **ift** Rosenheim

1 Einleitung

Für die Diskussion des Themas „Qualität" ist es zunächst wichtig, ein gemeinsames Verständnis von Qualität zu definieren. Jeder hat verständlicherweise eine Vorstellung, was er unter Qualität versteht. Im Zweifelsfall ist Qualität das, was der Auftraggeber will. Für den Bausachverständigen ist diese eher vom Kundenmanagement geprägte Aussage nicht ausreichend. Die zurückgezogene Norm DIN EN ISO 8402 ist wesentlich präziser. Sie versteht unter Qualität „Die Gesamtheit von Merkmalen einer Einheit bezüglich Ihrer Eignung, festgelegte und vorausgesetzte Erfordernisse zu erfüllen". Hierbei gibt es Anforderungen, die in Form von Werten oder Klassen vom Auftraggeber gefordert werden, wie z. B. die Einbruchhemmung eines Fensters, Anforderungen an die Oberflächenbeschaffenheit und Verarbeitung, die Durchsicht, oder generelle Anforderungen wie etwa die Gebrauchstauglichkeit und Langlebigkeit des Fensters.

2 Die europäische Produktnorm für Fenster

Fenster sind in der europäischen Produktnorm DIN EN 14351-1:2006+A1.2010 [1] geregelt. Die harmonisierte Norm legt europaweit und materialunabhängig die meisten relevanten Eigenschaften und Leistungsklassen für Fenster und Außentüren fest. Die Norm ist daher für alle am Bau Beteiligten die Grundlage für die Bewertung von Fenstern und Außentüren und für die CE-Kennzeichnung nach Bauproduktenverordnung [2]. Diese CE-Kennzeichnung und die Ausstellung der Leistungserklärung durch den Hersteller ermöglichen einen europaweiten Handel des Produktes. Nach der neuen Bauproduktenverordnung erklärt der Hersteller nachvollziehbar verbindlich die Leistungseigenschaften seines Produktes in Form von Werten und Klassen. Neu ist, dass neben der Deklaration der Leistungen im CE-Zeichen auf dem Produkt oder den Begleitpapieren, der Hersteller auch unaufgefordert seinem Auftraggeber eine Leistungserklärung übergeben muss, aus dem die Leistungseigenschaften des Fensters hervorgehen. Hierbei sind Angaben, die in jeweiligen Ländern baurechtlich vorgeschrieben sind, anzugeben und dürfen nicht mit npd (keine Leistung festgestellt) deklariert werden. Die Leistungserklärung ist vom Hersteller mindestens 5 Jahre aufzubewahren. In Deutschland sind baurechtlich folgende Eigenschaften relevant:

- Klasse der Durchbiegungsbegrenzung
- Wärmedurchgangskoeffizient (U_w-Wert)
- Gesamtenergiedurchlassgrad (g-Wert)
- Lichttransmission
- Schalldämmmaß (R_w-Wert)
- Luftdurchlässigkeit
- Tragfähigkeit

Der Hersteller kann bei der Ermittlung der Leistungen verschiedene Verfahren anwenden [3], die zwangsläufig nicht immer zum gleichen Wert führen. So kann der Hersteller nach den in der Norm vorgegebenen Verfahren Tabellenwerte, Berechnungen oder Messungen bei einer notifizierten Stelle für die Deklaration der Leistungen heranziehen. Hierbei liefern Messungen oft für den Hersteller vorteilhafte „bessere" Werte. Rechenverfahren und Tabellen besitzen einen Sicherheitszuschlag und liefern daher ggf. für den Hersteller „ungünstigere" Werte, sind aber in der Anwendung schnell und kostengünstig. Im Rahmen der Planung sind zusätzlich die Technischen Regeln für die Verwendung linienförmig gelagerter Verglasungen (TRLV) und die Technischen Regeln für die Verwendung von absturzsichernden Verglasungen (TRAV) zu beachten. Die Bauproduktenverordnung und die damit verbundene Verpflichtung zur CE-Kennzeichnung und Ausstellung einer Leistungserklärung sind in Deutschland und dem restlichen Europa in einem breiten Spektrum umgesetzt. Hierbei reicht die Bandbreite von einer ausführlichen Dokumentation für den Auftraggeber über ein einfaches CE-Zeichen bis hin zur vollständigen Missachtung der Bauproduktenverordnung durch eine fehlende Kennzeichnung. Ein Qualitätsmerkmal von Fenstern sollte aber sein, dass alle gesetzlich vorgeschriebenen Verfahren und Anforderungen bis hin zur Produktkennzeichnung eingehalten werden. Die Praxis zeigt europaweit leider oft ein anderes Bild.

Die Produktnorm für Fenster DIN EN 14351-1 enthält keine Vorgaben für Leistungen und Anwendungsempfehlungen. Sie enthält auch keine qualitätsbestimmenden Merkmale. Dies ist Aufgabe des Planers und im Aufgabenbereich der Länder der europäischen Gemeinschaft. Die Norm liefert jedoch die Grundlage für eine einheitliche fachlich korrekte Ermittlung der Eigenschaften eines Fensters.

3 Leistungseigenschaften im Überblick

An die Leistung von Fenstern werden in Deutschland hohe Anforderungen gestellt. Gerade diese liefern aber auch immer wieder einen Streitpunkt für Auseinandersetzungen, da versprochene Leistungen berechtigt oder unberechtigt nicht eingehalten werden. Hinzu kommen aus dem Herstellungsprozess unvermeidbare Toleranzen, die ggf. dazu führen, dass der im Prüfzeugnis oder vom Hersteller ermittelte Wert vom später überprüften Wert abweicht. Im Sinne der oben genannten Definition von Qualität stellt dies zunächst eine Abweichung dar. Hierbei ist jedoch zu prüfen wie und unter welchen Randbedingungen der Wert ermittelt wurde. Nur so kann eine Aussage zur geschuldeten Qualität getroffen werden.

3.1 Wärmeschutz und Tauwasserfreiheit

Als ein konkretes Beispiel soll die Anforderung an den Wärmeschutz diskutiert werden. Der Wärmeschutz des Fensters wird durch den Wärmedurchgangskoeffizienten U_W des Fensters charakterisiert. Der U-Wert ist sicherlich eines der wichtigsten Qualitätsmerkmale des Fensters. Ermittelt wird er an einem repräsentativen Probekörper im Standardformat 123 cm x 148 cm oder der tatsächlichen Fenstergröße. Hierbei hat der Hersteller die Wahl. Er kann die in DIN EN ISO 10077-1 enthaltenen Tabellen verwenden, das Berechnungsverfahren nach DIN EN ISO 10077-1 oder Teil 2 nutzen, oder eine Messung bei einer notifizierten Stelle nach DIN EN 12567-1 mit einer „Hot Box" durchführen lassen.

$$U_W = \frac{U_g \cdot A_g + U_f \cdot A_f + \Psi_g \cdot \int_g}{A_W}$$

Bild 1: Berechnung des Wärmedurchgangskoffizienten U_W des Fensters

Der U_W-Wert setzt sich aus dem U_f-Wert des Rahmen- und Flügelprofils, dem U_g-Wert des Mehrscheiben-Isolierglases, dem ψ-Wert des Isolierglasabstandhalters in der jeweiligen Fensterkonstruktion und ggf. vorhandener Sprossen zusammen.

Das Mehrscheiben-Isolierglas hat mit etwa 70 % einen maßgeblichen Einfluss auf den U_W-Wert. Um die am Markt erhältlichen niedrigen U_g-Werte der Isoliergläser zu erreichen, werden Beschichtungen zum Wärme- und Sonnenschutz eingesetzt. Diese dürfen nach Produktnorm DIN EN 1096-4 eine Toleranz von +0,02 haben. Dies erscheint zunächst gering. Eine Isolierglas mit einem U_g-Wert von 1,1 W/(m²K) zu 1,2 W/(m²K) unterscheidet sich gerade um 0,01 im Emissionsgrad. Die zulässige Toleranz ist de facto also größer als der U-Wert-Unterschied der Produkte. Normativ ist dies korrekt, im Hinblick auf die Qualitätserwartung und -empfindung des Käufers sicherlich nicht. Im Rahmen der Überarbeitung der DIN EN 1096-4 soll die Toleranz daher auf 0,01 reduziert werden.

Sprossen müssen hinsichtlich ihres Einflusses auf den Wärmedurchgangskoeffizienten des Fensters berücksichtigt werden. Festlegungen enthielten bereits die nationale DIN 4108-4:2006. Das Amendment zur Fensternorm DIN EN 14351-1 führte 2010 ein vereinfachtes Tabellenverfahren zu Berücksichtigung des Einflusses von Sprossen auf den U_W-Wert des Fensters ein. Zu beachten ist, dass der in der nationalen Norm festgelegte Aufschlag auf den U-Wert für glasteilende Sprossen von 0,3 auf 0,4 W/(m²K) erhöht wurde. Qualitativ hochwertige Fenster sollten, wenn Sprossen aus architektonischen Gründen unbedingt gewünscht werden, mit wärmetechnisch optimierten Sprossen ausgerüstet werden. Hierdurch reduziert sich der Einfluss der Wärmebrücke Sprosse auf den U-Wert.

Bei der Betrachtung der Energieeffizienz eines Fensters wird oft die Gesamtenergiedurchlässigkeit (g-Wert) des Fensters nicht ausreichend berücksichtigt. Sie beschreibt bei Sonnenschutzverglasungen den Sonnenschutz und damit den Schutz vor Überhitzung der Räume. Bei Wärmeschutzverglasungen ist der g-Wert entscheidend für die solaren Gewinne. Sie reduzieren den Jahresheizwärmebedarf des Gebäudes. Die Energieeinsparverordnung berücksichtigt dies im Jahresheizenergiebedarf durch die solaren Gewinne und die Forderung eines maximalen Sonneneintragswertes nach DIN 4108-2 zum sommerlichen Wärmeschutz. Die RAL-Gütegemeinschaft für Mehrscheiben-Isolierglas und auch das **ift** gibt in ihren Gütebestimmungen eine zulässige Toleranz des g-Wertes von ±0,02 oder 2 % vor. Dies entspricht auch der auf europäischer Ebene vereinbarten Toleranz.

Eine fachgerechte konstruktive Ausführung von Fenstern und die richtige Auswahl der Komponenten garantiert eine weitgehende Tauwasserfreiheit der raumseitigen Fensterkonstruktion. Dieses Merkmal, wenn wir es als Qualitätsanforderung definieren, ist mit eines der häufigsten Beschwerden von Nutzern. Das physikalische Phänomen lässt sich heute, wenn wir von Räumen mit temporärer hoher Feuchtebelastung wie Küche und Bad absehen, vermeiden. Gut gedämmte Fensterkonstruktionen mit Dreifach-Isolierglas und Warmer Kante werden immer mehr zum Standardprodukt. Zwar erlaubt DIN 4108-2:2013 noch das zeitweise Auftreten von Kondensat auf der Fensterkonstruktion, aber dies dürfte vor dem Hintergrund, dass Warm Edge Systeme als Stand der Technik angesehen werden können, in Zukunft von Bausachverständigen kaum noch akzeptiert werden.

3.2 Einbruchhemmung

Ein altes Thema mit neuer Aktualität ist die Einbruchhemmung. Die derzeit aktuelle Diskussion wird voraussichtlich zu schärferen Forderungen und Regelungen auch von gesetzlicher Seite führen. Dies ist auch verständlich, da handelsübliche Fensterkonstruktionen bei einem Einbruch nur einen geringen Widerstand leisten und der Einbrecher innerhalb kürzester Zeit Zugang zur Wohnung hat. Diesem Qualitätsmerkmal sollte der Auftraggeber und Planer in Zukunft verstärkt seine Aufmerksamkeit widmen. Fenster erfüllen heute hinsichtlich der Einbruchhemmung höchste Anforderungen. Zu beachten ist, dass nach nunmehr zehnjähriger Bearbeitungszeit die europäische Norm DIN EN 1627 ff. fertig gestellt ist. Hierbei werden die alten WK-Klassen durch die neuen RC-Klas-

Bild 2: Tauwasser

Bild 3: Konstruktive Wärmebrücke Fenstergriff.
(Fotos: Martin Heßler, **ift**)

sen (Resistance Class) abgelöst. Bewährte Konstruktionen werden aber auch zukünftig diese Anforderungen erfüllen.

4 Lüftung

Aufgrund der Tatsache, dass Gebäude immer dichter sind, ist das Thema der Schimmelpilzbildung und Feuchteschäden in Gebäuden ein zunehmendes Problem geworden. Das Fenster hat zwar traditionell die Aufgabe der Wohnungslüftung, darf aber nach DIN 1946-6 nicht planerisch bei der Berechnung der notwendig zu realisierenden Luftvolumenströme herangezogen werden. Auch wenn das Fenster aktiv das Thema Raumluftqualität und Schimmelpilzbildung nicht direkt beeinflusst, gibt es immer wieder Beschwerden im Rahmen von Sanierungsmaßnahmen mit neuen Fenstern, bei denen die zuvor genannten Probleme auftreten. Dies hat weniger mit der Qualität des Fensters zu tun, wird nach dem Fenstertausch aber oft dem Fenster angelastet. Neue Fenster sind aufgrund der geringen Luftdurchlässigkeit dichter. Der vor der Sanierung ausreichende Luftwechsel durch „undichte Fenster" ist damit nicht mehr gegeben und ggf. fallen die alten Fenster als Kondensationsflächen für Feuchte aus. Die Kondensatbildung findet nun an anderen Bauteiloberflächen statt. Auch wenn der Fensterbauer nicht zu einer Planungsleistung verpflichtet ist, hat er nach DIN 1946-6 *Lüftung von Wohnungen* eine Hinweispflicht. Er muss den Auftraggeber auf die Notwendigkeit eines Lüftungskonzeptes hinweisen, wenn mehr als 1/3 der vorhandenen Fenster – entscheidend ist die Stückzahl nicht die Fläche – in einem Gebäude ausgetauscht werden. Auch für Neubauten ist ein Lüftungskonzept durch den Planer zu erstellen. Insofern besitzt das Fenster bei Auftreten der zuvor genannte Problematiken keinen Qualitätsmangel. Der Fensterbauer selbst kann einfache Planungsleistungen [5] übernehmen und die Lüftung zum Feuchteschutz mit Lüftungseinrichtungen (Fensterlüfter) sicherstellen.

5 Gebrauchstauglichkeit und sonstige Anforderungen

Gebrauchstauglichkeit und auch die Dauerhaftigkeit sind Eigenschaften, die als wesentliche Merkmale bei Fenstern vorausgesetzt werden. Zu den Qualitätsmerkmalen eines Fensters gehören auch eine gute Verarbeitung sowie eine einwandfreie Oberflächenbeschaffenheit. Qualitativ hochwertige und gut verarbeitete Fenster können heute materialunabhängig hergestellt werden. Die Qualitätsanforderungen und Beurteilungskriterien sind jedoch materialspezifisch. In den Güte- und Prüfbestimmungen der RAL-Gütegemeinschaft für Fenster und Haustüren sind die Qualitätsstandards festgelegt. Eine ausführliche und gute Übersicht der geltenden Regelwerke, Gütebestimmungen und Richtlinien enthält [3].

Der Verbraucher erwartet zu Recht, dass sich Fenster über die übliche Nutzungsdauer problemlos öffnen und schließen lassen. Als Merkmal wird dies u. a. durch eine Dauerfunktionsprüfung nach DIN EN 1191 abgebildet. Die Klassifizierung erfolgt nach DIN EN 12400 *Fenster und Türen – Mechanische Beanspruchung – Anforderung und Einteilung*. Die Anzahl der durchgeführten Zyklen definiert die erreichte Klasse. Für eine mittlere Beanspruchung und der Sicherstellung einer ausreichenden Qualität empfiehlt die RAL Gütegemeinschaft Fenster und Haustüren die Klasse 2 mit mindestens 10000 Zyklen. Dies entspricht bei einem Zyklus pro Tag ungefähr einer Nutzungsdauer von 27 Jahren.

Der architektonische Trend zu großformatigen, öffenbaren Fensterelementen ist un-

Bild 4: Verarbeitungsmangel Glashalteleiste: Glashalteleisten müssen raumseitig einen dichten Anschluss bieten (Foto: **ift** Sachverständigenzentrum)

Bild 5: Holzschützende Beschichtung fehlt (Foto: **ift** Sachverständigenzentrum)

gebrochen. Hinzu kommen höhere Glasgewichte durch 3-fach-Isoliergläser. Durch die höhere Belastung gewinnt die Wartung und Instandhaltung der Beschläge zur Gewährleistung ihrer Funktion eine besondere Bedeutung. Bei einer Reklamation wird zunächst zu prüfen sein, ob die vom Hersteller für das Produkt vorgeschriebenen Wartungs- und Instandhaltungsvorschriften auch durchgeführt wurden. Hierbei ist der Hersteller verpflichtet, dem Auftraggeber entsprechende Wartungs- und Instandhaltungshinweise in schriftlicher Form zu übergeben.

Bild 6: Materialunverträglichkeit zwischen Klotz und Sekundärdichtstoff

Die einzelnen Komponenten eines Fensters sind ein aufeinander abgestimmtes System. Es ist daher bei der Auswahl und beim Austausch von Komponenten darauf zu achten, dass die in unmittelbarem Kontakt miteinander stehenden Materialien verträglich sind. Leider kommt es hier immer wieder zu Problemen, die sich zum einen in einer optischen Veränderung, welche die Eigenschaften nicht beeinflusst, und zum anderen in einem Totalversagen der Komponenten im Fenster, bemerkbar macht. Heute gibt es geeignete Prüfverfahren [5], um die Verträglichkeit von Komponenten sicher zu stellen. Werden Komponenten wie Sprossen aus Kunststoffmaterialien oder sonstige Einbauten in den Scheibenzwischenraum eingebaut, ist unbedingt darauf zu achten, dass diese „foggingfrei" sind.

6 Montage

Zu einem guten Fenster gehört zu guter Letzt auch eine fachlich einwandfreie Montage. Der Leitfaden zur Montage mit Ausgabedatum Dezember 2006 hat sich zu einem Standardwerk der Montage entwickelt. Im März 2014 ist der neue „Leitfaden zur Planung und Ausführung der Montage von Fenstern und Haustüren für Neubau und Modernisierung" erschienen. Ein Schwerpunkt der Überarbeitung sind Fragen zur Lastabtragung und Befestigung in modernen Wandkonstruktionen. Der Montage von Fenstern sollte neben der eigentlichen Produktauswahl eine erhöhte Beachtung durch die Baubeteiligten geschenkt werden, da sie mit eine der häufigsten Ursache für Schäden und Reklamationen sind.

7 Zusammenfassung

Heutige moderne Fenster sind ganzheitlich zu betrachten. Schnell führen einseitige Optimierungen und eine Vernachlässigung des Zusammenspiels der einzelnen Komponenten zu Schäden. Neben der Gebrauchstauglichkeit sind eine einwandfreie Verarbeitung und eine fachgerechte Fenstermontage Voraussetzung für qualitativ hochwertige, mängelfreie Fenster. Diese Leistung ist geschuldet.

8 Literatur:

[1] DIN EN 14351-1:2006-07, Fenster und Türen – Produktnorm, Leistungseigenschaften – Teil 1: Fenster und Außentüren ohne Eigenschaften bezüglich Feuerschutz und/oder Rauchdichtheit

[2] Die Verordnung (EU) Nr. 305/2011 des Europäischen Parlaments und des Rates vom 9. März 2011 zur Festlegung harmonisierter Bedingungen für die Vermarktung von Bauprodukten (EU-BauPVO) am 04. April 2011 im EU-Amtsblatt bekanntgemacht

[3] Kommentar zur DIN EN 14351-1, Fenster und Türen Produktnorm, Leistungseigenschaften. Ulrich Sieberath, Christian Niemöller, Fraunhofer IRB Verlag

[4] **ift**-Richtlinie LU-02/1: Fensterlüfter. Teil 2 Empfehlung für die Umsetzung von lüftungstechnischen Maßnahmen im Wohnungsbau, März 2010

[5] **ift**-Richtlinie: Nachweis der Verträglichkeit von Verglasungsklötzen, November 2002

Dipl.-Phys. Michael Rossa
Physikstudium an der Ruhr Universität in Bochum; anschließende Berufstätigkeit in der Anwendungstechnik mit Schwerpunkt im Objektgeschäft eines international tätigen Glaskonzerns; seit 2000 beim ift Rosenheim GmbH; Themenschwerpunkte sind Glas, Bauphysik, regenerative Energien und Energieeffizienz; Lehrbeauftragter und Dozent an der Hochschule Rosenheim in der Fakultät für Angewandte Natur- und Geisteswissenschaften.

1. Podiumsdiskussion am 07.04.2014

Oswald:

Herr Prof. Kniffka und Herr Liebheit, in Ihren Ausführungen legen Sie den Sachverständigen nahe, dass sie immer wieder den Kontakt zum Gericht suchen sollen, um z. B. abzustimmen, was der Sollzustand ist und/oder wie groß der Untersuchungsaufwand sein kann bzw. muss.

Oft wird aber erst während des Ortstermins festgestellt, welche Informationen noch fehlen, so dass in der Konsequenz mindestens fünf bis sechs solcher Abstimmungsgespräche durchgeführt werden müssten, um ein einziges Problem entsprechend ihren Vorstellungen zu bearbeiten. Das wird und kann in der Praxis so nicht gemacht werden.

Warum reicht es nicht aus, im Gutachten zu beschreiben, welcher Sollzustand als Beurteilungsgrundlage angenommen wird, auf welcher Basis die Feststellungen getroffen wurden und wie man zu den Ergebnissen gekommen ist?

Als Sachverständige schreiben wir Gutachten und fällen keine Urteile. Der Richter hat dann immer noch die Möglichkeit zu sagen, dass bestimmte Dinge falsch gesehen wurden und die Schlussfolgerungen deswegen korrigiert werden müssen.

Liebheit:

Es ist sach- und verfahrensgerecht, dass der Sachverständige mit den Parteien und ihren Vertretern bei einem Ortstermin erörtert, welche Informationen für die Bewertung der Soll-Beschaffenheit relevant sind. Fehlende Informationen können dann vor Ort von den Parteien und ihren Vertretern vielfach schneller, klarer und nachvollziehbarer nachgeholt werden als in Schriftsätzen. Der Sachverständige muss sich anschließend bei den Parteien vergewissern, ob sie unstreitig sind. Dann darf er sie verwerten.

Sind sie streitig, bleibt es seinem Ermessen überlassen, ob es aus prozessökonomischen Gründen für das weitere Vorgehen sinnvoller ist, die Streitfrage zunächst vom Gericht klären zu lassen oder sofort Untersuchungen vorzunehmen, die sich auf alle in Betracht kommenden Alternativen beziehen, soweit diese Untersuchungen nicht aufwändig und von dem eingezahlten Kostenvorschuss gedeckt sind.

Der Sachverständige darf, nachdem er die fehlenden Informationen erhalten hat, die Voraussetzungen der Soll-Beschaffenheit in seinem Gutachten vorab klarstellen, wenn er keine Zweifel hat, welche Leistung der Unternehmer unter Würdigung aller Umstände schuldet. Diese Klarstellung dient der Beratung des Gerichts und einer gängigen Praxis, die den Anwälten bekannt ist und von diesen akzeptiert wird. Es ist deren Aufgabe darauf hinzuweisen, wenn ihnen die Soll-Beschaffenheit problematisch erscheint und sie deshalb zunächst deren Klärung durch das Gericht herbeiführen wollen. Das muss der Sachverständige von sich aus nur veranlassen, wenn er Zweifel an der geschuldeten Soll-Beschaffenheit hat.

Nach meinen Erfahrungen sind Rücksprachen mit dem Gericht, wenn die Anwälte nicht darauf hinwirken, vor der Erstattung des Gutachtens nur ausnahmsweise erforderlich. Sachverständige haben ein gutes Gespür dafür, wann sie unverzichtbar sind. Zurzeit versuche ich durch Umfragen herauszufinden, wie viele problematische Situationen es für Sachverständige gibt, die eine Klärung durch ein Abstimmungsgespräch erforderlich erscheinen lassen.

Oswald:

Solange das Gutachten und die darin getroffenen Feststellungen transparent dargestellt werden, sehe ich kein Problem. Wenn die Feststellungen auf falschen Grundlagen getroffen worden sind, muss das Gutachten eben entsprechend geändert werden.

Kniffka:

Etwas anderes haben Herr Liebheit und ich auch nicht gesagt.

Problematisch ist die Situation, in der eine bestimmte Sollbeschaffenheit angenommen und entsprechend das Gutachten erstellt wird, der Richter allerdings zu der Auffassung gelangt, dass Sie etwas falsch gesehen haben. Jetzt sind hohe Gutachtenkosten entstanden, ohne dass das Gutachten verwendet werden kann. Diese Möglichkeit sollte man auch im Auge behalten. Aber grundsätzlich hat Herr Oswald in seiner langjährigen Gutachtenpraxis nichts falsch gemacht.

Die Bewertung von Verträgen gehört zum Alltag eines Sachverständigen. Es ist die Aufgabe der Anwälte, die Probleme herauszuarbeiten.

Für mich ist diese Diskussion sehr theoretisch und wird hochgespielt. Der Gutachter sollte aber erkennen, wenn durch das Einschlagen eines bestimmten Weges das Verfahren ggf. sehr teuer wird und im Zweifelsfall nicht verwendet werden kann. Hier ist Sensibilität bei den Verantwortlichen erforderlich. Bevor z. B. aufwendige Baugrunduntersuchungen veranlasst werden, nur um bestimmte angenommene Beschaffenheitsvereinbarungen zu überprüfen, sollte lieber vorher nachgefragt werden.

Zöller:

Heute gibt es in der Regel nur Bauträgerbeschreibungen, die einen gehobenen Standard versprechen. Wenn es nur noch „gehobenen Standard" gibt, wird der dann nicht zum Standard, so dass das Überdurchschnittliche gesondert zu vereinbaren ist und nicht bereits durch die Formulierung „gehobener Wohnungsbau" erwartet werden darf?

Kniffka:

Ja! Ich sehe darin allerdings kein tiefer gehendes Problem. Wenn die Bauwirtschaft den Standard allmählich steigert, dann ist eben ein gehobener Standard üblich, der dann auch erfüllt werden muss.

Für den Juristen geht es um die Frage: wie muss die Baubeschreibung aus der Sicht des Bestellers verstanden werden? Der Besteller orientiert sich an dem, was üblich ist. Wenn „üblich" ein hoher Standard ist, dann muss der erfüllt werden.

Frage:

Welche Aufgabe oder Pflicht hat der professionelle Planer (Architekt/Ingenieur), wenn der Auftragnehmer in der Beratungspflicht steht?

Kniffka:

Eine Aufklärungspflicht des Unternehmers besteht nach dem jetzigen Stand der Rechtsprechung, wenn der Besteller fragt oder wenn der Unternehmer erkennt, dass ein Aufklärungsbedarf besteht. Das ist eher eine restriktive Rechtsprechung.

Die andere Variante dieser Frage ist: Was muss der Planer eigentlich machen?

Der Planer ist der Berater des Auftraggebers, des Bauherrn. Der muss eventuell vorhandene Varianten mit ihm erörtern und fragen, was der Bauherr denn möchte.

Frage:

Ein Bauunternehmer sichert einem Bauherrn die Ausführung eines Einfamilienhauses in Sachsen zu, das einem von ihm gesehenen Haus in Österreich entspricht. Es gibt keine Baubeschreibung. Vereinbart wurde ein Pauschalpreis in Höhe von 1. Mio. €. Hinterher gibt es 250 Mangelbehauptungen. Was kann der Sachverständige als Sollzustand annehmen?

Liebheit:

Zunächst muss das Gericht gemeinsam mit den Anwälten klären, was der Bauunternehmer überhaupt schuldet. Wenn das Bauwerk vom Bauherrn noch nicht abgenommen worden ist, muss der Unternehmer darlegen und beweisen, dass es abnahmefähig ist.

Zu dem Zweck muss er die mit dem Bauherrn (stillschweigend) vereinbarte Planung und die darauf gegründete Beschaffenheitsvereinbarung bezüglich der Mängelbehauptungen des Bauherrn detailliert darlegen und beweisen. Entscheidend kann sein, ob z. B. lediglich der durch Fotos vermittelte optische Eindruck des Referenzobjekts maßgebend sein sollte bzw. der bei einer Besichtigung gewonnene optische Eindruck oder auch dessen technische Details. Insoweit ist zu differenzieren, ob sie bei einer Besichtigung des Referenzobjekts erkennbar waren oder ihre Berücksichtigung die Kenntnis von dessen Planung und weitere Untersuchungen voraussetzt. Was war die Planungsgrundlage?

Hat eine eingehende Besichtigung stattgefunden, muss der Unternehmer, der die Planungsaufgaben übernommen hat, den Bauherrn bezüglich der unterschiedlichen Alternativen der Grundlagenermittlung beraten, klären welche Alternative realisierbar und von ihm gewünscht ist und mit ihm vereinbaren, welche weiteren Details er klären soll. Entscheidend ist, welche Planung und Beschaffenheit der Bauherr unter Würdigung aller Umstände erwarten durfte.

Die Klärung solch einer Vielzahl entscheidungsrelevanter Umstände darf das Gericht nicht dem Sachverständigen überlassen. Der Schwerpunkt seiner Aufgabe besteht in solchen Fällen in der praxisgerechten Beratung des Gerichts, wie ein Planer in dem konkreten Fall vorgehen würde, damit das Gericht entscheiden kann, welche Voraussetzungen die Soll-Beschaffenheit aufweisen muss.

Sofern das Gebäude bereits abgenommen ist, muss der Bauherr darlegen und beweisen, welche Mängel es aufweist.

Frage:
In dem sogenannten Treppenfall wird unterstellt, dass es keine technischen Regeln gibt, sondern dass es ausschließlich auf den persönlichen Eindruck des Nutzers ankommt. Müsste sich der Tatrichter (*Richter der ersten beiden Instanzen, die nicht nur über reine Rechtsfragen sondern auch über die einem Rechtsstreit zugrunde zulegenden Tatsachen entscheiden*) dann nicht selbst einen Eindruck von der Situation verschaffen?

Liebheit:
Ja, soweit sich der Streit auf die Frage bezog, ob die Treppe bequem begehbar ist. Nach dem Grundsatz der Unmittelbarkeit der Beweisaufnahme ist es gem. §§ 372 Abs.1, 355 Abs. 1 ZPO grundsätzlich die Aufgabe des Prozessgerichts, ein Bauteil, das eine Mangelerscheinung aufweist, selbst in Augenschein zu nehmen. Alle großen ZPO-Kommentare ziehen daraus die Konsequenz, dass der Tatrichter sich vor Ort begeben muss, um sich selbst einen Eindruck von der Situation zu verschaffen, es sei denn, dass die entscheidende Wahrnehmung nur dem Sachverständigen aufgrund seiner Sachkunde möglich ist. Es wird als zulässig angesehen, dass der Sachverständige dem Gericht den Eindruck von den entscheidungsrelevanten Gegebenheiten anhand von Fotos vermittelt, soweit das möglich ist. Für die Bewertung optischer Mängel oder der bequemen Begehbarkeit einer Treppe kann das fraglich sein.

Soweit sich der Streit dagegen auf die Soll-Beschaffenheit bezog, d. h. ob lediglich das der DIN 18065 entsprechende Schrittmaß geschuldet war oder unter Würdigung aller Umstände ein qualitativ höherwertiger Standard, der nicht erreicht wurde, muss sich das Gericht keinen Eindruck von den örtlichen Gegebenheiten verschaffen, wenn die entscheidungsrelevanten Umstände unstreitig sind.

Ich habe an vielen Ortsterminen teilgenommen. Diese haben dem Senat den Anlass des Streits und die Problematik immer in einer sehr anschaulichen Weise verdeutlicht. Sie waren dazu geeignet, den Parteien zufriedenstellende Lösungsvorschläge zu unterbreiten.

Frage:
Ist eine Bauleistung unter rechtlichen Aspekten mangelhaft, die zwar technisch fachgerecht, aber abweichend von der fehlerhaften Bauleistungsbeschreibung ausgeführt wurde? Der Unternehmer hat nicht auf die fehlerhafte Baubeschreibung hingewiesen, sondern die Ausführung ohne Rücksprache mit dem Auftraggeber geändert.

Liebheit:
Grundsätzlich führt jede Abweichung von der ausdrücklichen Beschaffenheitsvereinbarung zu einem Mangel gem. § 633 Abs. 2 S.1 BGB. Wenn die Herstellung eines funktionstauglichen Werks nicht anders möglich ist als in der ausgeführten Form, widersprechen sich die ausdrückliche und die stillschweigende Beschaffenheitsvereinbarung. Diese ergibt sich aus der erkennbaren Erwartung des Bestellers, dass das Werk den anerkannten Regeln der Technik entspricht und funktionstauglich ist. Wenn kein objektiv berechtigtes Interesse des Bestellers an der Erfüllung der ausdrücklichen Beschaffenheitsvereinbarung feststellbar ist, ergibt die interessengerechte Auslegung der widersprüchlichen Vereinbarungen, dass die technisch fachgerechte Herstellung Vorrang haben sollte und deshalb nicht mangelhaft ist.

Hat der Besteller ein objektiv berechtigtes Interesse an einer Herstellung, die zwar nicht den anerkannten Regeln der Technik aber dem Stand der Technik und den Herstellerrichtlinien entspricht, deren Einhaltung die Parteien vereinbart haben, weil sie Voraussetzung für eine längerfristige Herstellergarantie ist, dann ist eine Herstellung, die den anerkannten Regeln der Technik entspricht, ohne eine entsprechende ausdrückliche Vereinbarung mangelhaft.

Sofern es aber verschiedene Ausführungsvarianten gibt, z. B. einen ausdrücklich vereinbarten Mindeststandard und einen qualitativ höherwertigen Standard, der zwar üblich aber etwas teurer ist, was bei einem Schallschutz in Betracht kommen kann, dann ist die qualitativ höherwertige Ausführung nicht mangelhaft, weil sie auch die Voraussetzungen des Mindeststandards erfüllt. Ohne eine entsprechende Vereinbarung hat der Unternehmer aber keinen Anspruch auf Bezahlung der Mehrkosten, wenn der Bauherr sich darauf beruft, dass ihm die geringfügige Verbesserung des Schallschutzes völlig egal ist, da er schwerhörig ist und er bei einer entsprechenden Aufklärung deshalb keine abweichende Vereinbarung getroffen hätte. Die Ausführung des Mindeststandards ist aber mangelhaft, wenn der Besteller nicht darüber aufgeklärt wurde, dass dieser nicht dem üblichen Qualitätsstandard entspricht. Insoweit ist also in jedem Fall eine klarstellende Vereinbarung erforderlich.

Bei Vorhandensein von Alternativlösungen sind grundsätzlich klarstellende Absprachen erforderlich.

Frage:

Können die Vorschriften aus dem Teil C der VOB als Qualitätsanforderungen herangezogen werden, auch wenn die VOB im Vertrag nicht vereinbart ist?

Kniffka:

Maßgeblich ist die Qualität, die sich aus dem nach dem Vertrag vereinbarten Qualitätsstandard ableitet. Die in der VOB/C beschriebenen Qualitätsanforderungen sind in aller Regel diejenigen Anforderungen die sich aus einem üblichen Qualitätsstandard ergeben. Geht der vertragliche Standard darüber hinaus, ist der übliche Standard kein sicherer Maßstab mehr. In aller Regel können aber die in der VOB/C beschriebenen Qualitätsanforderungen als jedenfalls geschuldeter Mindeststandard angesehen werden. Es bedarf besonderer Umstände, die eine davon abweichende (höhere oder niedrigere) Qualität erlauben.

Frage:

Bei flexiblen Grundrissen mit großen Raumtiefen kann es Probleme mit der bewerteten Standard-Schallpegeldifferenz $D_{nT,w}$ geben. Funktioniert die Berechnungsmethodik dann noch?

Pohlenz:

Bei flexiblen Grundrissen birgt die Berechnungsmethodik das Problem, dass sich bei nachträglich veränderter Raumtiefe das $D_{nT,w}$ ändert. Bei schmalen Räumen mit sehr großen Raumtiefen wird die Berechnungsmethodik aus einem anderen Grund Probleme bringen: In der Nähe der an der Schmalseite befindlichen Trennwand werden spürbar höhere Pegel auftreten, als etwa in Raummitte, auf die sich das $D_{nT,w}$ quasi bezieht.

Im Übrigen kann die Raumtiefe nur in den Fällen als Kriterium zur Bildung des $D_{nT,w}$ herangezogen werden, in denen die gemeinsame Trennfläche zweier Räume über die gesamte Raumbreite des Empfangsraums reicht und sich das Empfangsraumvolumen deshalb aus dem Produkt Trennfläche x Empfangsraumtiefe ergibt. Ich habe in meinem Vortrag aber auch Beispiele gezeigt, in denen die gemeinsame Trennfläche nur einen Bruchteil der Empfangsraumbreite ausmachte. In diesen Fällen kann das $D_{nT,w}$ nur über das Empfangsraumvolumen bestimmt werden.

Frage:

Zu WC-Geräuschen im eigenen Wohn- und Arbeitsbereich und der damit zusammenhängenden Lüftungsproblematik: Wie kann der Schallschutz von WCs erfüllt werden, wenn die Zuluft über einen Bodenschlitz unter der Tür zugeführt wird?

Pohlenz:

Zunehmend werden Lüftungskonzepte umgesetzt, bei denen über Überströmöffnungen unter den Türen von WCs und Bädern die verbrauchte Luft abgeführt wird. Dieses einfache Konzept führt aber bei WC-Räumen, die Wohnflächen unmittelbar zugeordnet sind, zu einem ernstzunehmenden Schallschutzproblem. Hier gibt es drei mögliche Lösungen:
1. Änderung des Lüftungskonzepts.
2. Änderung der Grundrisslösung.
3. Beibehaltung des Lüftungskonzepts und der Grundrisslösung, aber Verwendung schalldämmender Türen in Verbindung mit schalldämpfenden Überströmöffnungen in den Wänden oder schalldämmender Türen mit schalltechnisch verbesserten Bodendichtungssystemen. Eine Schweizer Firma bietet beispielsweise Absenkdichtungen mit Absorptionskammern an, die das Schalldämm-Maß um mehr als 3 dB verbessern.

Frage:

Ist die VDI 4100 allgemein anerkannte Regel der Technik oder nicht?

Pohlenz:
In der VDI 4100 sind einige Dinge kritisch zu sehen, so dass sie in ihrer Gesamtheit nicht als allgemein anerkannte Regel der Technik anzusehen ist. Allerdings ist auch einiges in der VDI 4100 richtig und sinnvoll und kann sehr wohl als Planungshilfe verwendet werden.

Frage:
Gilt die alte DIN 4109 als allgemein anerkannte Regel?

Pohlenz:
Die DIN 4109 in ihrer Fassung von 1989 ist mit Sicherheit nicht mehr in allen Punkten allgemein anerkannte Regel der Technik. Aus dem oft zitierten BGH-Urteil wird allerdings immer wieder gefolgert, dass sie insgesamt nicht mehr allgemein anerkannte Regel der Technik sei. Dies ist aber aus den Leitsätzen und der Entscheidung nicht herauszulesen. Die Anforderungen der DIN 4109 entsprechen nur im Bereich des Wohnungsbaus nicht mehr den allgemein anerkannten Regeln der Technik und auch dort nur bei den Wohnungstrennbauteilen (Wohnungstrennwände und -decken im Geschosswohnungsbau und Haustrennwände, Decken und Treppen im Einfamilienreihenhausbau). Alle übrigen Anforderungen der DIN 4109 entsprechen sehr wohl den allgemein anerkannten Regeln der Technik.

Frage:
Warum sind die Qualitäts- und Komfortstandards nicht auf die DIN 4109 anwendbar? Diese Aussagen versprechen dem Käufer doch mehr, als der Schallschutz nach DIN hergibt.

Kniffka:
Mit dem sogenannten Schallschutz-Urteil sagt der BGH in erster Linie, dass es kein Verständnis dafür gibt, wenn Bauträger oder Unternehmer sich auf die DIN 4109 mit einem geringeren Schallschutz berufen als sog. anerkannte Regel der Technik, obwohl die in dieser Situation üblichen Bauweisen durchaus einen höheren Schallschutz erbringen. Wenn ich mit einer üblichen Bauweise 58 dB als bewertetes Schalldämmmaß erreiche, dann ist es in keiner Weise nachvollziehbar, warum es eine anerkannte Regel der Technik geben soll, deren Anforderungen darunter liegen. Wenn üblicherweise anders gebaut wird, dann ist das auch geschuldet.

Die anerkannten Regeln der Technik sagen, wie gebaut werden kann. Möglicherweise sind gar keine anderen Bauweisen möglich, die über diesen Mindestschallschutz hinausgehen, dann gibt es auch keinen Einwand, dass es sich dabei um eine anerkannte Regel der Technik handelt.
Übliche Qualitäts- und Komfortstandards versprechen dem Käufer häufig mehr als den Schallschutz nach DIN. Wenn üblicherweise anders gebaut wird und damit ein höherer Schallschutz erreicht wird, dann soll auch entsprechend gebaut werden.

Oswald:
Wir reden nicht über die DIN 4109 insgesamt, sondern über bestimmte Einzelwerte, die nicht mehr zutreffen.
Ich möchte den Vormittag wie folgt zusammenfassen:

- Die Mangelbeurteilung ist grundsätzlich Richtersache.
- Bei Unklarheiten und vor allem vor aufwändigen Untersuchungen sollten sich Richter und Sachverständige abstimmen.
- Praktisch ist die Interpretation des Soll-Zustandes, die Ermittlung des Ist-Zustandes und die Mangelbeurteilung durch den Sachverständigen nicht zu beanstanden, wenn alle Entscheidungsschritte und Quellen transparent im Gutachten genannt werden.
- Das wesentliche Problem beim Schallschutz ist der geschuldete Schallschutz bei Wohnungstrennwänden.
- Beim Schallschutz ist 1 dB Abweichung nicht zu merken. (Ein dB ist kein dB.)
- Die VDI-Richtlinie gilt in Bezug auf die Anforderungen von Wohnungstrennwänden nicht als anerkannte Regel der Bautechnik. Der beabsichtigte Schallschutz von Wohnungstrennwänden sollte daher auf jeden Fall ausdrücklich vereinbart werden. Dazu gehört eine genaue Beschreibung der ggf. zu erwartenden Beeinträchtigungen.

2. Podiumsdiskussion am 07.04.2014

Frage:
Warum haben Sie für die vergleichende Bewertung der Nachhaltigkeit von Massivhäusern/Holzleichtbau einen Betrachtungszeitraum von 50 Jahren und nicht von 100 Jahren gewählt?

Graubner:
Der gewählte Betrachtungszeitraum gilt für den Hochbau. Je länger nämlich der Betrachtungszeitraum ist, desto mehr wird die massive Bauweise gegenüber der leichten Bauweise bevorzugt. Deswegen hat man sich unter Fachleuten für einen Betrachtungszeitraum von 50 Jahren entschieden. Bei Infrastruktur-Bauwerken, für die es zukünftig ebenfalls Bewertungssysteme zur Nachhaltigkeit geben wird, sind 100 Jahre festgelegt worden.

Frage:
Lässt sich die Gewichtung der ökologischen Parameter wissenschaftlich begründen?

Graubner:
Das ist ausdrücklich nicht so.
Die einzelnen Parameter sind sogar untereinander gewichtet worden. Dazu gab es eine Umfrage unter Verbänden unter Einbeziehung bestimmter politisch gewünschter Randbedingungen. Das hat beispielsweise dazu geführt, dass die CO_2-Fragestellung (Thema Erderwärmung) im Vergleich zur Eutrophierung eine etwa dreifache Gewichtung bekommen hat. Dies ist aber keinesfalls wissenschaftlich begründet oder abgesichert, sondern eine Experteneinschätzung, was für wichtiger oder weniger wichtig gehalten wird. Grundsätzlich haben wir beim Deutschen Gütesiegel für Nachhaltiges Bauen eine maximale Spreizung (die unterschiedliche Gewichtung zwischen einzelnen Kriterien) mit einem Faktor 3 gewählt. Man hätte auch 10 nehmen können.
Bei technischen oder anderen Fragestellungen gibt es häufig keine unterschiedliche Gewichtung, z. B. Schallschutz – Brandschutz.

Oswald:
In Baubeschreibungen muss angegeben werden, ob es sich um einen Massivbau oder um einen Holzbau handelt! Teilweise wird sogar darüber diskutiert, ob bei einem Massivbau auch die verwendete Steinart angegeben werden muss.

Graubner:
Ich empfehle dringend anzugeben, ob es sich um einen Holzbau oder einen Massivbau handelt.
Der Bauherr kann nicht einfach sagen, dass er ein Stück Haus haben möchte, egal wie es aussieht. Er muss Entscheidungen mittragen und kann nicht alles auf den Planer und Ausführenden übertragen.

Oswald:
Besteht vor dem Kauf eines Holzhauses eine Aufklärungspflicht gegenüber dem Bauherrn in Bezug auf die Dauerhaftigkeit?

Graubner:
Das ist eine Gretchenfrage, die ich als Massivbauer natürlich sofort mit „Ja!" beantworten würde.
Der Architekt oder der Tragwerkplaner hat auf die Vor- und Nachteile der einzelnen Bauweisen hinzuweisen. So gibt es bei der leichten Bauweise im Bereich der thermischen Behaglichkeit eine andere Grundqualität als bei der Massivbauweise. Umgekehrt sind bei der Massivbauweise bei Umnutzungen oder unter dem Gesichtspunkt der Recyclingfähigkeit höhere Aufwendungen als bei einer standardisierten Leichtbauweise erforderlich.

Frage:
Lassen sich mit dem im Vortrag angesprochenen Nachhaltigkeitsbewertungssystem Qualitätsklassen finden?

Graubner:
Bewertungsklassen sind darin sogar vorgegeben. Es gibt drei Klassen: Gold, Silber und

Bronze. Alle öffentlichen Bauvorhaben des Bundes müssen beispielsweise nach Vorgabe des Bundesfinanzministers die Qualitätsstufe Silber erreichen, sonst dürfen sie nicht gebaut werden.

Der Architekt muss bereits in der Planungsphase die Qualitätsstufe festlegen, hat aber ggf. keinen Einfluss mehr auf den weiteren Ablauf, z. B. auf Entwicklung der Baukosten oder die Funktionalität.

Die Klärung, ob und in welchem Umfang der Planer/Architekt für das Erreichen einer versprochenen Qualitätsstufe haftet, die erst am fertiggestellten Gebäude überprüft werden kann, wird ein neues Betätigungsfeld für Juristen ergeben.

Frage:

Sind bei der Einschätzung der energetischen und ökologischen Amortisation von Dämmstoffen die Entsorgungsaufwendungen mit einbezogen worden?

Maas:

Bei der Beurteilung von EPS (Polystyrol) wurde die Entsorgung nicht berücksichtigt. Herr Graubner ist in seinem Vortrag detailliert am Beispiel von Holz darauf eingegangen.

Am Ende des Lebenszyklus könnte eine thermische Verwertung anstehen, die positiv in Ansatz gebracht werden kann. Das trifft auch auf Polystyrol zu, aber nicht auf Mineralwolle. Mineralwolle kann nämlich nicht verbrannt werden.

Wenn dieser Faktor mit berücksichtigt wird, würde es tendenziell zu kürzeren Amortisierungszeiten kommen.

Frage:

Beispiel: Bei einem ausgeführten Gebäude werden im Vergleich zu den Angaben im Bauantrag die Transmissionswärmeverluste um 10 % überschritten. Wie muss so etwas bewertet werden?

Maas:

Eine Erhöhung der Transmissionswärmeverluste ist mit einer geringeren wärmetechnischen Qualität des Gebäudes verbunden. Wenn im Rahmen dieser angesprochenen 10 % die Anforderungen der Energieeinsparverordnung noch eingehalten werden, dann wäre das aus meiner Sicht zulässig. Sobald dies nicht mehr der Fall ist, ist die Abweichung nicht mehr zu tolerieren.

Zöller:

Als Planer wird man doch angehalten, möglichst wirtschaftliche Lösungen vorzuschlagen.

Lösungen, die einen rechnerischen Puffer enthalten, können somit zum Bumerang werden, wenn z. B. im Nachhinein der Bauträger feststellt, dass die energetischen Anforderungen auch mit 15 % weniger Aufwand hätten erfüllt werden können.

Maas:

Die Berechnungsmethode wird im System bewusst offen gehalten, da es verschiedene Möglichkeiten gibt, die Nachweise im Rahmen der Normen zu führen. Es gab früher das Heizperiodenverfahren, es gibt das Monatsbilanzverfahren, demnächst wird es wahrscheinlich das EnEV easy geben. Aus Sicht des Verordnungsgebers sind die dadurch entstehenden Toleranzen zu akzeptieren.

Im Vorfeld sollte mit dem Auftraggeber vereinbart werden, auf welcher Berechnungsbasis die Planung durchzuführen ist.

Zöller:

Situationen, in denen der Nachweis erstmal nicht geschafft wurde und dann mit einem anderen Verfahren hingerechnet werden konnte, führen oft zu Streitigkeiten. Der Planer wird dann nämlich gefragt, warum er den Nachweis nicht von vorneherein so geführt hat.

Maas:

In einem solchen Fall ist zunächst zu klären, welcher Nachweis in Auftrag gegeben wurde. Ein vereinfachter Nachweis ist meist mit vergleichsweise geringem Aufwand verbunden und in der Regel auf der sicheren Seite liegend. Ein anderes, aufwändigeres Verfahren führt in der Regel zu besseren Ergebnissen.

Bei einem „Hinrechnen", in dem man z. B. bei der Angabe eines Wärmedurchgangskoeffizienten die dritte Stelle nach dem Komma mit einfließen lässt, wobei vom Programm aber nur zwei Stellen angezeigt werden, ist die Frage, ob dies noch legitim ist. Über die rechtlichen Konsequenzen in einem solchen Fall kann ich nichts sagen.

Frage:

Wie wirkt sich ein Abschalten der Heizung z. B. über Nacht energetisch aus?

Maas:
Im Einfamilienhaus erfolgt die Heizungsunterbrechung üblicherweise über einen Abschaltbetrieb. Im Mehrfamilienhaus wird typischerweise eine Nachtabsenkung der Temperatur betrieben. Das System wird also nicht komplett abgeschaltet.

Oft wird angeführt, dass bei Abschaltung oder Absenkung der Heizung ein unverhältnismäßig hoher Energieaufwand benötigt wird, um das Gebäude anschließend wieder hoch zu heizen. Das stimmt nicht, denn durch eine ausgeschaltete Heizung spart man immer Energie. Mit dem Wiederaufheizen ist kein höherer Energieverbrauch verbunden. Es ist eher eine Frage der Behaglichkeit. Dafür muss sichergestellt sein, dass das System zu einer bestimmten Zeit wieder die erforderliche Temperatur erreichen kann.

Frage:
Herr Rühle, wenn Sie die Formulierungen in der DIN 18531 für wenig praxistauglich halten: Warum sind dann in den Fachregeln des ZVDH (den Sie vertreten) diese Formulierungen so gut wie deckungsgleich enthalten?

Rühle:
In der Zusammenfassung zu meinem Vortrag sagte ich, dass sowohl in der Normung als auch in der Flachdachrichtlinie die Formulierungen eindeutiger und verständlicher zu fassen sind.

In der vorliegenden Situation stellt sich die Frage: Was war zuerst da – die Henne oder das Ei? Die Flachdachrichtlinie gab es lange vor der ersten Ausführung der DIN 18531. Sie hatte immer den Anspruch, mehr zu beinhalten als die entsprechende Norm, es sollten aber auch möglichst wenig gegenläufige Aussagen getroffen werden, damit Planer und Ausführende nicht mit unterschiedlicher Sprache sprechen.

Die Frage ist insofern durchaus berechtigt. Die Flachdachrichtlinie befindet sich derzeit in einer Komplettüberarbeitung. Darin wird man sich teilweise von den Formulierungen in der Norm verabschieden.

Oswald:
Die Flachdachrichtlinie hat eine ganz andere Zielrichtung als die DIN 18531. Die Flachdachrichtlinie behandelt das vollständige Dach, inklusive der Wärmedämmung, Dampfsperre und allen weiteren Schichten, sofern sie die Arbeiten des Dachdeckers betreffen.

Die DIN 18531 sieht nur die Abdichtungsschicht. Das ist ein wesentlicher Unterschied zwischen diesen beiden Regelwerken.

Als Obmann der Norm hat sich Herr Michels immer wieder darum bemüht, dass beide Regelwerke möglichst deckungsgleich sind. Zwei parallel existierende Regelwerke im Abdichtungsbereich dürfen nicht unterschiedliche Aussagen machen. Deswegen konnte man sich bei der Weiterentwicklung der Flachdachrichtlinie nur an dem orientieren, was in der DIN 18531 als Entscheidung möglich war. Normen kommen immer unter sehr großen Schwierigkeiten zustande und stellen einen Kompromiss zwischen den Ausschussmitgliedern dar.

Rühle:
Bei den geplanten Änderungen der Flachdachrichtlinie geht es vor allem um die Lesbarkeit für den Adressaten. Die Inhalte werden nicht in Zweifel gezogen und werden selbstverständlich deckungsgleich bleiben.

Frage:
Dürfen bei einer PYE-DO-Bahn (Anmerkung: Elastomerbitumen-Oberlage) Schrumpfrisse bis zur Trägereinlage entstehen?

Rühle:
Nein. Jede Trägereinlage hat auch gewisse kapillare Eigenschaften und zumindest mittelfristig würden dadurch weitere Schäden auf dem Dach produziert.

Frage:
Sind einlagige PYE-DE Abdichtungen besser als zweilagige, da sich keine Blasen bilden können?

Rühle:
Auch bei der Verlegung von einlagigen Bahnen können sich Blasen bilden. Entscheidend ist der Untergrund, auf dem die Bahnen verklebt sind. Blasenbildung ist immer ein Zeichen für Verarbeitungsmängel, das heißt, wenn (bei Schweißbahnen) die beiden Lagen nicht bei der richtigen Temperatur verklebt worden sind, dann kann dieses Erscheinungsbild auftreten. Aber das ist mittlerweile eigentlich die Ausnahme.

Frage:
Muss bei einem hochwertigen Gebäude K2 ausgeführt werden und/oder muss darauf hingewiesen werden, wenn nur K1 ausgeführt wird?

Rühle:
Bei z. B. einem Bürogebäude bei dem 3.000 Rechner untergebracht sind, muss die Dachabdichtung in K2 ausgeführt werden. Andernfalls begeht der Planer Harakiri.

Frage:
Kann man fehlendes Gefälle durch andere Maßnahmen kompensieren, wie z. B. der Vermeidung von Unterläufigkeit?

Rühle:
Mangelndes Gefälle lässt sich nur sehr schwierig kompensieren, da stehendes Wasser zu Fehlerhäufigkeiten führt.
Es gibt Situationen, in denen es nicht möglich ist, ein vernünftiges Gefälle auszubilden. Dann müssen die Abdichtungsstoffe, die Verarbeitung, die Anschlüsse und Durchdringungen in einer entsprechenden hohen Qualität hergestellt werden. Dieser Ansatz ist auch in der Flachdachrichtlinie und in der DIN 18531 enthalten. Bei mangelhaftem Gefälle ist per Definition kein K2 gegeben, aber die komplexen Anforderungen der Qualitäten von K2 sind zu erfüllen.

Zöller:
Das Ziel der höheren Zuverlässigkeit wird aber doch auch erreicht, indem Durchdringungen vermieden bzw. zusammengefasst und vernünftige Aufkantungshöhen realisiert werden. In Verbindung mit einer wasserundurchlässigen Stahlbetondecke wird dann sogar mehr erreicht als nach den Anforderungen für K2 erforderlich wäre.

Rühle:
Ich muss jetzt bewusst mit meiner Antwort ausweichen, damit demnächst nicht grundsätzlich 0 % Gefälledächer geplant werden, denn das wäre vom Ansatz her verkehrt.
Grundsätzlich gilt: Durch vernünftige Ableitung des Wassers entlaste ich die Situation des Daches. Nur im Ausnahmefall, wenn das Wasser nicht durch ein sinnvolles Gefälle abgeführt werden kann, können alternativ die entsprechenden Gegenmaßnahmen ergriffen werden.

Oswald:
Bei Verbundabdichtungen wird bewusst kein Gefälleestrich ausgeführt, da der Gefälleestrich eine Sickerschicht auf der Stahlbetondecke darstellen würde und die Decke selbst ins Gefälle zu legen, ist konstruktiv zu aufwändig.

Ich halte eine Verbundabdichtung für eine gute Kompensation für ein Gefälle.

Rühle:
Bei Verbundabdichtungen mit Bitumenbahnen aus Österreich steht in der Zulassung, dass der temperaturabhängige Anwendungsbereich von –20° C bis +40° C geht. Dabei stört mich die obere Grenze von +40° C.

Frage:
Bei einer ca. 6.000 m² großen Dachfläche über einer Produktionshalle ist die komplette Fläche mit einer Fotovoltaikanlage versehen. Ist die Abdichtung der Anwendungskategorie K1 oder K2 zuzuordnen?

Rühle
Die Frage zeigt eine Fehlinterpretation der Fachregeln des Dachdeckerhandwerks, hier der Flachdachrichtlinie.
Zitat: *„Fachregel für Abdichtungen 10/2008*
1 Allgemeine Regeln
1.4 Gestaltungs- und Planungshinweise
(3) Bei nicht genutzten Dächern kann eine Standardausführung nach der Anwendungskategorie K1 oder eine höherwertige Ausführung K2 gewählt werden. Diese Anwendungskategorien sind vom Bauherr/Planer festzulegen. Die entsprechenden Anforderungen für den Dachaufbau und die Details sind zu beachten.“
Sinngemäß stehen die Forderungen in der DIN 18531.
Das bedeutet: Eine Differenzierung der Kategorien K1 und K2 basiert auf der Forderung des Kunden/Auftraggebers. Sie stellt keine Forderung des Regelwerkes, im Sinne einer Forderung auf der Basis von individuellen Projektforderungen an Qualität und Ausführung als zwingende Folge für Lastfälle dar. Ausschließlich im Kontext zu mangelnder Dachneigung wird hierzu eine Forderung erhoben, gemäß der die Bahnenqualität bei mangelnder Dachneigung eine gewisse Kompensation der mit der fehlenden Dachneigung einhergehenden Belastungen (Verschmutzung, Pfützenbildung, Deformationen der Wärmedämmung und damit wachsende Pfützenbildungen, Rotalgenbildung, etc.) sicherstellen soll.
Für den vorausschauenden Planer bietet jedoch die Differenzierung einen sachlichen Argumentationsansatz für notwendige Qualitäten in verschiedenen Lastfällen.
Hat sich der Planer/Auftraggeber für eine Kategorie entscheiden, dann sind die der Kate-

gorie entsprechenden Forderungen umzusetzen.

Frage:
Zum Thema WU-Beton-Bodenplatten bei Tiefgaragen, die unterhalb des Bemessungswasserstandes angeordnet sind: Welche Abdichtung soll gewählt werden, welche Oberflächenschutzsysteme sind auszuführen?

Herold:
WU-Beton-Platten stellen keine Abdichtung im Sinne der Norm dar. Sie sind ein dichtes Bauteil und unterliegen daher anderen Regeln, u. a. der WU-Beton-Richtlinie. Alle Maßnahmen, die zur Dichtheit beitragen (Vermeidung von Rissbildung, Selbstheilung etc.) sind dort geregelt. Eine Abdichtung kann hier unterstützend wirken oder wird eingesetzt, wenn eine höhere Sicherheit erreicht werden soll.
Im Grundwasser liegende Beton-Bodenplatten sind, wenn es sich nicht um WU-Konstruktionen handelt, von der Unterseite her abzudichten.
Aus Gründen des Bauteilschutzes benötigt man bei der Exposition durch Fahrzeuge in der Regel einen zusätzlichen Oberflächenschutz, um das Eindringen von Chloriden von der Oberseite über Risse in den Beton bis zur Bewehrung zu verhindern. Ein dafür verwendetes Oberflächenschutzsystem funktioniert hier nicht als Abdichtung gegenüber dem an der Unterseite der Platten anstehenden Grundwasser. Hierfür können starre oder flexible OS-Systeme (z. B. OS 8 oder OS 11) verwendet werden. Bei einem starren System muss ggf. eine zusätzliche Rissbehandlung erfolgen (Rissbandagen).
Bei WU-Beton-Bodenplatten soll ohne eine unterseitige Abdichtung mit betontechnologischen und konstruktiven Maßnahmen die Wasserdichtheit erreicht werden. Gleichzeitig ist aber auch hier in der Regel ein Oberflächenschutz auf der Bodenplatte vorzusehen. Dieser sollte jedoch nur mit starren Systemen (OS 8) ausgeführt werden, da es wegen der unterseitig im Beton befindlichen Feuchte und des durch Risse nach oben drückenden Wassers bei flexiblen, rissüberbrückenden OS-Systemen zu Ablösungen und Blasenbildungen kommen kann.
Diese Anwendungsfälle werden in der zukünftigen Abdichtungsnorm DIN 18532 nicht geregelt, da hier die Oberflächenschutzssysteme nicht als Abdichtung gegen das von der Unterseite her drückende Wasser eingesetzt werden.

Hierfür gelten andere Regelwerke (WU-Beton Richtlinie, Richtlinie SIB).

Ebeling:
Aus der Sicht des Betonbauers sehe ich das anders.
Bei Bodenplatten in WU-Bauweise, die Wasserdruck ausgesetzt sind, sind unbedingt betontechnologische und konstruktive Maßnahmen erforderlich, um gar nicht erst im Übermaß mit der Rissproblematik zu tun zu haben. Bei einem Parkdeck nützt es überhaupt nicht, von unten abzudichten und in der Oberfläche mit OS 8 treten Risse auf. Die müssen dann nämlich auch abgedichtet werden, um Korrosionsschäden durch Tausalzeinwirkung zu verhindern.

Herold:
Das ist aber kein Abdichtungsproblem, sondern ein reines Oberflächenschutzproblem.

Ebeling:
Zuerst muss zur Vermeidung von Rissen die Konstruktion und betontechnologische Fragen überdacht werden und danach ist die Frage nach Abdichtung oder Feuchteschutz darauf abzustimmen.

Zöller:
Kann durch einen Trennriss durch von unten eindringendes Wasser die oberseitige Abdichtung bzw. das Oberflächenschutzsystem abgelöst werden und können infolge dessen wieder Probleme durch Chlorideintrag entstehen?

Ebeling:
Das Problem der Unterläufigkeit und Ablösung entsteht eher bei oberseitig aufgebrachten Abdichtungen wie z. B. Bitumenschweißbahnen oder Gussasphalt, die aber ja bereits ausgeschlossen wurden.

Oswald:
Kann man sagen, dass bei unterseitigem Druckwasser keine Oberflächenschutzsysteme verwendet werden sollten?

Ebeling:
Ja, man sollte nicht mit rissüberbrückenden Oberflächenschutzsystemen arbeiten.

Herold:
Wenn die Beton-Bodenplatten einer Druckwasserbeanspruchung ausgesetzt und deswegen unterseitig eine Abdichtung auf-

gebracht ist, kann auf der Oberseite auch ein rissüberbrückendes System als Betonschutz aufgebracht werden, da es keinen Wasserdruck gibt, der zu Blasenbildung führen könnte.

Das sieht bei WU-Beton-Bodenplatten anders aus, bei denen es bei der Verwendung von rissüberbrückenden Systemen zu Blasenbildungen kommen kann.

Frage:
Was passiert mit Chlorid, das sich unterhalb einer lose verlegten Bahn ausbreitet?

Herold:
Im Deutschen Ausschuss für Stahlbeton wird z. Zt. darüber diskutiert, ob und ggf. unter welchen konstruktiven Randbedingungen eine lose verlegte bahnenförmige Abdichtung auf dem Beton auch als Oberflächenschutz verwendet werden kann. Bisher werden nur Abdichtungssysteme als Oberflächenschutz akzeptiert, die einen vollflächigen Verbund zur Unterlage und damit keine Unterläufigkeit aufweisen.

Bei lose verlegten Abdichtungen müsste z. Zt. noch das Prinzip „Gürtel und Hosenträger" angewendet werden, d. h. unterhalb der lose verlegten Abdichtung ist der Betonschutz zusätzlich durch eine zulässige Maßnahme zu gewährleisten.

Oswald:
Ist bei einer hochwertigen Immobilie mit Tiefgarage die geschuldete Qualitätsstufe grundsätzlich nur durch eine Beschichtung und dem damit verbundenen größeren Wartungsaufwand zu erreichen? Muss dazu im Vertrag etwas ausdrücklich gesagt werden?

Herold:
Die Beratungspflicht des Planers gegenüber dem Bauherrn beinhaltet auch die Frage, ob in einer hochwertigen Wohnanlage die Bodenplatte einer Tiefgarage aus WU-Beton mit einem wartungsintensiven Oberflächenschutzsystem (OS 8) versehen werden soll, oder ob einer Maßnahme mit höherer Zuverlässigkeit bei höheren Erstellungskosten für eine unterseitig abgedichtete Bodenplatte und mit einem geringeren Wartungsaufwand für ein rissüberbrückendes Oberflächenschutzsystem (z. B. OS 10, OS 11) der Vorzug zu gegeben ist.

Nach meiner Auffassung beinhaltet die Hochwertigkeit der Wohnanlage den Ausschluss

weniger zuverlässiger und wartungsintensiver Abdichtungsmaßnahmen.

Frage:
Welcher Nutzungsklasse ist die private Tiefgarage einer Eigentümergemeinschaft zuzuordnen? Diese werden deutlich weniger genutzt als öffentliche Parkgaragen.

Herold:
Die Nutzungsklassen der zukünftigen DIN 18532 unterscheidet nicht nach öffentlicher und privater Nutzung, da es hierfür keine objektiven Unterscheidungskriterien gibt. Maßgebend für die Zuordnung ist die Höhe der Belastung. Verkehrsflächen, die nur durch PKW-Verkehr belastet werden, sind der Nutzungsklasse N2-V zugeordnet. Flächen die zusätzlich auch durch leichten LKW-Verkehr genutzt werden können sind der Nutzungsklasse N2-V zugeordnet. Dies beinhaltet in gewisser Weise auch, dass bei der Nutzungsklasse N2-V die Häufigkeit der Nutzung in der Regel geringer ist als bei der Nutzungsklasse N3-V.

Zöller:
Zusammenfassend möchte ich Folgendes festhalten:
– Bei einem Beurteilungszeitraum von 50 Jahren ergibt ein komplexer Vergleich von Massiv- und Holzbauweisen keine wesentlichen Abweichungen zwischen beiden Bauweisen. Die längere technische Lebensdauer der Massivbauweise wird erst bei einem Beurteilungszeitraum über 50 Jahre bedeutsam.
  Diskussionswürdig ist lediglich die geringere Fehlertoleranz von Holzbauweisen. Sie erfordert einen erhöhten Aufwand bei der Gestaltung der Details und eine höhere Sorgfalt bei der Ausführung derselben.
– Bei Häusern mit einem hohen Wärmeschutzstandard kann der Nutzereinfluss auf den Energieverbrauch mehr als 100 % ausmachen. Wenn z. B. bei einem hochwärmegedämmten Gebäude der tatsächliche Energieverbrauch 30 % über dem prognostizierten liegt, sind die Ursachen häufig im Nutzereinfluss zu finden.
  Eine Überschreitung der in der EnEV vorgesehenen Grenzen ist nicht zulässig. Ein Kilowatt pro m² und Jahr zu viel ist bereits nicht mehr zulässig.
– Bei einem hochwertigen Wohnungsbau ist auch ohne ausdrückliche Vereinbarung eine

K2 Qualität der Dachabdichtung geschuldet. Allerdings ist die Differenzierung zwischen K1 und K2 zu ungenau. Hier ist eine größere Detaillierung erforderlich.
- In Tiefgaragen von hochwertigem Mehrfamilienhauswohnbau ist das alleinige Aufbringen einer Verschleißschicht nicht angemessen. Es besteht zumindest eine Aufklärungs- und Hinweispflicht über den erhöhten Wartungsaufwand und die erforderlichen regelmäßigen Kontrollen.

1. Podiumsdiskussion am 08.04.2014

Oswald:
Das entscheidende Problem bei Verbundabdichtungen in hoch belasteten Situationen ist
die Ausführung des in der Ecke verlegten Fugenbandes. In der Fläche sind relativ dicke
Schichten vorhanden, die aber im Bereich
des Fugenbandes oft auf z. B. 0,3 mm aus-
laufen. Hinzu kommen die dort vorhandenen
Materialstöße. In solchen Situationen halte
ich bahnenförmige Abdichtungen, z. B. in
Form von Sonderbauteilen, zuverlässiger als
eine Flüssigabdichtung.

Sommer:
Die Dichtbänder, die es heute zu den flüssig
zu verarbeitenden Systemen gibt, sind auf die
Abdichtmasse abgestimmt. Für den Eckbe-
reich gibt es ebenfalls entsprechende Form-
teile, so dass Dichtbänder gut verarbeitet
werden können. Daran kann die folgende Frage angeschlossen werden:

Frage:
Was passiert in dem Stoß im Überlappungs-
bereich?

Sommer:
Auf Baustellen gibt es eine zweite Dichtmas-
se, um diesen Stoß sicher wasserdicht zu
verkleben.
Für den Schwimmbad- und Großküchenbau
wird empfohlen, die Dichtbänder mit den sehr
elastischen Abdichtungssystemen komplett
zu überarbeiten, so dass sie nicht mehr zu
sehen sind. Das Dichtband ist somit der eigentliche Träger der Abdichtung.

Zöller:
Beim Auftragen der Abdichtungsmasse auf
das Fugenband kommt es entscheidend darauf an, dass sie auf dem Fugenband richtig
haftet. Hier gibt es öfter Ablösungsprobleme,
auch wenn die Schicht sogar ca. 20 mm (!)
dick aufgetragen worden ist.
Kann man zur Vermeidung dieses Problems
die grundsätzliche Forderung stellen, dass

das Abdichtungssystem über die Fugenbänder hinweg durchzuführen ist? Das Fugenband hätte dann nur noch Schleppstreifen-
funktion.

Sommer:
Es ist unüblich, die Abdichtung 2 cm dick
über das Dichtband zu führen. Die Schichtstärke sollte entsprechend der Ausführung in
der Fläche weitergeführt werden, das heißt
2–2,5 mm oder bei Reaktionsharzsystemen
1–1,5 mm Schichtstärke. Dann kann das
ganze System auch zusammenarbeiten, sich
verformen, ohne dass es zu Abrissen etc.
kommt.

Zöller:
Bei der Untersuchung eines Schwimmsport-
beckens sind diese Schichtdicken festgestellt
worden. Das Becken besteht aus Stahlbeton
ohne Bewegungen an den Kanten zwischen
Boden und Wänden. Wahrscheinlich hätte
man hier auch auf das Fugenband verzichten
können.
Ist der Verzicht auf das Fugenband und
Schichtdicke 2 cm eine Möglichkeit, um Ablösungen und Undichtheiten zu verhindern?

Sommer:
Die Dicke des Materials sorgt nicht unbedingt
für Dichtheit. Bei der Verarbeitung von Dicht-
schlämmen in dieser Materialstärke entwickelt das Material eine Eigenspannung, so
dass diese Schichtstärke zu Rissbildungen
führen kann. Der Hersteller sollte gefragt werden, welcher oberen Grenze die Schichtstärke unterliegt. Aus meiner Sicht sind 2 cm zu
viel.

Oswald:
Kann man sich bei einem hochwertigen Gebäude, bei dem z. B. das Schwimmbad oder
die Sauna im Dachgeschoss liegt, nur auf
eine Flüssigabdichtung verlassen? Oder sollte zusätzlich eine Bahnenabdichtung aufgebracht werden?

Sommer:

Im Wellness- und Schwimmbadbau werden 70–80 % der Abdichtungsarbeiten ausschließlich mit Verbundabdichtungssystemen ausgeführt. Doppellagige Abdichtungen sind oft aufgrund anderer Details oder wegen der Gesamtsituation gar nicht möglich.

Bezüglich der Detailausbildung muss man allerdings besonders sorgfältig vorgehen und sich nicht auf Kompromisse einlassen. Vor Beginn der Arbeiten sollte ein Detailkatalog erarbeitet werden, der dann auf der laufenden Baustelle anzupassen ist. Mit Beginn der Abdichtungsarbeiten sind jeden 2. bis 3. Tag Baustellenbegehungen erforderlich, um Details im Einzelfall besprechen zu können.

Im Bereich der Großküchen wollen viele Bauherren jedoch eine Abdichtung auf Basis einer DIN-Norm, die es für Verbundabdichtungen noch nicht gibt. Deswegen werden in diesem Bereich nur 40 % der Abdichtungsmaßnahmen ausschließlich mit Verbundabdichtungen ausgeführt und 60 % mit einer 2. Abdichtungsebene.

Oswald:

Sie haben einen sehr wichtigen Hinweis gegeben: Die Maßnahmen müssen sorgfältig geplant und überwacht werden.

Es ist besser, eine Maßnahme richtig auszuführen, als zwei Abdichtungsebenen zu planen, bei denen keine mit der notwendigen Sorgfalt ausgeführt wird, weil man sich auf die jeweils andere Ebene verlässt.

Zöller:

Bei der Ausführung von zwei Abdichtungsebenen muss außerdem daran gedacht werden, dass beide Ebenen gesondert zu entwässern sind, um eine Überflutung der unteren Ebene zu vermeiden, solange die untere Ebene nicht nur eine zusätzliche Zuverlässigkeitsmaßnahme bildet.

Frage:

Wie wird im Zusammenhang mit Reparaturarbeiten an einzelnen Fliesen oder Nachinstallationen eine Verbundabdichtung repariert?

Sommer:

In dieser Situation muss vorsichtig der Fliesenbelag entfernt werden. Dazu werden im betroffenen Bereich die Fugen aufgeschnitten, die Fliese zertrümmert und die Stücke entsprechend herausgenommen. Mit einer Flex wird der Fliesenkleber mechanisch von der Abdichtung entfernt. Die Fehlstelle wird mit dem gleichen Abdichtungsmaterial ergänzt bzw. bei Installationen mit einer entsprechenden Dichtmanschette eingedichtet und der Belag wieder aufgebracht.

Zöller:

Die Einhaltung der erforderlichen Trocknungszeiten ist oft problematisch. Insbesondere bei Reparaturarbeiten im Schwimmbadbau führen häufig z. B. nachträgliche Einbauten bzw. Reparaturen wegen der einzuhaltenden langen Trocknungszeiten zu einer längeren Bauzeit und damit längeren Schließzeit des Schwimmbads.

Gibt es nicht Systeme mit verkürzten Trocknungszeiten, damit schneller weitergearbeitet werden kann?

Sommer:

Bei dem Betrieb von Schwimmbädern sind in der Regel Revisionszeiten von 10 bis 14 Tagen im Jahr eingeplant. In dieser Zeit können problemlos Nachinstallationen vorgenommen werden. Bei der Anwendung von Reaktionsharzen ist die Endfestigkeit bereits nach wenigen Stunden erreicht. Insofern kann eine partielle Sanierung zeitlich begrenzt durchgeführt werden.

Zöller:

Sind die Materialien kompatibel?

Sommer:

Die Materialien sind in der Regel kompatibel, aber der Hersteller der Abdichtung sollte mit einbezogen werden, um die jeweils beste Lösung zu erarbeiten.

Frage:

Kann eine Verbundabdichtung auf „jungem Beton" aufgebracht werden?

Sommer:

Verbundabdichtungen können auf jungen Beton aufgebracht werden.

Dies gilt für die zementären, flexiblen Dichtungsschlämmen, sowie für die Reaktionsharzabdichtungen. Bei letzteren ist jedoch darauf zu achten, dass der Beton in der oberen Zone trocken ist ($\leq$ 4 %). Zu beachten ist aber auch der folgende keramische Belag, welcher mit dem jungen Beton Probleme bekommen könnte. Insofern ist bei der Bewertung des Untergrundes immer auch die folgende Verlegung der Keramik mit ihren Eigenschaften zu berücksichtigen.

Frage:
In dem Merkblatt über Bodeneinläufe werden häusliche Bäder mit gefliesten Duschen und Bodenabläufen in die Beanspruchungsklasse A eingestuft, das heißt, es dürfen keine feuchteempfindlichen Untergründe vorhanden sein.
Wie ist dies bei Holzhäusern oder Altbauten mit Holzbalkendecken, bzw. GK-Wänden zu bewerten?

Sommer:
Der Leitfaden nimmt eine gewisse Einstufung des häuslichen Badezimmers mit Bodenablauf vor. Wobei diese Einstufung aus meiner Sicht nicht klar interpretierbar ist.
Es heißt: *„Bodenflächen in Nassräumen mit hoher Beanspruchung, wie z. B. Bäder mit bodengleicher Dusche ... "*
Ein Bad mit Bodenablauf oder Rinne im Bereich der Duschfläche muss nicht bindend hoch beansprucht sein. Dies trifft für Großduschen in Schwimmbädern oder Fitnessstudios klar zu, aber nicht generell für jedes Badezimmer das barrierefrei mit einem Bodenablauf gebaut wird. Soll im Bereich A0 ein Bodenablauf eingebaut werden, ist nach ZDB-Merkblatt „Verbundabdichtungen" auch schon ein feuchtigkeitsunempfindlicher Untergrund (Zementestrich) zu planen und einzubauen (Fußnoten beachten). Dies trifft jedoch nicht für die Wandflächen zu. Insofern ist Gipskarton im häuslichen Bad (A0) zulässig.
Sind Holzuntergründe vorhanden (Holzhaus und Altbau), ist der jeweilige Systemaufbau in Kombination mit einer Verbundabdichtung oder zusätzlich mit einer im Moment nach DIN-geregelten Bahnabdichtung so aufzubauen, dass die Keramik sicher verlegt werden kann. Holzuntergründe und keramische Beläge sollten nicht auf Grund der unterschiedlichen Materialeigenschaften im direkten Kontakt mit einander verbunden (verklebt) werden.

Frage:
Wie sind flüssige Abdichtungssysteme hinsichtlich ihrer Inhaltsstoffe zu bewerten? Kann von den Produkten ein negativer Einfluss auf die Innenraumluftqualität ausgehen?

Sommer:
Die flüssig zu verarbeitenden Abdichtungsstoffe (Dispersionsabdichtungen, zementäre und flexible Dichtungsschlämmen, Reaktionsharzabdichtungen) sind heute von ihrer Zusammensetzung so aufgebaut, dass beim sachgerechten Umgang bzw. bei der Verarbeitung der Materialien keine Gefahr für den Mensch besteht. Gleiches gilt für den späteren Nutzer. Sind die Materialien getrocknet, abgebunden oder ausreagiert sind sie unbedenklich und je nach Produkt emissionsarm bzw. sehr emissionsarm eingestuft. Hier ist beim jeweiligen Hersteller die Produktinformation abzufragen (Sicherheitsdatenblatt, techn. Merkblatt, etc.).

Zöller:
Herr Ebeling, warum brauchen wir eine Differenzierung der Feuchtebeanspruchung aus dem Boden?
Ist bei durch Bodenfeuchte beanspruchten Bodenplatten überhaupt eine Rissweitenbeschränkung erforderlich? In dieser Beanspruchungssituation würde ja selbst durch ein Loch in der Bodenplatte kein Wasser eindringen.

Ebeling:
Nach der WU-Richtlinie muss auch der Korrosionsschutz für die Bewehrung sichergestellt sein. Deswegen gibt es in der Norm eine Rissweitenbegrenzung. Nach der WU-Richtlinie beträgt die Rissweitenbeschränkung in der Beanspruchungsklasse 2 (Bodenfeuchte und nicht stauendes Sickerwasser) für Bodenplatten 0,3 mm, für Wände sind in der WU-Richtlinie 0,2 mm festgelegt.
Es ist notwendig, die Beanspruchungssituation richtig und differenziert zu erfassen. Der kritischste Fall bei Beanspruchungsklasse 1 ist aufstauendes Sickerwasser. Wenn diese Beanspruchungssituation in einem Bodengutachten genannt wird, muss der Planer aufmerksam werden. Die Selbstheilungskräfte des Betons können ggf. gar nicht funktionieren, da der für diesen Prozess erforderliche Lastfall vielleicht nur alle 5 Jahre auftritt. Wie soll dann ein Selbstheilungsprozess in Gang gesetzt werden können?

Oswald:
In der Arbeitsgruppe zur DIN 18533 wurde entschieden, die Unterscheidung zwischen Sickerwasser und Grundwasser aufzugeben. Die Ursache der Wasserbeanspruchung ist

nicht entscheidend, sondern ausschließlich die Art und Weise der Einwirkung auf das Bauteil. Auch Grundwasser kann nur zeitweise auftreten.

Ebeling:
Richtig, die Bezeichnung ist völlig egal. Für den Planer ist es wesentlich, ob er mit wechselnden Wasserständen oder mit andauernder Beanspruchung rechnen muss, damit er eine vernünftige Konstruktion der Weißen Wanne planen kann, eventuell unter Berücksichtigung der Selbstheilungskräfte des Betons.

Oswald:
Welche Schichten müssen auf dem Boden z. B. von einem Wellnessbad angeordnet werden?

Ebeling:
In erster Linie muss für eine vernünftige Betonkonstruktion gesorgt werden.
Als Zweites sollte dann für eine gute Verbundabdichtung gesorgt werden. Aber nur wenn die Betonkonstruktion undicht ist, kann es darunter Feuchtigkeitserscheinungen geben.

Oswald:
Bei einer normalen Geschossdecke muss der Beton doch nicht als WU-Beton ausgeführt werden?

Ebeling:
Das nicht, aber bei einem Wellnessbad haben wir es mit Druckwasserbeanspruchung zu tun. In dieser Situation ist eine WU-Betonkonstruktion erforderlich.

Frage:
Die Bodenplatte in einer Tiefgarage, Beanspruchung drückendes Wasser, ist mit einer Beschichtung OS 11 versehen. Wie muss in dieser Situation die Bodenplatte abgedichtet werden, wenn Risse geplant sind?

Ebeling:
Aus meiner Sicht ist es sinnvoller, eine Konstruktion möglichst so zu planen, dass diese dem Entwurfsgrundsatz „Vermeiden von Trennrissen" entspricht. Für Bereiche, in denen Trennrisse entstehen, müssen als erstes die Risse in einer Bodenplatte verschlossen werden. Sie müssen nicht nur oberseitig geschlossen werden, sondern sind durch Injizieren zu schließen.

Das Aufbringen eines OS 11-Systems halte ich für keine geeignete Lösung bei Druckwasserbeanspruchung. Ein OS 8-System ist besser geeignet.

Oswald:
Häufig werden Weiße Wannen als Ortbetonkonstruktion mit relativ detaillierten Konzepten ausgeschrieben. Der Unternehmer schlägt dann aber den Bau von Elementwänden vor und bekommt vom Bauherrn die Zustimmung unter der Voraussetzung, dass diese Konstruktion gleichwertig ist.
Sofern dann Undichtheiten im Bereich der Fugen auftreten, wünscht man sich die Ortbetonkonstruktion zurück, bei der hätten nämlich Leckstellen einfach verpresst werden könnten. Außenliegende Fugenbänder von Elementwänden sind hinterläufig, die undichte Stelle lässt sich daher nicht einfach feststellen.
Handelt es sich unter Berücksichtigung dieser Aspekte wirklich um eine gleichwertige Lösung?

Ebeling:
Dreifach- oder Elementwände und Ortbetonkonstruktionen haben unterschiedliche Vor- und Nachteile. Auch bei einer Ortbetonkonstruktion können außenliegende Fugenabdichtungen zur Anwendung kommen mit den gleichen Problemen. Aus technischer Sicht halte ich die Konstruktionen für gleichwertig. Die ausgewählte Fugenabdichtung muss allerdings zur jeweiligen Situation passen. Wenn beispielsweise eine mittige Fugenabdichtung geplant ist, kann nicht einfach eine außenliegende ausgeführt werden. Diese vertragliche Änderung soll mit dem Bauherrn abgestimmt werden.

Oswald:
Oft ist das Problem die fehlende sorgfältige Planung der Konstruktion. Nicht selten wird nach dem Motto gebaut, wenn es undicht wird, bekommen wir das schon irgendwie wieder dicht. Diese Ausführung ist dann nicht gleichwertig mit einer sorgfältig geplanten Konstruktion.

Frage:
Wie prüft man als Sachverständiger eine Weiße Wanne auf Leckagen?

Ebeling:
Je komplizierter die Konstruktion der Weißen Wanne ist, desto komplizierter wird auch die

Herangehensweise. Manchmal ist es nicht lösbar, wenn beispielsweise aufwändig Teile demontiert werden müssten, um an die entsprechenden Bereiche zu kommen. Je mehr die Zugänglichkeit von innen eingeschränkt ist, umso schwieriger wird es, die Ursache für die Leckage zu finden. Eine pauschale Antwort ist daher nicht möglich.

Frage:
Wie realistisch bzw. praxistauglich bewerten Sie den Einsatz von „Nano-Beton" (geringeres Gewicht, kaum noch Kapillarhohlräume) bei der Herstellung Weißer Wannen?

Ebeling:
Zurzeit zeigt die Baupraxis, dass wir beim „konventionellen" Bauen zahlreiche Probleme haben, um „normale" Betone zu verarbeiten. Aus meiner Sicht kann auch ein „vermeintlich" intelligenter, innovativer Beton gleich welcher Art und Bezeichnung eine vernünftige Planung und Konstruktion nicht ersetzen. Eine erfolgreiche Ausführung ist nicht nur durch Einsatz eines Baustoffs erzielbar. Zudem hat jeder Beton bestimmte Einbauanforderungen zu erfüllen.

Frage:
Sollen bei einer zwängungsarm gelagerten Bodenplatte Zemente mit früher Festigkeitsentwicklung verwendet werden, um Risse zu vermeiden?

Ebeling:
In der WU-Richtlinie werden Merkmale und Eigenschaften für Betonzusammensetzungen genannt, die sich in der Baupraxis als günstig erwiesen haben. Dies sind schwindarme Betone mit geringer Wärmeentwicklung.

Zöller:
Den Vormittag zusammenfassend möchte ich Folgendes festhalten:

– Die ausschließliche Abdichtung durch eine Verbundabdichtung ist auch bei hoher Beanspruchung und hoher Schutzbedürftigkeit angemessen. Voraussetzung ist die sorgfältige Gestaltung der Details und die Überwachung der Ausführung, insbesondere im Bereich der Anschlüsse. Eine zweite bahnenförmige Abdichtung unterhalb des Fußbodenaufbaus ist nicht erforderlich.
– Bei Weißen Wannen führt eine komplexe Beurteilung der verschiedenen Abdichtungssysteme zu keiner deutlichen Rangfolge der Abdichtungsstrategien. Sie sind insofern grundsätzlich als „gleichwertig" anzusehen.

2. Podiumsdiskussion am 08.04.2014

Oswald:
Zusammenfassend zur Diskussion zum Thema **„Qualitätsanforderungen an die Trockenheit von Nebenräumen – was ist geschuldet?"** kann man sicherlich festhalten, dass mit vorheriger vertraglicher Festlegung fast alles möglich ist.
Entscheidend ist, dass im Vorfeld genau besprochen wird, was der Keller leisten kann und dass die damit verbundenen Konsequenzen klar benannt werden. Darüber muss hier nicht mehr gesprochen werden. Kann aber dem Nutzer zugemutet werden, dass er im Sommer beim Lüften des Kellers bestimmte Regeln einhalten muss, damit kein Sommerkondensat auftritt? Ist er damit nicht überfordert? Sind solche vertraglichen Vereinbarungen noch zulässig? Müssen hier nicht andere nutzerunabhängige Maßnahmen ergriffen werden?

Seibel:
Bei einer am Amtsgericht verhandelten Mietsache war ein Sachverständiger durchaus der Meinung, dass auch der „arbeitenden Bevölkerung" zugemutet werden kann, alle drei Stunden umfangreich stoßzulüften.
Die Frage der Zumutbarkeit ist bestimmt ein Problem.

Oswald:
Ein Neubaukeller ist nur dann hochwertig nutzbar, wenn auch eine Mindestbeheizung und eine Mindestbelüftung vorgesehen werden. Kann das verallgemeinernd so festgehalten werden?
Ist das heutzutage wirklich geschuldet oder kann das nicht erwartet werden?
Wie Herr Zöller schon sagte, eigentlich kann man das nicht erwarten.
Es ist schon oft über die Notwendigkeit von Lüftungsanlagen in Wohnungen zur Vermeidung von Schimmelpilzbildung diskutiert worden, mit dem Ergebnis, dass dies in Wohnungen nicht erforderlich ist. Dann kann man doch nicht für den Keller eine Lüftungsanlage fordern.

Seibel:
Bei dieser technischen Fragestellung müssen sich Juristen durch Sachverständige beraten lassen. Ich bin sehr gespannt, was an Lösungsmöglichkeiten angeboten wird.
Es ist auch immer die Frage, was für eine Erwartungshaltung beim Bauherrn durch den Bauvertrag geschürt wird.

Oswald:
Es gibt also Qualitätsklassen. Bei einer hochwertigen Wohnung wäre die Beheizung und systematische Belüftung des Kellerraums dann mitgeschuldet?

Moriske:
Aus raumlufthygienischer Sicht kann ich das nur bestätigen. Wenn vorgesehen ist, dass die Kellernutzung der einer Wohnraumnutzung entsprechen soll, z. B. als Büroraum, dann gelten auch die gleichen Anforderungen wie die für Wohnräume. Wenn das gesamte Gebäude lüftungstechnisch auf dem neusten Stand gebracht wird, muss der Keller bei hochwertiger Nutzung mit einbezogen werden.
Ansonsten ginge ich nicht so weit zu sagen, dass in Nebenräumen besondere lüftungstechnische Maßnahmen ergriffen werden müssen.

Hartmann:
Es wird zunehmend zu einer Unterscheidung von Standards kommen. Dies ist unstrittig bei Effizienzhäusern oder Passivhäusern, die hochwertig gebaut sind. Hier liegt der Keller innerhalb der thermischen Hülle und wird beheizbar sein. Unter energetischen Aspekten gehört dort eine Lüftungsanlage zum Standard. Diese Lüftungsanlage ist dann so zu konstruieren, dass auch die kritischen und/oder weniger genutzten Räume mit einbezogen werden, selbstverständlich immer in Absprache mit dem Bauherrn.

Zöller:
Außerdem gibt es Lüftungsanlagen in sehr unterschiedlichen Ausführungsstandards. Im Kellerbereich ist eine gehobene Anlage sicher nicht erforderlich.

Hartmann:
Grundsätzlich muss unterschieden werden, ob eine Lösung für das gesamte Gebäude oder eine separate Lösung für den Keller gesucht wird.

Frage:
Welche Anforderungen werden an die Trockenheit von Kellern in Neubauten gestellt?

Kodim:
Es läuft immer wieder auf die zwischen dem Bauherrn und dem Planer/Architekten vertraglich getroffenen Vereinbarungen hinaus. Dort wird festgelegt, welcher Standard letztlich erreicht werden muss.
Der vereinbarte Standard ist wiederum abhängig von den finanziellen Möglichkeiten des Investors. Er muss bezahlbar sein, denn auch für einen gut gedämmten und gelüfteten Kellerraum wird man nicht wesentlich mehr Miete erhalten als für einen üblichen Keller.

Oswald:
Es bleiben allerdings die Fragen, was kann dem Nutzer noch zugemutet werden und was kann erwartet werden, wenn es keine vertragliche Vereinbarung gibt?
Was ist die übliche Beschaffenheit beim Niedrig-Standard-Neubau und im sehr hochwertigen Neubau?
Einfamilienhäuser haben häufig einen Niedrig-Energiehaus-Standard, bei denen der Keller innerhalb des thermischen Systems liegt. Hier muss sowieso systematisch gelüftet werden, da ist es kein Problem, den Keller mit einzubeziehen. Aber wie sieht es z. B. bei Eigentumswohnungen aus?

Frage:
Ist ein muffiger Geruch im Keller zumutbar oder muss die Ursachenquelle, z. B. der Fußboden, zurückgebaut werden?

Moriske:
Ich persönlich finde, dass es zumutbar ist. Die Tatsache, dass es riecht, ist nicht gleichbedeutend damit, dass sich dort keiner mehr aufhalten darf und dass Materialien geschädigt werden. Wenn dort allerdings z. B. Kleidungsstücke gelagert werden, die den muffigen Geruch annehmen, dann stellt sich eine andere Frage. Darf ein Mieter in Kellerräumen von z. B. einem Altbau, von denen er weiß, dass es dort muffig riecht, solche empfindlichen Gegenstände lagern?

Frage:
Muss die Lüftung in Kellerräumen von Mehrfamilienhäusern nicht nutzerunabhängig gestaltet werden, da nicht erwartet werden kann, dass der Mieter morgens und abends extra zum Lüften in den Keller geht?

Hartmann:
Unabhängig von juristischen Aspekten ist es für mich unvorstellbar, dass von Mietern erwartet werden kann, den Keller abends zu lüften und morgens das Fenster wieder zu schließen.
Damit eine sichere Lüftung gewährleistet werden kann, müssen Ventilatoren eingesetzt werden. Die Grenzen der freien Lüftung sind durch Windgeschwindigkeiten und Temperaturunterschiede vorgegeben.
Eine von der Luftfeuchtigkeit abhängige sensorgesteuerte Lüftung mit motorisch geöffneten Fenstern ist ein Schritt in die richtige Richtung. Erforderlich sind mindestens zwei Sensoren, innen und außen. Die Fenster dürfen dann nur geöffnet werden, wenn die absolute Luftfeuchte innen höher ist als außen. Dies ist allerdings keine Gewähr dafür, dass tatsächlich unter sommerlichen Verhältnissen Bauschäden und Schimmelpilzbefall sicher vermieden werden können.

Zöller:
Wir reden vor allem über Lüftungsprobleme im Sommer und Anforderungen an die Trockenheit der Raumluft.

Moriske:
Es betrifft vor allem den klassischen Fall von Schimmelpilzbildung im Altbau in den Sommermonaten. Einfach ausgedrückt: Warme Außenluft gelangt in den Kellerraum und kondensiert an den kalten Wandoberflächen.
In Neubauten betragen die Oberflächentemperaturen der Wände in der Regel 20 °C; und auch in Kellerräumen sind die Wandtemperaturen höher. Dann ist das Risiko zwar wesentlich geringer, aber auch da muss sorgfältig überlegt werden, wann gelüftet werden soll.

Oswald:
Wenn im Neubau die Systemgrenze in der Ebene der Kellerdecke liegt, dann ist der Keller auch kalt. Insbesondere bei Kellerwänden aus Stahlbeton gibt es mit Altbauten vergleichbare Probleme.

Frage:
Wie wird die Schimmelpilzbildung in Kleidung oder anderen gelagerten Materialien bewertet, die durch Feuchtigkeit aus der Bodenplatte in den ersten zwei Jahren nach Erstellung und durch falsche Lagerung (fehlender Abstand) entstanden sind?

Seibel:
Vermutlich geht es dann um Schadensersatzforderungen, da die Kleidung nicht mehr nutzbar ist. In rechtlicher Hinsicht wird dabei die Frage des Mitverschuldens des Nutzers an der Schadensentstehung (§ 254 BGB) eine Rolle spielen können. Es ist schwer einzuschätzen, wie die Gerichte in so einem Fall entscheiden würden.
Es stellt sich vor allem die Frage, ab wann ein Nutzer wissen kann, dass in einem Raum keine feuchtigkeitsempfindlichen Gegenstände gelagert werden können. Muss dafür die Wand „pitschnass" sein oder kommt es auf den Grad der Feuchtigkeit in der Wand an?

Zöller:
Die Einschränkung der Lagermöglichkeiten wird im Wesentlichen durch eine hohe relative Luftfeuchtigkeit bestimmt, und die entsteht durch verschiedene bereits angesprochene Einflussfaktoren.

Seibel:
Wichtig ist, ob der Nutzer das erkennen kann.

Oswald:
Das heißt, wir brauchen eine Gebrauchsanweisung für Häuser bzw. Nutzungsvereinbarungen, die entsprechende Hinweise enthalten.

Seibel:
Dann wäre es wohl zweifelsfrei.

Hartmann:
Man kann nur in einem belüfteten und auch beheizbaren Nebenraum feuchtigkeitsempfindliche Gegenstände, wie Papier oder Kleidungsstücke, lagern. Anders ist eine Schimmelpilzbildung nicht vermeidbar. An diesem Kriterium kann der Nutzer erkennen, was er in diesem Raum lagern kann.

Frage:
Gibt es Grenzwerte für die Luftfeuchtigkeit von Kellern?

Oswald:
Ich kenne keine festgelegten Grenzwerte.
Es gibt auch keine Grenzwerte für die Baufeuchte, die festschreiben, ab welchen Baufeuchtewerten ein Haus bezogen werden kann.
Darüber wurde bereits mehrfach diskutiert. Aber die Festlegung von Grenzwerten ist nicht gewollt. Die Wohnungen sollen ja möglichst schnell bezogen werden können.

Zöller:
Das hängt auch mit dem Umgang von Grenzwerten zusammen. Sobald ein Wert genannt wird, z. B. 60 %, kann 61 % bereits ein Mangel sein.

Oswald:
Die bisher vorgebrachten Positionen stellen sich also wie folgt dar:

- Bei Vorliegen klarer vertraglicher Vereinbarungen zur möglichen Nutzung der Nebenräume bestehen keine Probleme.
- Bei bestimmten Randbedingungen müssen zusätzliche Maßnahmen ergriffen werden, um die Nutzbarkeit der Räume zu ermöglichen. Oder es muss der deutliche Hinweis erfolgen, dass die Räume nicht hochwertig nutzbar sind.
- Bei Niedrigenergiehäusern, bei denen der Keller innerhalb der Systemgrenze liegt, besteht keine zusätzliche Schwierigkeit, eine hohe Trockenheit durch Belüftung und Beheizung in den Nebenräumen sicherzustellen.
- Problematisch bleiben die „normalen" bzw. „hochwertigen" Neubauten bei denen keine zusätzlichen Vereinbarungen getroffen wurden.
- Der Einbau einer Lüftungsanlage ist nach meiner Ansicht zurzeit nicht geschuldet.

Moriske:
Im Gegenteil, mich hat die Behauptung gewundert, dass im Neubau eine normale Nutzung der Kellerräume grundsätzlich geschuldet sei. Ein sehr hoher Anspruch, der dem Begriff „Nebenraum" bzw. „Lagerraum" eigentlich nicht mehr entspricht.

Zöller:
Entsprechend den Anforderungen der Landesbauordnung von NRW müssen mindestens 0,5 m² Abstellfläche unmittelbar dem Wohnraum zugeordnet sein. Wenn die verbleibende erforderliche Abstellfläche aus dem Mietpreis herausgenommen wird, können eventuelle Streitigkeiten auch so behoben werden.

Grundsätzlich kann nicht erwartet werden, dass man im Keller z. B. einen Schreibtisch aufstellen kann. Für die Funktion eines Aufenthaltsraums fehlt zudem ein Fenster.

Moriske:
Ich finde Gerichtsurteile sehr bedenklich, die sagen, dass in Nebenräumen vorrübergehende Schreibarbeiten möglich sein müssen. Das bedeutet hinsichtlich möglicher Gesundheitsgefährdungen durch Schimmelpilze, dass auch die Anforderungen an solche Nebenräume sehr viel drastischer ausfallen müssten als von unserer Seite bisher vorgesehen. Das Umweltbundesamt sagt zurzeit, dass Nebenräume keine Wohnräume sind.

Sachverständige kommen so in die schwierige Situation, Nebenräume beurteilen zu müssen, für die eigentlich keine strengen Anforderungen gelten. Da der Raum jetzt aber anders genutzt wird, bzw. anders genutzt werden könnte, gelten die Regeln trotzdem. Dem zur Folge müssten große Sanierungsaktivitäten losgetreten werden, um diese Kellerräume trocken zu bekommen.

Oswald:
Im Widerspruch zu dem angesprochenen Gerichtsurteil sind wir zu der Meinung gekommen, dass es in einem Neubau nicht geschuldet ist, dass Nebenräume hochwertig genutzt werden können.

Seibel:
Dieser Position schließe ich mich an.

Moriske:
Dem stimme ich voll zu.

Frage:
Wie muss aus bauphysikalischer Sicht mit Überdrucksystemen umgegangen werden?

Hartmann:
Überdrucksysteme sind bauphysikalisch nicht unproblematisch. Im Nichtwohnbereich werden sie allerdings als Standardfall ausgeführt. Dort gelingt es offensichtlich, eventuelle Probleme durch Strömung im Bereich von Leckagen in den Griff zu bekommen. Wenn die Konstruktionen entsprechend dicht gebaut werden, wird es dabei auch keine wesentlichen Probleme geben.

Zöller:
Bei Holzdächern mit dazwischen liegender Wärmedämmung können in Überdrucksituationen bereits kleine Fehlstellen erhebliche Auswirkungen haben. Zur Reduzierung der möglichen Folgen wird daher in diesem Bereich empfohlen, mit Unterdruck zu arbeiten.

Hartmann:
Das gewählte Lüftungssystem muss natürlich zur Baukonstruktion passen bzw. umgekehrt.

Oswald:
Ich möchte die Pro und Kontra Diskussion wie folgt zusammenfassen:

- Die Nutzbarkeit von Nebenräumen ist sowohl im Altbau als auch im Neubau möglichst vertraglich zu vereinbaren. Die Grenze der Vereinbarkeit wird durch das für den Nutzer, mit dem der Vertrag abgeschlossen wird, zumutbare Lüftungsverhalten gesetzt.
- Bei Niedrigenergiehäusern umfasst die Systemgrenze ohnehin den Keller. Hier stellt die hochwertige Nutzung im Keller kein Problem dar, da ohnehin eine Lüftungsanlage benötigt wird und die Bauteile gut wärmegedämmt sind.
- Hochwertige Nutzungen im Keller von Mehrfamilienhaus-Neubauten machen eine Beheizung und geregelte Belüftung erforderlich, um die vollständige Trockenheit der gelagerten Güter zu erreichen. Das ist zurzeit aber grundsätzlich (sofern nicht im Vertrag ausdrücklich vorgesehen) nicht geschuldet.

3. Podiumsdiskussion am 08.04.2014

Zöller

Die Notwendigkeit der Erstellung eines Planungsatlas ist eindrucksvoll von Herrn Beyen dargestellt worden. Doch häufig muss erstmal beurteilt werden, ob vorhandene Fenster bei energetischen Modernisierungen ausgebaut werden müssen, um fachgerechte Anschlüsse zu ermöglichen. Gibt es hierfür auch Hinweise/Anleitungen, wie dabei differenziert vorgegangen werden sollte?

Beyen:

Es gibt sehr schlecht geplante Einbausituationen von Fenstern innerhalb eines WDVS. Besonders kritisch ist häufig die Ausführung des Anschlusses der Rollladenführungsschiene an die Fensterbank. Da kann es erforderlich sein, den kompletten Anschluss einschließlich der Fensterbank zurückzubauen.

Zöller:

Dabei muss zunächst eingeschätzt werden, wie groß ein möglicher Schaden überhaupt werden kann. Bei einem Fensteranschluss auf einer Nordfassade unter einem ca. 3 m auskragenden Balkon wird beispielsweise nicht viel passieren können.

Oswald:

In Situationen, in denen praktisch keine Witterungsbeanspruchung des Anschlusses stattfindet, ist die Ausführung einer Kellenschnittfuge sicherlich ausreichend.

Beyen:

Bei 2 m Dachüberstand und einem 1½-geschossigen Bau braucht man sich über die Abdichtung der Fensteranschlüsse keine Gedanken zu machen. Da reicht eine Standardausführung, z. B. ein einfacher Kellenschnitt. Man muss immer die jeweilige bauliche Situation beurteilen und überlegen, welche Beanspruchungen dort überhaupt auftreten können.

Oswald:

Allerdings werden übliche Planungen nicht differenziert nach der Fassadenausrichtung und der sich daraus ergebenden Beanspruchungssituation ausgeführt. In der Regel werden die Anschlussdetails bei allen Fenstern des Objektes entsprechend gleich ausgeführt.

Beyen:

Da bin ich anderer Auffassung. Eine Westfassade kann durchaus anders ausgeführt werden als eine Nordfassade, insbesondere bei wechselnden Baukörpern. Anschlussdetails bei Erkern, die beispielsweise über die Attika des Daches hinausgeführt werden, sehen wieder ganz anders aus.

Frage:

Kann ein WDVS durch Überputzen bzw. Überdämmen instand gesetzt werden? Gibt es dafür bauaufsichtliche Zulassungen?

Beyen:

Ein Überdämmen durch Aufdopplung ist problemlos möglich und in allgemeinen Zulassungen von den Verbänden bzw. der Systemhersteller geregelt.

Inwieweit einfaches Überputzen bauordnungsrechtlich im Sinne einer allgemeinen bauaufsichtlichen Zulassung abgedeckt ist, wird diskutiert. Seit Ende März gibt es ein veröffentlichtes Gutachten von Herrn Dr. Reuchel (Sahlmann und Partner) zusammen mit einem Rechtsgutachten von Kapellmann & Partner, in dem Rahmenbedingungen aufgezeigt werden, wie bestehende Zulassungen trotz Überputzen des Systems erhalten bleiben, bzw. wie Wärmedämm-Verbundsysteme ohne Zulassung in einen zulassungskonformen Zustand gebracht werden können. Dies wird demnächst sicher auch in der Fachpresse zu lesen sein.

Oswald:

In neu erstellten Zulassungen sind meistens schon viele verschiedene Beschichtungssysteme enthalten. Daran ist zu erkennen, dass es keine wesentlichen Abweichungen gibt.

Beyen:
Das ergibt sich aufgrund der max. Schichtdicken und der verwendeten Materialien. Wirklich wichtig ist, dass die Putzlagen untereinander verträglich sind und dass die vorhandene Altbeschichtung tragfähig ist.

Frage:
Trägt ein nachträglich aufgebrachtes Wärmedämm-Verbundsystem zur Wertverbesserung eines bestehenden Gebäudes bei?

Beyen:
Das Anbringen eines WDVS allein macht sicher noch keine Wertverbesserung des Gebäudes aus. Erst eine energetische Modernisierung mit einem Gesamtkonzept führt auch zu einer nachhaltigen Verbesserung des Gebäudewertes.

Frage:
Wie können bei einem Bestandsgebäude durchlaufende Stahlbetonbalkonplatten fachgerecht gedämmt werden?

Beyen:
Die Wärmebrückenbewertung solcher durchgehenden Balkonplatten bei Modernisierung ist immer schwierig. Eine pauschale Antwort kann ich dazu nicht geben. Als Vorgehensweise empfehle ich Nachweise für verschiedene Dämmstoffstärken zu führen, um beurteilen zu können, ob ggf. die Balkonplatte ebenfalls bearbeitet werden muss (z. B. durch Aufbringen ober- und unterseitiger Dämmung oder gar Austausch gegen eine vorgestellte Konstruktion).

Frage:
Wie können Algen- und Pilzbildungen auf Wärmedämm-Verbundsystemen vermieden werden?

Beyen:
Es gibt verschiedenen Strategien, die Bildung von Algen und Pilzen zu vermeiden. Zum einen können die Fassadenflächen konstruktiv vor Witterungseinfluss geschützt werden. Zum anderen gibt es neue Bindemittelkonzepte. Eine pauschale Antwort kann ich nicht geben, da immer die Gegebenheiten vor Ort berücksichtigt werden müssen.

Frage:
Wie muss bei einem WDVS der Dachanschluss zu einem Satteldach mit vorstehender Pfette aussehen, damit die Vögel nicht das Material zum Nestbau herauspicken können? Welche vorbeugenden Maßnahmen können ausgeführt werden?

Beyen:
Wenn ein Vogel die Möglichkeit hat, im Anschlussbereich zwischen Dach und Fassade in die Dämmebene der Fassadenfläche zu gelangen, ist etwas Grundsätzliches mit der Ausführung des Anschlusses fehl gelaufen. Der Anschluss muss so geschützt sein, dass keine Tiere eindringen können.
Etwas anders ist es bei Beschädigungen durch den Specht, der den Putz von vorne kaputt machen kann. Das ist vor allem bei dünnschichtigen WDVS möglich. Deswegen ist hierbei die richtige Strategie, dickschichtige mineralische Putze zu verwenden.

Frage:
Ist die Gasfüllung in Isolierverglasungen dauerhaft?

Rossa:
Nein, es gibt keine absolut gasdichten Systeme. Die nach Norm zulässige Gasverlustrate darf max. 1 % betragen. Heute unterschreiten auf dem Markt befindliche gute Systeme diesen Wert bei weitem. Bei einer Nutzungsdauer der Verglasung von 20 bis 30 Jahren verschlechtert sich somit der U-Wert des Isolierglases durch Diffusion des Gases etwa um 0,1 W/m²K, also nicht wirklich relevant.

Frage:
Wie ist Tauwasserbeschlag bzw. Eisbildung auf der Außenseite von 3-fach Isoliergläsern zu bewerten, wenn dadurch die Durchsicht erheblich eingeschränkt wird?

Rossa:
Es handelt sich dabei um einen physikalischen Effekt, der nicht verhindert werden kann und der deswegen auch keinen Mangel darstellt. Eigentlich sind diese Erscheinungsbilder ein Zeichen für die gute Funktion der Isolierverglasung. Die äußere Scheibe wird nicht von innen erwärmt. Durch die Abstrahlung in den Nachthimmel kühlt die äußere Scheibe immer weiter ab und in Folge dessen tritt Kondensat auf der Verglasung auf. Mittlerweile gibt es allerdings Produkte mit hydro-

phoben bzw. hydrophilen Beschichtungen, die dafür sorgen, dass das Wasser abläuft. Das gilt aber noch nicht als anerkannte Regel der Technik und wird nicht standardmäßig verwendet.

Man kann natürlich Rollläden vor die Fenster setzen und diese nachts runterfahren. Dann habe ich die eben angesprochenen Probleme nicht. Viele Nutzer kennen diesen Effekt nicht. Ob daraus schon eine Hinweispflicht des Isolierglasproduzenten abgeleitet werden kann, halte ich für schwierig. In den gängigen Begleitunterlagen zur Isolierverglasung wird allerdings auf diesen Effekt hingewiesen.

Frage:

Ergibt sich aus der DIN 1946-6 (Lüftung von Wohnungen) für Eigentümer die Verpflichtung zum Einbau einer Lüftungsanlage im Zuge eines Fensteraustausches?

Rossa:

Wenn im Rahmen von Maßnahmen mehr als ein Drittel der Fenster ausgetauscht werden, muss ein Lüftungskonzept erstellt werden. Wenn sich bei Erstellung dieses Konzeptes herausstellt, dass lüftungstechnische Maßnahmen erforderlich sind, ist aus meiner Sicht der Eigentümer der Immobilie verpflichtet, für entsprechende Maßnahmen zu sorgen.

Durch die neuen Fenster wird die Gebäudehülle dichter und nutzerunabhängige Lüftungsmöglichkeiten sind sicherzustellen. Dies steht entsprechend in der DIN 1946-6 geschrieben.

Das alleinige Überreichen einer Lüftungsfibel oder Vergleichbares ist nicht ausreichend.

Oswald:

Bei der ausführlichen Diskussion zu diesem Thema im letzten Jahr sind wir allerdings zu dem Ergebnis gekommen, dass es zurzeit noch keine vollständige Anerkennung für die Notwendigkeit einer Lüftungsanlage gibt.

Rossa:

Ich gebe Ihnen Recht, dass es baurechtlich noch nicht eingeführt ist. Aus meiner Sicht kann aber klar abgeleitet werden, dass lüftungstechnische Maßnahmen erforderlich sind. Ohne die Erstellung eines Lüftungskonzeptes begeht der Planer einen Planungsfehler.

Ich rate jedem Eigentümer aus Gründen des Feuchteschutzes und zur Vermeidung von Baumängeln entsprechende Maßnahmen zu ergreifen. Das können auch Maßnahmen für eine freie Lüftung sein. Wie dies von Juristen beurteilt wird, kann ich nicht sagen.

Zöller:

Zu den möglichen abgestuften Maßnahmen zur Lüftung gehören auch die Fensterfalzlüftungssysteme. Wie schätzen Sie die Leistungsfähigkeit dieser Systeme ein? Ist es vielleicht günstiger auf die Erstellung eines Lüftungsnachweises zu verzichten und stattdessen direkt Fenster mit Falzlüftungssystemen einzubauen?

Rossa:

Einfache passive Lüftungssysteme zur freien Lüftung können durchaus die unterste Stufe für die Lüftung zum Feuchteschutz sicherstellen. Bei bestimmten Witterungsbedingungen, z. B. bei Windstille und fehlender Thermik, wird allerdings kein ausreichender Winddruck entstehen und eine ausreichende Belüftung wird schwierig.

Wenn höhere Lüftungsstufen sichergestellt werden müssen, sind passive Systeme zur freien Lüftung sicherlich überfordert.

Frage:

Muss im Streitfall ein Aluminiumabstandhaltersystem bei Isolierverglasung ausgetauscht werden und durch ein „warm-edge"- System („Warme Kante" aus wenig wärmeleitenden Materialien wie Kunststoff oder nicht rostende Stähle) ersetzt werden?

Rossa:

Das ist ein schwieriges Thema. Ich würde sagen: zurzeit eher nicht, da das zeitweise Auftreten von Kondensat an der Fensterkonstruktion durchaus erlaubt ist, aber in Zukunft könnte es der Fall sein.

Bei einem massiven konstruktiven Mangel kommt es allerdings nicht nur zu zeitweisem Auftreten von Kondensat. Dann müssen die Fenster ausgetauscht werden.

Frage:

Warum wird das Gütekennzeichen nicht mehr in den Glasfalz gedruckt? Wie kann eine Güteprüfung erfolgen?

Rossa:

In Deutschland gibt es Zertifizierungen und damit auch eine Güteüberwachung für Mehrscheiben-Isolierglas auf freiwilliger Basis. Hierzu gehört das RAL-Gütezeichen und das ift-zertifiziert Zeichen.

Es besteht für die Hersteller von gütegesichertem Isolierglas keine Verpflichtung das Gütezeichen auf den Abstandhalter des Isolierglases zu drucken. Dies kann jedoch auf freiwilliger Basis erfolgen. Die RAL Gütegemeinschaft für Mehrscheiben-Isolierglas fordert eine Mindestkennzeichnung im Stegbereich mit folgenden Angabe: Produzent, Datum, Auftragskennzeichnung o. ä. um den Bezug zum Produkt herzustellen sowie einen Hinweis auf RAL/GMI. Diese Kennzeichnung ist aus Gründen der Rückverfolgbarkeit und Identifizierung des Isolierglastyps des Aufbaus sowie der Leistungsdaten des Mehrscheiben-Isolierglases absolut sinnvoll.
Hersteller, die keine Gütesicherung besitzen, sind zu einer Kennzeichnung nicht verpflichtet, da die europäische Produktnorm EN 1279, die auch Grundlage für die CE-Kennzeichnung ist, eine dauerhafte Kennzeichnung des Produktes nicht fordert.

Frage:
Hat die „Warme Kante" bei der Altbausanierung Auswirkungen auf Kondensatbildung?

Rossa:
Diese Frage kann unabhängig ob es sich um einen Altbau oder Neubau handelt mit ja beantwortet werden.

Frage:
Kann man für Komfortwohnungen die Verwendung der „Warmen Kante" als grundsätzlich geschuldete Leistung erwarten?

Rossa:
Der Begriff Komfortwohnung ist nicht definiert. Ich bin der Meinung, dass die wärmetechnisch optimierten Abstandhalter („Warme Kante") im gehobenen, hochwertigen Segment des Wohnungsbaus bereits heute eine geschuldete Leistung sind. Dies gilt insbesondere dann, wenn es auch um energetisch hochwertigen Wohnungsbau im Niedrigstenergiebereich handelt. Die „Warme Kante" entwickelt sich derzeit zum Standard und wird in naher Zukunft ohnehin geschuldet sein. Herstellern von Isolierglas kann man nur nachdrücklich empfehlen auf diese sinnvolle Produktvariante hinzuweisen, oder generell nur noch Isolierglas mit wärmetechnisch optimierten Abstandhaltern herzustellen.

Frage:
Bei Erstellung eines WDVS im Bestand sind Fenster mit Zweifach- oder Dreifachverglasung zu empfehlen?

Rossa:
Wenn mit WDVS ein hoher Wärmedämmstandard gemeint ist, sind Dreifachverglasungen die richtige Wahl. Ideal ist bei der Wahl der Dreifach-Isolierverglasung auch auf einen hohen solaren Gewinn (g-Wert), eine hohe Lichtdurchlässigkeit und einen zusätzlichen temporären Sonnenschutz zu achten.

Oswald:
Der heutige Nachmittag lässt sich wie folgt zusammenfassen:

- Bei einem hochwertigen Haus muss auch ein Wärmedämm-Verbundsystem mit einer hohen Qualitätsklasse ausgeführt werden.
- Die „Warme Kante" wird demnächst Standard und somit auch geschuldet sein.

Zum Abschluss der Tagung bedanke ich mich vor allem bei den Referenten für Ihren engagierten Einsatz, der es wieder ermöglicht hat, viele Fragen zu dem in diesem Jahr vorrangig behandelten Thema „Qualitätsklassen im Hochbau" zu beantworten bzw. die noch offenen/ungeklärten Problemstellungen klar zu benennen. Viele der aufgeworfenen Fragen können nicht einfach mit einem Ja oder Nein beantwortet werden. Entscheidend ist eine differenzierte Beurteilung im Einzelfall. Eine Aufgabe die vor allem Ihnen als Sachverständige zukommt.
Ich danke den Tagungsteilnehmern für Ihr konzentriertes Zuhören und den kritischen Fragen bei den Podiumsdiskussionen und würde mich freuen, wenn ich Sie im nächsten Jahr wieder in Aachen begrüßen kann.

VERZEICHNIS DER AUSSTELLER AACHEN 2014

Während der Aachener Bausachverständigentage werden in einer begleitenden Informations-ausstellung den Sachverständigen und Architekten interessierende Messgeräte, Literatur und Serviceleistungen vorgestellt:

ACO HOCHBAU VERTRIEB GMBH
Neuwirtshauser Straße 14,
97723 Oberthulba/Reith
Tel.: (0 97 36) 41 60 Fax: (0 97 36) 41 38
ACO Kellerschutz an Lichtschacht und Kel-lerfenster unter Betrachtung des Wärmeschutzes und der Schnittstellen – ACO Therm Block. Barrierefreie Terrassenlösungen mit Fassadenrinnen
www.aco-hochbau.de

ADICON®
GESELLSCHAFT FÜR BAUWERKS-ABDICHTUNGEN MBH
Max-Planck-Straße 6, 63322 Rödermark
Tel.: (0 60 74) 89 51 0
Fax: (0 60 74) 89 51 51
Fachunternehmen für WU-Konstruktionen, Mauerwerksanierung und Betoninstand-setzung
www.adicon.de

ALLIED ASSOCIATES GEOPHYSICAL LTD.
BÜRO DEUTSCHLAND
Butenwall 56, 46325 Borken
Tel.: (0 28 61) 80 85 64 8
Fax: (0 28 61) 90 26 95 5
Verkauf, Vermietung, Service und Entwick-lung von Messgeräten für zerstörungsfreie Untersuchungen von Bauwerken, Strassen, Schienenwegen, Baugrund, Ortung v. Hohl-räumen, Leckagen, Feuchtigkeit, Schichtauf-bau, Fehlstellen
www.allied-germany.de
www.allied-associates.co.uk

ALLTROSAN BAUMANN + LORENZ
TROCKNUNGSSERVICE GMBH & CO. KG
Stendorfer Straße 7, 27721 Ritterhude
Tel.: (0 42 92) 81 18 0
Fax: (0 42 92) 81 18 13
Leckageortung, Sanierung von Wasser- und Schimmelschäden
www.alltrosan.de

ALUMAT FREY GMBH
Im Hart 10, 87600 Kaufbeuren
Tel.: (0 83 41) 47 25
Fax: (0 83 41) 74 21 9
Schwellenlose und schlagregendichte Mag-netdoppeldichtungen für alle Außentüren mit werkseitig vormontierter Dichtungsbahn
www.alumat.de

BELFOR DEUTSCHLAND GMBH
Keniastraße 24, 47269 Duisburg
Tel.: (02 03) 75 64 04 00
Fax: (02 03) 75 64 04 55
Brand- und Wasserschadensanierung
www.belfor.de

BEUTH VERLAG GMBH UND
BAUWERK VERLAG GMBH
Burggrafenstraße 6, 10787 Berlin
Tel.: (0 30) 26 01 0
Fax: (0 30) 26 01 12 60
Normungsdokumente und technische Fach-literatur
www.beuth.de
www.bauwerk-verlag.de

BIOLYTIQS GMBH
Merowingerplatz 1a, 40225 Düsseldorf
Tel.: (02 11) 59 85 09 52
Fax: (02 11) 59 85 09 59
Laboranalysen u.a. von Schimmelpilzen und holzzerstörenden Pilzen, Hygieneunter-suchungen von Klima- und Lüftungsanlagen nach VDI 6022, Sanierungskontrollen, Luftmessungen, Eigenkontrollen Fleischver-arbeitung
www.biolytiqs.de

BIOMESS INGENIEUR- UND SACHVERSTÄNDIGENBÜRO GMBH
Herzbroicher Weg 49,
41352 Korschenbroich
Tel.: (0 21 61) 64 21 14
Fax: (0 21 61) 64 89 84
Alles rund um Schadstoffe, Schimmel und Asbest, von der Begutachtung bis zur Laboranalyse
www.biomess.de

BLOWERDOOR GMBH
Zum Energie- und Umweltzentrum1,
31832 Springe-Eldagsen
Tel.: (0 50 44) 97 54 0
Fax: (0 50 44) 97 54 4
MessSysteme für Luftdichtheit
www.blowerdoor.de

BUCHLADEN PONTSTRASSE 39
Pontstraße 39, 52062 Aachen
Tel.: (02 41) 28 00 8
Fax: (02 41) 27 17 9
Fachbuchhandlung, Versandservice
www.buchladen39.de

BUNDESANZEIGER VERLAG GMBH
Amsterdamer Straße 192, 50735 Köln
Tel.: (02 21) 97 66 83 06
Fax: (02 21) 97 66 82 71
Fachinformationen für Immobilienbewerter, Bausachverständige, Baujuristen
www.bundesanzeiger-verlag.de

BUNDESVERBAND DER BRAND- UND WASSERSCHADENBESEITIGER E.V.
Jenfelder Straße 55 a, 22045 Hamburg
Tel.: (0 40) 66 99 67 96
Fax: (0 40) 44 80 93 08
Beseitigung von Brand-, Wasser- und Schimmelschäden, Leckageortung
www.bbw-ev.de

BUNDESVERBAND FEUCHTE & ALTBAUSANIERUNG E.V.
Am Dorfanger 19, 18246 Groß Belitz
Tel.: (01 73) 20 32 82 7
Fax: (03 84 66) 33 98 17
Veranstalter der „Hanseatischen Sanierungstage", Förderung des wissenschaftlichen Nachwuchses, Vermittlung von Forschungsergebnissen aus der Altbausanierung
www.bufas-ev.de

BVS E.V.
Charlottenstraße 79/80, 10117 Berlin
Tel.: (0 30) 25 59 38 0
Fax: (0 30) 25 59 38 14
Bundesverband öffentlich bestellter und vereidigter sowie qualifizierter Sachverständiger e.V.; Bundesgeschäftsstelle Berlin
www.bvs-ev.de

CERAVOGUE GMBH & CO. KG
Holtenstraße 7, 32457 Porta Westfalica
Tel.: (0 57 31) 15 33 45 8
Fax: (0 57 31) 15 33 47 6
Das System zur optischen Wiederherstellung von keramischen Bodenbelägen nach Wasserschäden
www.ceravogue.de

DRIESEN + KERN GMBH
Am Hasselt 25, 24576 Bad Bramstedt
Tel.: (0 41 92) 8 17 00
Fax: (0 41 92) 81 70 99
Handmessgeräte und Datenlogger für Feuchte, Temperatur, Luftgeschwindigkeit, CO_2, Staubpartikel; CO_2-Sensoren; Messwertgeber für Feuchte, Temperatur und Luftgeschwindigkeit, Luftdruck (barometrisch und Differenz) und CO_2
www.driesen-kern.de

DYWIDAG-SYSTEMS INTERNATIONAL GMBH
Bereich Gerätetechnik, Germanenstraße 8,
86343 Königsbrunn
Tel.: (0 82 31) 9 60 70
Fax: (0 82 31) 96 07 10
Spezialprüfgeräte für das Bauwesen, Bewehrungssuchgerät, Profometer, Betonprüfhammer, Haftzugprüfgerät, Feuchtigkeitsmessgeräte u.a.
www.dsi-equipment.com

ENVILAB GMBH
Bruckersche Straße 152, 47839 Krefeld
Tel.: (0 21 51) 56 71 54 9
Fax: (0 21 51) 56 95 60 2
Schnelltests für Schimmelpilze
www.envilab-gmbh.de

**ERNST & SOHN VERLAG FÜR ARCHITEK-
TUR UND TECHNISCHE WISSENSCHAF-
TEN GMBH & CO. KG**
Rotherstraße 21, 10245 Berlin
Tel.: (0 30) 47 03 12 00
Fax: (0 30) 47 03 12 70
*Fachbücher und Fachzeitschriften für
Bauingenieure*
www.ernst-und-sohn.de

FRANKENNE
An der Schurzelter Brücke 13,
52074 Aachen
Tel.: (02 41) 30 13 01
Fax: (02 41) 30 13 03 0
*Vermessungsgeräte, Messung von Maßtole-
ranzen, Zubehör für Aufmaße, Rissmaßstäbe,
Bürobedarf, Zeichen- und Grafikmaterial*
www.frankenne.de

**FRAUNHOFER-INFORMATIONS-
ZENTRUM RAUM UND BAU**
Nobelstraße 12, 70569 Stuttgart
Tel.: (07 11) 9 70 25 00
Fax: (07 11) 9 70 25 07
*Literaturservice, Fachbücher, Fachzeitschrif-
ten, Datenbanken/ elektronische Medien zu
Baufachliteratur, SCHADIS® Volltext-Daten-
bank zu Bauschäden*
www.irb.fraunhofer.de

GTÜ
Gesellschaft für Technische Überwachung
mbH
Vor dem Lauch 25, 70567 Stuttgart
Tel.: (07 11) 97 67 60
Fax: (07 11) 97 67 61 99
Baubegleitende Qualitätsüberwachung
www.gtue.de

GUTJAHR SYSTEMTECHNIK GMBH
Philipp-Reis-Straße 5–7, 64404 Bickenbach
Tel.: (0 62 57) 93 06 0
Fax: (0 62 57) 93 06 31
*Komplette Drain- und Verlegesysteme für
Balkone, Terrassen, Außentreppen; bauauf-
sichtlich zugelassenes Fassadensystem;
Produkte für den Innenbereich*
www.gutjahr.com

HEINE OPTOTECHNIK
Kientalstraße 7, 82211 Herrsching
Tel.: (0 81 52) 3 80
Fax: (0 81 52) 3 82 02
*Endoskope, Sachverständigen-Sets,
Lupen mit und ohne Fotoadapter,
Tiefenlupen*
www.heinetech.com

HF SENSOR GMBH
Weißenfelser Straße 67, 04229 Leipzig
Tel.: (03 41) 49 72 60
Fax: (03 41) 4 97 26 22
*Zerstörungsfreie Mikrowellen-Feuchtemess-
technik zur Analyse von Feuchteschäden in
Bauwerken und auf Flachdächern*
www.hf-sensor.de

HILTI DEUTSCHLAND AG
Hiltistraße 2, 86916 Kaufering
Tel.: (08 00) 888 55 22
Fax: (0800) 888 55 23
*Entwicklung, Herstellung und Direktvertrieb
von Messtechnik, Abbau- und Befestigungs-
technik*
www.hilti.de

**HOTTGENROTH SOFTWARE GMBH &
CO. KG**
Von-Hünefeld-Straße 3, 50829 Köln
Tel.: (02 21) 70 99 33 00
Fax: (02 21) 70 99 33 01
*Software für Energieeffizienz, TGA, Lüftung,
kaufmännische Software, Internet im Bau-
haupt- und Nebengewerbe bei Planung,
Auslegung und Simulation*
www.hottgenroth.de

ICOPAL GMBH
Capeller Str. 150, 59368 Werne
Tel.: (0 23 89) 79 70 0
Fax: (0 23 89) 79 70 20
*Hersteller von Produkten und Systemen für
das Flachdach, für die Bauwerksabdichtung
und für Detailabdichtungen aus Elastomerbi-
tumen, Kunststoffen und Flüssigkunststoff
auf Basis PMMA*
www.icopal.de

ID VERLAGS GMBH
Harrlachweg 4, 68163 Mannheim
Tel.: (06 21) 12 03 20
Fax: (06 21) 2 83 83
*Immobilien- und baurechtliche Fachzeit-
schriften, Online-Datenbank und Seminare*
www.ibr-online.de

**INGENIEURKAMMER-BAU NRW
(IK-BAU NRW)**
Körperschaft des öffentlichen Rechts
Zollhof 2, 40221 Düsseldorf
Tel.: (02 11) 13 06 70
Fax: (02 11) 13 06 71 50
*Berufsständische Selbstverwaltung und
Interessenvertretung der im Bauwesen
tätigen Ingenieurinnen und Ingenieure in
Nordrhein-Westfalen*
www.ikbaunrw.de

**INSTITUT FÜR SACHVERSTÄNDIGEN-
WESEN E.V. (IfS)**
Hohenzollernring 85–87, 50672 Köln
Tel.: (02 21) 91 27 71 12
Fax: (02 21) 91 27 71 99
*Aus- und Weiterbildung, Literatur und
aktuelle Informationen für Sachverständige*
www.ifsforum.de

INTEGRAL INGENIEURE
Dipl.-Ing. Stefan Krämer
Oranienstr. 9, 52066 Aachen
Tel.: (02 41) 16 98 30 0
Fax: (02 41) 16 98 14 1
*Spezialisten für Gebäudesimulation, Nach-
haltigkeit DGNB, Effizienzberater Bafa/KfW/
DENA / European Energy Award Energie-
sparkonzepte im Bestand/Neubau*
www.integral-ingenieure.de

ISA INSTITUT FÜR SCHÄDLINGSANALYSE
Bruckersche Straße 152, 47839 Krefeld
Tel.: (0 21 51) 56 95 86 0
Fax: (0 21 51) 56 95 44 0
*Untersuchung von Probematerialien und
Gutachten zu Schimmelpilzen (in Innenräumen), Holz zerstörenden Organismen, Innen-
raumschadstoffen und chemischem Holz-
schutz, Materialprüfung zu biologischer Re-
sistenz*
www.isa-labor.de

ISOTEC GMBH
Cliev 21, 51515 Kürten-Herweg
Tel.: (08 00) 11 21 12 9
Fax: (0 22 07) 84 76 51 1
*Bereits seit über 20 Jahren ist die ISO
TEC-Gruppe spezialisiert auf die Sanierung
von Feuchte- und Schimmelpilzschäden an
Gebäuden*
www.isotec.de

JATIPRODUCTS
Kreuzberg 4, 59969 Hallenberg
Tel.: (0 29 84) 934 93 0
Fax: (0 29 84) 934 93 29
*Entwicklung, Herstellung und Vertrieb von
Biozid-Produkten auf Basis von Aktivsauer-
stoff mit stabilisierenden Fruchtsäuren zur
Bekämpfung von Schimmelpilzen, Sporen,
Bakterien und Biofilmen*
www.jatiproducts.de

KERN INGENIEURKONZEPTE
Hagelberger Straße 17, 10965 Berlin
Tel.: (0 30) 78 95 67 80
Fax: (0 30) 78 95 67 81
*DÄMMWERK Bauphysik- und EnEV-Soft-
ware, Software für Architekten und Ingenieure*
www.bauphysik-software.de

KESTLER-SCHULUNGEN
Am Seewasen 22, 97359 Schwarzach
Tel.: (0 93 24) 97 87 14
Fax: (0 93 24) 97 87 15
*Software für Sachverständige, Aufnahme-
Zubehör, Schulungen „Digitale Fotografie"
für Sachverständige*
www.digitalfotokurs.de

KRASO® – KRASEMANN GMBH & CO. KG
Max-Planck-Str. 2, 46414 Rhede
Tel.: (0 28 72) 95 35 0
Fax: (0 28 72) 95 35 35
*Druckwasserdichte Spezialartikel für den
Betonbau; Systemlösungen in Kunststoff,
Metall und Beton; Abdichtungstechnik;
Fugenbandsysteme*
www.kraso.de

MBS SCHADENMANAGEMENT
Carl-Benz-Straße 1-5, 82266 Inning
Tel.: (0 81 43) 4 47 70
Fax: (0 81 43) 44 77 60 1
*Brand- und Wasserschaden, Leckortung,
Bautrocknung/-beheizung, Messtechnik,
Renovierung, Bauwerksabdichtung, Verkauf*
www.mbs-service.de

POLYGONVATRO GMBH
Billbrockdeich 32, 22113 Hamburg
24-Std.-Service: (08 00) 840 850 8
Sanierung von Brand- & Wasserschäden;
*Trocknungs- u. Sanierungsmethoden,
Brandschadenbeseitigung, Messtechnik;
z.B. Thermografie, Baufeuchtemessung,
Leckageortung etc.*
www.polygonvatro.de

RECOSAN GMBH
Nordring 28, 47495 Rheinberg
Tel.: (0 28 43) 90 82 00
Fax: (0 28 43) 90 82 01 5
Brand- und Wasserschadensanierung,
Schimmelsanierung, Trocknungsservice
www.reco-san.de

REMMERS BAUSTOFFTECHNIK GMBH
Bernhard-Remmers-Straße 13,
49624 Löningen
Tel.: (0 54 32) 8 30
Fax: (0 54 32) 39 85
Systeme zur Bauwerksabdichtung und
Mauerwerkssanierung, Fassadeninstand-
setzung, Schimmelsanierung, Energetische
Gebäudesanierung
www.remmers.de

ROEDER MESS-SYSTEM-TECHNIK
Textilstraße 2 / Eingang G, 41751 Viersen
Tel.: (0 21 62) 50 12 48 0
Fax: (0 21 62) 50 12 48 4
Messgeräte und Systemlösungen für
Industrie, Handwerk und Dienstleister
www.roeder-mst.de

SACHVERSTÄNDIGENAUSRÜSTER
ROLF H. STEFFENS
Bergstraße 49, 50226 Frechen-Königsdorf
Tel.: (0 22 34) 6 44 00
Fax: (0 22 34) 6 55 73
Prüf- und Messgeräte für Bausachverständi-
ge, komplettes HEINE-Programm
www.steffens.de

SAUGNAC MESSGERÄTE
Schwabstraße 18, 70197 Stuttgart
Tel.: (07 11) 6 64 98 53
Fax: (07 11) 6 64 98 40
Messgeräte zur langfristigen Erfassung und
Dokumentation von Rissbewegungen und
anderen Verformungen an Gebäuden und
Bauwerken
www.saugnac-messsgerate.de

SCANNTRONIK MUGRAUER GMBH
Parkstraße 38, 85604 Zorneding
Tel.: (0 81 06) 2 25 70
Fax: (0 81 06) 2 90 80
Datenlogger für Klima, Temperatur, Luft- und
Materialfeuchte, Rissbewegungen, Span-
nung, Strom, Datenfernübertragung u.v.m.
www.scanntronik.de

SOPRO BAUCHEMIE GMBH
Biebricher Straße 74, 65203 Wiesbaden
Tel.: (06 11) 17 07 0
Fax: (06 11) 17 07 25 0
Innovative Produkte und Produktsysteme für
die Gewerke Fliesenverlegung, Estricharbei-
ten, Putz- und Spachtelarbeiten, Abdich-
tungsarbeiten, Ofenbau und Mauerwerksbau
sowie Garten- und Landschaftsbau
www.sopro.com

SPRINGER VIEWEG VERLAG
SPRINGER FACHMEDIEN WIESBADEN
GMBH
Abraham-Lincoln-Straße 46,
65189 Wiesbaden
Tel.: (06 11) 78 78 0
Fax: (06 11) 78 78 78 20 4
Verlag für Bauwesen, Konstruktiver
Ingenieurbau, Baubetrieb und Baurecht
www.springer.com/springer+vieweg

STO AG
Ehrenbachstraße 1, 79780 Stühlingen
Tel.: (0 77 44) 57 10 10
Fax: (0 77 44) 57 20 10
Fassadensysteme, Fassaden- und Innenbe-
schichtungen, Lasuren, Lacke, Werkzeuge
www.sto.de

TEXPLOR EXPLORATION &
ENVIRONMENTAL TECHNOLOGY GMBH
Am Bürohochhaus 2–4, 14478 Potsdam
Tel.: (03 31) 70 44 00
Fax: (03 31) 70 44 02 4
Zerstörungsfreie Untersuchung von
Feuchteschäden / Bauwerksabdichtungen
im Spezial-, Hoch- und Tiefbau
www.texplor.com

TPH BAUSYSTEME GMBH
Nordportbogen 8, 22848 Norderstedt
Tel.: (040) 52 90 66 78 0
Fax: (040) 52 90 66 78 78
Abdichtung von Tunneln, Injektionssysteme,
Maschinentechnik, Fugenabdichtungen,
Beschichtungen
www.tph-bausysteme.com

TROTEC GMBH & CO. KG
Grebbener Straße 7, 52525 Heinsberg
Tel.: (0 24 52) 96 24 00
Fax: (0 24 52) 96 22 00
Messgeräte zur Feuchte-, Temperatur- und Klimamessung, Thermografie, Bauwerks-diagnostik, Leckageortung
www.trotec.de

URETEK DEUTSCHLAND GMBH
Weseler Straße 110,
45478 Mülheim an der Ruhr
Tel.: (02 08) 3 77 32 50
Fax: (02 08) 3 77 32 51 0
Tragfähigkeitserhöhung und Anhebung von Betonböden und Fundamenten mittels Injektion von Expansionsharzen
www.uretek.de

VQC- VEREIN ZUR QUALITÄTS-CONTROLLE AM BAU E.V.
Triftstraße 5,
34355 Staufenberg OT Lutterberg
Tel.: (0 55 43) 30 26 10
Fax: (0 55 43) 30 26 11 1
VQC: bundesweite tätige Sachverständigen – Organisation für unabhängige baubegleitende Qualitätskontrollen nach dem VQC-Prinzip an Wohnbauten
www.vqc.de

VERLAGSGESELLSCHAFT RUDOLF MÜLLER GMBH & CO. KG
Stolberger Straße 84, 50933 Köln
Tel.: (02 21) 5 49 71 10
Fax: (02 21) 54 97 61 10
Baufachinformationen, Technische Baubestimmungen, Normen, Richtlinien
www.baufachmedien.de
www.rudolf-mueller.de

WINGS – WISMAR INTERNATIONAL GRADUATION SERVICES GMBH
Fernstudium an der Hochschule Wismar
Philipp-Müller-Straße 14, 23966 Wismar
Tel.: (0 38 41) 75 37 89 2
Fax: (0 38 41) 75 37 29 6
Berufsbegleitendes Fernstudium „Master Bautenschutz (M.Sc)"/„Master Facility Management (M.Sc)"/„Master Architektur und Umwelt (M.Sc)"
www.wings-fernstudium.de

WÖHLER MESSGERÄTE KEHRGERÄTE GMBH
Schützenstraße 41, 33181 Bad Wünnenberg
Tel.: (0 29 53) 7 31 00
Fax: (0 29 53) 7 39 61 00
Blower-Check, Messgeräte für Feuchte, Wärme, Schall, Thermografie, Gebäudeluftdichtheit und Videoinspektion
www.woehler.de

XPERT-SOFT GMBH
Altestedt 11, 40213 Düsseldorf
Tel.: (02 11) 63 55 38 35
Fax: (02 11) 63 55 64 06
Modulare Software zur kompletten Auftragsabwicklung. Adressen, Email, Fotodokumentation, Berichterstellung, Rechnungsstellung
www.xpert3.com

Register 1975–2014

Rahmenthemen der Aachener Bausachverständigentage

1975 – Dächer, Terrassen, Balkone
1976 – Außenwände und Öffnungsanschlüsse
1977 – Keller, Dränagen
1978 – Innenbauteile
1979 – Dach und Flachdach
1980 – Probleme beim erhöhten Wärmeschutz von Außenwänden
1981 – Nachbesserung von Bauschäden
1982 – Bauschadensverhütung unter Anwendung neuer Regelwerke
1983 – Feuchtigkeitsschutz und -schäden an Außenwänden und erdberührten Bauteilen
1984 – Wärme- und Feuchtigkeitsschutz von Dach und Wand
1985 – Rißbildung und andere Zerstörungen der Bauteiloberfläche
1986 – Genutzte Dächer und Terrassen
1987 – Leichte Dächer und Fassaden
1988 – Problemstellungen im Gebäudeinneren – Wärme, Feuchte, Schall
1989 – Mauerwerkswände und Putz
1990 – Erdberührte Bauteile und Gründungen
1991 – Fugen und Risse in Dach und Wand
1992 – Wärmeschutz – Wärmebrücken – Schimmelpilz
1993 – Belüftete und unbelüftete Konstruktionen bei Dach und Wand
1994 – Neubauprobleme – Feuchtigkeit und Wärmeschutz
1995 – Öffnungen in Dach und Wand
1996 – Instandsetzung und Modernisierung
1997 – Flache und geneigte Dächer. Neue Regelwerke und Erfahrungen
1998 – Außenwandkonstruktionen
1999 – Neue Entwicklungen in der Abdichtungstechnik
2000 – Grenzen der Energieeinsparung – Probleme im Gebäudeinneren
2001 – Nachbesserung, Instandsetzung und Modernisierung
2002 – Decken und Wände aus Beton – Baupraktische Probleme und Bewertungsfragen
2003 – Leckstellen in Bauteilen – Wärme – Feuchte – Luft – Schall
2004 – Risse und Fugen in Wand und Boden
2005 – Flachdächer – Neue Regelwerke – Neue Probleme
2006 – Außenwände: Moderne Bauweisen – Neue Bewertungsprobleme
2007 – Bauwerksabdichtungen: Feuchteprobleme im Keller und Gebäudeinneren
2008 – Bauteilalterung – Bauteilschädigung – Typische Schädigungsprozesse
         und Schutzmaßnahmen
2009 – Dauerstreitpunkte – Beurteilungsprobleme bei Dach, Wand und Keller
2010 – Konfliktfeld Innenbauteile
2011 – Flache Dächer: nicht genutzt, begangen, befahren, bepflanzt
2012 – Gebäude und Gelände – Problemfeld Gebäudesockel und Außenanlagen
2013 – Bauen und Beurteilen im Bestand
2014 – Qualitätsklassen im Hochbau: Standard oder Spitzenqualität?

Verlage: bis 1978 Forum-Verlage, Stuttgart
               ab 1979 Bauverlag, Wiesbaden / Berlin
               ab 2001 Friedrich Vieweg & Sohn Verlagsgesellschaft mbH, Wiesbaden
               ab 2008 Vieweg + Teubner Verlag / GWV Fachverlage GmbH, Wiesbaden
               ab 2012 Springer Vieweg/Springer Fachmedien Wiesbaden GmbH

Die Vorträge der Aachener Bausachverständigen-tage, geordnet nach Jahrgängen, Referenten und Themen

(die fettgedruckte Ziffer kennzeichnet das Jahr; die zweite Ziffer die erste Seite des Aufsatzes)

75/3
Groß, Herbert
Forschungsförderung des Landes Nordrhein-Westfalen.

75/7
Bindhardt, Walter
Der Bausachverständige und das Gericht.

75/13
Schild, Erich
Ziele und Methoden der Bauschadensforschung.
Dargestellt am Beispiel der Untersuchung des Schadensschwerpunktes Dächer, Dachterrassen, Balkone.

75/27
Hoch, Eberhard
Konstruktion und Durchlüftung zweischaliger Dächer.

75/39
Cammerer, Walter F.
Rechnerische Abschätzung der Durchfeuchtungsgefahr von Dächern infolge von Wasserdampfdiffusion.

76/5
Moelle, Peter
Aufgabenstellung der Bauschadensforschung.

76/9
Schnutz, Hans H.
Das Beweissicherungsverfahren. Seine Bedeutung und die Rolle des Sachverständigen.

76/23
Obenhaus, Norbert
Die Haftung des Architekten gegenüber dem Bauherrn.

76/43
Schild, Erich
Das Berufsbild des Architekten und die Rechtsprechung.

76/79
Schild, Erich
Untersuchung der Bauschäden an Außenwänden und Öffnungsanschlüssen.

76/109
Oswald, Rainer
Schäden am Öffnungsbereich als Schadensschwerpunkt bei Außenwänden.

76/121
Wesche, Karlhans; Schubert, Peter
Risse im Mauerwerk – Ursachen, Kriterien, Messungen.

76/143
Pfefferkorn, Werner
Längenänderungen von Mauerwerk und Stahlbeton infolge von Schwinden und Temperaturveränderungen.

76/163
Grunau, Edvard B.
Durchfeuchtung von Außenwänden.

77/7
Franzki, Harald
Die Zusammenarbeit von Richter und Sachverständigem, Probleme und Lösungsvorschläge.

77/17
Obenhaus, Norbert
Die Mitwirkung des Architekten beim Abschluß des Bauvertrages.

77/26
Zimmermann, Günter
Zur Qualifikation des Bausachverständigen.

77/49
Schild, Erich
Untersuchung der Bauschäden an Kellern, Dränagen und Gründungen.

79/38
Wolf, Gert
Neue Dachkonstruktionen, Handwerkliche
Probleme und Berücksichtigung bei den Fest-
legungen, der Richtlinien des Dachdecker-
handwerks – Kurzfassung.

79/40
Gertis, Karl A.
Neuere bauphysikalische und konstruktive Er-
kenntnisse im Flachdachbau.

79/44
Rogier, Dietmar
Sturmschaden an einem leichten Dach mit
Kunststoffdichtungsbahnen.

79/49
Kramer, Carl; Gerhardt, H. J.; Kuhnert, B. Die
Windbeanspruchung von Flachdächern und
deren konstruktive Berücksichtigung.

79/64
Schild, Erich
Fallbeispiel eines Bauschadens an einem
Sperrbetondach.

79/67
Mantscheff, Jack
Sperrbetondächer, Konstruktion und Ausfüh-
rungstechnik.

79/76
Zimmermann, Günter
Stand der technischen Erkenntnisse der Kon-
struktion Umkehrdach.

79/82
Oswald, Rainer
Schadensfall an einem Stahltrapezblechdach
mit Metalleindeckung.

79/87
Stemmann, Dietmar
Konstruktive Probleme und geltende Ausfüh-
rungsbestimmungen bei der Erstellung von
Stahlleichtdächern.

79/101
Venter, Eckard
Metalleindeckungen bei flachen und flachge-
neigten Dächern.

80/7
Bleutge, Peter
Die Haftung des Sachverständigen für fehler-
hafte Gutachten im gerichtlichen und außer-
gerichtlichen Bereich, aktuelle Rechtslage und
Gesetzgebungsvorhaben.

80/24
Jagenburg, Walter
Architekt und Haftung.

80/32
Franzki, Harald
Die Stellung des Sachverständigen als Helfer
des Gerichts, Erfahrungen und Ausblicke.

80/38
Schild, Erich
Veränderung des Leistungsbildes des Architekten im Zusammenhang, mit erhöhten Anforderungen an den Wärmeschutz.

80/44
Gertis, Karl A.
Auswirkung zusätzlicher Wärmedämmschich-
ten auf das bauphysikalische Verhalten von
Außenwänden.

80/49
Künzel, Helmut
Witterungsbeanspruchung von Außenwänden,
Regeneinwirkung und thermische Beanspru-
chung.

80/57
Cammerer, Walter F.
Wärmdämmstoffe für Außenwände, Eigen-
schaften und Anforderungen.

80/65
Heck, Friedrich
Außenwand – Dämmsysteme, Materialien,
Ausführung, Bewährung.

80/81
Rogier, Dietmar
Untersuchung der Bauschäden an Fenstern.

80/94
Klein, Wolfgang
Der Einfluß des Fensters auf den Wärmehaus-
halt von Gebäuden.

80/113
Seiffert, Karl
Die Erhöhung des optimalen Wärmeschutzes
von Gebäuden bei erheblicher Verteuerung der
Wärme-Energie.

81/7
Jagenburg, Walter
Nachbesserung von Bauschäden in juristischer
Sicht.

81/14
Müller, Klaus
Der Nachbesserungsanspruch – seine Gren-
zen.

81/25
Schild, Erich
Probleme für den Sachverständigen bei der
Entscheidung von Nachbesserungen.

81/31
Klocke, Wilhelm
Preisabschätzung bei Nachbesserungsarbei-
ten und Ermittlung von Minderwerten.

81/45
Rogier, Dietmar
Grundüberlegungen bei der Nachbesserung
von Dächern.

81/61
Grün, Eckard
Beispiel eines Bauschadens am Flachdach
und seine Nachbesserung.

81/70
Jürgensen, Nikolai
Beispiel eines Bauschadens am Balkon/Log-
gia und seine Nachbesserung.

81/75
Dartsch, Bernhard
Nachbesserung von Bauschäden an Bauteilen
aus Beton.

81/96
Arnds, Wolfgang
Grundüberlegungen bei der Nachbesserung
von Außenwänden.

81/103
Sand, Friedhelm
Beispiel eines Bauschadens an einer Außenwand mit nachträglicher Innendämmung und
seine Nachbesserung.

81/108
Oswald, Rainer
Beispiel eines Bauschadens an einer Außen-
wand mit Riemchenbekleidung und seine
Nachbesserung.

81/113
Schild, Erich
Grundüberlegungen bei der Nachbesserung
von erdberührten Bauteilen.

81/121
Höffmann, Heinz
Beispiel eines Bauschadens an einem Keller
in Fertigteilkonstruktion und seine Nachbesserung.

81/128
Schlotmann, Bernhard
Beispiel eines Bauschadens an einem Keller
mit unzureichender Abdichtung und seine
Nachbesserung.

82/7
Schild, Erich
Die besondere Situation des Architekten bei
der Anwendung neuer Regelwerke und DIN-
Vorschriften.

82/11
Döbereiner, Walter
Die Haftung des Sachverständigen im Zusam-
menhang mit den anerkannten Regeln der
Technik.

82/23
Pott, Werner
Haftung von Planer und Ausführendem bei
Verstößen gegen allgemein anerkannte Regeln
der Bautechnik.

82/30
Hummel, Rudolf
Die Abdichtung von Flachdächern.

82/36
Oswald, Rainer
Zur Belüftung zweischaliger Dächer.

82/44
Rogier, Dietmar
Dachabdichtungen mit Bitumenbahnen.

82/54
Dahmen, Günter
Die neue DIN 4108 und die Wärmeschutzver-
ordnung, ihre Konsequenzen für Planer und
Ausführende, winterlicher und sommerlicher
Wärmeschutz.

82/63
Casselmann, Hans F.
Die neue DIN 4108 und die Wärmeschutzver-
ordnung, ihre Konsequenzen für Planer und
Ausführende, Tauwasserschutz im Inneren von
Bauteilen nach DIN 4108, Ausg. 1981.

82/76
Schild, Erich
Zum Problem der Wärmebrücken; das Son-
derproblem der geometrischen Wärmebrücke.

82/81
Trümper, Heinrich
Wärmeschutz und notwendige Raumlüftung
in Wohngebäuden.

82/91
Künzel, Helmut
Schlagregenschutz von Außenwänden, Neu-
fassung in DIN 4108.

82/97
Pohlenz, Rainer
Die neue DIN 4109 – Schallschutz im Hochbau, ihre Konsequenzen für Planer und Ausführende.

82/109
Knop, Wolf D.
Wärmedämm-Maßnahmen und ihre schall-
technischen Konsequenzen.

83/9
Jagenburg, Walter
Abweichen von vertraglich vereinbarten Ausführungen und Änderungen bei der Nachbesserung.

83/15
Schild, Erich
Verhältnismäßigkeit zwischen Schäden und
Schadensermittlung, Ausforschung – Hinzu-
ziehen von Sonderfachleuten.

83/21
Klopfer, Heinz
Bauphysikalische Betrachtungen zum Wasser-
transport und Wassergehalt in Außenwänden.

83/38
Cziesielski, Erich
Außenwände – Witterungsschutz im Fugen-
bereich – Fassadenverschmutzung.

83/57
Casselmann, Hans F.
Feuchtigkeitsgehalt von Wandbauteilen.

83/66
Knötel, Dietbert
Schäden und Oberflächenschutz an Fassaden.

83/78
Achtziger, Joachim
Meßmethoden – Feuchtigkeitsmessungen an
Baumaterialien.

83/85
Dahmen, Günter
Kritische Anmerkungen zur DIN 18195.

83/95
Rogier, Dietmar
Abdichtung erdberührter Aufenthaltsräume.

83/103
Grube, Horst
Konstruktion und Ausführung von Wannen aus
wasserundurchlässigem Beton.

83/113
Oswald, Rainer
Abdichtung von Naßräumen im Wohnungsbau.

83/119
Schumann, Dieter
Schlämmen, Putze, Injektagen und Injektionen.
Möglichkeiten und Grenzen der Bauwerkssa-
nierung im erdberührten Bereich.

84/9
Pott, Werner
Regeln der Technik, Risiko bei nicht ausreichend bewährten Materialien und Konstruktionen – Informationspflichten/-grenzen.

84/16
Jagenburg, Walter
Beratungspflichten des Architekten nach dem
Leistungsbild des § 15 HOAI.

84/22
Schild, Erich
Fortschritt, Wagnis, Schuldhaftes Risiko.

84/33
Haferland, Friedrich
Wärmeschutz an Außenwänden – Innen-,
Kern- und Außendämmung, k-Wert und Spei-
cherfähigkeit.

84/47
Lühr, Hans Peter
Kerndämmung – Probleme des Schlagregens,
der Diffusion, der Ausführungstechnik.

84/59
König, Norbert
Bauphysikalische Probleme der Innendäm-
mung.

84/71
Oswald, Rainer
Technische Qualitätsstandards und Kriterien zu
ihrer Beurteilung.

84/76
Schild, Erich
Flaches oder geneigtes Dach – Weltanschau-
ung oder Wirklichkeit.

84/79
Rogier, Dietmar
Langzeitbewährung von Flachdächern, Pla-
nung, Instandhaltung, Nachbesserung.

84/89
Hummel, Rudolf
Nachbesserung von Flachdächern aus der
Sicht des Handwerkers.

84/94
Liersch, Klaus W.
Bauphysikalische Probleme des geneigten
Daches.

84/105
Dahmen, Günter
Regendichtigkeit und Mindestneigungen von
Eindeckungen aus Dachziegel und Dachstei-
nen, Faserzement und Blech.

85/9
Jagenburg, Walter
Umfang und Grenzen der Haftung des Archi-
tekten und Ingenieurs bei der Bauleitung.

85/14
Siegburg, Peter
Umfang und Grenzen der Hinweispflicht des
Handwerkers.

85/30
Schild, Erich
Inhalt und Form des Sachverständigengutach-
tens.

85/38
Pilny, Franz
Mechanismus und Erfassung der Rißbildung.

85/49
Oswald, Rainer
Rissebildungen in Oberflächenschichten, Beeinflussung durch Dehnungsfugen und Haft-
verbund.

85/58
Rybicki, Rudolf
Setzungsschäden an Gebäuden, Ursachen
und Planungshinweise zur Vermeidung.

85/68
Schubert, Peter
Rißbildung in Leichtmauerwerk, Ursachen und
Planungshinweise zur Vermeidung.

85/76
Dahmen, Günter
DIN 18550 Putz, Ausgabe Januar 1985.

85/83
Künzel, Helmut
Anforderungen an die thermo-mechanischen
Eigenschaften von Außenputzen zur Vermei-
dung von Putzschäden.

85/89
Rogier, Dietmar
Rissebewertung und Rissesanierung.

85/100
Ruffert, Günther
Ursachen, Vorbeugung und Sanierung von
Sichtbetonschäden.

86/9
Vygen, Klaus
Die Beweismittel im Bauprozeß.

86/18
Jagenburg, Walter
Juristische Probleme im Beweissicherungsver-
fahren.

86/23
Schild, Erich
Die Nachbesserungsentscheidung zwischen
Flickwerk und Totalerneuerung.

86/32
Oswald, Rainer
Zur Funktionssicherheit von Dächern.

86/38
Dahmen, Günter
Die Regelwerke zum Wärmeschutz und zur
Abdichtung von genutzten Dächern.

86/51
Steinhöfel, Hans-Joachim
Nutzschichten bei Terrassendächern.

86/57
Zimmermann, Günter
Die Detailausbildung bei Dachterrassen.

86/63
Lohmeyer, Gottfried
Anforderungen an die Konstruktion von Park-
decks aus wasserundurchlässigem Beton.

86/71
Oswald, Rainer
Begrünte Dachflächen – Konstruktionshinwei-
se aus der Sicht des Sachverständigen.

86/76
Haack, Alfred
Parkdecks und befahrbare Dachflächen mit
Gußasphaltbelägen.

86/93
Hoch, Eberhard
Detailprobleme bei bepflanzten Dächern.

86/99
Wolf, Gert
Begrünte Flachdächer aus der Sicht des Dach-
deckerhandwerks.

86/104
Lamers, Reinhard
Ortungsverfahren für Undichtigkeiten und
Durchfeuchtungsumfang.

86/111
Rogier, Dietmar
Grundüberlegungen und Vorgehensweise bei
der Sanierung genutzter Dachflächen.

87/9
Ehm, Herbert
Möglichkeiten und Grenzen der Vereinfachung
von Regelwerken aus der Sicht der Behörden
und des DIN.

87/16
Jagenburg, Walter
Tendenzen zur Vereinfachung von Regelwerken,
Konsequenzen für Architekten, Ingenieure und
Sachverständige aus der Sicht des Juristen.

87/21
Oswald, Rainer
Grenzfragen bei der Gutachtenerstattung des
Bausachverständigen.

87/25
Gertis, Karl A.
Speichern oder Dämmen? Beitrag zur k-Wert-
Diskussion.

87/30
Pohl, Wolf-Hagen
Konstruktive und bauphysikalische Problem-
stellungen bei leichten Dächern.

87/53
Schild, Erich
Das geneigte Dach über Aufenthaltsräumen,
Belüftung – Diffusion – Luftdichtigkeit.

87/60
Lamers, Reinhard
Fallbeispiele zu Tauwasser- und Feuchtigkeits-
schäden an leichten Hallendächern.

87/68
Kniese, Arnd
Großformatige Dachdeckungen aus Alumini-
um- und Stahlprofilen.

87/80
Dahmen, Günter
Stahltrapezblechdächer mit Abdichtung.

87/87
Balkow, Dieter
Glasdächer – bauphysikalische und konstruktive Probleme.

87/94
Oswald, Rainer
Fassadenverschmutzung, Ursachen und Beurteilung.

87/101
Liersch, Klaus W.
Leichte Außenwandbekleidungen.

87/109
Schaupp, Wilhelm
Außenwandbekleidungen, Einschlägige DIN-Normen und bauaufsichtliche Regelungen.

88/9
Jagenburg, Walter
Die Produzentenhaftung, Bedeutung für den Baubereich.

88/17
Werner, Ulrich
Die Grenzen des Nachbesserungsanspruchs bei Bauschäden.

88/24
Bleutge, Peter
Aktuelle Aspekte der neuen Sachverständigenordnung, Werbung des Sachverständigen.

88/32
Schild, Erich
Fragen der Aus- und Fortbildung von Bausachverständigen.

88/38
Gertis, Karl A.
Temperatur und Luftfeuchte im Inneren von Wohnungen, Einflußfaktoren, Grenzwerte.

88/45
Künzel, Helmut
Instationärer Wärme- und Feuchteaustausch an Gebäudeinnenoberflächen.

88/52
Usemann, Klaus W.
Was muß der Bausachverständige über Schadstoffimmissionen im Gebäudeinneren wissen?

88/72
Oswald, Rainer
Der Feuchtigkeitsschutz von Naßräumen im Wohnungsbau nach dem neuesten Diskussionsstand.

88/77
Herken, Gerd
Anforderungen an die Abdichtung von Naßräumen des Wohnungsbaues in DIN-Normen.

88/82
Lamers, Reinhard
Abdichtungsprobleme bei Schwimmbädern, Problemstellung mit Fallbeispielen.

88/88
Schulze, Horst
Fliesenbeläge auf Gipsbauplatten und Spanplatten in Naßbereichen.

88/100
Grosser, Dietger
Der echte Hausschwamm (Serpula lacrimans), Erkennungsmerkmale, Lebensbedingungen, Vorbeugung und Bekämpfung.

88/111
Dahmen, Günter
Naturstein- und Keramikbeläge auf Fußbodenheizung.

88/121
Pohlenz, Rainer
Schallschutz von Holzbalkendecken bei Neubau- und Sanierungsmaßnahmen.

88/135
Braun, Eberhard
Maßgenauigkeit beim Ausbau, Ebenheitstoleranzen, Anforderung, Prüfung, Beurteilung.

89/9
Bleutge, Peter
Urheberschutz beim Sachverständigengutachten, Verwertung durch den Auftraggeber, Eigenverwertung durch den Sachverständigen.

89/15
Neuenfeld, Klaus
Die Feststellung des Verschuldens des objektüberwachenden Architekten durch den Sachverständigen.

89/21
Soergel, Carl
Die Prüfungs- und Hinweispflicht der am Bau
Beteiligten.

89/27
Schild, Erich
Mauerwerksbau im Spannungsfeld zwischen
architektonischer Gestaltung und Bauphysik.

89/35
Kirtschig, Kurt
Zur Funktionsweise von zweischaligem Mau-
erwerk mit Kerndämmung.

89/41
Dahmen, Günter
Wasseraufnahme von Sichtmauerwerk, Prüf-
methoden und Aussagewert.

89/48
Pauls, Norbert
Ausblühungen von Sichtmauerwerk, Ursachen
– Erkennung – Sanierung.

89/55
Lamers, Reinhard
Sanierung von Verblendschalen, dargestellt an
Schadensfällen.

89/61
Pfefferkorn, Werner
Dachdecken- und Geschoßdeckenauflage bei
leichten Mauerwerkskonstruktionen, Erläuterungen zur DIN 18530 vom März 1987.

89/75
Jeran, Alois
Außenputz auf hochdämmendem Mauerwerk,
Auswirkung der Stumpfstoßtechnik.

89/87
Schubert, Peter
Aussagefähigkeit von Putzprüfungen an ausgeführten Gebäuden, Putzzusammensetzung
und Druckfestigkeit.

89/95
Cziesielski, Erich
Mineralische Wärmedämmverbundsysteme,
Systemübersicht, Befestigung und Tragverhal-
ten, Rißsicherheit, Wärmebrückenwirkung,
Detaillösungen.

89/109
Künzel, Helmut
Wärmestau und Feuchtestau als Ursachen von
Putzschäden bei Wärmedämmverbundsyste-
men.

89/115
Oswald, Rainer
Die Beurteilung von Außenputzen, Strategien
zur Lösung typischer Problemstellungen.

89/122
Weber, Helmut
Anstriche und rißüberbrückende Beschich-
tungssysteme auf Putzen.

90/9
Bleutge, Peter
Beweiserhebung statt Beweissicherung.

90/17
Jagenburg, Walter
Juristische Probleme bei Gründungsschäden.

90/25
Schild, Erich
Allgemein anerkannte Regeln der Bautechnik.

90/35
Bölling, Willy H.
Gründungsprobleme bei Neubauten neben
Altbauten, zeitlicher Verlauf von Setzungen.

90/41
Arnold, Karlheinz
Erschütterungen als Rißursachen.

90/49
Weber, Ulrich
Bergbauliche Einwirkungen auf Gebäude, Ab-
grenzungen und Möglichkeiten der Sanierung
und Vermeidung.

90/61
Prinz, Helmut
Grundwasserabsenkung und Baumbewuchs
als Ursache von Gebäudesetzungen.

90/69
Hilmer, Klaus
Ermittlung der Wasserbeanspruchung bei erd-
berührten Bauwerken.

90/80
Dahmen, Günter
Dränung zum Schutz baulicher Anlagen, Neufassung DIN 4095.

90/91
Cziesielski, Erich
Wassertransport durch Bauteile aus wasserundurchlässigem Beton, Schäden und konstruktive Empfehlungen.

90/101
Arendt, Claus
Verfahren zur Ursachenermittlung bei Feuchtigkeitsschäden an erdberührten Bauteilen.

90/108
Schumann, Dieter
Nachträgliche Innenabdichtungen bei erdberührten Bauteilen.

90/121
Hübler, Manfred
Bauwerkstrockenlegung, Instandsetzung feuchter Grundmauern.

90/130
Lamers, Reinhard
Unfallverhütung beim Ortstermin.

90/135
Kamphausen, P. A.
Bewertung von Verkehrswertminderungen bei Gebäudeabsenkungen und Schieflagen.

90/143
Kamphausen, P. A.
Bausachverständige im Beweissicherungsverfahren.

91/9
Werner, Ulrich
Auslegung von HOAI und VOB, Aufgabe des Sachverständigen oder des Juristen?

91/22
Mauer, Dietrich
Auslegung und Erweiterung der Beweisfragen durch den Sachverständigen.

91/27
Jagenburg, Walter
Die außervertragliche Baumängelhaftung.

91/35
Cziesielski, Erich
Gebäudedehnfugen.

91/43
Pfefferkorn, Werner
Erfahrungen mit fugenlosen Bauwerken.

91/49
Dahmen, Günter
Dehnfugen in Verblendschalen.

91/57
Schellbach, Gerhard
Mörtelfugen in Sichtmauerwerk und Verblendschalen.

91/72
Baust, Eberhard
Fugenabdichtung mit Dichtstoffen und Bändern.

91/82
Lamers, Reinhard
Dehnfugenabdichtung bei Dächern.

91/88
Hauser, Gerd; Maas, Anton
Auswirkungen von Fugen und Fehlstellen in Dampfsperren und Wärmedämmschichten.

91/96
Oswald, Rainer
Grundsätze der Rißbewertung.

91/100 Schießl, Peter
Risse in Sichtbetonbauteilen.

91/105
Fix, Wilhelm
Das Verpressen von Rissen.

91/111
Jürgensen, Nikolai
Öffnungsarbeiten beim Ortstermin.

92/9
Vogel, Eckhard
Europäische Normung, Rahmenbedingungen, Verfahren der Erarbeitung, Verbindlichkeit, Grundlage eines einheitlichen europäischen Baumarktes und Baugeschehens.

92/20
Bleutge, Peter
Aktuelle Probleme aus dem Gesetz über die
Entschädigung von Zeugen und Sachverstän-
digen (ZSEG).

92/33
Schild, Erich
Zur Grundsituation des Sachverständigen bei
der Beurteilung von Schimmelpilzschäden.

92/42
Ehm, Herbert
Die zukünftigen Anforderungen an die Energieeinsparung bei Gebäuden, die Neufassung
der Wärmeschutzverordnung.

92/46
Achtziger, Joachim
Wärmebedarfsberechnung und tatsächlicher
Wärmebedarf, die Abschätzung des erhöhten
Heizkostenaufwandes bei Wärmeschutzmän-
geln.

92/54
Trümper, Heinrich
Natürliche Lüftung in Wohnungen.

92/64
Hausladen, Gerhard
Lüftungsanlagen und Anlagen zur Wärmerück-
gewinnung in Wohngebäuden.

92/65
Zeller, M.; Ewert, M.
Berechnung der Raumströmung und ihres Einflusses auf die Schwitzwasser- und Schimmelpilzbildung auf Wänden.

92/70
Pult, Peter
Krankheiten durch Schimmelpilze.

92/73
Erhorn, Hans
Bauphysikalische Einflußfaktoren auf das
Schimmelpilzwachstum in Wohnungen.

92/84
Arndt, Horst
Konstruktive Berücksichtigung von Wärme-
brücken, Balkonplatten, Durchdringungen,
Befestigungen.

92/90
Oswald, Rainer
Die geometrische Wärmebrücke, Sachverhalt
und Beurteilungskriterien.

92/98
Hauser, Gerd
Wärmebrücken, Beurteilungsmöglichkeiten
und Planungsinstrumente.

92/106
Dahmen, Günter
Die Bewertung von Wärmebrücken an ausgeführten Gebäuden, Vorgehensweise, Meßmethoden und Meßprobleme.

92/115
Kießl, Kurt
Wärmeschutzmaßnahmen durch Innendämmung, Beurteilung und Anwendungsgrenzen
aus feuchtetechnischer Sicht.

92/125
Cziesielski, Erich
Die Nachbesserung von Wärmebrücken durch
Beheizung der Oberflächen.

93/9
Werner, Ulrich
Erfahrungen mit der neuen Zivilprozeßordnung
zum selbständigen Beweisverfahren.

93/17
Bleutge, Peter
Der deutsche Sachverständige im EG-Binnen-
markt – Selbständiger, Gesellschafter oder
Angestellter, Tendenzen in der neuen Muster-
SVO des DIHT.

93/24
Meyer, Hans Gerd
Brauchbarkeits-, Verwendbarkeits- und Über-
einstimmungsnachweise nach der neuen Mus-
terbauordnung.

93/29
Cziesielski, Erich
Belüftete Dächer und Wände, Stand der Tech-
nik.

93/38
Künzel, Helmut; Großkinsky, Theo
Das unbelüftete Sparrendach, Meßergebnisse,
Folgerungen für die Praxis.

93/46
Liersch, Klaus W.
Die Belüftung schuppenförmiger Bekleidungen, Einfluß auf die Dauerhaftigkeit.

93/54
Schulze, Horst
Holz in unbelüfteten Konstruktionen des Wohnnungsbaus.

93/65
Stauch, Detlef
Unbelüftete Dächer mit schuppenförmigen Eindeckungen aus der Sicht des Dachdeckerhandwerks.

93/69
Steger, Wolfgang
Die Tragkonstruktionen und Außenwände der Fertigungsbauarten in den neuen Bundesländern – Mängel, Schäden mit Instandsetzungs- und Modernisierungshinweisen.

93/75
Friedrich, Rolf
Die Dachkonstruktionen der Fertigteilbauweisen in den neuen Bundesländern, Erfahrungen, Schäden, Sanierungsmethoden.

93/92
Tanner, Christoph
Die Messung von Luftundichtigkeiten in der Gebäudehülle.

93/85
Dahmen, Günter
Leichte Dachkonstruktionen über Schwimmbädern – Schadenserfahrungen und Konstruktionshinweise.

93/100
Oswald, Rainer
Zur Prognose der Bewährung neuer Bauweisen, dargestellt am Beispiel der biologischen Bauweisen.

93/108
Lamers, Reinhard
Wintergärten, Bauphysik und Schadenserfahrung.

94/9
Motzke, Gerd
Mängelbeseitigung vor und nach der Abnahme – Beeinflussen Bauzeitabschnitte die Sachverständigenbegutachtung?

94/17
Weidhaas, Jutta
Die Zertifizierung von Sachverständigen.

94/21
Tredopp, Rainer
Qualitätsmanagement in der Bauwirtschaft.

94/26
Schlapka, Franz-Josef
Qualitätskontrollen durch den Sachverständigen.

94/35
Dahmen, Günter
Die neue Wärmeschutzverordnung und ihr Einfluß auf die Gestaltung von Neubauten.

94/46
Schickert, Gerald
Feuchtemeßverfahren im kritischen Überblick.

94/64
Kießl, Kurt
Feuchteeinflüsse auf den praktischen Wärmeschutz bei erhöhtem Dämmniveau.

94/72
Oswald, Rainer
Baufeuchte – Einflußgrößen und praktische Konsequenzen.

94/79
Schubert, Peter
Feuchtegehalte von Mauerwerkbaustoffen und feuchtebeeinflußte Eigenschaften.

94/86
Schnell, Werner
Das Trocknungsverhalten von Estrichen – Beurteilung und Schlußfolgerungen für die Praxis.

94/97
Grosser, Dietger
Feuchtegehalte und Trocknungsverhalten von Holz und Holzwerkstoffen.

94/111
Oswald, Rainer
Das aktuelle Thema: Gesundheitsrisiken durch Faserdämmstoffe? Konsequenzen für Planer und Sachverständige.

94/112
Lohrer, Wolfgang
Das aktuelle Thema: Gesundheitsrisiken durch Faserdämmstoffe? Konsequenzen für Planer und Sachverständige.

94/114
Muhle, Hartwig
Das aktuelle Thema: Gesundheitsrisiken durch Faserdämmstoffe? Konsequenzen für Planer und Sachverständige.

94/118
Draeger, Utz
Das aktuelle Thema: Gesundheitsrisiken durch Faserdämmstoffe? Konsequenzen für Planer und Sachverständige.

94/120
Royar, Jürgen
Das aktuelle Thema: Gesundheitsrisiken durch Faserdämmstoffe? Konsequenzen für Planer und Sachverständige.

94/124
Diskussion Gesundheitsgefährdung durch künstliche Mineralfasern?

94/128
Anhang zur Mineralfaserdiskussion Presseerklärung des Bundesministeriums für Umwelt, Naturschutz und Reaktorsicherheit und des Bundesministeriums für Arbeit vom 18. 3. 1994.

94/130
Lamers, Reinhard
Feuchtigkeit im Flachdach – Beurteilung und Nachbesserungsmethoden.

94/139
Hupe, Hans-Heiko
Leitungswasserschäden – Ursachenermittlung und Beseitigungsmöglichkeiten.

94/146 Jebrameck, Uwe
Technische Trocknungsverfahren.

95/9
Motzke, Gerd
Übertragung von Koordinierungs- und Planungsaufgaben auf Firmen und Hersteller, Grenzen und haftungsrechtliche Konsequenzen für Architekten und Ingenieure.

95/23
Kolb, E. A.
Die Rolle des Bausachverständigen im Qualitätsmanagement.

95/35
Erhorn, Hans
Die Bedeutung von Mauerwerksöffnungen für die Energiebilanz von Gebäuden.

95/51
Balkow, Dieter
Dämmende Isoliergläser – Bauweise und bauphysikalische Probleme.

95/55
Pohl, Wolf-Hagen
Der Wärmeschutz von Fensteranschlüssen in hochwärmegedämmten Mauerwerksbauten.

95/74
Schmid, Josef
Funktionsbeurteilungen bei Fenstern und Türen.

95/92
Memmert, Albrecht
Das Berufsbild des unabhängigen Fassadenberaters.

95/109
Pohlenz, Rainer
Schallschutz – Fenster und Lichtflächen.

95/119
Oswald, Rainer
Die Abdichtung von niveaugleichen Türschwellen.

95/125
Schulze, Jörg
Das aktuelle Thema: Der Streit um das „richtige" Fenster im Altbau.

95/127
Löfflad, Hans
Das aktuelle Thema: Der Streit um das „richtige" Fenster im Altbau.

95/131
Gerwers, Werner
Das aktuelle Thema: Der Streit um das „richtige" Fenster im Altbau.

95/133
Willmann, Klaus
Das aktuelle Thema: Der Streit um das „richtige" Fenster im Altbau.

95/135
Dahmen, Günter
Rolläden und Rolladenkästen aus bauphysikalischer Sicht.

95/142
Horstmann, Herbert
Lichtkuppeln und Rauchabzugsklappen – Bauweisen und Abdichtungsprobleme.

95/151
Froelich, Hans
Dachflächenfenster – Abdichtung und Wärmeschutz.

96/9
Jagenburg, Walter
Baumängel im Grenzbereich zwischen Gewährleistung und Instandhaltung

96/15
Arlt, Joachim
Die Instandsetzung als Planungsleistung – Leistungsbild, Vertragsgestaltung, Honorierung, Haftung

96/23
Oswald, Rainer
Instandsetzungsbedarf und Instandsetzungsmaßnahmen am Altbaubestand Deutschlands – ein Überblick

96/31
Lamers, Reinhard
Nachträglicher Wärmeschutz im Baubestand

96/40
Meisel, Ulli
Einfache Untersuchungsgeräte und -verfahren für Gebäudebeurteilungen durch den Sachverständigen

96/49
Franke, Lutz
Imprägnierungen und Beschichtungen auf Sichtmauerwerks- und Natursteinfassaden – Entwicklungen und Erkenntnisse

96/56
Fuhrmann, Günter
Beschichtungssysteme für Flachdächer – Beurteilungsgrundsätze und Leistungserwartungen

96/65
Brenne, Winfried
Balkoninstandsetzung und Loggiaverglasung – Methoden und Probleme

96/74
Gerner, Manfred
Das aktuelle Thema: Die Fachwerksanierung im Widerstreit zwischen Nutzerwünschen, Wärmeschutzanforderungen und Denkmalpflege; Fachwerkinstandsetzung und Fachwerkmodernisierung aus der Sicht der Denkmalpflege

96/78
Künzel, Helmut
Das aktuelle Thema: Die Fachwerksanierung im Widerstreit zwischen Nutzerwünschen, Wärmeschutzanforderungen und Denkmalpflege; Instandsetzung und Modernisierung von Fachwerkhäusern für heutige Wohnanforderungen

96/81 Nuss, Ingo
Beurteilungsprobleme bei Holzbauteilen

96/94
Dahmen, Günter
Nachträgliche Querschnittsabdichtungen – ein Systemvergleich

96/105
Weber, Helmut
Sanierputz im Langzeiteinsatz – ein Erfahrungsbericht

97/9
Sangenstedt, Hans Rudolf
Rolle und Haftung des staatlich anerkannten Sachverständigen

97/17
Jagenburg, Walter
Dreißigjährige Gewährleistung als Regelfall? Das Organisationsverschulden

01/42
Wetzel, Christian
Rechnerunterstützte, systematische Zustandsbeschreibung von Gebäuden – der EPIQRGe-
bäudepass

01/50
Cziesielski, Erich
Hinterlüftete Wärmedämmverbundsysteme im
Altbau – sinnvoll oder risikoreich?

01/57
Hegner, Hans-Dieter
Das aktuelle Thema: Wie luftdicht muss ein
Gebäude sein? Die Berücksichtigung der Luft-
dichtheit in der EnEV

01/59
Reiß, Johann
Das aktuelle Thema: Wie luftdicht muss ein
Gebäude sein? Effektivität von Lüftungsanla-
gen im praktischen Einsatz – Wie groß ist der
Einfluss des Nutzers?

01/67
Zeller, Joachim
Das aktuelle Thema: Wie luftdicht muss ein
Gebäude sein?
Möglichkeiten und Grenzen der Luftdichtheits-
prüfung

01/71
Dahmen, Günter
Das aktuelle Thema: Wie luftdicht muss ein
Gebäude sein?
Typische Schwachstellen der Luftdichtheit; die
Luftdichtheit als Beurteilungsproblem

01/76
Moriske, Heinz-Jörn
Das aktuelle Thema: Wie luftdicht muss ein
Gebäude sein?
Luftwechselrate und Auswirkungen auf die
Raumluftqualität

01/81
Venzmer, H.
Dauerthema aufsteigende Feuchte – Program-
mierte Fehlschläge, Lösungsansätze und
Perspektiven für die Baupraxis

01/95
Rahn, Axel C.
Bauteilheizung als Maßnahme gegen aufstei-
gende Feuchtigkeit

01/103
Arendt, Claus
Der Aussagewert und die Praxistauglichkeit
von Feuchtemessmethoden bei aufsteigender
Feuchtigkeit

01/111
Lamers, Reinhard
„Elektronische Wundermittel" und andere Exo-
tika zur Beseitigung von Mauerfeuchte

02/01
Motzke, Gerd
Konsequenzen der Schuldrechtsreform für die
Mangelbeurteilung durch den Sachverständi-
gen

02/15
Bleutge, Peter
Die Haftung und Entschädigung des Sachverständigen auf der Grundlage neuer gesetzlicher Regelungen

02/27
Oswald, Rainer
Produktinformation und Bauschäden

02/34
Schießl, Peter
Die Beurteilung und Behandlung von Rissen
in den neuen Regeln DIN 1045-1: 2001 und
der Instandsetzungsrichtlinie für Betonbauteile

02/41
Cziesielski, Erich/Schrepfer, Thomas
Risse in Industriefußböden – Ursachen und
Bewertung

02/50
Schießl, Peter
Streitpunkte bei Parkdecks: Gefällegebung
und Oberflächenschutz unter Berücksichtigung der neuen Regelungen von DIN 1045

02/58
Schlapka, Franz-Josef
Fugen und Überzähne bei Fertigteildecken,
Abweichungen bei Geschosshöhen und
Durchgangsmaßen – kritische Anmerkungen
zur Anwendung der Maßtoleranzen – Norm
DIN 18202

Stichwortverzeichnis

(die fettgedruckte Ziffer kennzeichnet das Jahr; die zweite Ziffer die erste Seite des Aufsatzes)

Bewehrung, Außenputz **89**/115
- Stahlbeton **76**/143; **02**/34; **02**/50
- WU-Beton **86**/63
Beweisaufnahme **93**/9
Beweisbeschluss **75**/7; **76**/9; **77**/7; **80**/32; **09**/10
Beweiserhebung **90**/9
Beweisfrage **77**/7; **91**/22
- Erweiterung **87**/21; **91**/22
Beweislast **85**/14; **99**/13; **03**/01; **05**/31
Beweismittel **86**/9
Beweissicherung **79**/7
Beweissicherungsverfahren **75**/7; **76**/9; **79**/7;
86/9; **86**/18; **90**/9; **90**/143
Beweisverfahren, selbständiges **90**/9; **90**/143;
93/9
Beweiswürdigung **77**/7; **04**/01
Bewertung; siehe auch → Mangelbewertung
biozid **08**/74
Biozide **13**/115
Bildreferenzkatalog NRW **12**/137
Bitumen, Verklebung **79**/44
Bitumendachbahn **82**/44; **86**/38; **94**/130; **97**/50;
97/84
Bitumendachbahn, Dehnfuge **91**/82
Bitumendickbeschichtung **99**/34; **99**/100;
99/105; **99**/112; **99**/121; **02**/75; **02**/80;
02/84; **02**/102
Blasenbildung, Wärmedämmverbundsystem
89/109
Blend- und Flügelrahmen **80**/81
Blitzschutz **79**/101
Blockheizkraftwerk-Entscheidung **11**/1
BlowerDoor **13**/51
Blower-Door-Messung **93**/92; **97**/35; **01**/10;
01/65; **03**/15; **03**/55
Bodenfeuchtigkeit **77**/115; **83**/85; **83**/119;
90/69; **98**/57; **99**/100; **99**/105; **99**/112; **99**/121
Bodenfrost **12**/71
Bodengutachten **81**/121
Bodenmechanik **12**/71
Bodenplatte **02**/102; **04**/103; **04**/147; **04**/150;
07/40; **14**/84
- Abdichtung **12**/30
Bodenplatte (nicht unterkellert) **12**/17
Bodenpressung **85**/58
Boden-Wand-Anschluss; siehe auch
→ Dreiecksfuge **02**/75; **02**/84; **02**/88
Bohrlochverfahren **77**/76; **77**/86; **77**/89;
81/113; **96**/94; **99**/135
Bohrwiderstandsmessung **96**/81
Brandklassen, europäische **09**/58
Brandprüfung **13**/108
Brandriegel **13**/108
Brandschutz **84**/95; **11**/50; **13**/101; **13**/105;
13/108
- konstruktiv **11**/161

Brandverhalten von Dämmstoffen **13**/108
Brauchbarkeitsgrenze **06**/47
Brauchbarkeitsnachweis **78**/38; **93**/24; **00**/72
Braunfäule **88**/100; **96**/81
Bürogebäude **06**/105

Calcium-Carbid-Methode **83**/78; **90**/101;
94/46; **01**/81
Calciumsilicat; siehe auch → Kalziumsilikat
Calciumsilicatplatte **10**/62
Calciumsulfat-Estrich; siehe → Kalzium-
sulfatextrich
CE-Kennzeichnung **05**/100
CEN, Comit Europen de Normalisation **92**/9;
00/72; **05**/10; **05**/15
CE-Zeichen **05**/15; **05**/90
Chloridgehalt, Beton **02**/50
CM-Gerät **83**/78; **90**/101; **94**/86; **96**/40; **01**/103
CM-Messgerät **13**/64
CM-Messung **02**/95
CO_2-Emission **92**/42; **94**/35; **95**/127

Dach **11**/155
Dach; siehe auch → Flachdach, geneigtes
Dach, Steildach
- Auflast **79**/49
- ausgebautes **97**/50
- begrüntes; siehe → Dachbegrünung
- belüftetes **79**/40; **84**/94; **93**/29; **93**/38;
93/46; **93**/65; **93**/75
- Brandschutz **11**/50
- Durchbrüche **87**/68
- Einlauf **86**/32; **97**/84
- Entwässerung **86**/32; **97**/84
- Funktionssicherheit **86**/32; **97**/50; **97**/63
- Gefälle **86**/32; **86**/71
- geneigt **08**/124; **10**/19
- genutztes; siehe auch → Dachterrassen,
Parkdecks
- genutztes **86**/38; **86**/51; **86**/57; **86**/111;
11/108
- Holzschutzmaßnahme **08**/124
- Lagenzahl **86**/32; **86**/71
- leichtes; siehe auch → Leichtes Dach
- nicht genutztes **11**/108
- unbelüftetes **93**/38; **93**/54; **93**/65; **97**/70;
97/78
- Wärmeschutz **86**/38; **97**/35; **97**/70; **11**/41
- zweischaliges **75**/27; **75**/39; **79**/82
Dachabdichtung **75**/13; **82**/30; **82**/44; **86**/38;
96/104; **97**/84; **05**/46; **05**/58; **07**/20; **11**/99;
11/108; **11**/155; **11**/161
- Aufkantungshöhe **86**/32; **95**/119
Dachabläufe **87**/80; **05**/127
Dachanschluss **87**/68
- metalleingedecktes Dach **79**/101

Parkettbelag **04**/87; **04**/147

Parteigutachten **75**/7; **79**/7; **87**/21

Partialdruckgefälle **83**/21

Paxton **84**/22

PCM-Putzzusätze **08**/74

Perimeterdämmung **99**/90

Pflasterbelag **97**/114; **12**/144

Pfützenbildung **97**/84

Phasenverzögerung **92**/106

Phenolharz-Hartschaum **09**/58

Photovoltaikanlagen **11**/59; **11**/161

Pilzbefall; siehe auch → Schimmelpilzbildung
    88/52; **88**/100; **92**/70; **96**/81

Pilzsporen **98**/101

Planer **05**/31; **13**/1

Planungsfehler **78**/17; **80**/24; **89**/15; **99**/13

Planungskriterien **78**/5; **79**/33

Planungsleistung **76**/43; **95**/9

Plattenbauweise; siehe auch → Fertigteilbauweise

Plattenbauweise **93**/75

Plattenbelag auf Fußbodenheizung **78**/79

Polyesterfaservlies **82**/44

Polyethylenfolie; siehe auch → Folien-
    abdichtung

Polymerbitumenbahn **82**/44; **91**/82; **97**/84

Polyurethan-Hartschaum **09**/58

Polystyrol-Dämmstoffplatten **12**/92

Polystyrol-Hartschaumplatten **79**/76; **80**/65;
    94/130; **97**/119; **00**/48; **04**/50

Polystyrolpartikelschaum **13**/101; **13**/108

Polyurethanharz **91**/105; **03**/127; **03**/164

Polyurethanschaumstoff **79**/33

Porensystem **04**/62

Porensystem, Ausblühungen **89**/48

Praxisbewährung
    – von Bauweisen **93**/100; **99**/9; **99**/34;
      99/100; **99**/112; **99**/121; **00**/80
    – von Dachbahnen **05**/46

Primärenergiebedarf **00**/33; **00**/42; **01**/10; **13**/135

Primärenergiebilanz **09**/183

Primärenergieeffizienz **14**/37

Primärenergiegehalte **13**/128

Primärmangel **99**/34

Privatgutachter **09**/10

Produkthaftung **99**/34

Produktinformation; siehe auch → Planungs-
    kriterien **79**/33; **99**/65; **02**/27

Produktnorm **05**/10

Produktzertifizierung **94**/17

Produzentenhaftung **88**/9; **91**/27; **02**/27

Prospekthaftung **05**/136

Prozessförderungspflicht **04**/01

Prozessrisiko **79**/7

Prüfgrundsatz **07**/61; **07**/102

Prüfintervall **06**/70

Prüfmethoden **99**/141

Prüfstatik **06**/65

Prüfung **06**/133

Prüfungs- und Hinweispflicht **78**/17; **79**/14;
    82/23; **83**/9; **84**/9; **85**/14; **89**/21; **04**/01;
    08/108; **11**/1; **12**/1

Prüfverfahren **05**/92; **07**/61

Prüfzeichen **78**/38; **87**/9

Prüfzeugnis **05**/90; **05**/92; **05**/136
    – allgemeines bauaufsichtliches **05**/15; **05**/121

Pulverbeschichtung **08**/43

Putz-Anstrich-Kombination **98**/50

Putz; siehe auch → Außenputz

Putz **07**/20; **08**/30; **12**/35
    – Anforderungen **85**/76; **89**/87; **98**/82
    – hydrophobiert **89**/75
    – Oberflächenqualität **06**/22
    – Prüfverfahren **89**/87
    – Riss **89**/109; **89**/115; **89**/122; **91**/96; **98**/90;
      04/50
    – wasserabweisend **85**/76; **96**/105; **98**/57;
      98/85

Putzdicke **85**/76; **89**/115

Putzinstandsetzungssystem **04**/29

Putzmörtelgruppen **85**/76

Putzschäden **78**/79; **85**/83; **89**/109; **98**/57; **98**/85

Putzsysteme **85**/76; **04**/143

Putzuntergrund **89**/122; **98**/82; **98**/90

Putzzusammensetzung **89**/87

Putz-Anstrich-Kombination **89**/122

PVC-Bahn **05**/46

PYE-Bahn **05**/127

Qualifikationsnachweis **99**/100

Qualität am Bau **14**/1; **14**/10

Qualitätsanforderungen **14**/1

Qualitätsklasse **05**/38; **06**/22; **06**/38; **08**/16;
    09/84, **14**/84; **14**/140
    – Fenster **14**/145

Qualitätskontrolle **94**/26; **97**/17; **00**/9; **03**/06;
    09/193

Qualitätsmerkmale **14**/1

Qualitätssicherung **94**/17; **94**/21; **95**/23; **03**/06

Qualitätsstandard **84**/71; **99**/46; **00**/9

Qualitätsstufe **06**/129; **14**/66

Qualitätsüberwachung **00**/15; **03**/06; **03**/147

QualiThermo **13**/33

Quellen von Mauerwerk **89**/75; **04**/29
    – Holz **94**/97; **04**/87

Quellfolie **02**/80

Querlüftung **92**/54; **06**/84

Querschnittsabdichtung; siehe auch →
    Horizontalabdichtung; Abdichtung, Erdbe-
    rührte Bauteile **81**/113; **90**/121; **96**/94; **12**/30

Radaruntersuchung **13**/73

Radon **88**/52; **14**/121

XPS-Dämmstoffe **09**/58
XPS-Dämmstoffplatten **12**/92

ZDB-Merkblatt **07**/93
Zellulose-Dämmstoff **97**/56
Zementleim **91**/105
Zertifizierung **94**/17; **95**/23; **99**/46
Zeuge, sachverständiger **92**/20; **00**/26
Zeugenbeweis **86**/9
Zeugenvernehmung **77**/7
Zielbaummethode; siehe auch → Nutzwert-
  analyse **98**/9; **98**/27; **06**/29; **06**/47; **06**/122
Ziegelmauerwerk **10**/100
Zink **08**/43
Zivilprozessrechtsreform **04**/01
ZSEG; siehe auch → Entschädigungsgesetz
  92/20; **97**/25; **99**/46; **00**/26; **02**/15
ZSEG; siehe auch → JVEG **04**/15; **04**/139
ZTV Beton **86**/63
Zugbruchdehnung **83**/103; **98**/85
Zugspannung **78**/109; **02**/41
Zulassung
  – bauaufsichtlich **87**/9; **00**/72
  – behördliche **82**/23
Zulassungsbescheid **78**/38
Zuverlässigkeit **08**/16
Zwangskraftübertragung **89**/61
Zwängungsbeanspruchung **78**/90; **91**/43;
  91/100
zweischaliges Flachdach **11**/67